炼油装置技术问答丛书

# 烃类蒸汽转化制氢装置技术问答

孙　策　徐艳龙　张文娟　编著

U0264092

中国石化出版社

## 内 容 提 要

本书从生产实际出发,以问答的方式详细介绍了制氢装置操作人员应知应会的基本知识、操作技术和分析事故、处理事故的基本方法。主要内容包括:催化剂基本知识、制氢原料部分、脱毒部分、转化部分、变换部分、脱碳部分、甲烷化部分、变压吸附部分、废热锅炉部分、设备结构性能及使用与维护部分、仪表自动控制及安全联锁部分、事故处理部分、装置工艺计算、装置运行与节能。

本书可以作为烃类蒸汽转化制氢装置的生产管理人员、技术人员、操作人员的岗位培训教材,也可以供相关院校的师生阅读参考。

## 图书在版编目(CIP)数据

烃类蒸汽转化制氢装置技术问答/孙策,徐艳龙,张文娟编著.—北京:中国石化出版社,2017.1(2025.3重印)
(炼油装置技术问答丛书)
ISBN 978-7-5114-4326-7

Ⅰ.①烃… Ⅱ.①孙… ②徐… ③张… Ⅲ.①制氢-化工设备-问题解答 Ⅳ.①TE624.4-44

中国版本图书馆 CIP 数据核字(2016)第 265714 号

**中国石化出版社出版发行**

地址:北京市东城区安定门外大街 58 号
邮编:100011 电话:(010)57512500
发行部电话:(010)57512575
http://www.sinopec-press.com
E-mail:press@sinopec.com
北京科信印刷有限公司印刷
全国各地新华书店经销

\*

850×1168 毫米 32 开本 17 印张 400 千字
2017 年 1 月第 1 版 2025 年 3 月第 2 次印刷
定价:50.00 元

# 前　言

　　本书是炼油装置技术问答丛书之一。加氢类装置近年来成为改善和提高油品质量的主要手段之一，氢气资源的充分利用变得十分重要。一方面科学发展对现代社会环境保护要求越来越高，另一方面，原油资源重质化，高硫高酸原油占比增加，促使现代石油加工生产过程中各种加氢工艺发展很快。进入后石油时代，只有选择加氢工艺路线，采取各种加氢工艺，提高液收并减少将重质液体变为炭，进而提高装置经济性。快速发展的各种加氢装置，对氢气的需求量越来越大，炼油厂的制氢装置越来越重要。烃类蒸汽转化制氢工艺是一种涉及多种催化剂、高温高压的典型化工过程，选择合适的原料后，其产品氢的成本和质量取决于工艺操作技术。

　　为配合广大炼油和石油化工工人技术练兵，为了帮助烃类蒸汽转化制氢技术工人考试升级，帮助读者提高烃类蒸汽转化制氢技术知识和实际操作能力，我们编写了这本《烃类蒸汽转化制氢装置技术问答》。

　　本书采用问答形式，便于灵活应用。对于概念和术语解释，尽量采用科学标准。但对于一些理论很强的概念，则采用通俗叙述方式，从科学上讲，可能有些不甚严谨之处；有些问题答超所问，目的是要多介绍一些相关知识，以加深对烃类蒸汽转化制氢技术的理解。由于目前烃类蒸汽转化制氢技术方案较多，也比较复杂，设备很多，不能逐一介绍，主要介绍工艺和设备以及主要操作环节。

本书由孙策、徐艳龙、张文娟、张贞贞、王卿等编写。作者在多年生产实践基础上，参考了部分企业内部操作规程、事故应急预案，总结了部分装置生产、设备、安全管理的经验与教训。其中，孙策、龚俊生、张贞贞编写了催化剂基本知识、制氢原料部分、脱毒部分、变压吸附部分、废热锅炉部分；孙策、徐艳龙编写了转化部分、变换部分、脱碳部分、甲烷化部分；孙策、张文娟编写了仪表自动控制及安全联锁部分、事故处理部分、装置工艺计算、装置运行和节能部分等。

艾中秋等同事在成书过程中给予了技术支持和帮助，在这里一并致谢。

由于制氢技术设计内容较广，制氢装置流程的差异化，作者水平和经验有限，书中难免存在不足之处，敬请广大读者批评指正。

# 目 录

6

16

28

# 第一章  制氢装置基础知识

☞ **1. 什么是催化剂？催化剂作用的特征是什么？**

**答**：在化学反应中能改变反应速度而本身的组成和重量在反应前后保持不变的物质叫做催化剂，加快反应速度的称正催化剂；减慢反应速度的称负催化剂，通常所说的催化剂是指正催化剂。

催化作用改变了化学反应的途径。在反应结束后，相对于始态，催化剂虽然不发生变化，但却参与了反应。例如，形成了活化吸附态、中间产物等，因而使反应所需的活化能降低。

催化作用不能改变化学平衡状态，但却缩短了达到平衡的时间，在可逆反应中能以同样的倍率提高正逆反应的速度。催化剂只能加速在热力学上可能发生的反应，而不能加速热力学上不可能发生的反应。

催化作用的选择性。催化剂可使相同的反应物朝不同的方向反应生成不同的产物，但一种催化剂在一定条件下只能加速一种反应。例如，CO 和 $H_2$ 分别使用铜和镍两种催化剂，在相应的条件下分别生成 $CH_3OH$ 和 $CH_4+H_2O$。

一种新的催化过程，新的催化剂的出现，往往从根本上改变了某种化学加工过程的状况，有力推动工业生产过程的发展，创造出大量财富，在现代的无机化工、有机化工、石油加工和新兴的石油化工工业中这样的例子不胜枚举。在与人类的生存息息相关的诸多方面如资源的充分利用，提高化学加工过程的效率，合成具有特定性能的产品，有效地利用能源，减少和治理环境污染以及在生命科学方面，催化作用具有越来越重大的作用。

☞ **2. 什么是活化能？**

**答**：催化过程之所以能加快反应速度，一般来说是由于催化剂降低了活化能。为什么催化剂能降低活化能呢？关键是反应物分子与催化剂表面原子之间产生了化学吸附，形成了吸附化学键，组成表面络合物，它与原反应物分子相比，由于吸附键的强烈影响，某个键或某几个键被减弱，而使反应活化能降低很多，催化反应中的活化能实质是实现上述化学吸附需要吸收的能量，从一般意义上来说，反应物分子有了较高的能量，才能处于活化状态发生化学反应。这个能量一般远较分子的平均能量为高，两者之间的差值就是活化能。在一定温度下，活化能愈大，反应愈慢，活化能愈小，反应愈快，对于特定的反应物和催化剂而言，反应物分子必须跨过相应的能垒才能实现化学吸附，进而发生化学反应。简言之，在化学反应中使普通分子变成活化分子所须提供的最小能量就是活化能，其单位通常用 kJ/mol 表示。

☞ **3. 什么是催化剂活性？活性表示方法有哪些？**

**答**：衡量一个催化剂的催化效能采用催化活性来表示。催化活性是催化剂对反应速度的影响程度，是判断催化剂效能高低的标准。

对于固体催化剂的催化活性，多采用以下几种表示方法：

（1）催化剂的比活性。催化剂比活性常用表面比活性或体积比活性，即所测定的反应速度常数与催化剂表面积或催化剂体积之比表示。

（2）反应速率表示法。反应速率表示法即用单位时间内，反应物或产物的物质的量变化来表示。

（3）工业上常用转化率来表示催化活性。表示方法为在一定反应条件下，已转化掉反应物的量（$n'_A$）占进料量（$n_{AO}$）的百分数，表示式为：

$$X_A（转化率）= \frac{n_A'}{n_{AO}} \times 100\% \qquad （1）$$

（4）用每小时每升催化剂所得到的产物质量的数值，即空时得量 $Y_{V \cdot t}$ 来表示活性。

$$Y_{V \cdot t} = W（产物质量，kg）/[V（催化剂体积，L） \cdot t（反应时间，h）]$$
$$（2）$$

公式（1）和公式（2）活性表示法都是生产上常用的，除此之外，还有用在一定反应条件下反应后某一组分的残余量来表示催化剂活性，例如，烃类蒸汽转化反应中用出口气残余甲烷量表示。这些方法直观但不确切，因为它们不但与催化剂的化学组成、物理结构、制备的条件有关，并且也与操作条件有关。但由于直观简便，所以工业上经常采用。

☞ **4. 什么是催化剂失活？失活原因有哪些?**

**答**：对大多数工业催化剂来说，它的物理性质及化学性质随催化反应的进行发生微小的变化，短期很难察觉，然而长期运行过程中，这些变化累积起来，造成催化剂活性、选择性的显著下降，这就是催化剂的失活过程。另外，反应物中存在的毒物和杂质，上游工艺带来的粉尘，反应过程中，原料结炭等外部原因也引起催化剂活性和选择性下降。

催化剂失活主要原因：原料中的毒物，催化剂超温引起热老化，进料比例失调，工艺条件波动、长期使用过程中由于催化剂的固体结构状态发生变化或遭到破坏而引起的活性、选择性衰减。

☞ **5. 什么是催化剂的选择性?**

**答**：当化学反应在热力学上可能有几个反应方向时，一种催化剂在一定条件下只对其中的一个反应起加速作用，这种专门对某一个化学反应起加速作用的性能，称为催化剂的选择性。

选择性＝消耗于预期生成物的原料量/原料总的转化量

催化剂的选择性主要取决于催化剂的组分、结构及催化反应过程中的工艺条件，如压力、温度、介质等。

☞ **6. 催化剂中毒分哪几种？**

**答：**催化剂中毒可分为可逆中毒、不可逆中毒和选择中毒。

（1）可逆中毒：毒物在活性中心上吸附或化合时，生成的化学键强度相对较弱，可以采用适当的方法除去毒物，使催化剂活性恢复，而不会影响催化剂的性质，这种中毒称可逆中毒或暂时中毒。

（2）不可逆中毒：毒物与催化剂活性组分相互作用形成很强的化学键，难以用一般的方法将毒物除去，使催化剂活性恢复，这种中毒叫不可逆中毒或永久中毒。

（3）选择中毒：一个催化剂中毒之后可能失去对某一反应的催化能力，但对别的反应仍具有催化活性，这种现象称为选择中毒。选择中毒有可利用的一面，例如在串联反应中，如果毒物仅使导致后继反应的活性部位中毒，则可使反应停留在中间产物上，获得所希望的高产率的中间产物。

☞ **7. 催化剂的化学结构按其催化作用分哪几类？**

**答：**工业催化剂大多不是单一的化合物，而是多种化合物组成的，按其在催化反应中所起的作用可分为主活性组分、助剂和载体三部分。

（1）主活性组分是催化剂中起主要催化作用的组分。

（2）助剂添加到催化剂中用来提高主活性组分的催化性能，提高催化剂的选择性或热稳定性，按其作用机理分为结构性助剂和调变性助剂。

结构性助剂作用是增大比表面积，提高催化剂热稳定性及主活性组分的结构稳定性。

调变性助剂作用是改变主活性组分的电子结构，表面性质或晶型结构，从而提高主活性组分的活性和选择性。

（3）载体是负载活性组成并具有足够的机械强度的多孔性物质。其作用：作为负载主活性组分的骨架，增大活性比表面积，改善催化剂的导热性能以及增加催化剂的抗毒性，有时载体与活性组分间发生相互作用生成固溶体的尖晶石等，改变结合形态或晶体结构，载体还可通过负载不同功能的活性组分制取多功能催化剂。

☞ **8. 催化剂更换原则有哪几条？**

答：催化剂更换有如下三种情况：

（1）临时更换。

① 催化剂活性恶化，转化能力降至最低允许值以下，临时停车更换。

② 催化剂机械度恶化，床层阻力超过允许值，临时停车更换。

③ 发生恶性设备故障，必须临时卸换催化剂。

（2）预防性计划更换。催化剂转化能力、床层阻力、设备性能均还在允许值范围内，为了避免非计划停车，利用计划停车机会，作预防性更换。

（3）最佳经济效益原则。追求保护设备，增产节约，最佳经济效益等，有计划地提前更换。

☞ **9. 制氢工艺的分类是什么？**

答：工业上生产氢气方法很多，如煤或焦炭的水煤气法、渣油或重油部分氧化法、烃类水蒸气转化法、炼油厂富氢气体净化分离法、甲醇为原料蒸汽重整法以及电解水法等。烃类蒸汽转化法以其工艺成熟可靠、投资低廉、操作方便而占有主导地位。

☞ **10. 氢气的性质是什么？**

答：氢是元素周期表中的第一种元素，也是最轻的元素，相对原子质量为 1.0079，由两个氢原子结合在一起成为氢分子（$H_2$），即氢的单质。

氢是自然界中较为丰富的物质，也是应用最广泛的物质之一。氢是大气的主要组成部分，以原子百分数计，它占81.75%。它是太阳发生热核反应的主要原料。氢在地壳外层的大气、水和岩石里，以原子百分数计占17%，以质量百分数计只占约1%。虽然存在量少，但分布很广。氢主要以化合状态存在于各种化合物，如水、有机物和生物体中，仅在天然气和煤矿气中有少量单质氢存在。

（1）氢气的物理性质。氢有三种同位素：氕（符号H）、氘（符号D）和氚（符号T）。它们的原子的原子核内虽都只含有1个质子，但同时分别含有0、1个和2个中子。三者因此在质量上差别很大，超过了其他任何元素的同位素之间的质量差别，导致它们的单质（如$H_2$、$D_2$）在物理性质（如相变热、蒸气压等）方面差别比较显著。由于自然界中普通氢内含有99.9844%氕和0.0156%氘（以原子数计），所以普通氢基本上显示同位素氕的性质。

氢气是一种无色无味的气体，在所有气体中密度最小，只有0.08987g/L。由于氢气是最轻的气体，所以有最快的扩散速度。

常见的一般溶剂对氢气的溶解度（25℃时）都很低。

（2）氢气的化学性质。单质氢是双原子分子，氢分子很难分解，氢分子在常温下是稳定的。但氢气与极活泼的气态氟在常温下就可反应生成氟化氢。氢气在高温的条件下可以和$N_2$反应生成$NH_3$，经点火可以与氧气气生成$H_2O$。氢气自燃点为586℃。氢气的化学性质以还原性为其特征，氢气的许多用途也都基于它的还原性。在高温下，氢气与金属氧化物或金属卤化物发生还原反应制备纯金属。

在炼油工业中油品加氢过程，氢气与非烃化合物反应除去油品中的杂质。如加氢、脱硫、脱氮、脱金属、不饱和烃饱和等。

☞ **11. 氢气的用途是什么？**

**答：**（1）作为炼油工业中加氢过程的原料。氢气是炼油工业中加氢裂化、加氢精制等加氢工艺中主要的原料。加氢裂化就是在有催化剂和一定的操作条件下使重质馏分油发生加氢裂化反应。该过程的化学反应十分复杂，包括了加氢反应，使各种烃类发生断环、断链、脱烷基及加氢饱和等，脱除原料中的硫、氮、氧和金属等杂质，改善油品的燃烧性能和储存性能。重质馏分油转化为气体、石脑油、喷气燃料及柴油等轻质油料产品的过程。

（2）合成氨。氢可广泛用于合成氨工业。$H_2$ 和 $N_2$ 在有催化剂存在条件下，反应温度为 350～530℃，反应压力为 15～25MPa，可以合成氨气。

（3）合成气。合成气是含 $H_2$ 及 CO 的混合气体，用以合成各种化工产品及燃料油，如合成甲醇、合成燃料油、合成 $CH_4$ 及羰基合成制醛等。

除上述用途外，氢气在其他工业应用也非常广泛，如有机合成、冶金工业、半导体工业、燃料等。因此，氢气是一种非常重要的工业原料和能源。

☞ **12. 氢气制造方法有哪些?**

**答：** 在工业生产中，制氢包括两个过程，即含氢气体制造（造气）及氢气提纯（净化）。根据不同的制氢原料和所需氢气用途不同，采用不同制造工艺，得到不同纯度的氢气。目前制造含氢气体的原料主要是碳氢化合物，包括固体（煤）、液体（石油）及气体（天然气、炼厂气）。水是制造氢气的另一重要原料，可以从水中制取氢气，如电解水，也可以与碳氢化合物相结合制得氢气。

（1）轻烃水蒸气转化法。轻烃水蒸气转化反应是在有催化剂存在下进行，烃类与水蒸气反应生成 $H_2$ 及 $CO_2$。所用原料主要是天然气、炼厂气、液化石油气及石脑油。采用催化剂（一般为镍催化剂），反应温度为 450～900℃，反应压力为 1.5～3.0MPa，水蒸气与原料气摩尔比为 2.5～6，得到含氢气 70%～80%（体积）、$CH_4$ 3%～8%、CO 7%～8%、$CO_2$ 10%～15%左右的转化气，转化气再经变换、脱碳提纯等工序，得到合格的工业氢。提纯工艺中普遍使用变压吸附和化学溶液吸收等方法。

图 1-1 是苯菲尔法提纯的制氢工艺原则流程示意图，图 1-2 是变压吸附法提纯的制氢工艺原则流程示意图。

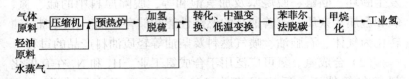

图 1-1　苯菲尔法提纯的制氢工艺原则流程示意图

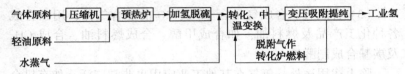

图 1-2　变压吸附法提纯的制氢工艺原则流程示意图

注：有部分变压吸附提纯的制氢装置也可设有低变工艺。

（2）非催化部分氧化法。非催化部分氧化法是以烃类为原料制取含氢气体的方法之一。用烃类与水蒸气反应制取氢气，该反应为强吸热反应，反应所需热量由燃烧部分原料供给，故称之为部分氧化法。烃类原料选择范围十分广泛，从天然气（$CH_4$）到重质渣油均适用。随着世界范围内原油逐渐变重和劣质化，该工艺日益受到重视。与烃类蒸汽转化制氢相比，烃类的非催化部分氧化法有以下特点：①原料范围广泛。从重质燃料油至减压渣油、沥青、焦炭和煤等均可作为部分氧化制氢的原料，而且不需要原料脱硫预处理。②不需要原料脱硫和转化等催化剂，仅需要采用 CO 变换（下游不采用 PSA 工艺时需甲烷化）等一两种催化剂。③副产品包括炭黑和少量硫黄。主要缺点是工艺过程需要相当大量的纯氧，因此必须建设相应配套的投资昂贵的大型空分装置。

（3）炼油厂副产氢气。石油炼制过程中如催化重整等工艺过程副产的重整氢中含有较高浓度的氢气组分，是炼油厂提供氢气的重要来源。表1-1是各种炼油加工过程中气体组成。

表1-1　各种炼厂气氢气含量　　　　　　%(体积)

| 炼厂气名称 | 重整氢气 | 加氢高分气 | 加氢干气 |
|---|---|---|---|
| 氢气含量 | 86.52~92.07 | 87.05~93.5 | 68.02 |

（4）煤的高温干馏法。煤在隔绝空气条件下在焦炉中加热到900~1100℃，在得到主要产物焦炭的同时，还得到煤焦油、焦炉气等副产品。焦炉气中含有55%~66%(体积)氢气，经进一步提纯可得到合格的氢气。焦炉气在20世纪50年代以前是获取氢气的主要来源之一。

☞　**13. 氢提纯工艺有哪些？**

**答：**经转化及变换工艺获得变换气、甲醇尾气等通常含有一定量的 $CO_2$ 及其他杂质气体，必须经过特定的提纯工艺，脱除这些杂质气体，使氢气纯度达到工艺要求的指标。氢气提纯工艺主要有：苯菲尔法脱碳、变压吸附、膜分离和深冷分离。这些工艺技术各自基于不同工艺原理。在实际生产中，选择合适的氢提纯方法，既要考虑装置的经济性，也要考虑工艺的灵活性、可靠性、扩大装置能力的难易程度、原料气性质以及氢气纯度、杂质含量对下游装置的影响等。在烃类转化制氢工艺当中，主要采用苯菲尔法和变压吸附技术(PSA)两种提纯工艺。

（1）苯菲尔法。苯菲尔溶液脱碳就是以碳酸钾为吸收剂，二乙醇胺为活化剂，五氧化二钒为缓蚀剂，还有碱液消泡剂组成的溶液对 $CO_2$ 进行化学吸收。

采用苯菲尔溶液吸收法的装置，只有 $CO_2$ 与吸收剂起化合反应，故没有氢损耗，不但氢收率高，而且再生解吸得到的 $CO_2$ 纯度也高，可以直接回收利用。但在进行溶液再生时，要提供一定的热源和水，变换气经溶液吸收后只能得到粗氢，还残存0.2%以下的CO和 $CO_2$，必须在下一个工序经甲烷化反应，才能彻底去除，故产品氢中会存在一定量的 $CH_4$，只能达到96%左右的氢纯度。

（2）变压吸附技术（PSA）。变压吸附法是利用吸附剂对吸附质在不同压力下有不同的吸附容量，并且在一定的吸附压力下，对被分离的气体混合物的各组分有选择吸附的特性来提纯氢气。杂质在高压下被吸附剂吸附，使得吸附容量极小的氢气得以提纯，然后杂质在低压下脱附，使吸附剂获得再生。变压吸附工艺为循环再生操作，用多个吸附器来达到原料、产品和尾气流量的恒定。每个吸附器都要经过吸附、降压、脱附、升压、再吸附等工艺过程。PSA 的尾气一般作为燃料使用。

变压吸附技术的最大优点是操作简单，能够生产纯度高达99%～99.99%（体积）的氢气产品。

（3）膜分离技术。膜分离技术是近年来应用较多的一种气体分离方法，这一工艺是利用了混合气体通过高分子聚合物膜时的选择性渗透原理，气体组分透过膜的推动力是膜两侧的压力差，利用各组分渗透率的差异达到分离提纯的目的。具有较高渗透率的气体如氢气富集在膜的渗透侧，而具有较低渗透性的气体则富集在未渗透侧。要求氢纯度较高时回收率就降低，氢纯度较低时回收率就较高。

（4）深冷分离工艺。深冷分离工艺是一种低温分离工艺，它是利用原料组分的挥发度差异来达到分离目的。由于氢气挥发度比烃类高，因此最简单和最常用的深冷工艺是采用分级部分冷凝法，根据冷凝液的特性可采用二级或三级部分冷凝。深冷分离工艺的主要设备是一个把换热器、节流阀、分离器等设备组装在一起的冷箱，其所需冷量靠冷凝液产生的焦耳-汤姆逊膨胀效应来提供。如果烃类冷凝液不足或压力不足以提供所需要的冷冻量时，那么可以靠氢气膨胀透平或由外部提供冷量。

深冷分离工艺的一个最主要优点是在获得所需的氢气产品外，还可以获得富含 $C_4^+$ 和乙烷、丙烷等烃类副产品。

# 第二章  制氢原料部分

☞ **1. 适用于蒸汽转化制氢的烃类原料有哪些？**

**答：** 适用于蒸汽转化的烃类原料大体分为气态烃和液态烃。

（1）气态烃包括天然气、液化石油气和各种炼厂气。

天然气一般包括油田伴生气和气田气，天然气的主要成分是甲烷、乙烷、丙烷等低级烃类，含有一定数量的氮、二氧化碳等惰气体和有害杂质硫化氢。其中天然气是以甲烷为主、含微量杂质的气体。

液化石油气是由丙烷、丁烷为主要成分组成的烃类。来源有两种，一种是油田和天然气伴生出来的天然液化气，另一种是炼油厂和石油化工厂产生的液化石油气。

炼厂气是指原油加工过程中副产的各种尾气，包括催化裂化气、焦化干气、催化重整气、热裂解气、高压加氢裂解尾气等。其组成变化较大，其中含有烯烃的炼厂气，不宜直接用于蒸汽转化制氢。而不含烯烃的加氢干气则是很好的蒸汽转化制氢原料。

（2）液态烃包括轻石脑油、石脑油、液化气、抽余油、拔头油以及二次加工油等。

直馏石脑油是原油常压蒸馏所得 210℃ 以下的馏分。相对密度一般为 0.63~0.77，含硫量小于 0.05%，石蜡烃含量较高，芳烃含量小于 13%，烯烃含量小于 1%。

用作制氢原料的抽余油一般是重整抽余油，即重整抽提芳烃之后剩下部分，抽余油终馏点一般在 130~150℃，芳烃的量很少。

拔头油一般也是重整拔头油，都是 $C_5$ 以下的烃类。

二次加工油指经裂化、焦化、减黏等一系列二次加工处理重

11

油得到的轻油，这部分油不能直接用作制氢原料，经加氢处理后不含烯烃，终馏点小于100℃，相对密度小于0.65的油，可以掺入直馏轻油作制氢原料，但一般需要经过实验确定。

制氢液体原料的择优顺序：终馏点70～80℃的直馏轻石脑油（重整拔头油）、炼厂窄馏分重整抽余油、终馏点146℃的全馏分直馏汽油、单程加氢裂化石脑油。

石脑油是最难净化的制氢原料，它常含有一定数量的含二硫醚、硫醇、硫醚、四氢噻吩、噻吩等的有机化合物。其中含噻吩、苯并噻吩类的有机化合物，难以加氢开环。表2-1是用于制氢原料的典型轻石脑油性质。

表2-1　用于制氢原料的典型石脑油原料

| 项　　目 | | 抽余油 | 直馏轻油 | 重整拔头油 | 常顶轻油 | 石脑油A | 石脑油B |
|---|---|---|---|---|---|---|---|
| 馏程/℃ | 初馏点 | 41 | 44 | 39 | 39 | 57 | 60 |
| | 50% | 101 | 95 | 58 | 114 | 110 | 149 |
| | 终馏点 | 177 | 124 | 103 | 166 | 181 | 199 |
| 主要组分 | | $C_6 \sim C_8$ | $C_5 \sim C_8$ | $C_5 \sim C_7$ | $C_6 \sim C_9$ | | $C_6 \sim C_{10}$ |
| 芳烃/% | | 0.6 | 13.35 | 0.07 | 9.21 | 12 | 13.08 |
| 烯烃/% | | 1.5 | 0.72 | — | — | 0.16 | 0.43 |
| 相对密度 | | 0.694 | 0.707 | 0.664 | 0.7245 | 0.723 | 0.752 |
| (C/H)/%(质量分数) | | 5.6 | 5.91 | 5.25 | 5.63 | 5.8 | 5.98 |
| 硫/(μg/g) | | 12 | 14.3 | — | 70 | 56 | 150 |

☞ **2. 蒸汽转化制氢原料选择原则有哪些？**

**答**：（1）首先选用烯烃、芳烃和环烷烃含量低的原料：因为同碳数烃类积炭倾向为：烯烃>芳烃>环烷烃>烷烃；同碳数烃类的C/H值也基本是这个规律，为减少积炭倾向，提高原料的单位产氢量而遵循这项原则。一般要求原料中烯烃含量小于1%，芳烃含量小于13%，环烷烃含量小于36%。

（2）优先选用较轻的原料。因为同族烃类积炭倾向随相对分子质量增大而增大，C/H 也随相对分子质量增大而增大，为此选用气态烃优于液态烃，轻组分液态烃优于重组分液态烃。

（3）优先选用低毒原料。就脱硫而言，一般硫含量小于 $150\mu g/g$ 时，采用钴钼加氢-ZnO 硫就能达到硫含量小于 $0.5\mu g/g$；硫含量大于 $150\mu g/g$，就要先进行预脱硫后再进行钴钼加氢-ZnO 脱硫，但这相应增加了能耗、成本和投资，所以应选用低硫原料。氯、砷对催化剂毒害较大，一般不宜选用含氯、砷原料。如果选用，则应设置脱氯脱砷装置。

（4）就炼油厂制氢而言，往往可供选择的原料有几种，但数量都不多，这种情况下应根据上述原则优先选用平均相对分子质量小，含硫低的饱和烃类，不足时补以相对分子质量稍大的原料。例如，宽馏分重整装置稳定塔塔顶的液态烃数量很少，但却是很好的制氢原料，如果将上述两种原料作燃料烧掉，而选用直馏轻油或抽余油作制氢原料则是极度不合理的。

### ☞ 3. 为什么不能轻易选用炼油厂二次加工油作转化原料?

**答**：二次加工油是重油或渣油经过裂化、焦化、减黏等过程产生的轻油。经过加氢处理后，密度、馏程、烯烃含量等性能指标与直馏轻油相近，可用作燃料油或石油化工的原料油，然而要用作制氢原料则必须慎重，许多厂家因使用二次油造成转化催化剂毁坏。原因在于：

（1）二次油中侧链烷烃所占比重较大。

（2）环烷烃较多。

（3）芳烃尤其是重芳烃较多。

（4）含有较多的胶质和重金属等杂质。

（5）加氢装置的加氢深度不够，硫、氮和烯烃等脱除不彻底。

以上这些因素易造成催化剂中毒和积炭，使催化剂失去活性，所以不能轻易选用二次加工油作为转化制氢原料。

**☞ 4. 是否有可用作制氢原料的二次加工油？**

**答**：二次加工油不能轻易用于制氢原料，但是经过深度加氢脱硫的轻质油是可以考虑选用的。例如经过 16.0MPa 左右高压加氢裂化的轻质油品，反应温度和氢油比均高于普通加氢精制工艺，虽然仍属于二次加工油，但是加氢反应较彻底，油品中的硫、氯、氮化合物以及胶质脱除比较干净。芳烃和环烷烃也较少，其物化性能和直馏轻石脑油差不多。一般情况下，选用终馏点小于 70℃ 高压加氢二次油作制氢原料是没有问题的。到目前为止，多家制氢都有成功使用加氢裂化轻石脑油作为制氢原料的先例。如果轻油的终馏点和密度较高，则必须通过油品评价试验，选择相应的工艺条件来确定能否用作制氢原料。

选用二次加工油一定要采取谨慎的态度。目前国内有几个厂选用二次加工油作制氢原料，一般都经过中国石化齐鲁分公司研究院的严格测试和评价后才采用的。由于各厂的二次加工工艺和基础原料油性能各不相同，其轻质油物化性质差别也很大，所以具体选用哪种油品作原料要经过有针对性的测试评价来确定。一般情况下，即使采用二次加工油也不宜单独使用，而是和直馏轻油按一定比例混用，以保证制氢原料中的单体烃品种有一个合理的分布，防止同种烃类的过度集中导致转化反应负荷在催化剂床层内的不均匀分布。

**☞ 5. 轻油的族组成对转化过程产生哪些影响？**

**答**：轻油的族组成越复杂，转化催化剂上的反应就越复杂，对甲烷转化来讲，转化催化剂主要是促进蒸汽转化反应的进行。然而对于轻油转化来讲，由于族组成很复杂，在蒸汽转化反应的同时包括高级烃的热裂解、催化裂解、脱氢加氢、结炭、消炭等一系列的反应，要求催化剂必须具有适应这种复杂反应体系的缩合性能，最突出的表现是积炭的趋势较大，为此轻油转化催化剂必须具备较强的抗积炭性能。

14

不同的烃类在使用条件下结炭的速度是不同的，表2-2是几种烃类的结炭速度。

表2-2　几种烃类的相对结炭速度

| 原　料 | 丁烷 | 正己烷 | 环己烷 | 正庚烷 | 苯 | 乙烯 |
|---|---|---|---|---|---|---|
| 结炭速度/(kg/h) | 2 | 95 | 64 | 135 | 532 | 17500 |
| 诱导期/min | | 107 | 219 | 213 | 44 | <1 |

由表2-2可知，碳链越长，结炭速度越大，苯的结炭速度高于直链烷烃。烯烃的结炭速度是烷烃的上百倍。另外，由于环烷烃和芳烃相对难于转化，当轻油中的环烷烃和芳烃增加时，转化反应温度往往较高，导致床层下部催化剂结炭和出口尾气中残留芳烃增加。

☞　**6. 天然气用作制氢原料对转化催化剂有什么要求？**

**答**：天然气主要由甲烷和少量乙烷、丙烷等组成，不含较高级的烃类，也不含烯烃。在转化条件下，不发生裂解、聚合等一系列的积炭反应，在反应管内进行的主要是甲烷蒸汽转化反应和变换反应。所以要求天然气转化催化剂具有较高的转化活性、稳定性和强度，以获得较长的使用寿命。

为此，必须保持催化剂具有较大的稳定性的活性表面。天然气转化催化剂目前基本上采用预烧结型载体负载镍的形式，一是保持物理结构的稳定，二是保证镍组分的均匀分布。此外还采用各种优化形状的催化剂(除拉西环外，有车轮状、多孔型、齿轮型)来提高催化剂几何表面积，增大活性表面的利用率来达到提高活性的目的。

☞　**7. 不含烯烃的各种炼厂气对转化催化剂有什么要求？**

**答**：不含烯烃的原油加工副产气中主要含有 $C_1 \sim C_4$ 烷烃、氢气和惰性气体。与天然气相比，石油加工气中 $C_2 \sim C_4$ 的烷烃含量高。在蒸汽转化条件下，有一定的积炭趋势，为此要求催化剂不仅具有高转化活性、稳定性好、高强度的性能，还应具有一定抗积炭能力，这样才能保证催化剂具有较长使用寿命。

☞ **8. 用炼厂干气作制氢原料时如何进行预处理？**

**答**：炼厂干气是廉价的制氢原料，但由于其中的烯烃含量高、硫含量高，不能直接用作制氢原料，必须经过加氢饱和和加氢脱硫处理，使干气中烯烃含量小于 1%，硫含量小于 0.5mg/m³ 后方可用作制氢原料。

随着烯烃加氢饱和技术和加氢脱硫技术的不断发展成熟，目前各种炼厂气均可作为制氢原料。下面分别对不同炼厂气的预处理技术进行简单叙述。

（1）对于不含烯烃的加氢裂化干气，其中的硫形态也十分简单，因此，经过脱硫合格后即可作为制氢原料。但加氢干气一般具有较高的氢含量，单独使用时单位体积进料的产氢率较低，若与富含烃类组分的气体混合使用，效果会更好。

（2）对于烯烃含量低于 6%（体积比）的炼厂气，如焦化干气，可以通过使用低温高活性加氢催化剂，在绝热反应器内进行烯烃加氢饱和。由于入口温度控制较低，保证加氢反应器床层温度在允许的范围之内。在烯烃加氢饱和的同时，其中的有机硫化合物也发生加氢反应转化成硫化氢，再经氧化锌脱硫合格后，作为制氢原料。

（3）对于烯烃含量高于 6%的炼厂气，如催化干气，其中的烯烃含量有时高达 20%左右，单独采用绝热加氢技术会产生巨大的温升，烧毁催化剂。这时需要采用两步加氢工艺进行催化干气的预处理。目前成熟的技术有等温-绝热加氢工艺和变温-绝热加氢工艺。

所谓等温-绝热加氢工艺就是干气先经过列管式等温加氢反应器，烯烃饱和产生的热量由壳程内的水汽化带走，副产中压蒸汽。从等温加氢反应器出来的干气再进入绝热反应器，完成烯烃的饱和和有机硫的氢解。

变温–绝热加氢工艺则是干气先进入导热油取热的列管式加氢反应器,该反应器与等温反应器相比,操作温度高一些,充分利用加氢催化剂的高温活性。从变温加氢反应器出来的干气再进入绝热加氢反应器,完成剩余烯烃的饱和和有机硫的氢解。

一般选用焦化富气为制氢原料,设计采用 N–甲基二乙醇胺湿法脱硫来吸收去除硫化氢。具体流程:二乙醇胺湿法脱硫→加氢→ZnO 干法脱硫工艺进行预精制处理,保证了烯烃饱和,脱硫精度达到总硫含量小于 0.5mg/m$^3$。

某石化公司多年来一直采用焦化干气造气,其预处理工艺为:焦化干气经 NaOH 水溶液碱洗,水洗→MnO$_2$ 干法脱硫→ZnO 干法脱硫,经过处理后总硫含量在 3~5μg/g,但烯烃不能加氢饱和,所以一直采用活性差效率低的抗烯烃转化催化剂。为了提高生产负荷,该厂准备进行加氢饱和预处理改造,拟定方案是在干法脱硫之前增设加氢反应器,将烯烃饱和和有机硫加氢,确保经过 ZnO 之后硫含量小于 0.5mg/m$^3$,使转化工段换用高效的 Z409/Z405G 或 Z402/Z405 催化剂,预计经过改进可提高生产负荷 1 倍左右。

炼厂气加氢饱和难点在于烯烃加氢放热,每 1% 的烯烃饱和温升达 23℃ 左右,一般干气中烯烃 12% 就可使温升达到 300℃ 左右,加氢催化剂难以承受这么高的温升,而且还可能导致干气中高级烃裂解积炭,为此设计开发过程中采用的方案有如下几种:

(1)建立加氢气循环系统。通过调整循环比使加氢反应器入口烯烃含量小于 6%,保证温升不致过高,维持加氢催化剂在适用温度范围内发挥作用。

(2)段间冷激或选用活性温区宽、低温活性好的加氢催化剂。通过段间注入冷气体降温来保证温升不致过高,维持在加氢催化剂适用温度范围内。

(3)设计等温加氢反应器。设计列管式等温反应器,管内用水汽化方式带走热量,维持加氢反应在等温下进行。等温反应器设计方案还可以副产中压蒸汽，合理利用反应热，减少动力能耗。

（4）如选用低温活性很好的加氢催化剂，可以用两段绝热反应器串联工艺。通过改变空速或压力控制第一个反应器的烯烃饱和量，然后通过冷却进入第二个反应器，这比用一个反应器段间取热或冷激更灵活方便。

☞ **9. 各种轻油对转化催化剂有什么要求？**

**答**：目前用作蒸汽转化原料的轻油比较复杂，种类繁多，从性质上看，终馏点 60~210℃，相对密度从 0.63~0.77，芳烃含量 0~15%，对催化剂的要求也不尽相同。总的特征是在转化过程中都存在析炭反应，都需要催化剂具有较好的抗积炭性能。

对于终馏点较低，相对密度较小，芳烃含量较少的原料，选择抗积炭性较好的催化剂，在长期使用过程中可以保证催化剂表面没有大量炭沉积，不会影响活性和其他性能，因此要求催化剂具有高活性、高强度、稳定性好、还原性好、抗积炭性好。

对于终馏点高，相对密度大，芳烃含量较好的原料，选择抗积炭性能较好的催经剂，往往也不能够保证长期使用中催化剂表面没有炭沉积，尤其是工艺条件波动、原料组成波动的情况下，析炭速度大于消炭速度就会有炭沉积在催化剂表面，遇到这种情况，就要进行催化剂烧炭再生。烧炭再生之后催化剂性能应恢复到原来的水平。这就不仅需要催化剂具有高活性、高强度、稳定性好和良好的抗积炭性，而且具有良好的再生性能。再生性能主要指能经受反复氧化还原和反复结炭烧焦的能力。

催化剂经过反复的氧化还原和结炭烧炭之后，对其低温还原性、活性、结构稳定性、机械强度都有不同程度的损失。所以轻油蒸汽转化催化剂必须具有较好的低温还原性能、较高的活性稳定性、良好的结构稳定性和机械强度，才能保证具有较强的再生性能。

**☞ 10. 天然气有机硫的加氢转化，其配氢量是多少？**

**答：** 天然气中有机硫的加氢转化，其配氢量取决于天然气中的有机硫含量。天然气制氢硫含量较低，一般在 $2 \sim 15mg/m^3$，此种情况下配氢量在 3% ~ 10%（体积）即可。焦化干气、催化干气制氢由于其烯烃含量较高，原料气氢含量应该在 18%（体积）以上。轻油加氢，氢油比为 60~100，这些数值大大超过消耗量，可以满足脱硫工艺要求。加氢反应器可承受氢气短时间中断（只限几分钟），如果断氢时间较长会引起催化剂结焦，严重时需对催化剂再生或更换。

**☞ 11. 石油化工厂各种干气的特点是什么？**

**答：** 除了轻油等原料外，可用于水蒸气转化法制氢的气体原料有：天然气、裂解 $CH_4$、炼油厂干气（包括焦化富气、焦化干气、重整干气、加氢净化干气、加氢裂化干气、常减压蒸馏装置的不凝气、催化裂化干气等）。

（1）天然气和油田伴生气。天然气是廉价的制氢原料，天然气和油田伴生气的主要成分是 $CH_4$，杂质含量少，含硫量也低，主要是硫化氢，含少量的羰基硫和硫醇，很容易加工处理，是制氢的好原料，但受地域的限制较多。

（2）重整干气。重整干气含有较高含量的氢和低分子烃类，且重整为临氢过程，所产干气杂质含量极低，基本不含有机硫，可直接作为制氢原料。

（3）加氢干气。加氢干气包括加氢干气、加氢裂化干气和高分(高压分离器)气、渣油加氢脱硫干气。这类干气具有饱和烃含量高、无杂质、含氢量高等特点，均可作制氢装置的原料。由于干气中氢含量高，不少装置已开始使用膜分离法将其中氢气提纯直接使用，而将其尾气作为制氢原料。

（4）焦化干气和焦化富气。焦化干气的主要成分是低碳烃，其干气的氢碳比高，是制氢的好原料，但它含有一定的有机硫

（硫醇、硫醚、二硫化物、羰基硫及其他有机硫等），所以直接利用起来比较困难。焦化干气中含有烯烃，容易引起转化催化剂结炭，少量的 $H_2S$ 和有机硫等杂质容易使水蒸气转化制氢催化剂中毒。因此必须对焦化干气进行加氢等工艺的预处理，使焦化干气中烯烃<0.1%、S<0.3μg/g，以满足转化进料的要求。而焦化富气则最好经过柴油或汽油吸收，回收气体中的 $C_5$ 以上轻组分，或再经乙醇胺湿法脱硫后再作制氢原料。这样的气体 $C_3$ 组分仍较高，烯烃体积含量在 10% 左右，有机硫的形态也较复杂，仍须经过加氢处理后才能满足转化进料的要求。

（5）催化裂化干气。国内绝大多数炼油厂的二次加工是以催化裂化装置为主，催化裂化干气占炼油厂干气的绝大部分。在催化裂化干气中，含有少量的氢气，还含有一定量的烯烃以及 CO、$CO_2$、$H_2S$、$N_2$ 和 $O_2$ 等杂质。改质催化裂化干气，除去其中 $O_2$、$N_2$，回收其中烯烃后，也能使之成为制氢的合格原料。或是采用活性温度低的钛基加氢催化剂和分段加氢的工艺流程，也能处理含多种杂质的催化裂化干气，是降低制氢成本的途径之一。

各种气体的典型组成情况见表 2-3。

表 2-3　各种气体的典型组成情况　　　　%（体积）

| 组成 | 天然气 | 油田伴生气 | 催化裂化干气 | 加氢干气 | 加氢高分气 | 重整干气 | 焦化富气 | 焦化干气 |
|------|--------|-----------|-------------|---------|-----------|---------|---------|---------|
| 氢气 | 0.2 | 7.3 | 11.62 | 68.02 | 87.05 | 26.14 | 9.20 | 12.76 |
| $CH_4$ | 90.98 | 82.1 | 38.22 | 17.46 | 11.30 | 6.93 | 41.60 | 58.58 |
| 乙烷 | 3.69 | 5.0 | 10.51 | 2.07 | 1.19 | 18.90 | 20.70 | 16.88 |
| 乙烯 | | | 16.91 | | | | 3.00 | 4.69 |
| 丙烷 | 1.44 | 3.3 | 0.16 | 5.59 | 0.22 | 27.37 | 10.60 | 1.70 |
| 丙烯 | | | 0.83 | | | | 4.60 | 1.57 |
| 丁烷 | 0.41 | 1.0 | 0.08 | 6.29 | | 17.12 | 4.20 | 0.05 |
| 丁烯 | | | | | | | 3.80 | 0.03 |
| 戊烷 | | 0.1 | | 0.57 | | 3.54 | 1.40 | 0.28 |
| 戊烯 | | | | | | | 0.40 | |
| CO | | | 0.23 | | | | 0.67 | 1.05 |

20

| 组成 | 天然气 | 油田<br>伴生气 | 催化裂<br>化干气 | 加氢<br>干气 | 加氢<br>高分气 | 重整<br>干气 | 焦化<br>富气 | 焦化<br>干气 |
|------|--------|--------|--------|--------|--------|--------|--------|--------|
| $CO_2$ | 2.76 | | 1.59 | | | | | |
| 空气 | | | 19.85 | | | | 有机硫 | 有机硫 |
| $H_2S$ | 5μL/L | 1μL/L | 0.102 | | 0.24 | | 156~<br>565μg/g | 150~<br>560μg/g |

使用气体代替轻油作制氢原料有如下好处:

① 用廉价的炼厂干气或低价的天然气代替价格较贵的石脑油,降低生产成本。

② 减轻转化催化剂积炭,有利用转化催化剂的长周期运行。

③ 有利于转化炉管物流均匀分布,使转化炉管负荷均匀。

☞ **12. 原料氢碳比与产氢率的关系是怎样的?**

**答**:从烃类水蒸气转化的化学反应可以看出,一种烃类的理论产氢量应该为烃中的氢加上每个碳原子变成 $CO_2$ 时从水中所获得的两个氢分子。因此,在碳原子数相同的情况下,氢碳比越大,理论产氢量就越高,故 $CH_4$ 就是氢碳比最高的制氢原料,实际生产中应该选择氢碳比高的原料。表 2-4 给出了氢碳比与标准状态下理论产氢量的关系。

表 2-4 烃类氢碳比与理论产氢量的关系  $m^3/kg$

| H/C | 2 | 2.2 | 2.4 | 2.6 | 2.8 | 3.0 | 3.2 | 3.4 | 3.6 | 3.8 | 4.0 |
|-----|---|-----|-----|-----|-----|-----|-----|-----|-----|-----|-----|
| 理论产氢量 | 4.80 | 4.89 | 4.98 | 5.06 | 5.15 | 5.23 | 5.3L | 5.38 | 5.46 | 5.53 | 5.60 |

☞ **13. 石油化工厂各种干气作为制氢原料时应如何处理?**

**答**:根据转化催化剂对于原料中的烯烃、杂质含量的要求,各种干气应做如下预处理:

(1)烯烃<1%:根据干气中不同烯烃含量可采用不同烯烃饱和工艺将烯烃降至1%以下。

（2）总硫<0.5mg/m³：通过"干法"脱硫，即有机硫加氢转化+氧化锌脱硫工艺使干气中总硫<0.5mg/m³。在干气中总硫含量低于100~150mg/m³时，"干法"脱硫才较为经济。

（3）氯<0.5mg/m³：一般情况下干气中不含氯，可不设置脱氯罐，但国内部分装置出现过转化剂氯中毒现象。因此即使干气分析数据中不含氯，也应设置脱氯剂，避免转化催化剂氯中毒。

（4）砷<1μg/m³：一般情况干气不含砷，可不设置脱砷剂。即使干气含有微量砷，由于钴钼加氢催化剂具有微量砷脱除能力，因此不必专门设置脱砷剂。

☞ **14. 加氢催化剂反应的基本原理是什么？**

**答：**一般以钴钼加氢催化剂或镍钼加氢催化剂作为加氢脱硫的催化剂。在一定的温度（一般为350~400℃）及有 $H_2$ 存在的条件下，原料中的有机硫在催化剂的催化作用下，与氢气发生反应，将有机硫转化成主要以 $H_2S$ 形式存在的无机硫；无机硫再由其他脱硫剂（如 ZnO）吸收，原料中含有的烯烃也能被加氢饱和，有机氯化物被加氢生成 HCl。

有机硫的氢解反应式如下：

| | |
|---|---|
| 硫醇 | $C_2H_5SH+H_2 \longrightarrow C_2H_6+H_2S$ |
| 硫醚 | $CH_3SC_2H_5+2H_2 \longrightarrow CH_4+C_2H_6+2H_2S$ |
| | $C_2H_5SC_2H_5+3H_2 \longrightarrow 2C_2H_6+2H_2S$ |
| 噻吩 | $C_4H_4S+4H_2 \longrightarrow C_4H_{10}+H_2S$ |
| 四氢噻吩 | $C_4H_8S+2H_2 \longrightarrow C_4H_{10}+H_2S$ |
| 硫氧化碳（羰基硫） | $COS+H_2 \longrightarrow H_2S+CO$ |
| 有机氯化物 | $R—Cl+H_2 \longrightarrow R—H+HCl$ |
| 苯硫醇 | $C_6H_5SH+H_2 \longrightarrow C_6H_6+H_2S$ |
| 二硫化碳 | $CS_2+4H_2 \longrightarrow CH_4+2H_2S$ |

以上反应是加氢脱硫过程中常见的一些反应，所有的这些反应均是放热的，由于通常原料中的含硫量很低，一般加氢反应器的温升并不明显。

如果原料中含有 CO 或 $CO_2$，则还会发生 $CH_4$ 化反应。原料中若含烯烃也会发生加氢饱和反应，这两类反应是强放热反应。通常烯烃的加氢饱和反应会先于有机硫的加氢脱硫反应。如天然气含有 0.8% 不饱和烃，可使加氢催化剂床层温升高达 20℃。如果没有足够的氢气量存在，烯烃若未完全饱和就会与 $H_2S$ 反应生成不能被 ZnO 脱除的有机硫化合物。尤其是如有乙烯存在，它会聚合成高分子化合物堵塞催化剂孔隙并增大床层阻力，仅 $200\mu L/L$ 的乙烯就会迫使装置在运行数月后更换新催化剂。如果原料中含有氧，氧会与硫化氢生成不被 ZnO 吸收的 $SO_2$。其反应式如下：

CO 及 $CO_2$        $CO+3H_2 \Longrightarrow CH_4+H_2O$

$$CO_2+4H_2 \Longrightarrow CH_4+2H_2O$$

烯烃          $RCH \Longrightarrow CHR'+H_2 \longrightarrow RCH_2 \text{—} CH_2R'$

脱氧          $O_2+2H_2 \longrightarrow 2H_2O$

硫化氢       $2H_2S+3O_2 \longrightarrow SO_2+2H_2O$

☞ **15. 烯烃加氢工艺方案有几种？**

**答**：焦化干气或催化干气制氢气作为制氢原料需要解决的主要问题是烯烃饱和问题。由于烯烃加氢反应是一个强放热反应，从催化剂耐热性能来讲，加氢过程操作温度有限制（小于 400℃），因此要使烯烃加氢转化反应顺利进行，需要合理选择烯烃加氢工艺以及与此配套低温性能良好的加氢催化剂。目前国内烯烃加氢工艺主要有：绝热加氢工艺、绝热循环加氢工艺、等温-绝热加氢工艺、变温加氢工艺以及分段加氢工艺。

☞ **16. 绝热加氢工艺的特点是什么？**

**答**：烯烃绝热加氢工艺是国内目前处理低烯烃制氢原料的主要工艺，采用固定床反应器，其工艺路线与制氢装置传统的加氢工艺相同，只是操作温度和使用的催化剂不同。该工艺在应用初期，国内加氢催化剂主要以 T201 为主，由于其低温活性高、烯烃加氢活性低、使用温度范围窄（304～390℃），在加氢工程中，一般要求制氢原料中的烯烃含量不可过高（2%以下）。因此，在采用混合进料时混入的焦化干气或催化裂化干气的量很少，使得焦化干气的利用受到限制。在具体的工业应用中，可以单独采用焦化干气作原料，或者采用不含烯烃的原料如天然气、加氢干气以及重整干气等，与高烯烃含量的焦化干气或催化裂化干气以一定的比例混合，使混合气体中的烯烃含量适应于选定的加氢催化剂的使用要求。该工艺流程简单，利用固定床加氢反应器即可进行。随着新型低温性能良好的加氢催化剂的开发成功，目前该工艺已在国内制氢装置，尤其是老制氢改造中广泛使用，取得了良好的经济效益。该工艺由于受到混合气体烯烃含量的限制（一般小于6.5%），因此，焦化干气或催化裂化干气的使用量受到限制，不足以最大程度地利用廉价的焦化干气或催化裂化干气。目前，国内制氢装置改造中，比较常用的是加氢干气和焦化干气的混合进料，加氢干气和催化裂化干气的混合进料改造还很少见。图2-1为绝热加氢工艺流程。

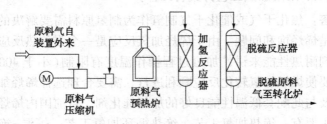

图2-1　绝热加氢工艺流程

☞ **17. 绝热循环加氢工艺的特点是什么？**

**答**：绝热循环加氢工艺是绝热加氢工艺的延伸，其基本原理就是将加氢反应器出口的不含烯烃的反应产物经冷却压缩后返回到反应器入口，调节烯烃含量（小于6.5%）从而有效地控制反应过程的温升。从理论上讲，该工艺可以使用高烯烃含量的气体如催化裂化干气作原料，而且烯烃含量没有限制。但随着烯烃含量的提高，循环气体量加大，原料预热炉的热负荷增多，投资增多，能耗增加。因此，在使用该工艺时，应权衡原料的烯烃含量与装置经济性的关系。该工艺的特点是可以使用高烯烃含量的气体，但由于增加了循环气的冷却和压缩过程，因此，投资增加较多，操作费用也有所增加。特别是循环气压缩机，由于压缩比较小，为压缩机的选型带来很大困难。因此，目前该工艺尽管在美国、日本、巴西等国家中使用较多，但在国内应用较少，只有安庆化肥厂采用此工艺，用催化裂化干气代替轻油作为合成氨原料。图 2-2 为绝热循环加氢工艺流程。

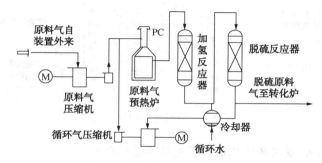

图 2-2　绝热循环加氢工艺流程

☞　**18. 等温绝热加氢工艺的特点是什么？**

　　**答**：等温绝热加氢工艺是在绝热加氢工艺的基础上，针对绝热加氢工艺存在的问题，而开发的一种不受原料中烯烃含量限制的全新烯烃加氢工艺。与此配套的催化剂为 JT-4 等温加氢精制催化剂。该工艺采用等温列管式反应器直接取走反应热，反应器列管内装填催化剂，管外为饱和水，类似于低压管式甲醇合成反应器。当原料气通过反应器进行加氢反应时，放出的反应热被管外的饱和水连续吸收产生饱和蒸汽，从而有效地控制反应温升，管程反应温度一般为 240~270℃。由于出等温列管式反应器的气体温度较低，受烯烃加氢平衡转化率的限制，出口气体中的烯烃体积分数仍较高，为1%~2%，还不能满足转化催化剂的要求；同时原料中的有机硫和有机氯还不能完全转化为无机硫和无机氯。因此，在等温列管式反应器之后，还需设置一台绝热反应器，继续进行烯烃加氢和有机硫的转化反应。为了提高氧化锌的利用率，进氧化锌脱硫反应器的温度应提高到360~380℃，该温度的提高可以通过调节进入绝热反应器的烯烃含量来实现，工艺流程见图2-3所示。

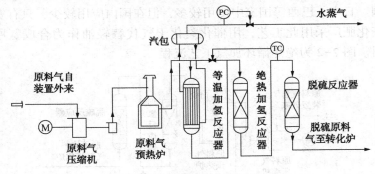

图2-3　等温绝热加氢工艺

☞　**19. 变温烯烃加氢工艺的特点是什么？**

　　**答**：变温加氢工艺由一台列管式加氢反应器和一台氧化锌脱硫反应器组成，取消了等温绝热加氢工艺中的绝热反应器。列管式加氢反应器管程和壳程温度均是变化的，谓之变温。该反应器的壳程取热介质可以采用市售的导热油或加氢精制装置的柴油。壳程入口温度为220~230℃，出口温度根据导热油的不同可以控制在310~350℃，管程入口温度为220~230℃，出口温度控制在340~380℃，满足氧化锌的脱硫温度要求。催化剂可以采用JT-4与JT-1G组合加氢精制催化剂。

　　反应气体温度通过调节导热油的流量来控制。就导热油的冷却方式而言，采用水冷方案时，由于导热油温度较高，循环水容易结垢，采用空冷方案时，由于导热油温度较高，加大了空冷的设计难度，而且温度不易控制。因此，这两种方式均不易采用，通常可以采用发生蒸汽以及与其他冷流介质换热的方式。采用发生蒸汽的方案时，取热后导热油可以发生低压蒸汽或高压蒸汽，因此，导热油的冷后温度容易控制，设计也较简单，更重要的是不受外界环境的制约，装置操作的独立性强，见图2-4所示。

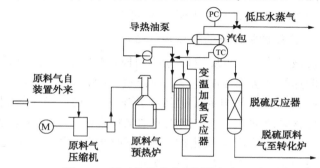

图2-4　用于发汽的变温烯烃加氢工艺

采用其他冷流介质换热的方案时，由于制氢装置一般与加氢裂化或加氢精制装置组成联合装置，导热油可以采用加氢裂化或加氢精制装置生产的柴油，取热后的柴油可以与加氢裂化或加氢精制装置的其他介质换热，然后再返回制氢装置。该方案的特点是冷后柴油的温度也容易控制，流程更简单，投资也较少，但容易受其他装置的制约，操作灵活性将低，见图2-5所示。

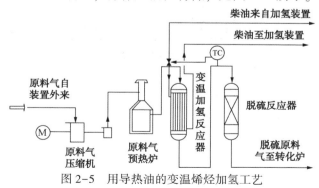

图2-5　用导热油的变温烯烃加氢工艺

因此在实际方案的选择时，可以根据具体情况灵活采用。变温加氢工艺的特点：（1）流程简单，与等温绝热加氢工艺相比，可以省掉一台绝热反应器，降低了装置投资；（2）由于取热介质采用压力较低的导热油，因此，列管式加氢反应器的壳程设计压力大大降低，设计难度降低，设备造价也降低，可以充分发挥加氢催化剂的高温活性；（3）操作简单可靠。

**20. 分段加氢工艺的特点是什么？**

答：该工艺将加氢反应器分成两段（或多段），用分段进料或段间取热的办法来控制各段反应温度。目前该工艺应用不多，其主要原因：炼厂气组成受上游生产装置原料、操作等因素影响，烯烃含量波动大，气体组成波动又将直接影响加氢反应器正常运行。同时每段床层催化剂空速如何确定，也是该工艺的难点。两段加氢工艺流程见图 2-6 所示。

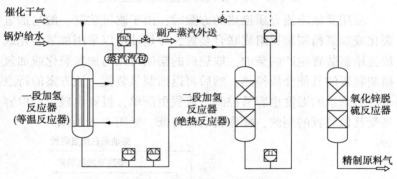

图 2-6　两段加氢工艺流程

28

# 第三章 脱毒部分

☞ **1. 制氢原料为什么要脱硫？一般轻油中含有哪几种硫化物？**

**答：**制氢原料中硫化物对制氢过程中使用的一系列催化剂都有毒害作用，尤其对转化催化剂和甲烷化催化剂的毒害更加明显。通常低变和甲烷化催化剂硫容极限为 0.5%，而蒸汽转化用镍催化剂为 0.3%~0.5%，超过这个极限将造成催化剂的失活。

在制氢中使用的轻油，因其原油产地不同，通常含有不同数量和不同形态的硫化物。硫化物一般分为无机硫化物和有机硫化物。在一般轻油中，绝大部分是有机硫化物，据报道，有 77 种不同硫化物，其中 36 种为硫醇类，23 种直链硫醚类，18 种为环状硫醚和噻吩类。此外还含有一定量的二硫化物和硫氧碳。原料油中硫含量和形态不同将直接影响脱硫精度，应采用不同的流程和操作方法以满足其需要。

☞ **2. 钴钼加氢催化剂对加氢脱硫有什么作用？其反应式如何？**

**答：**轻油中的有机硫化物在钴钼催化剂存在下与氢反应，转化为硫化氢和烃，生成的硫化氢再被氧化锌吸收，以使硫化物脱除。

其主要反应方式：

$$RSH+H_2 = RH+H_2S$$
$$RSR'+2H_2 = RH+R'H+H_2S$$
$$RSSR'+3H_2 = RH+R'H+2H_2S$$
$$C_4H_4S+4H_2 = C_4H_{10}+H_2S$$
$$COS+H_2 = CO+H_2S$$
$$CS_2+4H_2 = CH_4+2H_2S$$

此处 R 和 R′代表烷基。

这些反应都是放热反应,平衡常数很大。因此,只要反应速度足够快,有机硫的转化是很完全的。钴钼催化剂还能使烯烃加氢成饱和烃,有机氮化物也可在一定程度上转化成氨和饱和烃类。以上反应是加氢脱硫过程中常见的一些反应,所有的这些反应均是放热的。可是由于通常原料中的含硫量很低,一般制氢装置的加氢反应器温升并不明显。

如果原料中含有 CO 或 $CO_2$,则还会发生甲烷化反应。原料中若含烯烃也会发生加氢饱和反应。这两类反应是强放热反应。通常烯烃的加氢饱和反应会先于有机硫的加氢脱硫反应,如天然气含有 0.8% 不饱和烃,可使加氢催化剂床层温升高达 20℃。如果没有足够的氢气量存在,烯烃若未完全饱和就会与 $H_2S$ 反应生成不能被 ZnO 脱除的有机硫化合物。尤其是如有乙烯存在,它会聚合成高分子化合物堵塞催化剂孔隙并增大床层阻力,仅 $200\mu L/L$ 的乙烯就会迫使装置在运行数月后更换新催化剂。如果原料中含有氧,氧会与硫化氢生成不被 ZnO 吸收的 $SO_2$。其反应式如下:

CO 及 $CO_2$         $CO+3H_2 =\!=\!=\!= CH_4+H_2O$

$$CO_2+4H_2 =\!=\!=\!= CH_4+2H_2O$$

烯烃        $RCH =\!= CHR'+H_2 \longrightarrow RCH_2—CH_2R'$

脱氧        $O_2+2H_2 \longrightarrow 2H_2O$

硫化氢        $2H_2S+3O_2 \longrightarrow SO_2+2H_2O$

☞ **3. 一般加氢脱硫的氢油比为多少?氢油比的高低对反应及设备有何影响?**

**答:**一般加氢脱硫的氢油比( $H_2$/油)为 80~100(体积比)。加氢转化速度与氢分压有关,增加氢油比,即提高氢分压,不但能抑制催化剂的积炭,还有利于氢解过程的进行。相反烃类的分压增加,由于烃类在催化剂表面被吸附,从而减少了催化剂表面积,抑制氢解反应。

所以通常氢油比高，有利于氢解反应进行，但动力消耗增大，对于汽提流程（如氢不考虑循环使用），则脱硫费用加大。氢油比过低，脱硫达不到要求，不能满足后工序的工艺要求。

**4. 加氢反应的反应温度、压力、空速对反应有哪些影响？**

**答**：不同的使用条件如温度、压力、空速、$H_2$/油等，将直接影响脱硫精度，故选择合适的操作条件，对提高有机硫化物的加氢转化极为重要。

（1）钴钼催化剂进行加氢脱硫时，操作温度通常控制在350~400℃范围内，当温度低于320℃，加氢效果明显下降，温度高于420℃以上催化剂表面聚合和结炭现象增加。

（2）由于有机硫化物在轻油中含量不高，故压力对氢解反应影响不大，考虑到整个工艺流程的要求，通常控制在3.5~4MPa。

（3）空速对加氢反应有较大的影响，在工厂使用条件下，该反应属内扩散控制，如增加空速，则原料氢在催化剂床层中停留时间缩短，含有机硫化物的原料未进入内表面，即穿过催化剂床层，使反应不完全，同时降低了催化剂内表面利用率，所以欲使原料油中有机硫达到一定的加氢程度，要在一定的低空速下运行。但考虑到设备生产能力，在保证出口硫含量满足工艺要求条件下，通常均采用尽可能高的空速，一般轻油的空速范围为1~6$h^{-1}$。

**5. 加氢催化剂主要有哪些型号？其主要成分和性能如何？**

**答**：目前国内使用的钴钼加氢催化剂，有国产的，如T201型和T203型。在原始开车阶段采用引进的C49型和CMK-2型，目前T201型催化剂的各项性能已赶上或超过了国外同类产品。

最近正在开发适用于200~250℃低温型钴钼催化剂，另外用在不同温域和不同油品的钴钼加氢催化剂系列产品也会出现。

此外有些制氢过程还采用镍钴钼加氢，主要型号有JT-1焦化干气加氢脱硫催化剂和3665等，在一些焦炉气制氢上采用铁钼催化剂加氢脱硫，主要脱硫剂型号见表3-1。

表 3-1 国内使用过的钴钼加氢催化剂一览表

| 国名 | 型号 | 主要成分 | 黏度/(Pa·s) | 堆密度/(kg/L) | 比表面积/(m²/g) | 温度/℃ | 压力/MPa | 空速/h⁻¹ | 入口硫/(μg/g) | 出口硫/(μg/g) | 处理范围 |
|------|------|----------|-------------|---------------|-----------------|--------|----------|----------|---------------|---------------|----------|
| 中国 | T201 | CoO2.3% MoO₃11%~13% | φ3×4 ~10 条 | 0.8±0.05 | 160~200 | 320~420 | 3~4 | 1~6 | 180~210 | 有机硫 <0.3 | 天然气 轻油 |
| 中国 | T203 | CoO1.1% MoO₃6.66% | φ3×3 ~8 条 | 0.7~0.8 | 170~200 | 350~400 | | | | | |
| 美国 | C49-1 | CoO MoO₃ | φ8"条 | 0.58 | 204 | 350~400 | 0.7~5 | 1~10 | | | C₄以上 轻油 |
| 丹麦 | CMK-2 | CoO MoO₃ | φ2~5 球 | 0.8~0.85 | 200 | 350~400 | 1~4 | 0.2~5 | | | 天然气 轴油 |

32

☞ **6. 如何选用加氢催化剂?**

目前国内已在工业上使用过的加氢转化催化剂的活性组分有八种类型,其中适应性最广的当属钴钼催化剂,它可用于以天然气、油田气、炼厂气及轻油为原料的制氢装置。铁锰催化剂可用于有机硫组分较简单的天然气和油田气,它具有转化和吸收双重功能。铁钼催化剂则适用于以焦炉气为原料。常用部分催化剂的适用范围见表3-2。

表3-2 各种加氢转化催化剂适用范围

| 催化剂种类 | T201 | T203 | T205 | JT-1 | JG-10 T205A | JT-4 T205A-1 |
|---|---|---|---|---|---|---|
| 适用范围 | 天然气 轻油 | 天然气 轻油 | 天然气 加氢干气 焦化干气 轻油 | 水煤气等 | 焦化 干气等 | 催化干气 焦化干气等 |

☞ **7. 氧化锌脱硫剂的脱硫机理是什么?**

答:氧化锌之所以是一种高效脱硫剂是由于它和硫有很强的亲和力,生成的硫化锌十分稳定。氧化锌脱硫一般认为有两种机理:一种是吸收机理,即氧化锌与硫化氢和简单的低分子有机硫化物的反应是一种吸收过程。

$$ZnO+H_2S \Longrightarrow ZnS+H_2O$$

该反应的热力学平衡常数很大,所以实际上反应是不可逆的。

$$COS+ZnO \Longrightarrow CO_2+ZnS$$

$$C_2H_5SH+ZnO \Longrightarrow C_2H_5OH+ZnS$$

$$CS_2+2ZnO \Longrightarrow CO_2+2ZnS$$

这些反应都是吸收了硫化物中的硫。

另一种是转化机理,即一些有机硫化物在一定温度下,由于氧化锌和硫化锌的催化作用而分解成烯烃和硫化氢,这个过程基本上是一个催化剂分解反应。

在实际操作中究竟氧化锌和有机硫化物的反应依何种机理进行，不能轻易断定，因为随着反应条件和原料气的组成以及有机硫化物类型不同会出现不同的情况。

**8. 影响氧化锌脱硫的主要因素有哪些?**

**答**：在反应器已经确定的情况下，影响氧化锌脱硫的主要因素有三个方面，分别叙述如下：

(1)脱硫剂自身的特性。氧化锌脱硫剂本身的化学组成、物理结构对脱硫剂的活性有很大的影响。具体表现在 ZnO 含量、强度、磨耗、孔径、孔容、孔的分布及比表面上。但这些质量指标是相互制约的。因此要全面、均衡去考虑选择理想的脱硫剂。

T305 型氧化锌脱硫剂，既考虑到脱硫剂的活性，又考虑到其强度，在技术上的突破点是采用了具有高活性的原料，优化的工艺制备。产品具有较大的比表面积，最佳的孔容、孔径和孔分布，因而显示了良好的性能。

(2)操作条件的影响。

① 反应温度。有机硫加氢转化是放热反应，降低温度有利于转化反应，温度越低，有机硫的平衡浓度越低。但因为加氢转化反应的平衡常数较大，从提高反应速度考虑，反应要在较高温度下进行，因此实际选用的操作温度一般为 340～390℃。对于含钛载体的加氢催化剂因其低温活性较佳，可选择较低的操作温度。温度对于加氢反应速度的影响并非直线关系，当低于 350℃时，提高反应温度后，反应速度明显增大，但当高于 370℃时，继续提高温度影响已不明显。如温度超过 400℃时，就有可能产生聚合结焦反应(尤其对 $C_7$ 以上的大分子烃)。当温度超过 420℃以上时可能发生析炭反应，放出大量的热使催化剂床层飞温，损坏催化剂和设备。因此，应严格控制反应温度，特别是对于含不饱和烃较多或碳氧化物含量较高的原料，反应器入口温度不能太高。

② 操作压力。一般加氢反应所得产物，其总分子数稍有减少，因此，提高压力有利于反应向生成物方向进行。

③ 氢分压。氢分压对反应过程的影响很大，它既影响反应平衡又影响反应速度。同时提高压力可以抑制结焦反应的发生，有利于保护催化剂的活性和延长催化剂的使用寿命。加氢反应速度随氢分压的增大而增大，因此在加氢过程中必须保持一定的氢分压。但由于硫等杂质在原料中含量较少，实际耗氢量很少，因此，实际生产时不要求过高的氢烃比，以免动力消耗增大或降低装置生产效率。

④ 空速。空速对氢解反应的影响也较大，由于反应过程由内扩散控制，空速太高，原料烃在催化剂床层中停留时间缩短，降低了催化剂的内表面利用率，使加氢反应不完全。

（3）硫化物的类型和浓度影响。总之，硫化氢比有机硫化物反应速度快，简单的有机硫比复杂的反应速度快。另外，原料中含硫化合物的浓度超过一定范围对反应有明显的影响。

☞ **9. 国内氧化锌脱硫剂主要有哪些型号？其主要成分如何？性能是怎样的？**

**答**：钴钼加氢转化催化剂是硫化物氢解最广泛使用的催化剂，其主要成分是 $\gamma$-$Al_2O_3$ 担载的 $CoO$ 和 $MoO_3$，其活性金属是 $Co$ 和 $Mo$。这种载体具有很高的孔隙率，比表面积在 $200 \sim 400m^2/g$，一般钴钼加氢催化剂的组成见表 3-3。

表 3-3 典型的钴钼加氢催化剂的组成

| 项 目 | 数 据 | 项 目 | 数 据 |
|---|---|---|---|
| CoO | 4.0%（质量分数） | 堆密度 | 0.6kg/L |
| $MoO_3$ | 12.0%（质量分数） | 比表面积 | $220m^2/g$ |
| $SiO_2$ | 1.0%（质量分数） | 孔隙体积 | 0.6mL/g |
| $Al_2O_3$ | 余量 | | |

近年来国内生产了以 $\gamma$-$Al_2O_3$ $TiO_2$ 和 $TiO_2$ 为载体的钴钼加氢催化剂，用于处理含烯烃较高的焦化干气和催化干气等，使用效果也非常好。

国内经常用于制氢装置上的仅有几种，见表 3-4。

表3-4 国内常用钴钼加氢转化催化剂

| 型号 | T201 | T203 | T205 | JT-1 | JT-10 | JT-4 |
|---|---|---|---|---|---|---|
| Co质量含量/% | 1.5~2.5 | 1.1 | 1.2~1.5 | | | |
| $MoO_3$质量含量/% | 11~13 | 7~9 | 7~9 | | | |
| 载体 | $\gamma-Al_2O_3$ | $\gamma-Al_2O_3$ | $TiO_2$ | $\gamma-Al_2O_3$ | $\gamma-Al_2O_3$ | $\gamma-Al_2O_3 \cdot TiO$ |
| 外形尺寸/mm | φ3×(4~8)条 | φ3×(3~8)条 | φ3×(5~10)条 | φ2~4条 | φ2~4条 | φ2.5×(4~10)三叶草 |
| 堆密度/(kg/L) | 0.65~0.75 | 0.7~0.8 | 0.8~1.0 | 0.75~0.85 | 0.75~0.85 | 0.70~0.85 |
| 侧压强度/(N/cm) | ≥80 | | ≥80 | ≥50(点) | ≥50(点) | ≥60 |
| 使用压力/MPa | 3~4 | 2.0(评价条件) | 常压~3.0 | 常压~2.0 | 1.0~5.0 | 1.8~5.0 |
| 使用温度/℃ | 320~400 | 350(评价条件) | 250~400 | 200~300 | 22~280 | 250~300 |
| 气空速/$h^{-1}$ | 1000~3000 | | 1000 | 500~2000 | 1000~1500 | <1000 |
| 液空速/$h^{-1}$ | 1~6 | 1~5(评价条件) | | | | |
| 氢/油(体积比) | 60~100 | 200(评价条件) | 100~200 | >100 | <200 | <200 |
| 入口有机硫/(μL/L) | 100~200 | 噻吩转化率≥60%(评价条件) | 噻吩转化率>94% | 有机硫转化率>96% | | |
| 出口有机硫/(μL/L) | <0.1 | | | | <0.5 | <0.5 |
| 适用场合 | 天然气、轻油 | 天然气、轻油 | 天然气等 | 水煤气等 | 焦化干气等 | 焦化干气等，催化干气等 |

钴钼催化剂是使用最广泛的氢解催化剂，但它在氢气和 $CO_2$ 浓度很高的条件下可能促进甲烷化反应，放出大量的热量，使反应器床层会有很高的温升，故不能使用。在这种情况下，可以采用镍钼催化剂。镍钼催化剂的性能与钴钼催化剂相似，硫化后的镍钼催化剂引发甲烷化反应的可能性要小得多，但促进加氢裂化的能力更强。用于烯烃和有机硫选择加氢的 T205A 型加氢催化剂就是 Mo-Ni 型。该催化剂适用于富焦化干气、催化裂化干气等炼厂气为制氢原料的烯烃饱及有机硫加氢转化。其物化性质及操作条件见表 3-5。

表 3-5 T205A 催化剂物化性质及操作条件

| 外形 | 条状或三叶草型 | 反应温度/℃ | 220~400 | | |
|---|---|---|---|---|---|
| 外观 | 淡黄色 | 反应压力/MPa | 2.0~3.0 | | |
| 公称尺寸/mm | φ2.8×3~10 | 空速/h⁻¹ | <1000 | | |
| MoO₃/%(质量分数) | 7.0~9.0 | 活性 | 进口烯烃<8%(体积分数) | | |
| NiO/%(质量分数) | 2.0~3.5 | | 出口烯烃<0.1%(体积分数) | | |
| 比表面积/(m²/g) | ≥100 | | 进口有机硫<200μg/g | | |
| 孔容/(mL/g) | ≥0.20 | | 出口有机硫<0.5μg/g | | |
| 径向破碎强度/(N/cm) | ≥70 | | | | |
| 磨耗/%(质量分数) | ≤3 | | | | |
| 堆积密度/(g/mL) | 0.85~0.95 | | | | |

除了上述钴钼和镍钼催化剂外，在制氢装置上还使用过铁锰催化剂、铁钼催化剂、镍钴钼催化剂，其中镍钴钼催化剂主要用于较复杂体系(如焦化干气)。在这类气体的加氢处理中，既要有良好的有机硫加氢性能和烯烃加氢性能，又要抑制甲烷化反应的发生和进行，同时还必须具有较低的起活温度以便吸收烯烃加氢饱和过程所释放的大量热。

长期以来，加氢脱硫催化剂都是以 $\gamma$-$Al_2O_3$ 为载体，近年来工业上开始使用以 $TiO_2$、$TiO_2$-$Al_2O_3$ 为载体的加氢脱硫剂。这种催化剂的加氢脱硫反应的活性和选择性比以 $\gamma\text{-}Al_2O_3$ 为载体的同类催化剂高，且具有非常好的低温活性，在相同的转化率下，反应温度可降低 50~80℃。原料中的 CO 和 $CO_2$ 也无需预先除去。当原料中含硫量低时也无失硫现象，不需补硫。

如 T205A-1 型加氢催化剂就是以 $TiO_2$ 为载体，镍（NiO）、钼（$MoO_3$）、钴（CoO）为活性组分。该剂特点是起活温度<180℃，可允许（$CO+CO_2$）含量≥10%，$O_2$≥2%原料使用，最适用于含烯烃含氧化物等劣质气体烃类的烯烃饱和及有机硫加氢转化。其物化性质见表 3-6。常用催化剂的适用范围见表 3-7。

表 3-6　T205A-1 型加氢催化剂物化性质及操作条件

| 形状 | 条状或三叶草型 | 反应温度/℃ | 180~400 |
|---|---|---|---|
| 外观 | 淡黄色 | 反应压力/MPa | 2.0~3.0 |
| 公称尺寸/mm | φ2.8×3~10 | 空速/h$^{-1}$ | <1000 |
| $MoO_3$/%（质量分数） | 7.0~9.0 | 活性 | 进口烯烃<22%（体积分数） |
| CoO/%（质量分数） | 0.8~1.2 | | 出口烯烃<0.1%（体积分数） |
| NiO/%（质量分数） | 2.0~3.5 | | 进口有机硫<200μg/g |
| 比表面积/（m$^2$/g） | ≥100 | | 出口有机硫<0.5μg/g |
| 孔容/（mL/g） | ≥0.20 | 活性指的是经 T205A-1/T205 搭配二段加氢后的指标 | |
| 径向破碎强度/（N/cm） | ≥70 | | |
| 磨耗率/%（质量分数） | ≤3.0 | | |
| 堆积密度/（g/m$^3$） | 0.85~0.95 | | |

表 3-7　常用部分催化剂的适用范围

| 催化剂种类 | T201 | T203 | T205 | JT-1 | JG-10 T205A | JT-4 T205A-1 |
|---|---|---|---|---|---|---|
| 适用范围 | 天然气 轻油 | 天然气 轻油 | 天然气 加氢干气 焦化干气 轻油 | 水煤气等 | 焦化干气等 | 催化干气 焦化干气等 |

☞ **10. 脱硫系统如何开车？**

**答：**（1）开车之前的脱硫剂过筛和装填。氧化锌脱硫剂是强度较差的催化剂，由于在运输过程中会产生粉尘，故装填之前必须过筛。装填催化剂落高不得大于 0.5m，装填后再以氮气吹除，到无粉尘为止。

装填工作要求十分认真和细致，尽量避免在反应器内再次产生粉尘，要求装填均匀平整，防止粉碎、受潮。勿在催化剂上直接踩踏，否则会造成运转时气流分布不均匀，形成沟流，使脱硫剂使用效率降低。

（2）开车时要严格遵守操作规程。系统以氮气或其他惰性气体吹净置换后，开始升温，升温时可用氮气、氢氮气、合成气或天然气进行。

升温速度在 120℃ 以前为 30～60℃/h，120℃ 恒温 1h 后继续升至 220℃，按钴钼催化剂预硫化条件（参见 39 题）进行边升温边预硫化，至需要温度，速率为 20～30℃/h，恒温 1h。

在恒温过程中即可逐步升压，每 10min 升 0.5MPa，直至所需操作压力。

升温、升压结束后，先进行 4h 左右半负荷生产，以调整温度、压力、空速、氢油比，逐步加到满负荷，并转入正常操作。

若先加压后升温亦需严格按上述要求进行控制。因为升压过猛，会因应力作用而使脱硫剂粉化。

脱硫系统使用后期，可适当提高操作温度，以提高脱硫剂的活性。

☞ **11. 脱硫系统如何停车？**

**答：**正常停车程序是这样进行的，先将负荷减至 30% 左右，以 50℃/h 速度降温至 250℃ 以下，以 0.5MPa/h 降压至 1.5MPa，不能过快，以免损坏催化剂。此时停止进料，以氮气吹扫系统 1h，关闭进出口阀，维持系统正压不低于 0.1MPa，让其自然降温。或者随着转化等后工序系统减量，降温直至停车吹除。

☞ **12. 如果大检修或长期停工，对加氢催化剂和氧化锌脱硫剂如何保护？**

答：首先以氮气吹扫，置换系统中的油气，然后在反应器进出口打上盲板，并以氮气维持系统正压使其不低于 0.1MPa，催化剂反应器可降至室温并避免水或蒸汽的进入，防止催化剂粉化。

☞ **13. 短期停工或临时停工，如何保护加氢催化剂和脱硫剂？**

答：如果是短期临时停车，可切断原料气用气，氮气保温、保压，注意防止水和水蒸气的进入，以防脱硫剂粉化。

☞ **14. 如果转化突然停工，脱硫系统应采取哪些紧急措施？**

答：(1) 如果转化突然停工，处理事故的原则是为了防止转化催化剂的结炭，需将脱硫系统循环阀打开，将油气经水冷变成轻油送回原料缓冲罐，系统保温，适当降压，以防止油气继续进入转化炉造成催化剂结炭。

(2) 如果转化系统不能很快恢复，可用氮气吹除反应器中的油气后对系统保压、保温，待命开工。

(3) 停工后再开工，可按正常开工进行，为了防止催化剂的还原(尤其在 250℃ 以上)可用氮气(或惰性气)循环升温，升至操作温度，待转化催化剂还原完毕后，即可进料。对原料为气态烃的流程直接用惰性气体或工艺气体进行升温。如果需要采用加氢气源升温，则应在超过液态烃类的露点温度 20℃，方可通入原料烃，然后继续升温至操作温度。

(4) 事故停工注意事项。事故停车原因很多，因此不可能给出一个统一停工程序，为使催化剂和设备不受损坏，在操作上需注意如下几点：

① 反应器内温度高于 200℃ 时，降温速度超过 50℃/h 不但对催化剂强度活性有害，而且对设备的寿命也是不利的。

② 反应器温度高于 200℃ 时，加氢脱硫反应器可承受氢气的

短时中断(只限几分钟)，如断氢时间延长将会引起催化剂结炭，甚至可严重到需要对催化剂进行再生或更换的地步。

③ 催化剂与硫和氢气长期接触，在高于250℃时，可能被还原，导致活性丧失。

**☞ 15. 钴钼加氢反应在什么情况下会发生超温？应如何处理？**

**答**：钴钼加氢反应的适宜温度控制在350~400℃，只要转化率能达到要求，催化剂使用初期温度一般不宜控制太高，这样有利于抑制催化剂的初期结炭。钴钼催化剂在加氢反应中严格控制原料中含有烯烃量。烯烃加氢是放热反应，会使床层温度升高。因此，在实际操作中，床层最高温度通常控制在420℃以下，同时要严格控制烯烃的含量，以避免超温烧坏设备和造成催化剂严重结炭而失活。如果发生超温事故，应立即减负荷或切换惰性原料，以30℃/h的速度降温。

**☞ 16. 为什么要对加氢催化剂进行预硫化？其反应机理如何？**

**答**：对钴-钼-氧化铝催化剂而言，$Al_2O_3$和单一活性组分的金属氧化物是不是显活性或仅能显示较小活性。催化剂的最佳活性组分被认为是由不可还原的钴所促进的 $MoS_2$，故催化剂在投入正常使用前，需将氧化态的活性组分先变成硫化态的金属硫化物，通常称做预硫化。我国曾进行了以高沸点轻油为原料的钴钼催化剂预硫化与不预硫化的活性比较试验，发现二者的活性差异很大，未经预硫化的钴钼催化剂转化出口有机硫高达6μL/L以上，而经赤预硫化的钴钼催化剂转化出口有机硫小于1μL/L。

某些以含硫低、硫形态简单的天然气和低沸点轻质石脑油为原料的合成氨装置，因原料烃相对分子质量小，硫化合物随原料烃易于扩散到催化剂多孔结构的内表面，致使内表面利用率提高。因此，在此情况下钴钼催化剂使用时，为简化操作，有的工厂不经预硫化直接投入使用，仍能将此有机硫基本转化完全，满足工艺要求。

绝大多数情况下，由于钴钼催化剂活性组分经硫化后，能增强催化剂的加氢转化能力，这对沸点较高、硫含量较高、硫形态较复杂的轻油加氢尤为重要，经硫化后的催化剂还能抑制催化剂结炭速度。故通常认为催化剂不经硫化过程直接投入使用是不合理的使用方法，因为它将影响催化剂的使用寿命和最佳初活性的发挥。

硫化是用易于分解的硫化物(如二硫化碳、二甲基硫醚、二甲基二硫)，甚至直接用硫化氢进行的。

当以硫化氢为硫化剂，其反应为：

$$MoO_3 + 2H_2S + H_2 \Longrightarrow MoS_2 + 3H_2O$$
$$9CoO + 8H_2S + H_2 \Longrightarrow Co_9S_8 + 9H_2O$$

若用二硫化碳为硫化剂，其反应为：

$$MoO_3 + CS_2 + 5H_2 \Longrightarrow MoS_2 + CH_4 + 3H_2O$$
$$9CoO + 4CS_2 + 17H_2 \Longrightarrow Co_9S_8 + 4CH_4 + 9H_2O$$

预硫化过程可以用 $N_2$、氢气、$CH_4$ 或直接用原料气作为携热载体。目前大多使用 $N_2$ 或氢气，掺入加氢装置的低分气等含硫化氢的酸性气，一般是在预处理部分形成一个循环回路，损失的部分从循环回路外补足。硫化前首先要进行升温脱水，脱除催化剂中所带的水分，当反应器入口温度达到 180℃后逐步配入氢气和硫化剂，硫化介质中的硫含量一般控制在 0.5%~1.0%(体积分数)的范围内，随后边升温边硫化直至达到 230℃床层温度恒温，按理论吸硫量加完硫化剂，直到加氢反应器的出口和入口 $H_2S$ 浓度相等为止。硫化氢穿透催化剂床层后，230℃恒温结束后，可继续提温进一步硫化。

☞ **17. 钴钼催化剂的硫化如何进行？常用的硫化剂是什么？采用什么操作条件？**

**答**：新鲜的钴催化剂活性组分均以氧化态存在。在硫化过程中，并不是所有的钴钼氧化物都立即变成 $MoS_2$ 和 $Co_9S_8$，实际上钴钼氧化物中的氧随着硫化反应的进行而逐渐地为硫所取代。一般可分为三个阶段：第一阶段硫化合物与催化剂上的活性组分反应十分迅速，尾气含硫较低；随后尾气中硫含量逐渐升高，此时视为第二阶段开始，在这过程，金属组分进一步被硫化；当尾气中 $H_2S$ 达到稳定值，并不继续升高，可视为第三阶段，则硫化过程结束。

催化剂硫化的程度，通常以硫化度这一概念描述催化剂硫化进行的深度。

$$\alpha = \frac{W_O}{W_S}$$

式中　$\alpha$——硫化度；

　　　$W_O$——催化剂实际吸硫量；

　　　$W_S$——催化剂理论吸硫量。

催化剂硫化时的吸硫量与催化剂本身的钴、钼含量有关。假如催化剂经硫化后，原来 $MoO_3$ 和 $CoO$ 全部转变成为 $MoS_2$ 和 $Co_9S_8$，则催化剂理论吸硫量计算式为：

$$W_S = W_S' + W_S''$$

式中　$W_S'$——$MoO_3$ 全部变成 $MoS_2$ 的吸硫量；

　　　$W_S''$——$CoO$ 全部变成 $Co_9S_8$ 的吸硫量。

而

$$W_S' = \frac{W_c \cdot A}{143.95 \times 64}$$

$$W_S'' = \frac{W_c \cdot B}{74.9 \times 32}$$

式中　$W_c$——新鲜催化剂的质量；

　　　$A$——催化剂 $MoO_3$ 的含量，%；

　　　$B$——催化剂 $CoO$ 的含量，%。

$MoO_3$ 的相对分子质量 143.95，$CoO$ 的相对分子质量 74.9。

如知道催化剂实际吸硫量，再根据理论吸硫量计算出硫化度。根据用硫化氢对钴钼催化剂进行不同硫化度试验证明，硫化度愈高，催化剂活性愈大，通常硫化结束时，催化剂吸硫量为本身重量的5%左右。

常用的硫化剂为硫化氢、$CS_2$或其他有机硫化合物，但选用$H_2S$或$CS_2$等硫化物时，其硫化后催化剂活性最佳。一般选用$CS_2$进行硫化，这种硫化物便宜且容易控制硫化过程。

预硫化可以在下面两种情况下进行：

（1）氢氮气或氢气中配入硫化剂。预硫化条件推荐如下：催化剂床层温度升至220℃后，向原料气（氢氮气或氢气）中配入硫化剂，气体中含硫量为0.5%~1.0%（体积），空速：400~600$h^{-1}$，压力：常压或低压（<0.5MPa），边升温边预硫化（升温速度20℃/h）至正常操作温度，按催化剂理论吸硫量将含硫气体加完为止。可认为预硫化结束。

（2）在轻油（最好是轻质石脑油）中配入硫化剂。预硫化条件推荐如下：硫化剂浓度为硫含量0.5%~1.0%（质量），$H_2$油（体积比）：600，压力：0.5MPa，液空速：1.0$h^{-1}$。

当催化剂床层温度升至220℃时，开始通入硫化剂，边升温边预硫化至正常操作温度（升温速度为20℃/h），直至按理论吸硫量加完硫化剂为止。预硫化结束后，系统压力逐步升到正常操作压力，然后切换原料烃并调节温度、液空速、氢油比，逐步加到满负荷，并转入正常操作。

有的制氢装置在原始开车时，也采用中变催化剂升温还原放硫时放出的$H_2S$进行预硫化。

☞ **18. 加氢催化剂失活的主要原因是什么？**

**答**：钴钼加氢脱硫催化剂失活的主要原因有三种情况：（1）当有某种气体存在时，会造成催化剂暂时的失活，当把该气体除去后又可恢复到最初活性。（2）在催化剂上炭的生成，致使催化剂表面积减少或者堵死催化剂细孔而使活性下降。（3）催化剂再生过程中因比表面积的减小，局部过热还会引起活性物质钼的损失，还可能由于某种物质的存在(例如砷)生成了对氢解反应无活性的化合物，将造成催化剂永久性失活。在永久性失活的情况下，则需要更换催化剂。

☞ **19. 影响加氢脱硫操作条件有哪些？分别有哪些影响？**

**答**：加氢脱硫常用的操作温度为340~390℃，压力为2.5~4.0MPa；气态烃原料时气空速为1000~3000h$^{-1}$，加氢量为2%~5%；轻油原料时的液空速为1~6h$^{-1}$，氢油体积比为80~100。

影响加氢催化剂活性的因素很多。不同的操作温度、压力、空速、氢油比会直接影响原料中有机硫的转化率。

(1)反应温度。有机硫加氢转化是放热反应，降低温度有利于转化反应，温度越低，有机硫的平衡浓度越低。但因为加氢转化反应的平衡常数较大，从提高反应速度考虑，反应要在较高温度下进行，因此实际选用的操作温度一般为340~390℃。对于含钛载体的加氢催化剂，因其低温活性较佳，可选择较低的操作温度。温度对于加氢反应速度的影响并非直线关系，当低于350℃时，提高反应温度后，反应速度明显增大；但当高于370℃时，继续提高温度影响已不明显。如温度超过400℃时，就有可能产生聚合结焦反应(尤其对C$_7$以上的大分子烃)。当温度超过420℃以上时可能发生析炭反应，放出大量的热使催化剂床层飞温，损坏催化剂和设备。因此，应严格控制反应温度，特别是对于含不饱和烃较多或碳氧化物含量较高的原料，反应器入口温度不能太高。

(2)操作压力。一般加氢反应所得产物，其总分子数稍有减少，因此，提高压力有利于反应向生成物方向进行。

(3)氢分压。氢分压对反应过程的影响很大，它既影响反应平衡又影响反应速度。同时提高压力可以抑制结焦反应的发生，有利于保护催化剂的活性和延长催化剂的使用寿命。加氢反应速度随氢分压的增大而增大，因此在加氢过程中必须保持一定的氢分压。但由于硫等杂质在原料中含量较少，实际耗氢量很少，因此，实际生产时不要求过高的氢烃比，以免动力消耗增大或降低装置生产效率。

（4）空速。空速对氢解反应的影响也较大，由于反应过程由内扩散控制，空速太高，原料烃在催化剂床层中停留时间缩短，降低了催化剂的内表面利用率，使加氢反应不完全。

☞ **20. 加氢催化剂怎样进行再生？再生反应有哪些？再生条件如何？**

**答：**（1）加氢催化剂经长期使用后，随着催化剂表面结炭量的增加，活性将逐步下降，以致不能满足生产上的要求，此时便需要对催化剂进行再生。再生可采用氧化燃烧法，使催化剂恢复活性，其方法是在惰性气体（如氮气）或蒸汽中配入适量空气或氧气，通过催化剂床层时，要严格防止温度的急骤上升，床层温度不要超过550℃，以避免催化剂超温或钼的迁移流失，要使再生过程所引起的表面积减少降至最小程度。

（2）再生过程中炭的燃烧反应如下：

$$C + O_2 \stackrel{}{=\!=\!=} CO_2 + Q \tag{1}$$

$$2C + O_2 \stackrel{}{=\!=\!=} 2CO + Q \tag{2}$$

反应主要按式（1）进行，同时催化剂中硫化态的活性组分生成相应的氧化物，其反应如下：

$$2MoS_2 + 7O_2 \stackrel{}{=\!=\!=} 4SO_2 + 2MoO_3 + Q \tag{3}$$

$$2Co_9S_8 + 25O_2 \stackrel{}{=\!=\!=} 18CoO + 16SO_2 + Q \tag{4}$$

由反应式（1）～式（4）可知，催化剂进行再生时，将释放出大量的热，因此，严格控制好再生温度，防止温度剧烈上升，是催化剂再生效果好坏的关键。

（3）再生时先按长期停车而不投用反应器的方法处理，使反应器降温至250℃，系统压力降为常压，停止进料，进行催化剂上的脱油，并用惰性气体或过热蒸汽置换及进一步吹净反应器中原料烃，然后通入配有空气的水蒸气（氧含量为 0.5%～1.0%）。在再生的中后期，在不超温的情况下可逐步提高水蒸气中的空气含量，直至全部通入空气。此时床层无温升，进出口氧含量相等，在 450℃ 下维持 4h ( 不超过 475℃ ) 即认为再生结束。

再生结束后继续通入空气，以 40～50℃/h 的速度，降温至 220℃，然后换氮气置换系统，再按预硫化步骤处理并转入正常操作。

☞ **21. 钴钼催化剂从反应器中卸出之前如何处理？**

答：钴钼催化剂在正常使用中以硫化态的钴钼形式存在，硫化态的钴钼催化剂在高温下与空气接触会引起激烈氧化燃烧，因此，该催化剂从反应器中卸出之前，需用氮气降温，直至降至室温附近，才能暴露于空气中。卸出后注意用水喷淋，防止催化剂中硫化物在空气中燃烧。

☞ **22. 加氢脱硫配氢气中是否对 CO、$CO_2$ 含量进行限制？**

答：不需要限制。某炼油厂一制氢在 1982 年，二制氢在 1995 年 1 月，都曾在转化催化剂还原时，在加氢床层 ( T201 ) 300℃ 以上长时间通入过含 $CO_2$ 2% 以上的循环气，未观察到有甲烷化反应发生；1996 年 6 月 30 日某制氢装置首次开车时，还原结束后边投料边循环，在 360℃ 的加氢催化剂 ( T201 ) 上通入含 $CO+CO_2$ 约 10% 的进料时，也未观察到甲烷化反应，床层无温升。这三次实践证明 T201 不促进氧化碳和氢气的甲烷化反应，对于其他类型加氢催化剂是否存在甲烷化反应导致升温有待实践验证，因为有的资料报道对 $CO+CO_2$ 量有一定的限定。

☞ **23. 加氢脱硫与汽提法脱硫 ( 脱硫化氢 ) 工艺各适用哪种情况？其优缺点如何？**

答：加氢脱硫与汽提法脱硫工艺的设计是以原料油中的有机硫含量的高低而定。一般总有机硫在 100μL/L 左右，可直接采用钴钼加氢转化，将各种有机硫化物转化成硫化氢，然后用氧化锌脱硫剂除去。而对于总有机硫高于 200μL/L 左右的原料来说，必须先经预脱硫，即将加氢转化生成的硫化氢用汽提法除去，再经一个加氢转化反应器将剩余的有机硫化物转化成硫化氢，然后用氧化锌脱硫剂脱除干净。

其优缺点是根据设计需要而定，也就是根据原料和钴钼催化剂、氧化锌脱硫剂的价格以及所需设备的投资，按其经济技术指标来确定。

☞ **24. 制氢原料为什么要脱氯？**

**答**：原料中的氯除对制氢装置的设备和管道产生腐蚀，造成应力开裂等设备损坏外，还会使催化剂在不同程度上中毒。

（1）氯化氢会与氧化锌反应生成氯化锌，其熔点为 285℃。在操作温度时，氯化锌会熔融并覆盖在脱硫剂表面，阻止 $H_2S$ 进入脱硫剂内表面，使脱硫剂性能大大降低。

（2）氯化氢使转化催化剂中抗结炭组分 $K_2O$ 流失加快，导致催化剂逐渐失去抗结炭能力，使催化剂永久性中毒。

（3）若中变催化剂中有 $Na_2O$（锅炉水带来）、$K_2O$（转化催化剂或耐火材料带来），则会与氯化物生成 NaCl 和 KCl，覆盖在催化剂颗粒的外表面，堵塞表面大部分通道，降低催化剂内表面的利用率，使催化剂活性急剧下降。NaCl 还可使 $Fe_3O_4$ 晶粒的半熔温度下降，导致催化剂热稳定性明显恶化。

（4）对于甲烷化催化剂，氯的毒害作用是硫的 5～10 倍，催化剂吸附 0.04% 的氯时活性就明显衰退。

（5）对于铜基的低变催化剂，氯会与活性相金属铜微晶和在催化剂中起间隔作用的锌组分生成有挥发性和低熔点的化合物，导致活性相熔结、晶粒迅速长大而使催化剂失活；如果氯化物达到 $0.1\mu L/L$ 时，就会显著毒害催化剂；当催化剂中吸氯量达到 0.01%～0.03%（质量分数）时，自身活性就会下降 50%，含 0.57% 氯的催化剂会完全丧失活性。

制氢原料中的氯主要源于原油开采时添加的含氯助剂和原油或液态烃类在海上运输时由于海水的浸入带入的氯。此外，制氢工艺中所用蒸汽也会带入一部分氯。

对于不含低变反应器的制氢装置，原料中氯含量需控制在

48

0.2μL/L 以下。

☞ **25. 脱氯机理是什么?**

**答**：脱氯剂只能吸附原料气中的无机氯化物即 HCl，而不能吸附有机氯化物。要除去有机氯化物，则要经过加氢催化剂先转化为 HCl，反应如下：

$$CH_3Cl+H_2 \Longrightarrow CH_4+HCl$$
$$CCl_4+4H_2 \Longrightarrow CH_4+4HCl$$

氢解反应开始时，钴钼催化剂会暂时吸附部分氯化物，氯容高达 2%，随后会被解吸出来。

脱氯剂的脱氯反应可用以下反应式表示：

$$Na_2O+2HCl \Longrightarrow 2NaCl+H_2$$
$$CaO+2HCl \Longrightarrow CaCl_2+H_2O$$
$$CuO+2HCl \Longrightarrow CuCl_2+H_2O$$
$$ZnO+2HCl \Longrightarrow ZnCl_2+H_2O$$
$$CaCO_3+2HCl \Longrightarrow CaCl_2+H_2O+CO_2$$

☞ **26. 脱氯剂一般有哪几种? 其主要组成是什么? 性能如何?**

**答**：脱氯剂按处理原料的性质一般分为气相原料脱氯剂和液相原料脱氯剂。按使用温度分为中温脱氯剂和常温脱氯剂。按反应机理分有化学吸收和物理吸收两大类，常用的是化学吸收。一般情况下，氯化物的脱除精度高达 0.2μL/L，常温下使用，氯容高达 10%~20%；中温下使用，氯容一般在 20%~30%。

脱氯剂主要活性组分是碱性强的碱金属和碱土金属，以及与氯有较强亲合力的铜、锌等元素的氧化物，它们被载在氧化铝或活性炭等载体上。作为产物的金属氯化物是比较稳定的，脱氯净化度可达 99% 以上。脱氯剂是不可再生的。

目前主要应用的脱氯剂分浸碱氧化铝、钙系和铜系等几种。国内常用的脱氯剂型号见表 3-8。

表 3-8 国内制氢装置常用的脱氯剂

| 型号 | T404 | T406 | T407 | T408 | T409 | KT-19 | KT406 | KT407 | NT406-2 | NC |
|---|---|---|---|---|---|---|---|---|---|---|
| 外形尺寸/mm | φ4~φ6球 | φ3×(3~8)条 | φ4×(4~10)条 | φ4×(4~10)条 | φ4×(4~15)条 | φ5×(10~15)条 | φ5×(5~10)条 | φ3~4条 | φ3~5条 | φ3~5条 |
| 堆密度/(kg/L) | 0.8~1.0 | 0.70~0.80 | 0.90~1.0 | 0.70~0.9 | 0.70~0.85 | 0.9~1.10 | 0.70~0.80 | 0.70~0.80 | 0.70~0.90 | 0.80 |
| 破碎强度/(N/粒) | 50 | >50 | ≥60 | >50 | >50 | >50 | >70 | >40 | >40 | >30 |
| 使用压力/MPa | 常压/加压 | 常压/加压 | 0.1~5.0 | 0.1~5.0 | 常压/加压 | 0.1~6.0 | 0.1~5.0 | 0.1~5.0 | 0.1~1.6 | 0.1~5.0 |
| 使用温度/℃ | 100~400 | 常温~150 | 200~400 | 200~400 | 常温~400 | 50~400 | 250~400 | 30~50 | 150~250 | 200~400 |
| 气空速/h⁻¹ | 1000~3000 | 3000 | 1000~3000 | 1000~3000 | 500~3000 | 1000~3000 | 1000~2500 | 500~2000 | 1000~2000 | <500 |
| 液空速/h⁻¹ | | 1~5 | | | | | | | | |
| 入口氯/(μL/L) | 1~100 | <200 | <1000 | <1000 | <100 | 10~1000 | 1~200 | 1~100 | 1~200 | 20 |
| 出口氯/(μL/L) | <0.1 | <0.2 | <0.2 | <0.2 | <0.2 | 脱除率>99% | <0.1 | <0.5 | <0.5 | <0.5 |
| 穿透氯容/% | 10~20 | 16~18 | 20~30 | 20~35 | ≥20 | >20 | >30 | >15 | >20 | >25 |

☞ **27. 脱氯应放在原料净化工艺中的哪一部位？**

答：一般来说，脱氯应放在容易引起氯中毒的催化剂前面，由于高含量的硫对脱氯剂的性能也有一定的影响，此时最好放在粗脱硫的后面。另外如果原料中有机氯含量较高，脱氯最好放在钴钼加氢催化剂的后面，以便有机氯经加氢转化为 HCl 后再予以脱除。脱氯剂在使用时的放置位置对脱氯效果影响较大，因此在使用时必须视原料中氯含量、氯的形态及脱氯剂的性能合理确定放置位置，以便最大限度地发挥脱氯剂的作用。放置位置有以下几种：

（1）只在氧化锌前单独使用脱氯剂。原料中不含有机氯时，可直接置于氧化锌脱硫剂之前；如果原料中也不含有机硫时，前面不必放钴钼之类的加氢脱硫催化剂。如果脱氯剂和脱硫剂操作温度相近时，可以混装在氧化锌脱硫剂上部原料进口处，但需要注意装量要和氧化锌同步更换，如条件允许最好在脱硫反应器前单独设置脱氯反应器。

（2）与加氢催化剂、氧化锌脱硫剂串联使用。原料中含有机氯时，可先经钴钼等加氢脱硫催化剂或水解催化剂将原料中的有机氯转化为 HCl，再用脱氯剂将其除去。有的制氢装置中已设有加氢催化剂时可将脱氯剂置于其后，这样可使加氢催化剂兼有有机硫转化和有机氯转化的作用，生成的 HCl 和 $H_2S$ 被后序的脱氯剂和脱硫剂除去。

☞ **28. 一般要求脱氯的指标是多少？如何发现氯穿透？应如何处理？**

答：脱氯指标一般是根据要求保护的催化剂对氯毒害的承受能力而定的，如后序蒸气转化催化剂一段炉进料中最高氯含量不应超过 0.2~0.5μL/L，当脱氯剂出口原料中氯含量较高时，脱氯反应器应设有两个以上，以便切换使用。只有一个脱氯反应器时，则根据脱氯反应器出口氯含量及时提备剂，防止影响生产。

☞ **29. 影响脱氯剂的操作条件有哪些?**

**答:**(1)温度的影响。对于化学吸附型脱氯剂,温度可以改变反应速度和氯的吸附量。一般中温型脱氯剂在操作温度范围内氯容随温度的上升而略有增高。如 T402 型 190℃ 以下氯容为 15.2%,240℃ 时为 18.9%。但对于常温型脱氯剂在常温操作范围内温度对氯容几乎无影响。

(2)压力的影响。操作压力对脱氯净化度影响较小。

(3)空速的影响。空速对净化度和氯容影响均不大,因此在操作范围内取上限空速有利。见表 3-9。

**表 3-9　空速对两种脱氯剂脱氯性能的影响**

| 空速/h⁻¹ | ICI₅₉₋₈ | | T402 | |
|---|---|---|---|---|
| | 出口氯含量/(μL/L) | 质量氯容/% | 出口氯含量/(μL/L) | 质量氯容/% |
| 2500 | 0.28 | 15.4 | 0.26 | 18.8 |
| 5000 | 0.32 | 16.0 | 0.30 | 18.6 |

(4)原料中氯含量的影响。原料中氯含量高时氯容略有提高。

☞ **30. 什么叫硫容? 饱和硫容? 穿透硫容和理论硫容?**

**答:**硫容就是每单位质量脱硫剂所能吸收硫的质量。如 20% 硫容就是每 100kg 新鲜脱硫剂吸收 20kg 的硫。这叫质量硫容。但亦有用每单位体积新鲜脱硫剂吸收硫的质量来表示硫容的,这时硫容就不能用百分号来表示了。一般工业上经常使用的是质量硫容。

饱和硫容是在一定的实验条件下,单位质量脱硫剂所能吸收硫的最大质量。换言之,即进脱硫剂和出脱硫剂的原料气(油)中硫含量相等时,此时脱硫剂再不能吸收硫。卸下后脱硫剂所测定的硫容量叫饱和硫容。

穿透硫容是在一定使用条件下,脱硫剂在确保工艺净化度指标时所能吸收硫的质量。换言之，即当出口油气中硫含量出现大于工艺净化程度指标时，立即卸下全部废脱硫剂，取平均代表样测定的硫容量叫穿透硫容。一般产品说明书上将提供一定使用条件的质量穿透硫容。

理论硫容是按其化学反应方程式计算出来的硫容。

如氧化锌脱硫剂在脱除 $H_2S$ 过程按下式进行反应。

$$ZnO+H_2S \longrightarrow ZnS+H_2O$$

从反应式上看一个氧化锌分子能脱除一个硫化氢的硫，ZnO相对分子质量为81.38，硫为32.06。

氧化锌脱硫剂的理论硫容：

32.06/81.38×脱硫剂中 ZnO 含量=0.394×ZnO%

由于氧化锌脱硫剂中含有一定的添加剂、助剂和杂质。又加上脱硫剂孔结构和使用条件的限制等因素，其实际的饱和硫容均低于理论硫容。

☞ **31. 什么叫硫穿透？硫穿透之后应如何处理？**

**答：**一般氧化锌脱硫剂在脱硫过程中将逐渐形成三个区，即上层为饱和区，中层为吸收区，下层为清净区。在脱硫过程中，饱和区是在不断地增大，吸收区则基本不变，但位置却是逐渐向床层出口移动，直至清净区消失，吸收区移至出口处，这时出口气中开始出现可以准确检出的硫化氢（如 0.1μL/L 左右），并且出口气中硫化氢含量将迅速增高，直至大于工艺要求的净化度指标（如 0.2μL/L 或 0.5μL/L）。这时通常称之为硫穿透。

硫穿透之后，如果是单反应器使用，就立即更换脱硫剂，如果是双反应器串联使用，即可将第二反应器脱硫剂作为"把关"使用。故第一反应器脱硫剂可使用到出口总硫含量接近进口才予以切换，并在不停产的情况下更换脱硫剂。第一反应器切换下来后用第二反应器单独操作，直至出现硫穿透时，再将第一反应器更换的接脱硫剂作为"把关"使用，第二反应器继续脱硫至饱和硫容后再换脱硫剂，这样进行脱硫剂的使用和更换，对原料中硫含量较高的工厂，可大大提高脱硫剂的使用效果，同时又能确保生产的正常进行。

☞ **32. 氧化锌脱硫容如何计算?**

**答**：可以根据脱硫剂使用厂原料气(油)放出的硫等于脱硫剂吸收的硫的平衡关系，进行计算。

(1) 如果使用的原料是气体，计算方法：

设进口气硫的平均浓度为 $C$, $\mu L/L$;

气体流量为 $V_{气}$, $m^3/h$;

脱硫剂装填质量 $G$, kg;

有效运转时间 $t$, h。

则在脱硫剂中硫容为：

$$硫容 = \frac{C \times 10^{-6} \cdot 32/22.4 \cdot V_{气} \cdot t}{G} \times 100\%$$

(2) 如果使用的原料是轻油，计算方法为：

设：轻油进口硫的平均浓度为 $C$, $\mu L/L$;

轻油重量流量为 $W$, kg/h;

氧化锌脱硫剂装填重量为 $G$, kg;

有效运转时间为 $t$, h。

则脱硫剂中硫容为：

$$硫容 = \frac{C \cdot 10^{-6} \cdot W \cdot t}{G} \times 100\%$$

☞ **33. 原料带水对氧化锌脱硫剂有什么影响? 如何防止?**

**答**：氧化锌脱硫剂在操作中要避免脱硫反应器进水或使用纯蒸汽，因为水分的冷凝会导致脱硫剂碎裂或强度下降。另外，在一定条件下(如水蒸气分压较高，而温度又较低)可能发生如下反应：

$$ZnO + H_2O \Longrightarrow Zn(OH)_2$$

反应产物会降低孔的容积并使脱硫剂强度减弱，在以后的操作中又可能分解，使脱硫剂强度下降甚至破裂。

一般在氧化锌脱硫剂使用时，应注意不能在正常压力下用蒸汽或含蒸汽的工艺气体冷却，这种操作只允许在低压（仅几个大气压）下进行，而且温度降至130℃以前先用氮气或氢氮气吹扫。

☞ **34. 氧化锌脱硫机理是什么？**

**答**：氧化锌与硫化物反应生成十分稳定的硫化锌，它与各种硫化物的反应为：

$$ZnO+H_2S \Longrightarrow ZnS+H_2O$$
$$ZnO+C_2H_5SH \Longrightarrow ZnS+C_2H_5OH$$
$$ZnO+C_2H_5SH \Longrightarrow ZnS+CH_4+H_2O$$

当气体中有氢气存在时，其他一些有机硫化物（如硫氧化碳、二硫化碳等）先转化成硫化氢，然后再被氧化锌所吸附，其反应式如下：

$$COS+H_2 \Longrightarrow H_2S+CO$$
$$CS_2+H_2 \Longrightarrow H_2S+CH_4$$

但氧化锌脱硫剂对噻吩的转化能力很低，因此单用氧化锌不能将全部有机硫化合物除尽。

氧化锌之所以可用作高效脱硫剂是因为它和电负性很强的硫原子有很强的亲和力。形成的硫化锌是一种共价型化合物，化学性质相当稳定。以上硫化物与氧化锌的反应均为放热反应，反应平衡常数一般都很大。一般情况下反应平衡时 $H_2S$ 可以小于 $1\mu L/L$，即使在220℃，蒸汽/干气为1时，$H_2S$ 的平衡浓度仍小于 $0.1\mu L/L$。

☞ **35. 国内脱硫剂性质及各自使用条件是什么？**

**答**：目前国内工业上使用的氧化锌脱硫剂型号众多，使用温度为 300~400℃ 高温、200~250℃ 中温、80~120℃ 低温及常温。国内常用的氧化锌脱硫剂见表3-10。

表 3-10　国内常用的氧化锌脱硫剂

| 型号 | T303 | T304-1 | T305 | T306 | T307 | T310 | KT-3 |
|---|---|---|---|---|---|---|---|
| 外形尺寸/mm | $\phi4\times$ (4~6)条 | $\phi4\times$ (4~15)条 | $\phi4\times$ (4~10)条 | $\phi5\times$ (5~10)条 | $\phi5\times$ (5~10)条 | $\phi5\times$ (5~10)条 | $\phi5\times$ (5~10)条 |
| 堆密度/(kg/L) | 1.3~1.45 | 1.15~1.3 | 1.1~1.3 | 1.1~1.2 | 1.1~1.2 | 0.85~1.10 | 1.0~1.3 |
| 侧压强度/(N/cm) | 磨耗<11% | >40 | >40 | >50 | >50 | >50 | >50 |
| 使用压力/MPa | 0.1~5.0 | 0.1~4.0 | 0.1~4.0 | 0.1~4.0 | 0.1~5.0 | 0.1~8.0 | 0.1~4.0 |
| 使用温度/℃ | 200~400 | 350~400 | 200~400 | 180~400 | 1000~2000 | 10~120 | 200~400 |
| 气空速/h⁻¹ | 200~400 | <3000 | 1000~3000 | 1000~3000 | 1000~2000 | 1000~2000 | 500~3000 |
| 液空速/h⁻¹ | | | 1~6 | | 2~5 | 1~5 | 1~6 |
| 入口硫/(μL/L) | <0.1 | <0.3 | <100 | <100 | 1~5 | <100 | 200 |
| 出口硫/(μL/L) | <0.1 | <0.1 | <0.1 | <0.1 | <0.1 | <0.05 | <0.1 |
| 穿透硫容/% | ≥21 | ≥22 | ≥22 | 20~25 | 相对10% | ≥10 | ≥25 |
| 使用场合 | 天然气、轻油 | 天然气、轻油 | 天然气、合成气、轻油 | 天然气、煤气、合成气 | 合成气、丙烯气 | 合成气、丙烯气、天然气 | 炼厂气、轻油、焦化干气 |

☞ **36. 影响氧化锌脱硫剂性能的因素有哪些?**

答:在反应器结构既定时,氧化锌脱硫剂使用性能主要受到操作条件、原料气组成的影响。

(1)温度。氧化锌脱 $H_2S$ 反应是放热反应,低温有利于吸附平衡,即温度低,$H_2S$ 的残余浓度低。但 ZnO 吸附 $H_2S$ 的反应速度很快,即使在400℃的平衡温度下平衡常数仍然很大,即温度对反应平衡影响不大,但对 ZnO 吸附速率影响却很明显。一般氧化锌脱硫的最佳起活温度在300~400℃,大多数氧化锌脱硫剂在220℃时即有可观的活性。

温度高硫容大,T305 脱硫剂和国外 $C_{7-2}$ 型脱硫剂硫容随温度的变化如图 3-1 所示。

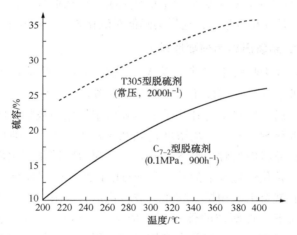

图 3-1　温度对氧化锌脱硫剂穿透硫容的影响

(2)压力。压力对氧化锌脱硫剂性能影响较小,从 0.3 ~ 10MPa 其性能基本不变。

(3)空速。降低空速可以增加原料在脱硫剂床层中的停留时间,因而可提高氧化锌脱硫剂的平均硫容。空速过大,线速度超过 0.1m/s 时,氧化锌脱硫的平均硫容将明显下降,当然空速也不能过小，否则用量大大增加，也是不经济的。一般空速取 $1000 \sim 3000h^{-1}$，原料为轻油时取液空速 $1 \sim 3h^{-1}$。

（4）加氢量。在单独使用氧化锌脱硫剂脱除天然气中的硫化氢及简单的硫醇类有机硫时，这些有机硫常常会分解结炭或生成聚合物，残留在脱硫剂表面，从而降低脱硫剂的穿透硫容，这时可在入口气态烃中加入一定量的氢气（约 $2\% \sim 3\%$），可阻止硫和聚合物的生成。

（5）气体组分。进料组成也影响吸附硫的性能，当原料为大相对分子质量的烃类时，吸附速率稍平缓些。这是由于颗粒内孔隙的自然堵塞，导致了对扩散过程产生了一个附加的阻碍。$CO_2$ 对吸附反应也有影响，低于 160℃ 以下碳酸锌较稳定（取决于 $CO_2$ 分压），硫化氢可以从碳酸锌上取代 $CO_2$。但在低温下，很明显这两个反应是互相竞争的，这样会降低对硫化氢的吸附效率。

☞ **37. 制氢原料为何要脱砷？**

**答：**烃类物流中的砷是以 $AsH_3$ 或小分子的烷基砷化物形式存在，砷对钴钼加氢催化剂及转化催化剂活性影响很大，属永久性中毒。通常原料中的砷几乎都能被钴钼催化剂吸附，降低其活性，当催化剂中砷的平均浓度达到 $0.3\% \sim 0.8\%$ 时，砷将发生穿透，出口原料中的砷量将迅速升高，引起后序转化催化剂不可逆性中毒，转化催化剂上的砷达到 $50\mu L/L$ 活性就明显下降，达到 $150\mu L/L$ 就会引起积炭。它还会被转化炉管吸附，然后缓慢释放出来，对下一批新装的催化剂造成威胁。因此，如果原料中含砷，在钴钼加氢催化剂前应增加脱砷过程，严格控制含砷量。

制氢装置原料中的含砷量通常控制在小于 $5ng/g$，但国内制氢原料中极少含有砷，因此国内的制氢装置一般不设置脱砷设施。

☞ **38. 脱砷剂的类型有哪些？一般采用什么样的脱砷剂？**

**答：**一般使用的脱砷剂有铜系、铅系、锰系和镍系四类，其中以铜系、镍系最为常见。当用 $CuO$ 为活性组分吸附 $AsH_3$ 时，铜被还原成低价或金属态，砷与铜结合或游离为元素态。镍系脱砷剂上进行的是有机砷的加氢脱除过程，使用前要进行预硫化，其步骤与钴钼加氢催化剂类似。在硫化态的镍钼催化剂上有机砷加氢分解为烃类，砷与催化剂上的镍元素结合生成砷化镍。

国内常用脱砷剂规格及性能见表 3-11。

表 3-11　国内常用的脱砷剂

| 型　　号 | JT-2 | 3665 | KH-03 | RAS-2（B） | TAS-02 |
|---|---|---|---|---|---|
| Ni/% | 2.5~3.5 | | 2~3 | | |
| $MoO_3$/% | 15~17 | | 10~14 | | |
| 载体 | $\gamma$-$Al_2O_3$ | $\gamma$-$Al_2O_3$ | $\gamma$-$Al_2O_3$ | $\gamma$-$Al_2O_3$ | $\gamma$-$Al_2O_3$ |
| 外形尺寸/mm | $\phi$2~4 球 | $\phi$6×3~4 片 | $\phi$4~6 球 | $\phi$1.2~2.6 三叶草 | 三叶草 |
| 堆密度/(kg/L) | 0.75~0.85 | 0.7~0.9 | 0.7~0.9 | 0.75~0.85 | 0.65~0.75 |
| 侧（点）压强度/(N/cm) | >70 | | >50 | 24~32 | >60 |
| 使用压力/MPa | 2.0~6.0 | 2.5 | 2.0~6.0 | 1.4~1.6 | 1.0~7.0 |
| 使用温度/℃ | 320~400 | 30~300 | 300~400 | 290~310 | 250~350 |
| 液空速/h$^{-1}$ | 0.5~4 | 6 | 1~6 | 6.5~8.2 | 1000~4000（气） |
| 氢/油 | 60~100 | 80 | 80~100 | 130~150 | — |
| 入口有机硫/（$\mu$L/L） | <200 | | 100~200 | 160~260 | >100 |
| 入口砷/（nL/L） | <200 | | 100~200 | 150~315 | |
| 出口有机硫/（$\mu$L/L） | <0.3 | | <0.3 | 13~30 | |
| 出口砷/（nL/L） | 1~10 | <1 | <1 | <1 | 砷脱除率 >95% |
| 适用油品 | 轻油 | 轻油 | 轻油 | 轻油、汽油 | 水煤气、半水煤气 |

☞　**39. 国内的制氢装置，针对不同原料采用哪些净化工艺？**

**答**：不同的炼油厂因其加工原油和流程不同，提供的制氢原料也各不相同，所含的杂质和量不同，因而选择的原料净化流程也不尽相同。一般流程的选择主要依据原料中硫的含量、硫的形态和烯烃的含量等。炼油厂制氢原料中的硫大致可分为无机硫和有机硫。通常在进入制氢装置之前，原料中的无机硫已通过其他方法（如乙醇胺吸附）大部分除去，剩下的大多是无法用化学吸附法除去的有机硫，这部分有机硫一般只能采用加氢脱硫的方法转变成硫化氢后再用脱硫剂吸收脱除。

目前常见的净化流程主要有直接氧化锌吸附流程、加氢脱硫复合床流程（加氢与脱硫在同一台反应器中完成）、绝热加氢流程和等温绝热两段加氢流程。

（1）直接氧化锌吸附流程。这种流程是气体经过加热到一定温度后，直接进入氧化锌脱硫反应器。若原料中基本不存在有机硫，或是仅存在较为简单的诸如羰基硫 COS 这种有机硫，就可以不必设加氢反应器或加氢床层，而直接设氧化锌脱硫反应器。在氧化锌最佳活性温度下，氧化锌可将原料中的硫吸收脱除。适用这种流程的原料主要是加氢装置和重整装置的经过湿法脱硫后的干气和一些含硫量较低的天然气。

（2）加氢脱硫复合流程。这种流程是将加氢催化剂与脱硫催化剂置于同一台反应器中，加氢催化剂床层直接置于脱硫催化剂床层的上部，原料中的简单有机硫在加氢催化剂床层中加氢氢解为硫化氢，在随后的氧化锌床层中吸收脱除。这种流程比较适用于含有一定量的有机硫但硫形态简单的制氢原料，如一些天然气以及重整或加氢装置的轻质石脑油。这种流程的优点是节省了一台单独的加氢反应器，也节省了占地和中间联接管线。但它的缺点是更换脱硫剂时也必须同时更换加氢催化剂，两种催化剂的寿命受到寿命短的催化剂限制；另外加氢剂不能单独硫化，只能用原料气在开工后逐渐硫化。这种流程近年来国内较少使用。

（3）绝热加氢流程。绝热加氢流程是制氢装置最常用的原料净化流程，将加氢催化剂和氧化锌吸附剂分别放在不同的反应器中，有机硫在加氢反应器中氢解为硫化氢后再在随后的脱硫反应器中吸收。加氢催化剂与氧化锌脱硫剂分别装填于独立的反应器中较好地解决了两种催化剂寿命不相匹配和加氢催化剂预硫化的问题。

若以炼厂气为制氢原料，除其中含有有机硫外，还有一定的烯烃，烯烃在加氢反应器中被加氢饱和，同时放出大量的热量。当原料气中的烯烃含量达到6.5%时，反应器出口物流温升可达140℃左右。在这种条件下采用常规的加氢催化剂已不能同时实现烯烃饱和及有机硫加氢转化的任务。有三种方法可以解决这个问题。

（1）最简单的方法是在含烯烃高的炼厂气中混入一定不含或少含烯烃的炼厂气，如加氢和重整的干气，甚至可以混入一些轻石脑油，这样可以降低混合后原料气中的烯烃含量，使得加氢反应器在催化剂的起活温度内操作，反应终了的温度仍在催化剂的有效使用温度范围内。

（2）采用部分循环的方法，即将经加氢饱和了的烯烃和有机硫加氢转变为硫化氢后的原料气的一部分，从加氢或氧化锌反应器后抽出，经冷却和压缩后返回加氢反应器入口，以稀释加氢反应器入口原料的烯烃浓度，降低加氢反应器床层温升以适应催化剂的使用温度条件。这种方法的缺点是需要将一部分原料气循环，使用了压缩机和冷却器，增加了流程的复杂性和能耗，也增加了投资。

（3）在一些烯烃含量不太高的使用场合（烯烃含量小于6.5%~7%），还可采用一次通过式绝热加氢脱硫流程。这种流程是采用一种低温活性好、使用温度范围宽的加氢催化剂，原料气在较低的温度（如230℃左右）进入加氢反应器，烯烃在催化剂的作用下开始加氢饱和，同时有机硫也开始加氢转化。随着烯烃的不断饱和，床层温度逐渐升高，催化剂的活性不断增加。当烯烃完全饱和时，床层温度达到最高点，催化剂也同时达到最佳活性温度，在反应器床层出口实现有机硫的完全加氢转化。采用这种流程实际上是利用原料气自身来吸附烯烃饱和过程所释放的热量。这种流程简单，操作方便，在原料中烯烃含量不很高的场合下使用，调节灵活方便，而且投资也比较低。这种流程特别适合于烯烃含量不太高的焦化干气场合，因为烯烃饱和所释放的热量很大，当原料中的烯烃含量比较高时，这种流程就不适合了。

如果原料中烯烃的体积含量在7%~9%，可将一次通过式绝热流程与部分循环流程结合使用，将产品氢气的一部分循环至原料气压缩机入口，用来稀释原料气中的烯烃。这种流程较部分循环流程来说，流程简单，没有增加原料气压缩机和冷却系统，但是部分氢气始终在装置中循环，增大了系统的压降以及原料气压缩机的负荷，增加了装置的能耗。

（4）两段加氢流程。如果原料中的烯烃含量较高（大于10%），且没有其他原料可以进行调和使得原料中的烯烃含量下降，在这种情况下已不可能采用一次通过式绝热流程，部分循环流程虽可以使用，但因循环气量过大，已极不经济，这时可以考虑采用等温加氢串联绝热加氢的两段加氢流程。

这种流程是将高含烯烃的原料气经过加热后首先进入一台等温列管式反应器，在这台反应器中，列管内装填加氢催化剂，原料气走管内，管外为取热载体，通常是水及水蒸气。在反应器的上方设计一台蒸汽汽包，用加氢反应所放出的热量发生蒸汽，通过控制汽包的压力间接控制等温加氢反应的温度和反应的苛刻度。在反应器的出口串联一台绝热反应器，等温反应后的原料气进入绝热反应器继续进行加氢反应。一般由于汽包的压力不是很高，故等温反应所进行的温度比较低（通常在250~270℃）。在这种温度下，即便采用了低温活性好的加氢催化剂，烯烃也难以完全饱和，同样有机硫也难以完全加氢转化。因而要依靠第二段的绝热加氢反应器最终实现烯烃的完全饱和及有机硫的完全加氢转化。为实现绝热加氢催化剂的最佳使用活性，一般控制等温反应器出口的烯烃含量在3%~5%（体积分数）。这样绝热反应器中

62

原料气里的烯烃饱和所释放的热量可使反应器床层的温度达到催化剂活性最佳的温度范围。

两段加氢流程所适用的原料范围宽，操作也很灵活。当原料中的烯烃含量不高时，可以撇开等温反应器直接进入绝热反应器。这种两段加氢流程特别适合于含烯烃量很高的制氢原料，因为烯烃饱和所释放出的热量无论多大，均可以通过等温反应器顶部上面的汽包通过发生蒸汽而取出。这种含烯烃量较高的炼厂气源较常见的如催化干气、催化干气提取氢气后的非渗透气等。

目前工业应用的制氢装置加氢净化流程大体有以上介绍的直接氧化锌吸附、复合床式、绝热加氢式或两段加氢四种，其中绝热加氢流程应用最为广泛，复合床式流程最为简单，两段加氢流程的适用性最广。在实际应用中可根据原料的不同采用最为合理的净化方案。

☞ **40. 转化炉进料的质量要求有哪些?**

**答：**烃类水蒸气转化过程中的积炭倾向与烃类的族组成和碳数有关，在相同的水碳比、温度和压力条件下，积炭倾向随着相对分子质量的增加而增大。原料中的硫、氯、砷等杂质含量对转化催化剂的活性和寿命影响非常明显。

在实际工业生产中，所选原料的组成与催化剂的性能、空速大小、水碳比高低以及转化炉型密切相关。对于特定的工艺条件和转化催化剂而言，可供选择的原料组成有一定的范围，通常由实验来决定。根据目前国内转化催化剂的水平，一般要求转化原料组成为：

硫：$<0.2\mu L/L$，短期允许到 $0.5\mu L/L$；烃类水蒸气转化催化剂的活性组分为镍，原料中的硫化物则能与镍生成硫化镍，使催化剂的活性下降。严重的硫中毒导致催化剂积炭，造成炉管局部过热，甚至使炉管报废。

氯：$<0.2\mu L/L$，短期允许到 $0.5\mu L/L$；卤族元素，特别是其中的氯，对转化催化剂也是有害的，其影响与硫相似。

砷：<5ng/g；砷对转化催化剂也是一种有毒物质，而且砷中毒又是不可逆的。微量的砷就可以使转化催化剂中毒。

烯烃含量<1%；烯烃极易使转化催化剂积炭，原料中的烯烃均通过加氢过程饱和。根据含烯烃的多少，选择相应的加氢技术，使进转化工序的烯烃<1%。

芳烃含量<13%；芳烃含有稳定的苯环，在转化过程中不易断开，容易造成芳烃穿透，并在高温区裂解积炭，是最不易转化的原料。

环烷烃含量<40%；对于高级烃的转化，异构烷烃最容易，直链烷烃其次，环烷烃虽然比芳烃容易转化，但是比起直链烷烃来讲难于转化，为此原料中环烷烃含量过高也会造成转化过程异常。

轻油终馏点<180℃；原料馏程中最主要的是终馏点指标，一般情况下，国内所用原料终馏点均低于220℃，大多数情况下低于180℃。对于转化过程，要求馏程分布均匀，有些油品终馏点虽然不高，但轻组分很少，馏分均集中在较高馏出温度处，容易造成裂解过程过于集中而引起积炭。对于高抗积炭性能的催化剂，终馏点可达到240~260℃。

制氢原料相对密度一般小于0.76。相对密度越大，说明油品越重，转化过程中积炭趋势越大，对催化剂造成的损害越大，不利于装置的长周期安全运行。

在炼油厂中很难找到上述杂质含量如此低的原料；因此，制氢装置均设有原料预处理工序。

☞ **41. 焦化干气制氢能否省掉原料预热炉？**

**答：**可以。但要考虑以下几个问题：

（1）原料气压力比中变气压力高，并且管壳程介质温差较大，换热器如果设计不好，会造成设备损坏进而导致原料气串入中变气中。

（2）装置操作如果偏离设计值较多，会造成中变气温度过

64

低，进而影响原料加氢脱硫效果。

（3）如果改造之前采用预热炉，建议保留预热炉流程，这样不但方便正常开停工，还可以在装置负荷较高时，灵活调节原料气温度。

（4）采用原料气与中变气换热器流程，务必考虑石脑油进换热器问题，需要确认换热器介质是否允许。同时建议石脑油流程单独进预热炉加热后，保证石脑油等液态介质成为气态，再与原料气混合后进入原料气与中变气换热器。

☞ **42. 怎样尽可能提高等温反应器硫化温度？**

**答**：由于受反应器结构以及壳层介质温度影响，等温反应器预硫化温度不可能太高，但根据以往数据，在 $250 \sim 260\text{℃}$ 时，硫化彻底的情况下，催化剂加氢活性非常好，这与加氢催化剂的低温硫化性能有关。

☞ **43. 焦化干气改为天然气进料需要注意什么？**

**答**：焦化干气改为天然气流程，一般来说不用做大调整。需要注意原料预热温度变化以及加氢反应器出入口温升、床层温度变化，正常不需要改造。另外，注意对加氢催化剂影响（不能反复切换两种进料，但可以用二者混合进料）。

☞ **44. 介质的密度大小对压缩机排气温度有何影响？氢气含量较高的原料气排气温度与压力变化的关系是什么？**

**答**：压缩机排气温度主要跟压缩比和介质的绝热指数（对于离心机为多变指数）有关，压缩比越大排气温度越高；介质绝热指数越大，排气温度越高。原料气在出口压力升高时（入口温度、压力不变的情况下）出口温度会升高（因为压缩比增加）。

☞ **45. 以天然气为原料制氢，无氢源时加氢催化剂的预硫化和转化催化剂的还原如何解决？**

**答**：当天然气硫含量较低，加氢催化剂无需预硫化，直接用天然气作为还原剂对转化催化剂和中变催化剂进行还原是可以的，但要使用循环工艺还原才行。

如果加氢催化剂需要预硫化、转化催化剂需要还原，可以采用氨裂解以及甲醇裂解来产生氢源，然后先还原转化催化剂和变换催化剂，再对加氢催化剂进行预硫化。

☞ **46. 正常生产中能否掺入液氨作为制氢原料？**

答：原理上是可以的，但实际上不建议使用，原因：

（1）液氨的储存和运输难度大，危险系数较高。对于加氢脱硫催化剂来说存在被还原危险。

（2）对工艺上换热影响较大。

（3）氨裂解后会产生氮气，对于 PSA 和转化炉燃烧以及烟气排放都会产生影响。

☞ **47. 变温反应器的导热油因反应器壳层温度较高，气相多，反应器温度不好控制，如何处理？**

答：气相较多是由于导热油热裂解造成的，同时还会有结焦的问题。最好的办法是使用专业生产的导热油，热稳定性好，不裂解，这样不仅容易控制反应温度，而且对设备的长周期操作也有利。

☞ **48. 蒸汽转化制氢装置系统压降是多少？压降主要集中在什么部位？运行周期与压降有什么关系？**

答：根据国内多年运行经验，装置实际运行中系统压降为0.8~1.0MPa。

压降主要集中在转化炉炉区，炉区压降一般在系统压降一半以上。

运行周期越长压降越大，其差值与运行关系尤其是催化剂性能关系较大，设计值一般为装置可操作的最大允许压降。

☞ **49. 加氢催化剂预硫化工艺条件对活性有什么影响？**

答：（1）对不同的硫化剂其硫化温度不同，所谓的硫化温度是指硫化反应急剧时的床层温度，其主要特征就是有大量反应水生成，在这一阶段中操作上要避免提温，并在不超温的前提下稳定硫含量，待反应器出口见硫时，再酌情提温或提硫含量。一般加氢催化剂最高控制温度为 280~380℃。

（2）硫化空速的影响：硫化空速过小不利于硫化反应热的扩散，但空速过大，使硫化剂在催化剂床层的停留时间太短，硫化物未进入催化剂内表面及穿过床层，使硫化反应的深度进行不够，一般情况下空速应控制在 300~500h⁻¹ 为宜。

（3）硫化压力的影响：硫化压力受系统压力及其他设备承压的影响，一般控制在 0.3~0.5MPa，压力对硫化影响不大。

☞ **50. 转化的氢含量一般为多少比较合适？氢含量的高低对反应器以及设备有什么影响？**

**答**：以天然气为原料，其氢含量 2%~4%；对于炼厂干气为原料，其氢含量控制应高于 15%~20%。加氢转化速度与氢分压有关，增加氢含量，即提高氢分压，不仅能抑制催化剂积炭，而且有利于氢解的反应。相反，烃类的分压增加，引起烃类在催化剂表面的吸附，从而减少了催化剂表面利用率，抑制氢解反应。

通常氢含量高有利于氢解进行，但动力消耗增加，氢含量过低，转化脱硫达不到要求，催化剂上易析炭，导致催化剂活性下降，不能满足后续工序要求。因此，氢含量的控制应以达到最佳的转化效果为目的。

☞ **51. 为什么钴钼系催化剂在预硫化时，要控制230℃前硫必须穿透床层？**

**答**：在氢环境下，若长期无硫介质进入，并且床层温度达到 250℃ 以上时，会造成催化剂中的金属组分被还原，即通常意义上的反硫化。一旦反硫化现象发生，还原的金属元素表面再硫化时即会形成一层硫膜，妨碍硫化反应进行，且被还原的金属对烃类有强烈的吸附作用，会加速烃类的裂解反应，造成催化剂表面的大量积炭，使催化剂活性下降。因此，加氢催化剂硫化时，应严格控制 230℃ 催化剂床层硫必须穿透，防止加氢活性组分被还原。

☞ **52. 为什么焦炉煤气也可以作为制氢原料？**

**答：** 焦炉煤气中含有 50% 以上的 $H_2$，同时含有较多的 $CH_4$ 和一定量的 $CO$、$CO_2$，是较好的制氢原料，焦炉煤气目前已大量应用于合成甲醇和合成氨中。其组成见表 3-12。

表 3-12　焦炉煤气的组成

| 组分 | $H_2$ | CO | $CO_2$ | $N_2$ | $CH_4$ | $C_nH_m$ | $O_2$ |
|------|------|------|------|------|------|------|------|
| 组成/% | 55~59 | 6~0.85 | 1.5~2.5 | 3~3.5 | 24~26 | 2~2.6 | 0.3~0.8 |

☞ **53. 焦炉气的脱硫工艺是怎样的？**

**答：** 焦炉气中杂质较多，根据煤种不同有所差别，有的即使经脱焦油、湿法脱硫工艺、脱氨、脱苯（四脱）后，仍含有 20~30mg/m³ $H_2S$ 和 159~200mg/m³ 有机硫，有机硫以 COS、$CS_2$、R-SH、噻吩为主，同时含有其他杂质。因此脱硫工艺是所有原料中最复杂的，包含多次的加氢以及反复的脱硫过程，工业上常用一级加氢和二级加氢工艺，常用的二级加氢工艺如下：

四脱后焦炉气→净化→预加氢→一级加氢→粗脱硫→二级加氢→精脱硫→去蒸汽转化。

（1）四脱加氢后的焦炉气经压缩后再经过两级活性炭净化，进一步过滤和除去油和一部分 $H_2S$。（2）进入装有铁钼催化剂的预加氢反应器，将少部分有机硫加氢。（3）进入装有铁钼催化剂的一级加氢反应器，使有机硫进一步加氢。（4）进入装有氧化锌脱硫剂的反应器中，进行 $H_2S$ 的部分脱除。（5）进入装有铁钼催化剂或镍钼催化剂等的二级加氢反应器，使有机硫彻底加氢。（6）经氧化锌脱硫剂精细脱除 $H_2S$。（7）进入后续蒸汽转化系统。

☞ **54. 焦炉气的脱硫中一级加氢和二级加氢有何优缺点?**

**答**：焦炉气脱硫常用的工艺有两种：即"一级加氢+粗脱硫+精脱硫"的一级加氢工艺和"一级加氢+粗脱硫+二级加氢+精脱硫"的二级加氢工艺。根据焦炉气的原料净化情况和硫的组成可以自由选择，一级加氢和二级加氢的优缺点见表3-13。

表3-13　一级加氢和二级加氢的优点和缺点

| | 一级加氢 | 二级加氢 |
|---|---|---|
| 优点 | （1）流程短，硫化过程相对简单，省投资<br>（2）铁钼加氢催化剂对甲烷化反应抑制较好，可部分避免超温问题<br>（3）铁钼加氢催化剂价格较低 | （1）净化度高，几乎可以将有机硫完全转化，净化度可达到0.1mg/m³<br>（2）同时可以将烯烃加氢饱和，避免结炭<br>（3）催化剂稳定性好，寿命可达到2年以上<br>（4）两种活性不同的催化剂合理搭配，最大限度发挥催化剂的作用 |
| 缺点 | （1）净化度较低，铁钼加氢催化剂对有机硫的转化率只能达到95%~97%，入口有机硫高时，有可能超过转化催化剂所需要的指标<br>（2）低温活性差，在高温条件下易结炭 | （1）流程长，设备和催化剂投资大<br>（2）升温和硫化过程较复杂 |

# 第四章 转化部分

☞ **1. 轻油转化工段的主要任务是什么?**

**答**：轻油转化的目的是使组成为 $C_nH_m$ 的轻油和水蒸气通过催化剂转化为有用的气体 $H_2$ 和 CO，同时伴生 $CO_2$ 和少量的残余 $CH_4$，其中 $H_2$ 已是我们的目的产物。转化出口气体中还含有较多的 CO，必须经过中(高)温变换或再经低温变换等工序，以求最大程度地生产氢气。根据工厂最终产品的需要，适当调节转化工段的工艺条件，合理设计下游工艺，即可分别生产出工业氢气、冶金还原气、氨和醇的合成气。

☞ **2. 轻油蒸汽转化反应过程是什么?**

**答**：与甲烷为主的气态烃原料相比，液态的各种轻油组成比较复杂，有烷烃、环烷烃、芳烃。转化过程中，一方面这些烃类与水蒸气发生催化转化反应，另一方面烃类还会发生催化裂解反应和均相热裂解反应。大量裂解产物经过进一步的聚合、芳构化和氢转移等反应都会导致结炭，结炭反应是轻油蒸汽转化过程中必然发生的副反应，这正是轻油蒸汽转化过程以甲烷为主的气态(例如，天然气和油田气)蒸汽转化过程的最基本的差别。

由于轻油原料的组成比较复杂，反应又处于 450~800℃ 的列管式变温催化床层内，因此，轻油加压水蒸气转化制取氢气或合成过程，是一种包含多种平行反应和串联反应的复杂反应体系。由于床层温差较大，不同部位的反应情况变化较大，包括高级烃的热裂解、催化裂解、脱氢、加氢、积炭、氧化、变换、甲烷化等反应。反应过程可用图 4-1 形象地表示。

70

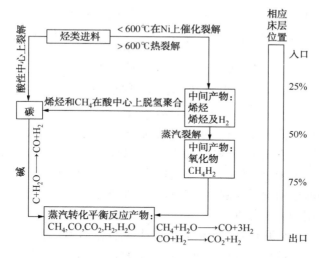

图 4-1 轻油蒸汽转化反应过程

## ☞ 3. 轻油蒸汽转化过程中结炭反应机理是什么？

**答**：轻油蒸汽转化过程中，在一定的水碳比之下，结炭反应是一种必然发生的热力学过程，关键是选择良好的催化剂和相应的工艺条件以尽量减少积炭，保证正常运行。结炭反应是转化过程中一种副反应，它和转化过程密切相关。

进入催化反应床层的反应物只有油（$C_nH_m$）和水（$H_2O$），很显然目的产物 $H_2$ 来自 $C_nH_m$ 和 $H_2O$。可以设想轻油的转化首先必须裂解，并伴随进一步脱氢、加氢产生了低碳数的烃和 $H_2$，也同时产生了新生态的炭，而炭与水蒸气反应生成了 CO 和 $H_2$。因此，轻油水蒸气转化过程实际上首先是一个裂解过程，而后才是二次产物的进一步反应，最终 $H_2$、CO、$CO_2$、残余的 $CH_4$ 达到平衡。根据很多研究结果和理论分析，我们可以把轻油水蒸气转化的全过程做如下描述。

（1）床层温度低于 600℃时：

$C_nH_m$ 吸附于活性金属 Ni 表面上首先发生催化裂解。

$$C_nH_m \longrightarrow C_{(a)}+H_{(a)}+CH_{x(a)}+C_2H_{g(a)}+\cdots+C_fH_{g(a)} \qquad (1)$$

$$CH_4 \underset{+H}{\overset{-H}{\rightleftharpoons}} CH_{x(a)} \underset{+H}{\overset{-H}{\rightleftharpoons}} CH_{x-1(a)} \underset{+H}{\overset{-H}{\rightleftharpoons}} CH_{x-2(a)} \underset{+H}{\overset{-H}{\rightleftharpoons}} C_{(a)} \qquad (2)$$

$$C_{(a)}+H_2O_{(a)} \longrightarrow CO+H_2 \qquad (3)$$

$$CO_{(a)}+H_2O_{(a)} \longrightarrow CO_2+H_2 \qquad (4)$$

$$H_2O \overset{M}{\longrightarrow} O_{(a)}+H_{(a)} \qquad (5)$$

a 表示吸附态，M 代表载体和金属 Ni。可以认为水蒸气先被载体吸附，逆流至 Ni 被解离吸附，钾碱亦有可能对 H$_2$O 发生解离吸附，由于 Ni 对烃类吸附性能强，烃类占据 Ni 的活性中心，故使用碱性助剂提高催化剂对蒸汽的吸附能力，这对增加气体速度，抑制结炭十分重要。

式(1)表明 C$_n$H$_m$ 催化裂解产生低分子烷烃、烯烃、甲烷、氢气和炭。低分子烷烃会进一步发生如式(1)表征的裂解。

$$烯烃聚合 \longrightarrow 聚合物 \longrightarrow 聚合炭 \qquad (6)$$

$$烯烃脱氢芳构化 \longrightarrow 聚合物 \longrightarrow 聚合炭 \qquad (7)$$

式(6)、式(7)产生的聚合炭实际是含有一定氢元素的高分子缩合产物，即所谓炭的先驱物，有的称为焦油炭，或称为封贴炭膜，它对催化剂表面的活性中心起封闭作用，降低了催化剂的活性。

式(2)表示碳碳键断裂产生的吸附态自由基 CH$_x$($x$ 在 0~3)既可能向左加氢而生成 CH$_4$，也可能向右逐步脱氢而形成炭。生成的炭和水蒸气反应即形成气体产物，正如式(3)、式(4)所示。这也说明结炭反应和消炭反应和消炭气化反应处于竞争之中。该过程中形成的炭通常认为是通过 Ni 晶粒扩散成"核"，然后以 Ni 晶粒为顶点逐渐生成为须状炭。这种炭对活性影响不大，但碳纤维可能堵塞催化剂孔隙和破坏催化剂颗粒。

(2)床层温度高于 600℃：

C$_n$H$_m$ 主要发生均相热裂解，产生低分子烷烃、烯烃、甲烷、氢气和炭。

在这部分高温段床层所发生的反应仍然可以用式(1)~式(7)来表征，最终积炭的形式不同于低温段。

$$烯烃聚合 \longrightarrow 聚合物 \longrightarrow 脱氢 \longrightarrow 焦炭 \quad (8)$$
$$烯烃脱氢、芳构化 \longrightarrow 稠环芳烃 \longrightarrow 热裂开解焦炭 \quad (9)$$

此段床层内由于温度升高，结炭反应加快，因此积炭较多。这些积炭在高温下很容易转化为有光泽的石墨化炭，石墨化炭掩盖活性表面导致催化剂活性下降，这已被工业装置的实践所证明。

在固定的反应温度和空速下，维持一定的水碳比，催化剂上是否产生积炭，主要取决于工艺过程中积炭和消炭的反应速度平衡，即积炭和消炭反应相对速度，而液态烃转化催化剂的一个重要作用就是要使转化过程中消炭反应速度大于积炭反应速度，避免催化剂上炭的沉积，促进目的产物的生成。

☞ **4. 如何理解热力学结炭？一般发生在什么条件下？**

**答**：所谓热力学结炭可理解为轻油蒸汽转化过程中，结炭反应的不可避免性，在高于烃类分解的温度下，又有酸性或金属催化作用的存在，烃类的裂解是必然要发生的。

在一般的设计工艺条件下，热力学结炭不会大量产生，只有当水碳比失调造成水碳比急剧下降或大幅度波动时，才会发生热力学结炭。

☞ **5. 如何理解动力学结炭？一般发生在什么条件下？**

**答**：在轻油蒸汽转化过程中，一方面有多种反应引起结炭，另一方面还存在着碱性催化剂消炭反应，即炭的水煤气反应，当水蒸气分压提高，消炭反应就可以加速。

在固定的反应温度、空速和水碳比条件下，催化剂上是否产生积炭，则取决于积炭和消炭的动力学平衡，即结炭和消炭两种反应的相对速度，当结炭速度大于消炭速度时，就会在催化剂上产生动力学积炭。

☞ **6. 结炭和积炭的含义有什么不同？**

**答**：结炭是一种化学平衡过程，指在烃类转化过程中存在导致生成炭的反应。积炭则是一种反应速度差异的结果，指当总的结炭反应速度大于消炭反应速度时产生了炭的积累。

☞ **7. 如何判断催化剂的积炭？**

**答**：催化剂表面轻微积炭时，因积炭掩盖活性中心，活性下降，吸热减少而出现花斑、热带、出口尾气中芳烃增加，但有时催化剂中毒或被钝化活性下降时也会出现类似的现象。因此要结合对容易造成结炭的工艺条件变化和分析做出判断。催化剂床层严重性积炭时，表现为床层阻力迅速增加，转化管表面温度很快升高，直至出现红管。

☞ **8. 催化剂积炭的原因有哪些？如何防止？**

**答**：（1）原料原因。烃类(尤其是轻油)原料指标超标，即芳烃过高、烯烃过高、密度过大、终馏点过高或馏程不合理等，使结炭反应速度加快，打破结炭–消炭平衡，引起转化催化剂上积炭。

（2）工艺条件波动引起转化水碳比失调。进料波动、温度、压力波动致使水碳比减小到正常值以下，水碳比降低到一定程度将会导致转化过程的积炭。

（3）计量仪表不准或失灵，导致进料不准，引起水碳比小于正常值造成转化过程积炭。

（4）晃点或紧急停工，转化系统处理不及时，进料未能按顺序切除，使催化剂得不到有效的保护，引起烃类在转化催化剂上积炭。

（5）催化剂未能还原好就进行进料，上部催化剂活性不好，导致重烃类介质穿透到下部高温床层引起热裂解积炭。

（6）液态和气态原料切换过程，导致原料脉冲进料，使瞬间大量烃类进入转化炉引起积炭。

（7）操作过程中，蒸汽突然切断，会在几分钟之间引起整个转化床层严重积炭。

（8）原料脱毒不合格，使催化剂中毒，转化活性下降引起催化剂上积炭。

（9）蒸汽压力波动，使水碳比调节紊乱，造成烃类脉冲进料，导致催化剂积炭。

☞ **9. 转化催化剂常用的烧炭再生条件是什么？**

**答**：催化剂轻微积炭时，可采用缓和的烧炭方法，例如降低负荷，增大水碳比，配入一定的还原气等条件下运转数小时，以达到除炭的目的。

积炭严重时，必须切除原料油用水蒸气烧炭，蒸汽量为正常操作汽量30%~40%，压力为0.98MPa左右。严格控制温度，不高于运转时的温度，出口尾气中 $CO_2$ 下降并稳定到一个较低数值时（每隔半小时分析一次），则烧炭结束。

需要注意的是：空气烧炭热效应大，反应激烈，对催化剂危害大，不建议采用，积炭严重时需要更换转化催化剂。

☞ **10. 转化催化剂积炭后如何进行烧炭处理？**

**答**：转化催化剂积炭是制氢过程中最常见的异常现象，根据积炭的程度不同、积炭原因不同，所采取的措施也不相同。

因为工况条件波动，原料脉冲或组分突然变化引起的转化催化剂床层内轻微的积炭，表现在转化炉上有轻微的花斑，应及早采取措施加以消除。一般处理方法：加大转化水碳比，降低生产负荷，在制氢装置低负荷运行条件下加以消除。消除轻微积炭，转化水碳比可以控制在5.0以上，生产负荷减小到50%~60%。

因为工况条件波动、原料脉冲、蒸汽进料波动以及长期运行累积性成中度积炭时，表现为转化炉管出现大量花斑，出现部分热带，转化床层阻力升到正常值的1.5倍左右。这时采用提高水碳比，降低生产负荷的手段很难达到消炭的效果，此时采用蒸汽烧炭的方法最为有效。

蒸汽烧炭的方法：停止烃类进料，调整进入转化炉的蒸汽量为正常值的 30%～50%，保持转化温度(500～800℃)，在纯蒸汽气氛下进行烧炭。烧炭过程一般为 4～10h。在烧炭过程中，转化催化剂同时被氧化，在烧炭结束、进料之前，转化催化剂要先按还原条件进行还原，然后才可投料。

因为晃电停工、突然蒸汽中断，以及其他突发事故导致催化剂床层严重积炭时，表现为整个转化炉普遍为红管，床层阻力迅速上升到正常值的 2 倍以上，这时积炭遍及整个转化床层，不但催化剂表面严重积炭，而且催化剂孔内以及空隙间也发生了严重的积炭现象。出现这种现象后，不能够盲目采用蒸汽烧炭的方法来处理。蒸汽烧炭对消炭反应来讲是最有效的，但是烧炭反应过于激烈，催化剂孔内积炭消除反应过快，很容易将催化剂结构破坏，造成转化催化剂破碎。即使将炭烧掉了，也由于催化剂破碎而不能够继续开工。

遇到这种情况，要采用蒸汽-氢气气氛下缓和烧炭的方法慢慢进行。在蒸汽-氢气气氛下，烧炭反应速度相对较慢，对保护转化催化剂的结构起到决定性作用。同时缓和烧炭的方法还可以避免催化剂表面烧炭过程出现超温，有利于烧炭后的还原。

缓和烧炭的方法：在切除原料进料的同时，将 $H_2$ 引入系统，建立循环，调整蒸汽量为满负荷的 30%～50%，水氢比 7.0 左右，维持正常温度(500～800℃)，定时检测 $CO_2$ 的含量，维持循环氢一定量的补充和放空，分析循环气中 $CO_2$ 含量不再增加时，即没有 $CO_2$ 在烧出来以后，缓和烧炭结束。

缓和烧炭速度较慢，一般要 24～60h。由于缓和烧炭在水氢比 7.0 左右进行，转化催化剂基本保持还原状态，但为安全起见，投料之前再降低水氢比，调整氢空速到转化催化剂还原要求，重新还原催化剂的再投料。

投料进入正常生产后，转化床层阻力如果降到开工初期正常值的 150% 以内，说明缓和烧炭成功。转化催化剂结构得到保护，可以按正常工况投料生产。如果烧炭进料后，转化阻力大于正常值的 150%，说明转化催化剂有了较大程度的破碎，长期维

76

持满负荷生产就有困难，可以考虑在适当的时机更换新催化剂。

如果由于原料净化不合格或蒸汽质量不合格，造成催化剂中毒并引起积炭的情况，要判断是哪一类中毒。如果是硫、氯等可逆中毒，可采用蒸汽烧炭的方法使烧炭和脱毒并举。操作过程中不但要判断烧炭效果，还要检测脱毒效果。如果是砷等不可逆中毒引起的积炭，那么烧炭是不能再生催化剂的，必须考虑更换新的催化剂。

在制氢生产中，转化催化剂积炭往往不是单方面的，为此要充分分析实际情况作出处理方案。

☞ **11. 为什么把抗积炭性能当作轻油蒸汽转化催化剂的主要性能？**

**答**：在比较经济的运行工艺条件下，轻油蒸汽转化催化剂上积炭往往是难以避免的，而积炭危害又很大，大量积炭是导致催化剂寿命减少的最主要的原因，积炭使催化剂活性下降，大量积炭又使催化剂床层阻力增加。虽可以消炭，但消炭再生会使催化剂珠面剥蚀。积炭的形态各不相同，床层低温段的聚合炭和高温段的石墨化炭对催化剂的表观活性影响最大。因此，良好的抗积炭性能是轻油蒸汽转化催化剂的最主要的性能。

☞ **12. 轻油蒸汽转化催化剂基本性能和相互关系是什么？**

**答**：其基本性能是高的机械强度和热稳定性，良好的低温还原性能，适宜的转化活性，较好的抗积炭性能。催化剂的上述性能要在同一种催化剂上体现出来才能表现出良好的综合催化性能，然而这又是十分困难的。例如，增加催化剂的碱性可以明显提高抗积炭性能，但却又同时降低了转化活性；强化活性组分的分散性提高了低温活性稳定性，却又不可避免地降低了还原性；提高还原性又会使镍晶粒增大，活性稳定性变差；增加其裂解活性可减少尾气中残余芳烃和乙烷等，却导致催化剂的积炭增多；单纯提高机械强度会导致大孔减少，从而降低了催化剂的表观活性。

总之，催化剂研制的关键是要仔细平衡上述诸性能，使之具备较高的使用强度、热稳定性和良好的低温还原性能，又要兼顾合适的孔结构和活性组分的分散性；尽量提高抗积炭性和转化活性，又要保持适当的裂解活性，以此来适应多种平行反应和串联反应并存的复杂反应体系。实践表明轻油转化催化剂既表现出金属催化剂的性能，又表现出酸碱催化剂的特征。因此，必须兼顾各种性能，使之互相协调，在同一催化剂达到各种性能的兼容，防止顾此失彼。

☞ **13. 如何理解轻油蒸汽转化催化剂的活性？**

**答**：由于轻油蒸汽转化过程是一多种平行反应和串联反应同时发生的复杂反应体系，所以一种性能良好的轻油蒸汽转化催化剂应该是多功能的。适当的烃类裂解活性，良好的水蒸气转化活性，水蒸气变换活性，水蒸气对碳的气体活性，此外还包括脱氢、加氢以及甲烷反应的活性。这是一种多层次的活性，不是一种简单的基元反应的活性。因此，一般称作轻油蒸汽转化而不是称作轻油蒸汽反应。

☞ **14. 轻油预转化、蒸汽转化和蒸汽裂解的关系是什么？**

**答**：轻油和蒸汽通过镍催化剂转化时，当压力增高，温度和水碳比下降时，总的转化过程就由吸热逐渐变成放热。不同温度、压力和水碳比的轻油蒸汽转化的典型反应热见表4-1。

表4-1 不同温度、压力和水碳比的轻油蒸汽转化的典型反应热

| 工艺条件 | | | 反　　　应 | $\Delta H$(25℃) |
|---|---|---|---|---|
| 压力/MPa | 温度/℃ | $H_2O/$C | | kJ/mol $CH_{2.2}$ |
| 2.07 | 800 | 3.0 | $CH_{2.2}+3H_2O \longrightarrow 0.2CH_4+0.4CO_2$ $+0.4CO+1.94H_2+1.81H_2O$ | +102.5 |
| 2.76 | 750 | 3.0 | $CH_{2.2}+3H_2O \longrightarrow 0.35CH_4+0.25CO$ $+0.4CO_2+1.5H_2+1.95H_2O$ | +75 |

| 工艺条件 | | | 反　　应 | $\Delta H(25℃)$ |
|---|---|---|---|---|
| 压力/ MPa | 温度/ ℃ | $H_2O/$ C | | kJ/mol $CH_{2.2}$ |
| 3.11 | 450 | 2.0 | $CH_{2.2}+2H_2O \longrightarrow 0.75CH_4$ $+0.25CO_2+0.10H_2+1.5H_2O$ | -48 |

目前工业上采用的轻油预转化制取富甲烷气的工艺就是在压力 3.0MPa、温度 400~500℃、水碳比 2.0 左右进行的,其反应的机理是最高烃分子在镍催化剂上发生断键、脱氢反应,其中间产物与水蒸气迅速反应,生产 CO、$CO_2$ 和 $H_2$,然后 CO、$CO_2$ 和 $H_2$ 反应生产 $CH_4$ 和 $H_2O$,由于预转化是在较高的压力、较低温度的水碳比下,所以有利于体积减小而又放热的甲烷化反应发生,同时也有利于放热的变换反应发生,而不利于吸热的蒸汽转化反应进行,因此,总的过程就表现为放热,就是所谓预转化。

由表 4-1 可知,当水碳比提高、温度增加、压力下降时,反应产物中 $CH_4$ 含量降低,$H_2$ 含量升高,CO 和 $CO_2$ 含量增加,整个过程表现为很强的吸热,这就是所谓蒸汽转化。

还有一种以制取烯烃为目的,丙烯产率较高的轻油蒸汽裂解工艺,以较高的温度和极短的停留时间通过特定的催化剂产生富含烯烃的气体,则称蒸汽裂解,这已超出制氢的专业范围了。

☞　**15. 怎样监视转化催化剂性能变化?**

**答**:在使用过程中,监视转化催化剂性能变化主要从以下几个方面进行:

(1)观察转化炉管上部床层温度和管壁温度的变化。管壁温度在正常运行过程中应是均匀的,长期使用过程中相对稳定,某个部位的管壁温度升高,说明某个部位的催化剂活性在下降。一般情况下监视催化剂性能变化要长期监视炉管 2~3m 处温度的变化和炉管热点温度的变化情况。管壁温度如果普遍升高,说明转化催化剂活性在全面衰退，此时要尽快分析原因，是否结炭、中毒、催化剂没充分还原或被钝化。

（2）观察花斑、热带、红管的出现及变化。花斑、热带、红管这种局部问题的出现，往往主要是与催化剂装填质量和转化炉火嘴的燃烧状况，以及炉膛内烟气温度分布不均匀有关。

（3）转化出口温度和转化气组成变化。监视转化出口温度和转化气组成情况是监视催化剂性能变化的重要手段之一。催化剂性能稳定的情况下，出口温度和转化气组成是相对应的。出口温度提高，转化气中甲烷含量下降，一氧化碳含量相应提高，芳烃穿透减少。如果在出口温度不变的情况下，转化气的甲烷含量升高，芳烃穿透增多，说明催化剂的性能在衰退，这时可以依靠提高出口温度来保证转化到指标要求。如果靠提高出口温度仍不能使残余甲烷和芳烃量降到指标以内，说明催化剂已失活。

☞ **16. 转化炉管压差增大的原因有哪些？**

答：催化剂装填过程中因高空跌落而引起部分炉管内催化剂粉碎，催化剂的机械强度或热稳定性不好，在使用过程中粉碎、中毒或水碳比失调等；事故状态下引起催化剂床层热力学积炭，催化剂长期运行中积炭增加，压力急剧下降或烧炭反应激烈引起催化剂粉碎，催化剂水合引起的粉化等，都是造成转化炉管压差增大的原因。具体分析如下：

（1）催化剂部分破碎引起阻力降增加，催化剂在装填、使用过程中压力急剧变化，造成催化剂的破碎，会使催化剂的装填密度增大，空隙减小，导致转化炉系统压差增大。

（2）催化剂积炭造成转化炉压差增大，在使用过程中，催化剂表面积炭将堵塞气流通道，导致气流受阻，压差增大，此外催化剂积炭后烧炭过程中也会由于烧炭速度过急引起催化剂粉碎或剥皮，催化剂碎块功粉末堵塞转化管底部出气孔，也会造成转化炉压差增大。

（3）增大反应负荷、增加水碳比，会导致转化炉压差增大，反应负荷的增加，增大了气流量，使得系统阻力增大。

☞ **17. 转化催化剂的毒物是什么？毒物是怎样使催化剂中毒的？**

**答**：转化催化剂的毒物主要有硫、氯、砷等非金属以及铅、铜、钒、铁锈等。

硫中毒：主要由原料脱硫不合格引起的，中毒后催化剂活性下降，炉管出口甲烷含量偏高，转化炉出口温度升高，转化炉管壁温度上升，燃料耗量下降，系统阻力增加，严重时炉管上部出现花斑，并逐渐向下扩展，在正常操作条件下 Z402、Z409、Z405 催化剂要求原料中硫含量小于 $0.5\mu g/g$。Z403H 催化剂要求小于 $0.2\mu g/g$，当然原料中的实际硫含量愈小愈好，只要严格控制进入转化炉的硫含量，一般不会出现明显的硫中毒的情况，而目前的脱硫技术和工艺一般都能将原料中的硫含量降至规定的指标以下。

当操作波动，脱硫不合格时会引起硫中毒，中毒首先发生在上部低温段的催化剂上，经验表明，在排除了发生积炭的可能性以后，当上部转化管出现温度升高，出口甲烷量也升高时，就可判断是催化剂中毒了。

硫中毒的发生和床层温度有关，在转化炉出口 800℃ 的温度下，原料中的硫含量大约在 $5\mu g/g$ 才会引起催化剂中毒，而在床层入口 500℃ 时，$0.01\mu g/g$ 的硫就会引起催化剂的中毒。这是因为硫中毒的过程是一种简单的放热吸附过程，温度低时有利于硫的吸附反应，在实际生产中，目前的脱硫技术还无法使原料轻油中的硫达到 $0.01\mu g/g$，但一般催化剂活性有余地，所以轻油脱硫指标要求小于 $0.5\mu g/g$ 即可。

石脑油转化时，不同温度下引起镍中毒最小硫浓度见图 4-2。

轻微的硫中毒，可以改换干净的原料在高水碳比下运行，使催化剂恢复活性；也可以切换原料，改为还原操作条件，使催化剂逐渐放硫，以恢复活性。

当硫中毒比较严重时，可采用氧化还原的办法再生，具体步骤如下：

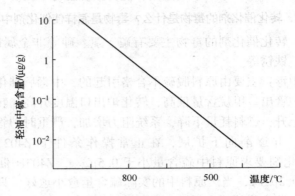

图 4-2　不同温度下使用镍中毒的最小硫浓度

（1）在接近常压下用蒸汽氧化催化剂，控制床层温度稍低于正常操作温度，蒸汽量控制在正常操作时的 10%~20%，时间 6~8h。

（2）在蒸汽中配入氢气，使 $H_2O/H_2$ 逐渐从 20 降到 3 左右，维持 2~4h。

（3）按步骤（1）的方法用蒸汽氧化 4~6h。

（4）按步骤（2）的方法操作，然后建立正常还原条件，最后再建立正常操作条件。

再生过程中定期分析出 $H_2S$ 含量，以判断除硫效果。

当催化剂硫中毒很严重时，就会引起催化剂积炭。因此，必须将积炭和硫同时除去，此时应先进行烧炭，然后按上述方法消除催化剂上的硫，使催化剂再生。

砷中毒：砷中毒是永久性的，表现与硫中毒相似。一旦砷中毒，必须更换催化剂并用酸清洗炉管。因砷可以渗透到炉管内壁，对新装入的催化剂造成污染。催化剂上的砷达到 50μg/g 活性就明显下降，达到 150μg/g，就会引起积炭。转化原料中的砷一般要求小于 5ng/g。

氯中毒：氯中毒也是可逆的，表现与硫中毒相似。可用还原

82

法除氯，但再生要比硫中毒困难。一般氯由于锅炉水水质不好，原料轻油含氯较高和换热设备清洗时带入。严重氯中毒时，更换催化剂往往比长时间再生更经济。

有些金属也会使镍催化剂活性下降，其中铜和铅含于原料之中，就象砷一样，它们积累在催化剂不上能除去。钒的作用铜、铅相似。

工艺管道中的铁锈也常被带到转化催化剂上，覆盖在催化剂表面上引起活性下降，停车期间应将工艺管线用氮气吹扫干净，防止生锈。

☞ **18. 转化炉管出现热斑、热带、热管的原因及处理方法是什么？**

答：形成热斑的原因：催化剂装填不当引起架桥或局部积炭。

上段床层热带可能由于催化剂还原不充分或硫中毒失活，进料量和水碳比大幅度波动，烧嘴不均匀或偏烧等原因造成局部过热积炭引起的。

下段床层热带可能由于下段催化剂活性衰减，进料分布不匀，重质烃穿透到下段催化剂积炭，催化剂粉碎等原因引起。

当催化剂严重积炭或粉碎时，造成管子堵塞，形成热管。有时进出口尾管或导气筛孔堵塞也会形成热管。

上述现象最主要的原因来自积炭，轻微热斑和热带可采用调节烧嘴，改善操作条件方法消除。出现热管时，则需进行烧炭处理，烧炭后若热管不消失，则应停车更换催化剂，以防止烧坏炉管。

为了防止热管产生，要首先保证催化剂装填均匀，床层阻力偏差小，还原充分，要保证原料净化彻底，炉膛火嘴调节均匀，防止局部过热。还要尽量避免进料量、水碳比和压力的波动，防止催化剂的水合。

☞ **19. 转化催化剂中毒和结炭表现有何不同？如何处理？**

**答**：对于轻油转化催化剂来讲，中毒和积炭是影响催化剂正常使用的主要因素。在催化剂应用过程中没办法直接取出催化剂进行检测，所以只能靠经验观察分析转化炉操作情况来判断。

催化剂中毒一般是硫、氯、砷等毒物引起，较为常见的是硫、氯中毒，催化剂中毒往往从转化炉上部开始，首先表现为转化炉上部床层和壁温升高。而后导致整个炉管壁温升高，中毒一般来讲是普遍性的，不是个别炉管的现象，即整个转化炉内炉管不同程度出现上述现象。再一个特征就是催化剂活性下降，导致转化气中甲烷升高，芳烃穿透量急剧上升，在转化出口气中，甚至高变气中出现芳烃；中毒初期转化炉的阻力降没有明显上升，如果严重中毒使催化剂失活引起床层积炭后，转化炉阻力会随之升高。最近几年已发现有多家制氢装置发生因原料净化或水蒸气质量不好引起转化催化剂中毒的实例，催化剂中毒失活的问题应高度重视。

催化剂积炭主要是工况波动，原料变化引起，特别是水碳比失调很容易引起积炭，也可能是在苛刻的操作条件下长期积累所致，表现形式主要有炉管出现花斑和红管现象，多数情况花斑和红管不是普遍性的，而是炉膛内某个部位或某些炉管。催化剂积炭第二个主要特征是催化剂床层阻力降升高，结炭所导致的催化剂失活没有中毒那么明显，但床层阻力会持续升高或迅速升高；催化剂微量积炭引起少数炉管出现花斑时，催化剂失活现象不太明显，转化气中芳烃穿透和甲烷上升没有中毒表现的突出，一旦催化剂严重积炭时才导致催化剂失活，严重积炭引起催化剂粉碎造成红管。

中毒、积炭的处理方法基本相同，一般采用停止烃类进料，蒸汽脱毒，烧炭。即在纯蒸汽气氛下，在操作温度条件下运行数小时乃至数天时间，以达到脱毒烧炭的目的。一般情况下硫中毒和较轻程度的积炭可以用蒸汽再生催化剂，而严格重积炭或氯砷中毒则难以使催化剂再生。

防止催化剂中毒措施：严格控制轻油原料中的硫、氯、砷等毒物含量，随时监控加氢脱硫剂、床层温度、配氢量、空速等工艺条件，严防加氢脱硫床层超温，引起结炭，导致失活，经常计算氧化锌床层硫容，严格控制工艺水蒸气中的氯含量，防止水蒸气中带进毒物。

防止催化剂积炭的措施：防止水碳比、空速、压力、温度等工艺参数波动；保持进料组成的稳定，严防轻油原料与其他油品的串混，坚持轻油原料储运和输送系统专用，严格执行因突然停电或设备事故而导致紧急停车时一段炉的操作程序。

☞ **20. 影响转化催化剂使用寿命的因素有哪些？**

答：催化剂装填不均匀引起偏流，反复多次的开停车，反复多次的氧化还原，反复多次的中毒再生，压力、温度、空速、水碳比等工艺条件的波动和原料重质化引起的多次积炭以及随之而来的多次烧炭再生，都会减少催化剂的实际使用寿命。

催化剂的产品质量不符合标准要求，是减少催化剂使用寿命的主观因素。

☞ **21. 转化催化剂床层温度分布对转化反应有何影响？**

答：转化催化剂床层温度分布应根据不同催化剂的性能有所不同，由于转化反应是一种强吸热的反应过程，提高上部床层的温度有利于转化反应的进行，但同时也加快了吸热的裂解反应的速度，从而使结炭增加。对于低温活性和抗结炭性能不同的催化剂，床层上部的温度应有所不同，例如 Z403H 催化剂，床层 3m 处的温度应不高于 630℃，而对于 Z402、Z409 催化剂，床层 3m 处的温度可控制得较高一些。

实际上床层温度的分布与空速、水碳比是互相联系的，在床层出口残余甲烷含量符合工艺要求的前提下，可根据具体的空速和水碳比进行调节，但在较高空速下，出口温度不宜降低得太低，否则会引起整个床层温度偏低，从而导致上部床层转化不好，高级烃穿透至下部床层引起结炭。

☞ **22. 水碳比变化对转化反应有何影响？**

答：水碳比是轻油转化过程中最敏感的工艺参数。水碳比提高可以减少催化剂的结炭，降低床层出口的残余甲烷量，对转化反应是非常有利的。在没有二段转化炉的制氢工业装置上，一般采用较高的水碳比，以尽量减少出口残余甲烷量，提高氢气产率和纯度。当采用重质石脑油作转化原料时，亦应适当提高水碳比，以减少积炭，然而水碳比的提高相应增加了能耗，所以只能根据具体的工艺装置确定合适的水碳比。

☞ **23. 空速对转化反应有何影响？**

答：一般用液体体积空速或碳空速来表示转化负荷。空速越大，停留时间越短，在其他工艺条件固定的情况下，空速增加，出口残余甲烷升高，催化剂结炭增加。

在实际工业装置上，空速的大小是与原料轻油的终馏点、芳烃含量、床层出口温度互相关联的。当轻油原料终馏点升高、芳烃含量增加时，则应相应降低空速，以达到满意的转化工艺要求。上述工艺指标的确定又与所选用的转化催化剂的性能有关，因此只能根据具体情况来确定。

☞ **24. 反应压力对转化反应有何影响？**

答：轻油转化反应过程是体积增大的一种反应过程，由组成为 $C_nH_m$ 的轻油或其他烃类原料，在同水蒸气反应后，变成 CO、$CO_2$、$H_2$ 和少量残余 $CH_4$，体积膨胀很大。显然增大反应压力对反应过程是不利的，然而由于转化工艺过程的最终产物一般都是用作高压化工过程，所以从总体节能效果考虑，转化工艺一般都在加压下进行。

☞ **25. 影响转化出口残余甲烷含量的因素哪些？**

答：较高的水碳比和床层出口温度，较低的空速，使用含芳烃少，终馏点低的轻质石脑油原料，选用活性好、抗结炭性能高而又还原充分的催化剂，采用净化脱毒比较彻底的原料都会相对降低床层出口残余甲烷量。反之，则会导致出口残余甲烷量上升。

压力的波动会引起瞬时空速增加，床层温度和水碳比的波动会引起催化剂表面结炭，原料中硫含量、砷含量的增加和原料净化工段工艺条件的波动等，操作条件恶化也往往会导致出口残余甲烷量的升高。

☞ **26. 紧急停车时怎样确保转化催化剂不结炭？**

**答**：在紧急停车的情况下确保催化剂不结炭，应按以下步骤停车：

（1）切断原料油，同时灭掉火嘴。脱硫系统卸压放空。

（2）减蒸汽量至原负荷 50% 左右，降压。

（3）按不同催化剂要求分别用蒸汽或氮氢气进行系统吹扫降温。

如果条件允许，在切断原料油时，引入氢气进行还原气氛保护，防止催化剂氧化，再次开车时可以不进行还原操作。

☞ **27. 什么是水碳比？如何控制水碳比？**

**答**：水碳比是指转化进料中水蒸气分子总数和碳原子总数的比值，写为 $H_2O/C$。

水碳比是蒸汽转化过程中最敏感的工艺参数。实际操作时水碳比一般控制在 3.5 ~ 5。提高水碳比能降低转化出口的残余 $CH_4$，对转化反应是非常有利的。然而提高水碳比也相应增加了能耗，所以在生产中只能根据具体的工艺装置确定合适的水碳比。

☞ **28. 烃类水蒸气转化反应平衡是怎样的？**

**答**：烃类水蒸气转化反应包括甲烷水蒸气转化及轻烃蒸汽转化两大类。

（1）甲烷水蒸气转化反应平衡。

甲烷在一段蒸汽转化炉中的主要反应式如下：

$$CH_4 + H_2O \Longrightarrow CO + 3H_2 \qquad \Delta H_{298} = 206.3kJ \qquad (1)$$

$$CH_4 + 2H_2O \Longrightarrow CO_2 + 4H_2 \qquad \Delta H_{298} = 165.3kJ \qquad (2)$$

$$CO + H_2O \Longrightarrow CO_2 + H_2 \qquad \Delta H_{298} = -41.2kJ \qquad (3)$$

$$CO_2 + CH_4 \Longrightarrow 2CO + 2H_2 \qquad \Delta H_{298} = 247.3kJ \qquad (4)$$

上述反应过程中，式（1）、式（4）是决定反应平衡的，表4-2列出了两者反应的平衡常数值。其中式（1）、式（2）、式（4）是强吸热反应，式（3）是放热反应。但甲烷水蒸气转化总过程是强吸热的，故采用低压、高温的操作条件对甲烷水蒸气转化反应是有利的。任何时候式（1）、式（2）、式（3）反应都不是独立的，其中任选两个反应都可以确定甲烷水蒸气转化过程的反应平衡。甲烷水蒸气转化反应平衡常数随着温度升高有较快的增大，而CO变换反应则相反。甲烷水蒸气转化反应和CO变换反应的平衡常数见表4-2。

表4-2　甲烷水蒸气转化反应和CO变换反应的平衡常数

| 温度/℃ | 甲烷水蒸气转化反应平衡常数 | CO变换反应平衡常数 |
|---|---|---|
| 550 | 0.0774 | 3.434 |
| 600 | 0.502 | 2.527 |
| 650 | 2.686 | 1.923 |
| 700 | 12.14 | 1.52 |
| 750 | 47.53 | 1.228 |
| 600 | 0.502 | 2.527 |
| 600 | 0.502 | 2.527 |
| 900 | 1440.0 | 0.732 |

$CH_4$ 含量与操作条件的关系：转化反应温度升高，达平衡时残余 $CH_4$ 含量下降；反应压力升高，达平衡时残余 $CH_4$ 含量上升；水碳比增大，达平衡时残余 $CH_4$ 含量下降。

CO 含量与操作条件的关系：转化反应温度升高，达平衡时

CO 含量上升；反应压力升高，达平衡时 CO 含量下降；水碳比增大，达平衡时 CO 含量下降。

$CO_2$ 含量操作条件的关系：转化反应温度升高，达平衡时 $CO_2$ 含量上升，到一定的温度后反而下降；反应压力升高，达平衡时 $CO_2$ 含量下降，到一定的压力后反而上升；水碳比增大，达平衡时 $CO_2$ 含量上升。

转化出口气中的 $CH_4$ 含量的最低值是由化学平衡决定的。转化出口 $CH_4$、CO 和 $CO_2$ 的平衡浓度和温度、压力及水碳比的关系见图 4-3～图 4-5。

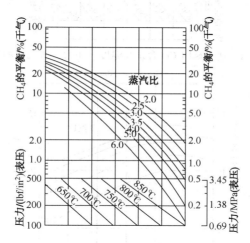

图 4-3　达平衡时 CO 含量与温度、压力、蒸汽比的关系

注：1lbf＝101325Pa

图 4-3～图 4-5 可以作为对比指定工艺条件下的转化气的组成、选择最佳的工艺条件，分析判断转化炉的运行效果及推断运行中的转化催化剂的活性及寿命的参考。

（2）轻烃蒸汽转化的反应平衡。

轻烃（$C_nH_m$）蒸汽转化反应式：

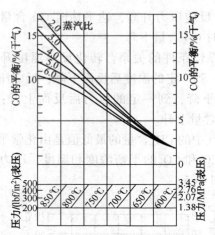

图 4-4　达平衡时 CO 含量与温度、压力、蒸汽比的关系

注：$1lbf/in^2 = 6894.757Pa$

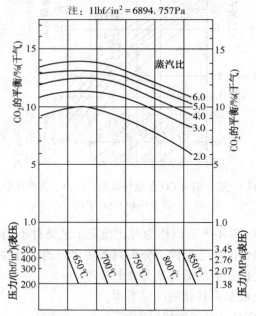

图 4-5　达平衡时 $CO_2$ 含量与温度、压力、蒸汽比的关系

注：$1lbf/in^2 = 6894.757Pa$

$$C_nH_m + nH_2O \longrightarrow nCO + (n+m/2)H_2 - Q \qquad (5)$$

$$C_nH_m + 2nH_2O \longrightarrow nCO_2 + (2n+m/2)H_2 - Q \qquad (6)$$

$$CO + 3H_2 \longrightarrow CH_4 + H_2O \qquad \Delta H_{298} = -206kJ \qquad (7)$$

$$CO + H_2O \longrightarrow CO_2 + H_2 \qquad \Delta H_{298} = -41.2kJ \qquad (8)$$

当原料含有烯烃时,则有如下反应:

$$C_nH_{2n} + nH_2O \longrightarrow nCO + 2nH_2 - Q$$

$$C_nH_{2n} + 2nH_2O \longrightarrow nCO_2 + 3nH_2 - Q$$

其中式(5)是强吸热反应,吸热量则与碳数多少有关,其吸热量超过式(7)、式(8)放出的热量总和,因此总的转化过程表现为吸热反应。式(5)反应是不可逆反应,转化平衡由式(7)、式(8)决定。

在生产中,转化管内上部的低温处仍是催化转化反应,到了下部高温段床层,烃类在进入 600℃ 以上的高温床层内时,热裂解反应则不可避免地发生,脂肪烃类则变成均相热裂解为主的热化学反应了。

轻烃蒸汽转化时,在通常的转化条件下表现为强吸热,在低温、低水碳比和高压下又表现为放热。在不同的温度、压力和水碳比下,轻烃蒸汽转化的反应和反应热见表 4-3。

表 4-3　不同温度、压力和水碳比下轻烃蒸汽转化的典型反应热

| 工艺条件 | | | 反　应 | $\Delta H_{298}^0 /$ |
| --- | --- | --- | --- | --- |
| 压力/ MPa | 温度/ ℃ | $H_2O/$ C | | ( kJ/mol $CH_{2.2}$ ) |
| 2.07 | 800 | 3.0 | $CH_{2.2} + 3H_2O \longrightarrow 0.2CH_4 + 0.4CO_2$ $+0.4CO + 1.94H_2 + 1.81H_2O$ | +102.5 |
| 2.76 | 750 | 3.0 | $CH_{2.2} + 3H_2O \longrightarrow 0.35CH_4 + 0.25CO$ $+0.4CO_2 + 1.5H_2 + 1.95H_2O$ | +75 |
| 3.11 | 450 | 2.0 | $CH_{2.2} + 2H_2O \longrightarrow 0.75CH_4$ $+0.25CO_2 + 0.14H_2 + 1.5H_2O$ | −48 |

转化出口残余 $CH_4$ 含量与操作条件的关系:转化反应温度

升高，转化出口残余 $CH_4$ 含量下降；反应压力升高，平衡时残余 $CH_4$ 含量上升；水碳比增大，平衡时残余 $CH_4$ 含量下降。

转化出口 CO 含量与操作条件的关系：转化反应温度升高，转化出口 CO 含量上升；反应压力升高，转化出口 CO 含量上升；水碳比增大，转化出口 CO 含量下降。

转化出口 $CO_2$ 含量与操作条件的关系：转化反应温度升高，转化出口 $CO_2$ 含量下降；反应压力升高，转化出口 $CO_2$ 含量上升；水碳比增大，转化出口 $CO_2$ 含量上升。

转化出口 $H_2$ 含量与操作条件的关系：转化反应温度升高，转化出口 $H_2$ 含量上升；反应压力升高，转化出口 $H_2$ 含量下降；水碳比增大，转化出口 $H_2$ 含量上升。

石脑油蒸汽转化入口水碳比和转化温度、压力和转化出口的 $CH_4$、CO、$CO_2$、$H_2$ 和 $H_2O$ 的平衡浓度关系曲线见图 4-6~图 4-9。

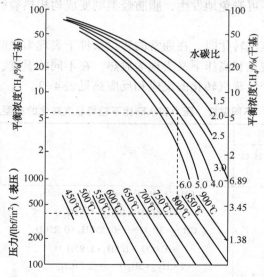

图 4-6　石脑油转化出口 $CH_4$ 和温度、压力及水碳比的关系

$1lbf/in^2 = 6894.757Pa$

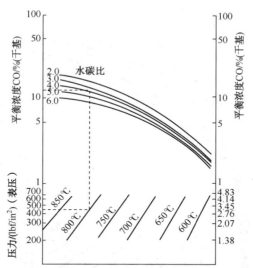

图 4-7 石脑油转化出口 CO 和温度、压力及水碳比的关系

1lbf/in² = 6894.757Pa

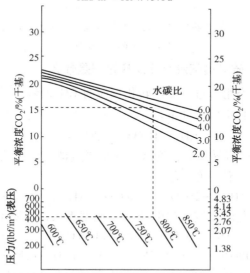

图 4-8 石脑油转化出口 CO₂ 和温度、压力及水碳比的关系

1lbf/in² = 6894.757Pa

93

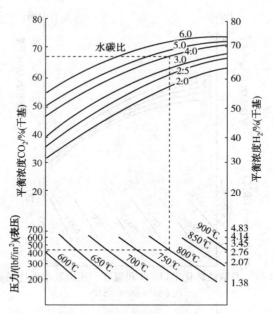

图 4-9　石脑油转化出口氢浓度和温度、压力及水碳比的关系

$1 lbf/in^2 = 6894.757Pa$

**☞ 29. 多碳烃类蒸汽转化反应过程是什么？**

**答**：烃类组分进行蒸汽转化反应时 $CH_4$ 最慢，逆反应会降低反应速率，其反应式如下：

$$CH_4 + 2H_2O \Longrightarrow CO_2 + 4H_2$$

高级链烷烃转化时，逐级生成低级直链烷烃，按式（8）进行，速率极快，是不可逆反应：

$$C_nH_{2n+2} + 2H_2O \longrightarrow CO_2 + C_{n-1}H_{2(n-1)+2}(n \geqslant 2) \qquad (9)$$

烯烃转化时，按式（10）进行，速度极快，亦属不可逆反应：

$$C_nH_{2n} + 2H_2O \longrightarrow CO_2 + 2H_2 + C_{n-1}H_{2(n-1)+2}(n \geqslant 2) \quad (10)$$

环烷烃断环时，反应式同上，但 $n \geqslant 3$；在进行转化反应的同时，变换反应平行进行，应考虑其逆反应 $CO + H_2O \Longrightarrow CO_2 + H_2$ 的影响。

对于大分子烃的蒸汽转化过程,从平衡角度看,提高水碳比同样可以促进转化反应,但考虑到催化剂上存在着烃类和水的竞争吸附,过高的水碳比对反应速度仍是不利的。

**☞ 30. 转化炉管破裂时如何处理?**

**答**:对于设置上下尾管的转化炉,在运行过程中一旦有炉管破裂,可以同时将上下尾管钳死,截断气流,以保证其余炉管的正常运行。

对于竖琴式转化炉这类装置,一旦遇到炉管破裂的情况,必须停车处理裂管。

**☞ 31. 不同类型催化剂升温过程有何不同?**

**答**:转化催化剂的升温过程,一般采用两种方法:一种为还原气氛下升温;另一种为非还原气氛下升温。

还原气氛下升温过程为从常温升至床层入口200℃阶段,以氮气循环升温,在保证床层各点温度均在水蒸气露点温度以上20℃时,切入蒸汽(当中变与转化串联升温时,还要考虑中变床温在水蒸气露点以上),并同时配入还原性气体($H_2$或氨裂解气),一般控制 $H_2O/H_2$(体积比)为7以下,继续升温至还原或进油条件,升温度速度一般为30~40℃/h。

非还原气氛下升温过程为从常温升至床层入口200℃阶段,用氮气循环,在保证床层各点温度均在水蒸气露点温度以上20℃时,切入蒸汽继续升温到还原条件。

新转化催化剂分为还原态和氧化态两种,所谓还原态催化剂是指催化剂出厂前预先进行还原,要保证还原态催化剂在升温过程中不被氧化,必须采用还原气氛升温,氧化态催化剂使用前要在装置中进行还原操作,升温阶段可采用还原气氛升温,也可采用非还原气氛升温,对催化剂的正常使用没有影响。

**☞ 32. 转化催化剂还原介质有哪些?**

**答**:(1)氢气。纯净的氢气是最理想的一种还原气体,如果氢气中杂质的含量很低,还原时也可以采用干燥的氢气。但为了更加安全，还是应采用蒸汽与氢气的混合气，以消除万一氢气中含有烃类或少量原料烃漏入系统产生的危险。没有蒸汽的情况下，混入烃类将对催化剂产生严重的后果。

（2）氨。当没有纯氢时，氨是最好的代用品。可以利用氨裂解产生的氢气作还原气。由于氨不能在转化炉顶部温度比较低的部位分解，而只能在炉管下部温度高的部位分解，因此用蒸汽加氨混合气还原氧化态催化剂时，必须进行循环操作。需要说明的是，氨对低变催化剂是有害的，操作时应采取相应安全措施，确保氨不漏入低变反应器。

☞ **33. 转化催化剂还原反应条件是什么？**

**答：**影响转化催化剂还原的因素：还原温度、氢气空速、还原介质中氢浓度、$H_2O/H_2$ 以及还原时间等。

还原温度是催化剂还原的主要条件，对不同的催化剂所要求的还原温度是不同的，这主要决定于活性组分与载体的相互作用以及其分散程度。例如 RKN 催化剂中活性组分 NiO 与 MgO 形成镍-镁固溶体，还原温度要求在 800℃以上。由于催化剂床层上部温度达不到要求，所以 RKN 催化剂都是以还原态形式出厂，在使用过程中也要始终保持还原气氛，Z402/Z405、Z409/Z405G 催化剂还原温度比较低，一般在入口分别控制 500℃和 450℃以上，出口 800℃情况下可以被还原，所以可以氧化形式装入转化炉管，在炉内部还原。

对轻油转化催化剂（Z402/Z405、Z409/Z405G）来讲，还原用的氢空速应大于 $300h^{-1}$。$H_2O/H_2$ 应小于 7.0，还原时间为 6~12h。

☞ **34. 转化催化剂还原为什么要维持 $H_2O/H_2$ 值小于 7？**

**答：**转化催化还原所需蒸汽对氢的比值随温度而改变，氧化镍的还原反应平衡常数很大，在 500~800℃ 范围内 $P_{H_2O}/P_{H_2}$ 由 309 变为 256，还原是容易的，但实际还原过程中，要求 $H_2O/H_2$ 远远低于催化剂载体相存在不同程度的相互作用，为提高还原反应速度，必须降低 $H_2O/H_2$ 才能在工业装置上对催化剂进行有效的还原。图 4-10 为实验做出的 NiO 氧化还原曲线。

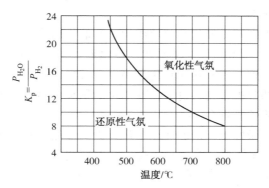

图 4-10　不同温度下还原系统的气氛界限

转化催化剂在炉管中的还原温度一般在 $450\sim820℃$，温度到 $820℃$ 时，$P_{H_2O}/P_{H_2}$ 在 7 以下才能保证处于还原区，为此，转化催化剂还原时，$P_{H_2O}/P_{H_2}$ 值应小于 7。

☞　**35. 什么是转化剂的结炭？**

答：烃原料的水蒸气转化反应必然首先发生 C—C 键的断裂，并伴随进一步脱氢和加氢，结果产生了低碳数的烃和 $H_2$，也同时产生了炭，这就是结炭。即使是甲烷转化过程，CO 的歧化反应也可能产生炭。炭与水蒸气反应生成 CO 和 $H_2$，则是消炭的过程。

结炭是一种化学平衡过程，指在烃类转化过程中存在导致生成炭的反应。积炭则是一种反应速度差异的结果，指当总的结炭反应速度大于消炭反应速度时产生了炭的积累。

结炭是转化过程中经常发生的现象。炭沉积覆盖在催化剂表面，堵塞微孔，致使转化过程恶化或炉管出现局部过热、热带、热管等，导致催化剂破碎粉化而增加床层阻力，缩短转化管的寿命，使装置出现事故。

☞　**36. 如何防止转化剂积炭？**

答：（1）选用活性（特别是低温活性）好、稳定、抗积炭性能好的催化剂。

（2）提高转化催化剂装填质量。在催化剂装填过程中应严格按照"等量、等高度"的原则进行转化催化剂的装填，尽可能各炉管压降一致。使原料在转化炉多根炉管中均匀分布，避免物料偏流引起部分炉管物料过多，使催化剂积炭，物料过少导致炉管过热，影响炉管寿命。

（3）要做好催化剂的还原工作，提高催化剂的活性。

（4）尽量不要在高空速下操作。空速越大，原料在转化催化剂床层停留的时间越短，反应深度也越差，使转化炉出口残余$CH_4$量升高，转化催化剂结炭增加。

（5）严格控制原料，避免大分子烃类进入转化炉。由于芳烃、烯烃等大分子烃类积炭倾向大，对含有较高芳烃、环烷烃等的重质石脑油，必须谨慎使用。

（6）操作时要确保转化催化剂在入口区段处于还原状态。

（7）严格脱除原料烃中的有害毒物，保证催化剂活性不下降。加强脱毒系统的监控，避免硫、氯带入转化炉。焦化干气流量波动较大且硫含量偏高，如果上游装置气体脱硫塔经常出现泛塔，还会出现干气带胺的情况，在实际生产时要加强监控。

（8）操作中始终保持足够的水碳比。严格控制水碳比，避免水碳比出现大的波动。在油气互相切换时，转化炉进料易形成大的波动，实际水碳比瞬间严重失调，导致转化催化剂快速积炭、催化剂活性降低，床层阻力增加，炉管出现花斑或红管。因此，油气互相切换时，尽量缓慢进行，避免出现间断进料、进料过猛、脉冲进料等情况，保证实际水碳比的平稳。要定期标定水碳比，制定原料与配汽量对应关系表，在生产中严格执行，以保证水碳比的平稳。

（9）严格控制转化炉膛温度，避免出现大的波动。由于瓦斯或 PSA 脱附气压力波动大，转化炉炉膛温度经常出现大的波动。转化炉炉膛温度下降，会导致高级烃往下穿透，出口$CH_4$量上升，并容易引起下段转化催化剂积炭；转化超温，很可能导致转化催化剂烧结，使催化剂孔结构发生变化，活性表面及活性位下降，导致催化剂失活。因此，应严格控制转化炉炉膛温度，并且保证各区域温度尽量平均，尽可能控制转化炉管出口温差在20℃范围内波动。在开停工过程中，升降温速度应严格控制，避免温度升降过快。

（10）提高过热蒸汽品质，避免催化剂结盐。过热蒸汽长期 $Na^+$ 或 $SiO_2$ 等含量过高，这些杂质随着蒸汽带入转化炉，将不可避免地在转化催化剂上结盐而覆盖催化剂的活性中心，或降低催化剂抗结炭性能，从而使催化剂失活。生产中应加强锅炉排污，使 $Na^+$ 等杂质含量尽量降低。

（11）加强管理，避免频繁开停工。设备事故引起会制氢装置的停工，在开停工过程中，水碳比长时间较高，催化剂 Z402 中的抗积炭元素 K 在高水碳比下极易流失。故正常生产时应加强设备管理，尽量避免设备事故引起装置停工。

## ☞ 37. 反复氧化还原对转化催化剂性能有什么影响？

**答**：氧化还原过程中，催化剂的活性组分的形态不断发生变化。在高温条件下，镍晶粒随着反复氧化还原次数增多而发生熔结，引起镍晶粒长大，使活性位减少，造成催化剂活性下降。反复氧化还原过程中，对催化剂的体相结构性能影响也较明显，由于气氛的不断改变，温度的改变，容易引起催化剂烧结，比表面下降。另外在此过程中，活性组分与载体组分发生较为剧烈的相互作用过程中，应尽量减少氧化还原次数，这对保障催化剂长期稳定使用是有利的。

## ☞ 38. 转化催化剂还原不充分或在使用中被氧化会造成什么危害？如何防止和处理？

**答**：转化催化剂还原不充分或在使用中被氧化造成催化剂的活性下降，这种情况一般发生在温度较低的反应管上部。上部催化剂还原不充分对轻油蒸汽转化反应来讲，造成重质烃在上部转化不完全引起重烃下移。由于下部温度较高，重烃移至于下部后裂解、脱氢聚合等反应加剧引起催化剂大量积炭。反映在转化则表现为残余甲烷量升高，芳烃含量增加，转化炉管局部红管。红管部位随时间延长而下移和加长，直至整个炉管发红，造成催化剂损坏。为此一旦确认为还原不充分或氧化反应及时做处理。

为使催化剂充分还原，在还原时必须严格按还原条件进行，保证足够的还原氢浓度、还原温度和还原时间，确保还原彻底。

一旦发生断油、单独通蒸汽或有计划的烧炭之后，应配入还原气体重新还原。还原温度应略高于氧化温度。

☞ **39. 为什么要求转化催化剂具有良好的低温还原性能？**

**答**：受转化炉工艺条件的限制，床层上部温度只能升到 $450\sim500℃$，为此，催化剂在转化炉内还原时，上部催化剂必须有良好的低温还原性能，才能在 $450\sim500℃$ 还原。

目前，转化催化剂大多以氧化态形式出厂，例如，Z402/Z405、Z409/Z405G 等催化剂，开工进油前首先在装置中进行还原。另外，转化催化剂在使用过程中不可避免地发生析炭反应、工况波动积炭或工期运行积炭。进行水蒸气烧炭处理后，催化剂被氧化，重新开工时，必须进行还原。正常停车或事故停车过程中，催化剂也将被氧化，重新开工也需重新还原。在上述情况下还原催化剂，就必须要求催化剂具有良好的低温还原性。

☞ **40. 转化停车时，采用还原气氛保护催化剂有何好处？**

**答**：转化停车时对转化催化剂进行还原气氛保护，主要目的是防止催化剂氧化。对催化剂有如下好处：

（1）减少催化剂的反复氧化–还原的次数。有利于催化剂结构性能及活性的稳定。

（2）缩短开工时间，还原气氛保护停车后再开车时，不需要重新还原，只要求在还原气氛下升温到进油条件进油即可。

还原气氛停车，对延长催化剂使用寿命以及节能降耗是有利的，有条件的应采用这个方法停车。

**☞ 41. 转化催化剂为什么用水蒸气－干氢还原？**

**答：**还原气氛对轻油转化催化剂的还原率及其活性影响较大。一般干氢还原比湿氢还原的还原率高，相同还原率时，湿氢还原的活性比干氢还原时低，因为水蒸气加速催化剂的镍晶粒长大，然而实际还原过程中，一般不用干氢还原，都是水蒸气－氢气气氛下还原，配入水蒸气目的：

（1）大量水蒸气能够提高催化剂层内还原气的流速，对还原气在各转化管内气流分布均匀将有促进作用，从而促进转化炉内热量分布均匀，对还原有利。

（2）水蒸气对脱除转化催化剂中的少量石墨（制备催化剂的添加剂）等是有利的。

（3）水蒸气和氢共同存在时，对脱除转化催化剂中所含微量毒物（如硫化物）是有利的，如用干氢还原很难达到同样效果。

（4）即使还原时用干氢，投入正常生产后水蒸气的存在仍会使镍发生熔结，镍表面仍会下降到与用湿氢还原相似的水平。

（5）还原时水蒸气的存在，可防止开停车时原料烃漏入转化系统导致严重析炭，而且投入运转时操作很方便。

**☞ 42. 脱硫配氢和转化入口配氢对转化催化剂有什么影响？**

**答：**脱硫配氢的作用主要是原料油中有机硫加氢的需要，一般要求 $H_2$/油体积比为 $80 \sim 100$，另外一个作用是增加原料在圆筒加热炉中的线速度，脱硫配氢对转化系统来讲也是必要的。因为还原好的转化催化剂，在一定的还原气氛下才能较好地维持还原态，脱硫配入的氢气有利于催化剂入口段处于还原气氛中，使入口段催化剂维持良好的还原态。

转化入口配氢气主要是指合成氨装置中的弛放气部分返回转化入口，对转化催化剂来讲，不但能够使入口段催化剂始终处于还原气氛中，而且可减少上部催化剂上的结炭。

脱硫配氢或转化入口配氢对转化催化剂长期安全使用是非常必要的。

**☞ 43. 原料油突然中断如何防止转化催化剂床层被高温钝化（氧化）?**

**答**：原料油突然中断，其蒸汽转化吸热反应停止，所以反应床层温度会较大幅度的升高。为了防止催化剂床层严重超温，一旦发生原料油中断，应以最快的速度熄灭火嘴，继续通入蒸汽。为了保护催化剂不被钝化，同时切入还原性气体，在还原气氛下循环，如没有还原性气体切入，再进油之前，催化剂需要重新还原。

**☞ 44. 蒸汽转化催化剂入口段高温氧化对正常开工有什么危害?**

**答**：大量实践表明，对转化催化剂而言，高温氧化之后还原时温度必须高于氧化温度，才能使催化剂充分还原。实际生产中往往由于突然断油，火嘴不能及时熄灭等原因造成上部催化剂高温氧化。但受工艺条件的限制，重新还原时入口段达不到相应的温度，就会造成入口段催化剂还原不充分。重新进油时，入口段转化活性下降，造成重烃下移，严重时重烃穿透到下段催化剂，造成下段催化剂严重积炭，引起下段催化剂破碎，对装置正常生产带来巨大的危害。

**☞ 45. 温度对还原过程有什么影响?**

**答**：温度对还原过程有关键影响。从镍还原的化学反应平衡、反应速度看，提高温度都是有利于反应的。升高温度会大大增加还原速度，低于700℃时还原速度较小，在800℃左右还原反应速度已较高。在整个还原期间催化剂床层入口温度要尽可能提高，以利于催化剂充分还原。还要确保各炉管均达到还原温度。

压力对还原反应无影响。在还原反应中起决定作用的是水蒸

102

气浓度与氢气浓度的相对关系。

从图4-11看到，当水蒸气与氢气的分压比值在曲线以上时，反应向氧化方向进行，在曲线之下时，反应向还原方向进行。采用$CH_4$-水蒸气进行还原时，应考虑产生的氢气量能满足相应曲线的要求，水氢比越低越有利于还原。

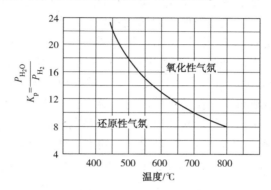

图4-11　温度与反应方向的关系

首次开车时的还原时间，从出口达800℃时计，约为8～12h，短时间(不超过3h)被钝化的催化剂，还原时间可减至3～6h。若停车在还原气氛中进行，重新开车时只须在还原气氛中升温至投油条件即可。还原过程中伴随催化剂轻微放硫，一般循环气中硫小于$0.2\mu L/L$时，可认为放硫结束。

当还原时气氛控制不当或开停车及操作事故等均能使已还原的催化剂被氧化。氧化剂可以是水蒸气或氧气。被水蒸气氧化是还原反应式$CO+H_2O \Longleftrightarrow CO_2+H_2$，$\Delta H_{298}^0 = -41.4kJ/mol$ 的逆反应。被氧气氧化则按下面的反应进行：

$$Ni+\frac{1}{2}O_2 \longrightarrow NiO+242kJ$$

这个反应是强放热反应。每1%的氧在蒸汽流中可造成催化剂约130℃的温升，在$N_2$流中则会造成约165℃的温升。这么大的温升足以使催化剂熔融和损坏反应设备，所以催化剂在需要氧化时应严格控制氧的浓度；还原状态的催化剂在高于200℃时不得与空气接触。在高于 400℃ 温度以上，NiO 会与载体中 $Al_2O_3$ 作用生成很难被彻底还原的镍铝尖晶石（$NiAl_2O_4$），一般要在 900~1000℃ 下才能被彻底还原。

**☞ 46. 什么是转化炉的热带区？产生热带区的原因是什么？**

**答**：在化学平衡和反应速度都可能积炭的催化剂层的区域，实际生产中一般就是当催化剂活性不好，产生热带的区域。

在转化管入口区虽然 $CH_4$ 浓度高，但由于温度低，所以 $CH_4$ 裂解结炭的速度小于消炭速度（在结炭、消炭等速度的右侧）。随着温度的升高，$CH_4$ 裂解反应的反应速度不断增大，但 $CH_4$ 浓度不断减少。在转化管内处于温度为 650~700℃ 范围的区段，由于结炭速度与消炭速度之间的关系与转化催化剂的活性有密切的关系，对活性高的催化剂，可使管内气体组成中 $P_{H_2}/P_{CH_4}$，在达到动力学结炭温度（650~700℃）之前，已进入 $CH_4$ 裂解反应的消炭区中从而避免了积炭；对低活性催化剂，则在转化管内达到 650~675℃ 左右时，管内气体仍处于 $CH_4$ 裂解反应平衡线下方结炭区，同时又处于结炭等速度线的右侧，因而发生了积炭。一般此时大多处于转化管从入口至炉管 1/3 长度处，约 3~4m 处，即通常易产生热带区。

**☞ 47. 什么是转化催化剂的抗积炭性（选择性）？**

**答**：烃类特别是液态烃蒸汽转化过程中危害最严重，而又必然发生的副反应就是积炭，它随液态烃终馏点的提高和负荷的增加而加重。因此要求转化催化剂必须具有尽可能高的抗积炭性能，即抑制结炭反应，使消炭反应的速率大于结炭反应速率。

目前国内外所采用的抗积炭方法有两种：

（1）一种方法是尽量提高催化剂的低温活性，以降低转化反应进行的温度，从而限制具有较高活化能的热裂解反应的速度。这样相对提高了转化反应的速度，也就减少了催化剂表面上的积炭。此外还需选择分散性能良好的碱性载体如 MgO，一方面提

104

高活性组分镍的分散性，提高催化剂活性和稳定性，也减少酸性中心引起的催化裂解。上部装小环催化剂尽量增加催化剂外表面积，减小空间均相裂解作用。但催化剂如果含有较多游离 MgO，就容易发生水合反应，使强度降低，操作中须十分注意。不同温度下水合反应水蒸气平衡值见表4-4。

$$MgO+H_2O \longrightarrow Mg(OH)_2$$

表4-4 不同温度下水合反应蒸汽平衡分压

| 温度/℃ | 250 | 300 | 350 | 380 | 400 | 420 | 450 | 500 | 600 |
|---|---|---|---|---|---|---|---|---|---|
| 蒸汽平衡分压/MPa | 0.032 | 0.2 | 0.81 | 1.42 | 2.23 | 3.34 | 5.07 | 14.2 | 63.8 |

（2）另一种方法是在催化剂中引入碱金属氧化物助剂和碱土金属氧化物载体，提高催化剂的抗积炭能力和消炭能力。载体的酸性是催化裂解及生炭的因素，从有效防止积炭的角度考虑，要尽量选用碱性载体减少裂解反应的发生。碱金属的存在可以使 $H_2O$ 和 $CO_2$ 对碳的气化反应速度成百倍地增加。$K_2O$ 就是一种良好的消炭催化剂，它可以与高岭土一类硅铝酸化合物作用，形成钾霞石之类的硅铝酸钾复盐。这种不易溶解的复盐在高压水蒸气和 $CO_2$ 的作用下，缓慢分解释放出低浓度的钾碱。游离的碱在催化剂表面上移动，能中和其上的酸性中心，从而减少大分子烃裂解积炭。同时在高压水蒸气存在下，它又表现为"气态碱"，可抑制烃类在催化剂颗粒空间的均相热裂解积炭，这是碱土金属氧化物（如 MgO、CaO 等载体）不具备的性能。这类催化剂有很强的抗积炭性能，一旦发生积炭还可以用蒸汽进行消炭再生，活性较好，易于还原，不发生水合，可以应用于各种炉型的液态烃蒸汽转化工艺中。但钾在高温下易挥发，流失的钾在后工序的锅炉中析出，使传热阻力增大，压降升高，在操作中必须注意。

☞ **48. 什么是转化催化剂的低温还原性(稳定性)？**

**答**：催化剂在操作中停车或水蒸气消炭再生后，在转化炉所能达到的温度范围内，尤其是转化管上部低温区能重新还原恢复活性的性能十分重要，要求催化剂经多次反复氧化还原之后，活性组分镍仍保持好的分散度，以保证活性的稳定性。

☞ **49. 转化催化剂的组成有哪些?**

**答**：与一般催化剂一样，烃类蒸汽转化催化剂主要包括两种成分，即活性组分与承担活性组分的耐热载体或称担体，此外还有少量的助催化剂以及扩孔剂、润滑剂等。表4-5为某些转化催化剂的典型组成。

表4-5 国产液态烃一段转化催化剂化学组分

| 型号 | 主要化学组成(质量分数)/% | | | | | | | |
|------|------|-----------|------|------|--------|--------|--------|----------|
| | NiO | $Al_2O_3$ | MgO | CaO | $SiO_2$ | $Fe_2O_3$ | $K_2O$ | 稀土(ReO) |
| Z402 | 17 | 30 | 12 | 7 | 13 | | 6 | |
| Z404 | 15 | 50 | | 14 | | | | |
| Z405 | 11 | 76 | | 14 | | | | |
| 2409 | 22 | 23 | 11 | 13 | 11 | 5 | 7 | 少量 |
| Z410 | 18 | 52 | 25 | | | | | 5 |

（1）活性组分。作为转化催化剂的活性组分虽有贵金属 Pt、Pd、Ir、Ph 等元素周期表上第Ⅷ族过渡元素，但价格高。因此目前工业中实际采用的最有效的活性组分是镍。催化剂的活性状态为金属镍而不是氧化镍，使用时应将其还原。

催化剂的活性与镍的比表面积有关，制备时必须获得细小结晶。实际上催化剂的活性取决于反应中能被还原的镍量和使用过程中镍的晶粒长大的速度，为不使其活性衰退，应尽可能防止和减缓镍的晶粒长大。

目前工业转化催化剂中，镍质量含量一般在 10%~25% 的范围内。在镍含量低时，一般其活性随镍含量的增加而增高，但当镍含量高到一定限度(如 50%)后，活性则显著下降，同时也影响催化剂的物理性质。

（2）助催化剂。只含镍和载体的催化剂一般活性较低，也易衰退、积炭。加入少量助催化剂(如 MgO、$Al_2O_3$)可提高活性,延长寿命(稳定性),增加抗硫、抗炭能力。助催化剂本身单独使用时活性较小,但它能改变催化剂的孔结构及催化剂选择性,能使活性组分的微晶更分散,在高温时,能抑制熔结过程,防止镍的晶粒长大。助催化剂一般是采用难还原、难挥发、难熔的金属氧化物。

(3)载体。转化催化剂的载体应具备以下性能:

① 分散活性组分以获得尽可能大的内表面积。

② 隔离作用。由于金属镍的熔点为1445℃,转化反应在半熔温度以上,粒径<50nm 的镍微晶很易熔结,故载体应对微晶起隔离作用,防止它们相互接触长大,即载体起着稳定剂的作用。为活性组分提供稳定不熔结的表面以使其长期发挥作用,这就要求载体具有高的耐热温度。一般选择熔点在2000℃以上的金属氧化物,如氧化铝(熔点 2015℃)、氧化镁(熔点2800℃)等。

③ 骨架。载体应具有足够的机械强度,以适应条件波动、炉管振动、气流冲刷、磨蚀、外压等作用,要求载体在使用过程中无相变化或结构变化,否则会导致催化剂体积收缩或膨胀而粉化、破碎等现象。

④ 合适的孔径和孔容。

⑤ 惰性。即不与活性组分发生反应,也不受反应生成物水蒸气的影响。

(4)转化催化剂的几何尺寸。决定一种催化剂合理的形状及尺寸应综合考虑催化剂的活性、压降、工艺气体均匀分配等几个方面。生产中烃类转化反应一般处于内扩散控制,催化剂较小的尺寸,较大外表面的形状,有利于提高催化活性,目前一般采用圆环状。采用这种形状的催化剂要求高径比小于3:1(一般采用1:1),以避免在催化剂装填时颗粒间互相平行排列的倾向。此外,转化管的直径与催化剂颗粒直径(或当量直径)的比例是保证气体均匀分配的重要因素，如其比值小于5∶1，则几乎不可能得到均匀的催化剂装填，气流分配也不可能均匀。根据转化管内介质反应的特点，可在反应管上半部装填小尺寸的圆环状催化剂，下半部装填尺寸较大的圆环状催化剂，这样可强化上半部管内的传热，提高炉管低温段催化剂的活性，同时对反应管内的压力降分配较为合理。

☞ **50. 转化催化剂的发展是怎样的？**

答：国内外对转化催化剂在提高活性、降低压降等方面进行了多方面的探索，比较突出的是改进催化剂的几何结构（如图4-12中的多孔型结构），提高了催化剂的活性，并降低炉管的压降，与常规的环状催化剂相比，在相同操作条件下，炉管最高壁温可降低20℃，或者处理量可提高至125%。

又如图4-13中的四叶、端部呈拱形的异型催化剂，其优点是可避免催化剂装填时搭桥，提高平均径向破碎强度（>70kg），降低压降并且抗蒸汽，抗钾流失，活性提高。

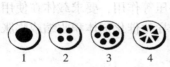

图4-12　催化剂的新孔型　　　　图4-13　异型催化剂

☞ **51. 转化剂中毒的类型有哪些？**

答：引起催化活性下降的毒物一般有硫、卤素、砷、磷、铅等。镍催化剂对毒物即使含量极少也十分敏感，催化剂的中毒类型可分为两类，有的毒物使催化剂永久中毒，即不可逆中毒；有一些则使催化剂暂时中毒，即可逆中毒，当原料烃中除去有害毒物时，催化剂的活性能恢复正常。

☞ **52. 转化剂硫中毒的特点以及处理原则是什么？**

答：有机硫和无机硫化物都能使催化剂中毒。当原料中含有氢或水蒸气时(这是转化过程中具备的条件)，有机硫则按下列反应生成 $H_2S$：

$$CS_2 + 2H_2O \Longrightarrow CO_2 + 2H_2S$$
$$CS_2 + 4H_2 \Longrightarrow CH_4 + 2H_2S$$
$$COS + H_2O \Longrightarrow CO_2 + H_2S$$
$$COS + H_2 \Longrightarrow CO + H_2S$$

因为各种硫化物反应中均生成 $H_2S$，所以转化催化剂被硫化物毒化与硫化物的种类无关，中毒的深度仅与原料烃中硫化物的总含量有关。

少量的硫化物就会使催化剂的活性显著下降。硫化物的毒害作用是由于硫与催化剂中的活性组分镍发生了反应，生成了 $Ni_3S_2$。反应式如下。

$$NiS + H_2S \Longrightarrow Ni_3S_2 + H_2$$

这个反应的平衡常数很大。如果气体中 $H_2S$ 超过平衡浓度则催化剂中镍被硫化成 $Ni_3S_2$，如小于平衡浓度则又被还原为镍。实际上当气体中 $H_2S$ 浓度为 $1\mu L/L$ 时仍会发生中毒现象。例如，一种含 15% Ni 的催化剂在 775℃ 温度下操作，当它仅含 0.005% 硫，即相当于催化剂中镍的 0.06% 被硫化，就会出现中毒现象，导致转化气中 $CH_4$ 浓度明显上升。

硫化物的允许浓度随反应条件不同而变化。蒸汽转化法对硫的允许浓度要求很严，在 775℃ 时允许的含硫极限浓度为 $0.7\mu L/L$；在 750℃ 时允许的极限浓度则为 $0.5\mu L/L$。目前一般要求含硫量小于 $0.2 \sim 0.5\mu L/L$。

从图 4-14 同样可以看出，在一段转化炉的 500~800℃ 运转范围内，为使处在 550~650℃ 低温区的催化剂不发生中毒现象，原料烃中硫含量最大不应超过 $0.5\mu L/L$。图 4-15 给出了不同温度下镍中毒的最小硫含量。

硫化物的允许浓度也随催化剂的性质、化学组成、镍的浓度及制备方法等而变化。对耐硫催化剂已有不少研究，烃类转化用

109

铂-铑催化剂(含2%Pt、0.08%Rh)可以耐硫高达200μL/L。

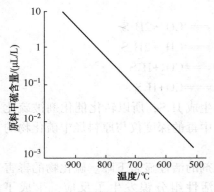

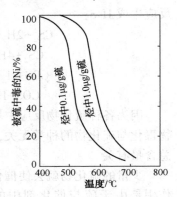

图4-14　不同温度下使镍中毒的 　　图4-15　硫对镍催化剂的毒化
　　　　　最小硫含量

温度低于700℃时，催化剂硫中毒是不可逆的；高于700℃时是可逆的，但是不完全可逆。硫的化学吸附是放热的，升高温度有利于再生脱硫。

当催化剂在较高温度下中毒经再生之后，转化率可以恢复到中毒前水平，但是，催化剂层的温度分布不能恢复原状，炉管最大热流强度区域的管壁温度不能降回中毒前的温度。另外当催化剂中毒后进行再生时，其吸附的硫并不能完全释出，一般仅能释出50%左右，这就造成了中毒再生后的催化剂对硫更敏感。

转化催化剂被硫毒化的征兆：炉管出口 $CH_4$ 含量增加，转化出口温度提高，转化管壁温度上升，燃料耗量下降，系统阻力增加。发生催化剂中毒后，会破坏转化管内积炭和脱炭反应的动态平衡，若不及时消除将导致催化剂层积炭并产生热带。

表4-6列出了原料气中硫含量对转化炉操作的影响。由表4-6可知，原料气中硫含量增加 0.1μL/L 时，管壁温度将增加 1.7~7.2℃，出口残余 $CH_4$ 含量也将增加。

表 4-6　原料气中硫含量对一段炉操作的影响

| 原料气中硫含量/<br>（μL/L） | 一段炉出口温度/℃ | 残余 $CH_4$ 含量/%<br>（体积分数） | 最高管壁温度/℃ |
| --- | --- | --- | --- |
| 0.06 | 780 | 10.6 | 906.7 |
| 0.19 | 783.3 | 10.7 | 909.4 |
| 0.38 | 787.2 | 10.9 | 912.2 |
| 0.76 | 798.9 | 11.5 | 926.1 |
| 1.52 | 811.1 | 12.1 | 929.4 |
| 3.03 | 822.2 | 12.7 | 937.8 |
| 6.01 | 840.6 | 13.7 | 951.8 |
| 11.9 | 866.1 | 15.2 | 971.1 |
| 23.5 | 893.3 | 16.8 | 992.2 |

（2）硫中毒后的再生。轻微的硫中毒可改换干净的原料在高水碳比下运行使其恢复活性，也可切除原料改为还原操作条件，使催化剂逐渐放硫以恢复活性。

当中毒比较严重时，可采用氧化还原的办法使其再生，具体步骤为：

① 在接近常压下用蒸汽氧化催化剂，控制床层温度稍低于正常操作时的 10%~20%，时间约 6~8h。

② 在蒸汽中配入氢气，使 $H_2O/H_2$ 逐渐从 20 降到 3 左右，维持 2~4h，进行催化剂的重新还原。

③ 按上述①的方法用蒸汽再氧化 4~6h。

④ 按上述②的方法操作，然后建立正常的还原条件，再恢复正常操作条件，在再生过程中定期分析出口 $H_2S$ 含量，以判断除硫效率。

当催化剂中毒很严重时，就会引起催化剂积炭，因此必须采用烧炭的办法(切除原料，用水蒸气烧炭，蒸汽量为正常操作汽量 30%~40%，压力为 1.0MPa 左右。严格控制温度，不高于运转时的温度，出口尾气中 $CO_2$ 下降并稳定到一个较低数值时，则烧炭结束。空气烧炭热效应大，反应激烈，对催化剂危害大，不宜采用。但必要时可在水蒸气中配入少量空气，但要严格控制氧含量，防止超温。将积炭和硫同时去除，使催化剂再生，然后按重新开车的要求还原催化剂。

☞ **53. 国内几种转化催化剂的主要性质和工业使用条件有哪些?**

**答:**（1）Z402 为镍系拉西环状催化剂，以中度碱性矿物为助剂，应用在转化炉上半部，与下段 Z405G 或 Z418 催化剂配合使用。适用于轻石脑油、液化气、炼厂气、天然气等烃类原料。

（2）Z409 为镍系拉西环状催化剂，以重度碱性矿物为助剂，应用在转化炉上半部，与下段 Z405G 或 Z418 催化剂配合使用。适用于重石脑油、轻石脑油、液态烃等烃类原料。

（3）Z417 为镍系四孔柱状催化剂，以中度碱性矿物 $K_2O$、MgO 为助剂，应用在转化炉上半部，与下段 Z418 或 Z405G 催化剂配合使用。适用于轻石脑油、液化气、炼厂气、天然气等烃类原料。比使用常规催化剂压降下降约 40%，装置负荷可提高 25%。

（4）Z601 为镍系拉西环或四孔柱状催化剂，以低度碱性矿物为助剂，应用在转化炉上半部，与下段 Z602 催化剂配合使用。适用于炼厂气、轻烃、天然气等烃类原料。

（5）Z405G 为镍系拉西环状催化剂，以铝酸钙为载体，应用在转化炉下半部，与上段 Z402、Z409、Z417 等催化剂配合使用。根据上段催化剂搭配，适用于各种烃类原料的蒸汽转化过程。

（6）Z418 为镍系四孔柱状催化剂，以铝酸钙为载体，应用在转化炉下半部，与上段 Z417、Z419、Z402、Z409 等催化剂配合使用。根据上段催化剂搭配，适用于各种烃类原料的蒸汽转化过程。

（7）Z602 为镍系拉西环或四孔柱状催化剂，以铝酸钙为载体，应用在转化炉下半部，与上段 Z601 催化剂配合使用。适用于炼厂气、轻烃、天然气等烃类原料。

（8）Z412W 为镍系七筋车轮状催化剂，以氧化铝为载体，稀土为助剂，应用在转化炉上半部，与下段 Z413 催化剂配合使用。适用于天然气、油田气、富 $CH_4$ 气等烃类原料。

（9）Z413W 为镍系七筋车轮状催化剂，以氧化铝为载体，稀土为助剂，应用在转化炉下半部，与上段 Z412 催化剂配合使用。适用于天然气、油田气、富 $CH_4$ 气等烃类原料的蒸汽转化过程。

（10）Z416 为镍系浸渍型四孔柱状催化剂，以低度碱性矿物为助剂，氧化铝为载体。适用于天然气、油田气、富 $CH_4$ 气等烃类原料的低水碳比蒸汽转化制取氢气。

（11）Z501 为高镍柱状轻油蒸汽低温绝热预转化催化剂，多孔硅质载体，应用于绝热预转化炉制取富 $CH_4$ 气。适用于重石脑油、轻石脑油、轻烃、炼厂气等烃类原料。

（12）Z502 为镍系环状气态烃蒸汽低温绝热预转化催化剂，应用于绝热预转化炉制取富 $CH_4$ 气。适用于天然气、油田气、轻烃、炼厂气等烃类原料。

部分碱性助剂型烃类转化催化剂性能，见表 4-7。

表 4-7 催碱性助剂型烃类转化化剂性能和应用组合

| 催化剂 | Z402 | Z417 | RZ402 | Z409 | Z419 | RZ409 | Z601 | |
| --- | --- | --- | --- | --- | --- | --- | --- | --- |
| 形状 | 拉西环 | 四孔柱 | 拉西环 | 拉西环 | 四孔柱 | 拉西环 | 拉西环 | 四孔柱 |
| 外径/mm | 16 | 16 | 16 | 16 | 16 | 16 | 16 | 16 |
| 内径/mm | 6 | 4×4 | 6 | 6 | 4×4 | 6 | 6 | 4×4 |
| 高/mm | 6.5~7 | 6.5~7 | 6.5~7 | 6.3~6.8 | 6.3~6.8 | 6.3~6.8 | 6.5~7 | 6.5~7 |
| 堆密度/（kg/L） | 1.1~1.3 | 0.95~1.10 | 1.0~1.1 | 1.0~1.2 | 0.9~1.1 | 1.0~1.1 | 1.1~1.3 | 1.0~1.1 |
| 活性组分 | NiO | NiO | Ni | NiO | NiO | Ni | NiO | NiO |
| 装填位置 | 转化炉上半部，装填比例 40%~60%，根据原料和工艺条件确定最佳比例 | | | | | | | |

| 配套催化剂 | Z405G、Z418 | RZ405G | Z405G、Z418 | RZ405G | Z602 |
|---|---|---|---|---|---|
| 原料 | 轻石脑油、炼厂气、液化气、天然气、富 $CH_4$ | | 重石脑油、轻石脑油、液态烃 | | 炼厂气、轻烃、天然气、富 $CH_4$ |
| 使用温度/℃ | 转化入口 450~650，入口 3m 600~750，炉中 650~800 | | | | |
| 水碳摩尔比 | 2.5~5.0 | | | | |
| 碳空速/$h^{-1}$ | 500~1500 | | | | |

部分浸渍型烃类转化催化剂性能，见表 4-8。

表 4-8 浸渍型烃类转化催化剂性能和应用组合

| 催化剂 | Z405G | Z418 | RZ405G | Z602 | | Z412W | Z413 |
|---|---|---|---|---|---|---|---|
| 形状 | 拉西环 | 四孔柱 | 拉西环 | 拉西环 | 四孔柱 | 车轮状 | 车轮状 |
| 外径/mm | 16 | 16 | 16 | 16 | 16 | 16 | 16 |
| 内径/mm | 6 | 4×4 | 6 | 6 | 4×4 | 七筋 | |
| 高/mm | 16 | 16 | 16 | 16 | 16 | 8~9 | 16 |
| 堆密度/(kg/L) | 1.0~1.2 | 0.90~1.05 | 0.9~1.1 | 1.0~1.2 | 0.9~1.1 | 1.0~1.2 | 1.0~1.2 |
| 活性组分 | NiO | NiO | Ni | NiO | | NiO | NiO |
| 装填位置 | 转化炉下半部，装填比例 40%~60% | | | | | 上半部 | 下半部 |
| 配套催化剂 | Z402、Z409、Z417、Z419、RZ402 | | RZ409、RZ402 | Z601 | | Z413W | Z412W |
| 原料 | 石脑油、炼厂气、液化气、天然气、富 $CH_4$ | | | 炼厂气、轻烃、天然气、富 $CH_4$ | | 天然气、油田气、富氢气 | |
| 使用温度/℃ | 600~950 | | | | | 450~950 | |
| 水碳摩尔比 | 2.5~5.0 | | | | | | |
| 碳空速/$h^{-1}$ | 500~1500 | | | | | 500~2000 | |

　　浸渍型催化剂适用于高温转化，在 700~950℃ 温度使用，耐热温度最高可达到 1000℃ 以上。Z405G、Z417、RZ405G、Z602 催化剂用在含碱催化剂下部有较好的捕捉碱性能、催化剂捕钾后活性不衰减，抗积炭性能增强。

☞ **54. 压力对转化反应有什么影响？**

**答**：转化反应是体积增大的反应，从化学平衡的角度看，操作压力愈低，就愈利于平衡向右方进行。就反应速率而言，在远离平衡时，压力增大转化速率增加；但当反应接近平衡时，压力增大，速率减慢。表 4-9、图 4-16 给出了特定条件时，压力对转化反应的影响。

**表 4-9　$H_2O:C=2$、空速 $1000h^{-1}$、温度 $830℃$，$CH_4$ 转化率与压力的关系**

| 温度/℃ | 压力（表压）/ $10^5Pa$ | 干气成分（摩尔分数）/% | | | | | 甲烷转化率/% |
|---|---|---|---|---|---|---|---|
| | | $CO_2$ | CO | $H_2$ | $CH_4$ | $N_2$ | |
| 830 | 10.13 | 7.8 | 14.5 | 73.5 | 3.7 | 0.5 | 85 |
| | 20.26 | 6.0 | 16.0 | 69.0 | 7.4 | 1.6 | 75 |
| | 40.53 | 7.6 | 12.0 | 63.5 | 15.0 | 1.9 | 56 |

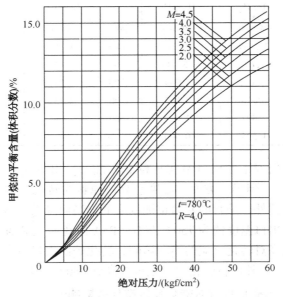

图 4-16　不同压力不同原料平衡状态时的 $CH_4$ 含量

$M$—原料中的 H/C 比；$1kgf=98.066kPa$

转化反应的压力应考虑氢气用户的要求。产品氢的压力愈高，下游加氢装置所消耗的补充新氢压缩机的压缩功率就愈低。

此外，反应压力还应考虑后续净化系统的要求。对 PSA 净化，其最佳操作压力为 2.0~2.8MPa。最后反应压力还要考虑在一定的转化率要求下，与转化压力相对应的转化温度，要求温度应在转化炉管材质所允许的操作温度范围内。

☞ **55. 温度对转化反应有什么影响?**

**答**：转化反应温度是影响转化炉操作的最重要参数。由于转化反应是一个强吸热过程，反应平衡常数随着温度的提高而大大提高，见表4-10。

表 4-10　$CH_4$ 转化反应在不同温度下的平衡常数值( $\lg k_p$ )

| $T/K$ | $CH_4+H_2O \rightleftharpoons$ $CO+3H_2$ | $CH_4+2H_2O \rightleftharpoons$ $CO_2+4H_2$ | $T/K$ | $CH_4+H_2O \rightleftharpoons$ $CO+3H_2$ | $CH_4+2H_2O \rightleftharpoons$ $CO_2+4H_2$ |
|---|---|---|---|---|---|
| 298.16 | −24.920 | −19.904 | 900 | 0.096 | +0.457 |
| 300 | −24.699 | −19.291 | 1000 | 1.401 | 1.557 |
| 400 | −15.632 | −12.443 | 1100 | 2.475 | 2.467 |
| 500 | −10.082 | −7.944 | 1200 | 3.373 | 3.235 |
| 600 | −6.318 | −4.867 | 1300 | 4.134 | 3.886 |
| 700 | −3.592 | −2.619 | 1400 | 4.785 | 4.447 |
| 800 | −1.525 | −0.900 | | | |

一般情况下，出口温度升高 10℃ 左右，出口残余 $CH_4$ 含量约降低 1%。但另一方面，温度愈高，原料在转化管内的结焦倾向愈大。此外，炉管的寿命也随温度的提高而降低。常规制氢装置转化炉出口温度约为 750℃ 左右。PSA 净化制氢装置，为了抵消压力提高对转化反应的不利影响，转化炉的出口温度可以提高至 820℃。国外已将转化出口温度提高到 880℃ 以上。

☞ **56. 水碳比控制对转化反应有什么影响?**

**答**：从以 $CH_4$ 转化反应( $CH_4+H_2O \longrightarrow CO + 3H_2$、$CH_4 +$

$2H_2O \longrightarrow CO_2 + 4H_2$）看，理论上原料中一个碳原子转化为 CO 只需要一个分子的 $H_2O$，而完全转化为 $CO_2$ 需要两个分子的 $H_2O$。水碳比过小，则会发生原料的积炭反应，因此必须有一个最小的水碳比，这可通过计算和实验得到。水碳比过大，虽然对转化及后续的变换过程有利，但大量的过剩蒸汽使转化炉的热负荷增加，而且为使这些水蒸气冷凝下来，除一部分可利用的低温热源外，其余必须采用空冷和水冷，从而使装置的能耗增加。

对常规制氢装置，选用的水碳比为 4~4.5；对 PSA 净化的制氢装置一般为 3.5，最高 4.0。水碳比对转化反应的影响见图 4-17。

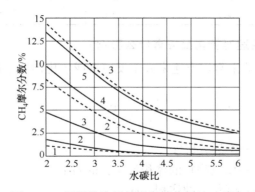

图4-17　以甲烷为原料平衡转化气 $CH_4$ 摩尔
分数(干基)与水碳比的关系
虚线表示 1000℃；实线表示 1100℃；
1—$1.01 \times 10^5 Pa$；2—$5.05 \times 10^5 Pa$；3—$10.1 \times 10^5 Pa$；
4—$20.3 \times 10^5 Pa$；5—$30.4 \times 10^5 Pa$

水碳比最简计算式为：
$$AH_2O/C = 水流量(mol/h)/碳流量(mol/h)$$
一般计算都是将其他形式的流量转换为摩尔流量计算。

生产中常使用经验公式(以干气、加氢裂化石脑油及重整抽余油为原料)如下：

$$A = Y/(B_1X + B_2V)$$

式中　$Y$——所用蒸汽总量，t/h；

　　　$A$——水碳比；

　　　$X$——进油量，t/h；

　　　$V$——干气量，km³/h。

$B_1$、$B_2$——原料油系数、干气系数，是随着干气中氢气含量的变化而变化，具体系数值见表4-11。

表4-11　部分原料计算系数

| $B_2$（干气含 $H_2$ 量/%） | | | | $B_1$（原料油） | |
|---|---|---|---|---|---|
| 75 | 60 | 50 | 40 | 加氢裂化石脑油 | 重整抽余油 |
| 0.478 | 0.669 | 0.796 | 0.956 | 1.28 | 1.26 |

☞　**57. 空速对转化反应有什么影响？**

**答**：工业上常用空速来表示反应器或催化剂的生产能力，其定义为：

$$V_{sp} = \frac{V}{V_c}$$

式中　$V_{sp}$——空速，h⁻¹；

　　　$V$——反应物料的体积流量，m³/h；

　　　$V_c$——催化剂的体积，m³。

空速是反应速率大小的一种度量形式。在烃类水蒸气转化反应中，最常用的度量是碳空速，其定义为：先将原料中各种烃的碳都折算为 $CH_4$，每立方米催化剂每小时通过 $CH_4$ 的标准立方米数。液空速指对液态烃而言，以每立方米催化剂每小时通过液态烃的立方米数计。

空速与温度、压力、气体组成、转化深度（残余 $CH_4$）、催化剂活性等因素有关。

☞　**58. 残余 $CH_4$ 含量对转化反应的影响有哪些？**

**答**：残余 $CH_4$ 含量即转化炉出口转化气中的 $CH_4$ 含量（以干

基计），这是转化炉转化反应转化率的标志。对一定的催化剂，残余 $CH_4$ 含量是炉出口温度、压力及水碳比的函数。温度和水碳比愈高，压力愈低，残余 $CH_4$ 含量就愈低。对常规的制氢装置，由于这部分 $CH_4$ 是工业氢的隋性组分，不能从后续的净化工艺中去除，因此残余 $CH_4$ 含量不能超过3%~3.5%，以保证工业氢的纯度不低于95%。对 PSA 工艺，由于在 PSA 吸附过程中能将 $CH_4$ 含量同时去除，因此残余 $CH_4$ 含量可控制较高，一般为6%~7%。当然残余 $CH_4$ 含量愈高，原料的产氢率愈低，因此对 PSA 工艺也可采用适当提高出口温度而将残余 $CH_4$ 含量控制在 3%左右。

☞ **59. 转化炉入口温度对转化反应有什么影响？**

答：转化反应约在 540℃ 以上开始较为明显，因此炉入口温度应与此接近。但该温度与所用的原料性质密切相关，对液态烃类原料，该温度过高易引起裂解反应，一般认为不应超过 520℃（对于如天燃气等一类的原料，入口炉温可达到 600~650℃）；但如温度超过 560℃，入口材质便不能选用低铬钼钢而需采用不锈钢，但后者又由于水蒸气中多少夹杂含氯离子的水滴而引起应力腐蚀。因此，在炉管选材中应予注意。

☞ **60. 转化反应中为何要防止 MgO 水合反应发生？**

答：转化催化剂还原过程中需通入水蒸气作为热载体，如某些转化催化剂中含有 MgO 作为助催化剂，它在一定条件下会发生水合反应，导致催化剂强度下降甚至破碎。如当转化还原温度在 400℃ 以下时，水蒸气分压在 2.23MPa 以上时就可能发生水合反应。因此在还原过程中应注意循环气流中水蒸气分压与床层温度的关系，避免产生水合反应。

☞ **61. 原料的选择对转化反应有什么影响？**

答：制氢所用的原料有多种，总地来说，烃类的 H/C 比愈大，其产率也愈高。原料与残余 $CH_4$ 量的关系见表 4-12。

表 4-12　几种烃类资源有关制氢计算结果

| 资源名称 | 平均相对分子质量 | 总碳摩尔数 | 氢碳比 | 每标准立方米工业氢原料用量/kg |
|---|---|---|---|---|
| 加氢裂化干气 | 15.92 | 0.994 | 4.01 | 0.180 |
| 加氢裂化液化气 | 55.83 | 3.845 | 2.52 | 0.217 |
| 直馏拔头油 | 68.56 | 4.754 | 2.42 | 0.218 |
| 直馏重整油 | 91.66 | 6.487 | 2.13 | 0.223 |
| 抽余油 | 106.37 | 7.531 | 2.13 | 0.223 |

注：操作条件：水碳比5；压力1.8MPa；温度820℃。

随着转化催化剂开发的进展，以轻油（初馏点~210℃）为原料的制氢装置得到了更为广泛的应用，目前，采用特定的转化催化剂轻油原料的终馏点最高能达260℃。但原料愈重，积炭的可能性愈大，见表4-13。因此也应尽可能选用较轻的原料。

表 4-13　不同烃类的积炭速度

| 原料烃 | 丁烷 | 正己烷 | 环己烷 | 正庚烷 | 苯 | 乙烯 |
|---|---|---|---|---|---|---|
| 积炭速度/(μg/min) | 2 | 95 | 64 | 135 | 532 | 17500 |
| 诱导期/min | | 107 | 219 | 213 | 44 | <1 |

国内制氢装置已愈来愈重视利用炼油厂副产气体作为制氢原料，可大幅度降低氢气生产成本，如各种加氢干气、重整干气等饱和气体，已成为首选的对象。

原料的变化对催化剂的积炭有较大的影响。积炭量随原料分子平均碳数增加而增加，芳烃积炭速度高，诱导期短，烯烃则表现出极大的积炭速度和最短的诱导期。所以，液态烃转化制氢工艺中，对原料的烯烃是严格限制的，芳烃含量也不应太高。

☞　**62. 正确装填转化催化剂的目的是什么？**

**答**：目的是要保证工艺气流均匀地分配到全部转化管中去，而且在每根炉管中都无堵塞架空现象，要求炉管压降偏差不大于

±5%，充分发挥转化催化剂的整体效能，延长催化剂和炉管使用寿命。

☞ **63. 装填转化催化剂前要做哪些准备工作？**

**答：**（1）准备专用工具。小磅秤、催化剂量筒（约 7L）、漏斗、细布袋、尼龙绳、铜锤或木槌、15m 长皮卷尺、卷扬机、编织袋和测阻力降设备等。

（2）检查转化炉管。测量空高并记录，用干净布擦净转化管内表面，检查催化剂托盘和多孔板，确认孔隙清晰无杂物堵塞，测量空管阻力降并记录。

（3）准备催化剂。将催化剂运至现场，混合取样并测取标准密度，将混合好的同种催化剂装满标准量筒称取同一重量，装入塑料编织袋堆存备用，在装筒称重时只选整粒的，弃去有裂纹的。

☞ **64. 怎样装填转化催化剂？**

**答：**转化炉管属于并列式固定床列管反应器，炉管数量较多，管径小，且是并联排列。若催化剂装填不均匀，很容易造成转化物料偏流，使各根炉管的转化反应吸热量有极大的不同，造成炉膛局部热强度过大，炉管内积炭，缩短转化炉管和催化剂的运行周期。因此，转化催化剂的装填，除了要遵守普通固定床催化剂装填的各项要求外，另外还有特殊的技术要求。转化催化剂的装填要求各炉管所装的催化剂重量、高度、压降都要尽可能相同。

转化催化剂装填，先要做好炉管的准备工作。转化炉管内要彻底清理，确认无杂物，内壁洁净。逐个检查出口猪尾管，确认无堵塞现象。装上炉管底部托栅，确认所有炉管空高高度相同。通压缩空气用压降测定器，测量每根空管的压力降，每根炉管测 3 次，取平均值为测量值。然后将全炉所有炉管的压降值平均，要求各个炉管压降和全炉平均压降值偏差不大于±5%。超标时要查明原因，进行处理，直至合格为止。

按预定的催化剂装填量进行分袋，每袋重量相同。将催化剂用小铲装入小布袋内，此时，小布袋的底端应叠起约 10cm。然后紧贴炉管内壁慢慢地将催化剂放下，到底时将吊装绳轻轻向上抖，就可将催化剂装入炉管中。布袋在炉管中下降要缓慢，提起高度不应大于 1m。没到底时，不要往上提，以免催化剂散落。也不可将满袋催化剂在半空中散袋落入炉管中，造成催化剂破碎。

待每根炉管都装完第一种催化剂后，每根炉管都要用木锤连敲数锤，把催化剂填实。然后测量每根炉管的空高和压降，力求达到同一数值。求出炉管的平均压降，炉管压降超过平均压降的 ±5% 为不合格，需卸出重装。

依上述方法继续装填第二种催化剂(装在转化炉管上部)，直至全部装完，然后测出全部炉管的空高和压差，求出全炉的平均压降，不合格的炉管必须卸出重装，直至合格为止。

最好每根炉管分 4 次装填，每次大约装填整个床层的 ¼。装填前要准确称重(每根管装量要保持相同)，每根炉管每装完 ¼ 后要仔细振动，保证装填后的床层高度基本相同，在整个装填过程中要对每根炉管认真做好记录。各管装填应达到同高度、同重量，以保证有相同的压降。单根炉管压降小于允许值时，要再次振动，必要时适当补加少量催化剂。

若炉管内不慎落入螺帽、螺栓等金属物可立即用磁铁将其吸出，若吸不出则该管催化剂要卸

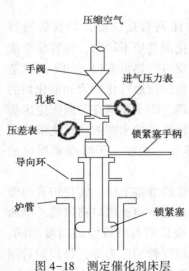

图 4-18　测定催化剂床层
阻力降的设备

掉重装。

转化催化剂装填完后，禁止敲击炉管。

☞ **65. 怎样测量和计算催化剂床层的阻力？**

**答**：转化炉催化剂装填是制氢装置开工前一道重要工序，几十根、上百根炉管必须装填均匀密实，这是装置投料后不发生偏流、红管的重要保证。目前检测催化剂装填好坏的惟一手段，就是应用阻力降测试装置对每根炉管进行真实准确的阻力降测定。

（1）首先要有催化剂床层阻力降测定设备，见图4-18。

（2）催化剂装填完毕，应首先确认用来测阻力降的气源干燥无油。然后用软管将阻力降测试装置与气源相连，气源压力应保持在 0.5MPa 左右。

（3）进行每根炉管阻力降测定，此时转化炉出口废热锅炉要打开人孔，以便排气畅通。所测阻力降是催化剂床层加下尾管的总阻力降。测定时将阻力降测定装置弹性密封件插入管内上尾管入口下方，扳动手柄，压缩弹性密封件使其与炉管内壁密结。打开气源控制阀，使孔板前压力表读数略高于要控制的板前压力，再用板前微调阀控制板前压力稳定在一个固定值，稳定后直接读取孔板后压力表读数，即为该管阻力降。将读数记录在预先设计好的催化剂装置记录表格内。测量完成后，先关闭气源控制阀，扳动手柄，使密封件与炉管管壁松开，将压力降测定装置移除，再进行下一根炉管阻力降测定。

（4）将全部炉管的阻力降测定完成后，将全部炉管的阻力降相加求和，然后除以炉管总数，便得到全炉平均单管阻力降。每根炉管阻力减去全炉平均单管阻力降，再除以平均阻力降，就是该管阻力降偏差，阻力降偏差在±5%(即±0.05)以内的炉管为合格。对于阻力降偏差超过该范围的炉管要分析具体情况，分别加以处理。

☞ **66. 炉管床层阻力降的偏差为何越小越好？**

**答**：测床层阻力的两个压力表指示值的差越大，说明床层阻力越小，相反两个压力表差值越小，则床层阻力降越大。在相同气源压力下，阻力降小的通过气体的流量就大，各管阻力降越接近平均阻力降，即偏差越小，各管进料气流的分配就越均匀，这就更能充分发挥全炉催化剂的效能，从而延长催化剂的寿命和转化炉的运转周期。

☞ **67. 烃类蒸汽转化催化剂为何要分为上下两段不同尺寸的颗粒装填?**

**答:** 一般在转化管中上段装小颗粒催化剂下段装大颗粒催化剂，这是根据转化反应和工艺上需要来决定的。

实际上，对高级烃蒸汽转化催化剂基本，性能的要求主要是针对上段转化催化剂而言的，装填从入口到700℃左右的催化剂床层，烃类蒸汽转化的反应主要集中于此区间。下段催化剂主要用来转化低分子烃，另外由于下部床层温度高，消碳反应速度加快，积炭可能性小。因此，下段转化催化剂主要是应具有很好的转化活性和热稳定性。

天然气蒸汽转化时，由于转化管上下部气体膨胀不同，从改善转化活性和减少床层阻力考虑。一般上段采用小颗粒催化剂，下段采用大颗粒催化剂，二者主要是几何形状的不同，二期催化性能基本相同。高级烃蒸汽转化上下段催化剂除了考虑上述因素外，其活性、抗结炭性能以及还原性则有很大的区别。这是为适应转化炉管上下部反应过程的不同，对上下段催化剂采用了不同的配方设计。转化炉管上部温度一般为500~750℃，首先要求上段催化剂要有很好的低温还原性能。进入上部床层的高级烃首先要分解为低分子的烃类，因此要求上段催化剂要有一定的催化裂解活性。这种活性来自于催化剂的活性组分金属镍和载体的酸性。催化裂解活性过高又会导致结炭反应增强，因此还必须在配方设计中引入碱性组分，以增强催化剂的抗结炭性能和对积炭的水蒸气气化能力。高级烃的初始分解产物要进一步转化、分解、聚合，经过脱氢、加氢、氧化、甲烷化、变换等一系列反应，产生以甲烷为主的气体产物，进入下段催化剂床层。上述复杂的反应步骤均要在上段催化剂床层发生和完成。不难看出，高级烃蒸汽转化上段催化剂在整个一段转化炉中所处的重要位置。实际上，一个综合性能良好的上段催化剂往往是一种建有多种催化功能的复杂混合物体系。而高级烃蒸汽转化下段催化剂，由于反应物的组成主要含有以甲烷为主的气态烃，它所起的作用已和天然气蒸汽转化催化剂比较接近。但下段催化剂还必须具备工况波动时有转化高级烃的功能，兼备捕集上段催化剂释放出的少量碱性组分的能力。

由于高级烃类蒸汽转化上段催化剂在转化炉管内所处的位置和起的作用不同，在工业应用中，要对它加以特别的注意。实际上，高级烃催化剂的选用、还原、开车、运行、再生等操作方案的制订，常见事故及其处理等，主要是根据上段催化剂而定。目前工业装置上也有使用同一种催化剂装填在一段转化炉内的情况，但工业应用的实践表明，其技术合理性和经济性都不是太好。不同的矛盾应采用不同的方法去解决，对高级烃蒸汽转化催化剂分上下段设计是合理的。

☞ **68. 常用的几种烃类转化催化剂对原料中毒物的含量有何要求？**

答：对于 Z402/Z405、Z409/Z405G、Z417/Z418、Z412/Z413 而言，要求原料中硫含量小于 $0.5\mu g/g$，氯含量至少小于 $0.5\mu g/g$，铅含量不大于 $20ng/g$，砷含量不大于 $5ng/g$。

Z403H 催化剂要求硫含量小于 $0.2\mu g/g$，其余要求与上述国内催化剂等相同。

☞ **69. 转化投料的条件是什么？**

答：转化投料前必须具备的条件：

（1）确认转化催化剂已还原良好。

（2）确认脱硫系统运行正常，加氢、脱硫反应器已达正常操作温度。

（3）中变、低变等反应器床层已接近操作温度，脱炭系统溶液循环正常，对于用 PSA 净化的装置，要将中变和 PSA 调整到备用状态。

（4）将系统压力缓慢提至接近操作压力，然后适当减少循环氢流量至接近配氢量水平。

（5）有关仪表已启动，确认自控系统设备无问题。

（6）烃类原料引入装置，原料净化脱毒分析数据合格。

（7）将工艺蒸汽流量提到正常值的 60% 左右。

**☞ 70. 转化投料加负荷应注意哪些问题？**

**答**：（1）若以轻油为原料，应缓慢开启进油阀，用手动控制进油流量不超过正常值的 25%；若以炼厂气等气态烃为原料，应控制原料气压缩机入口适宜的压力，保证引入烃类原料在满负荷的 35% 左右。要耐心等待烃类原料通过脱硫系统后，才能看出转化炉温的变化。

（2）调节炉温至接近正常值，确认 $H_2O/C$ 大于 5.0，及时取样分析。

（3）注意系统压力、冷换设备温度、分水器液位、放空系统自控是否正常，发现异常时及时调节。

（4）投料阶段无问题后即可提量，总是先提蒸汽量，后提烃类原料量，接着便调节炉温。再次提量幅度应不超过满负荷的 20%，每次提量后要稳定 1h 左右，以便观察全系统相应发生的变化，从容调整及等待各气样的分析结果。

（5）及时校核烃类原料和水蒸气的流量及流控仪表，观察炉膛情况、尾气分析结果，除非一切无问题，否则不得提至满负荷运行。

**☞ 71. 轻油和炼厂气混合使用作为制氢原料时应如何控制？**

**答**：以轻油和炼厂气作为制氢原料时，在保证气化后轻油和炼厂气混合均匀前提下，最主要的就是保证进料比例的相对稳定。由于轻油和炼厂气的绝对炭含量相差较大，进料比例的波动导致进料的水碳比和碳空速的波动，影响正常平稳操作。

在调整轻油和炼厂气进料比例时，要重新计算调整后原料的碳流量，根据碳流量按工艺卡片参数及时计算并调整水碳比和碳空速。如果炼厂气长期处于不稳定状态，建议工厂按所能长期保证供应的炼厂气最小量和轻油混合使用，防止由于炼厂气来量不稳影响整个操作系统波动。

☞ **72. 轻油和炼厂气交替作为制氢原料，相互切换时应注意什么？**

**答：** 当轻油和炼厂气、油田气等气态烃类原料交替作为制氢原料时，从轻油切换到气态烃和从气态烃切换为轻油时情况有较大不同，应引起足够重视。

（1）轻油切换炼厂气操作时，首先要防止脱硫净化系统反应器和管线内的轻油瞬间被大量气体吹入转化炉，造成催化剂积炭；其次是防止炼厂气等烃类原料引入不及时造成催化剂蒸汽气氛钝化。对于装置配氢维持的情况，催化剂钝化不易发生，但烃类瞬间大量进入反应器床层是要严格禁止的。因此切换过程要做到平稳操作，具体做法：先将轻油减量，同时保持配氢量不变。轻油原料根据炼厂气的氢气含量、烯烃含量情况，适当调整配氢量和加氢反应器操作温度，保证转化进料净化合格。

（2）当炼厂气原料切换为轻油原料时，由于没有瞬间大量烃类被扫入转化炉的情况，主要防止轻油不能及时引入造成的催化剂钝化。对于采用烯烃含量较高的炼厂气作为原料的装置，还要及时调整加氢反应器的温度，保证切换轻油后的加氢脱硫效果。因此，炼厂气切换轻油时，应首先确认在配氢不间断的情况下进行，确保催化剂处于还原态。同样，根据加氢反应器的温度变化情况及时调整加氢反应器入口温度，保证轻油中的有机硫完全饱和，从而保证转化炉进料脱毒合格。整个切换过程力求平稳，避免对转化催化剂形成冲击。

☞ **73. 什么叫蒸汽的露点温度？操作中工艺气体的温度为什么必须高于露点温度？**

**答**：水蒸气的露点就是它在一定压力下，因温度降低而达到饱和的温度，即其开始凝结出水滴的温度。转化、中变和低变的进料工艺气体中都含有大量水蒸气，这些工艺气体的露点，是指在工艺气体中的水蒸气在其分压下的饱和温度。

在操作中工艺气体的温度必须高于露点温度，以避免由于水蒸气在系统中凝结而造成的催化剂粉碎。

☞ **74. 有的转化催化剂水合粉化是怎样造成的？如何避免？**

**答**：有的转化催化剂是以氧化镁为载体的，其中的 MgO 在某些条件下会与蒸汽发生反应：

$MgO + H_2O \Longrightarrow Mg(OH)_2$ 即所谓水合反应，它使催化剂损坏，严重时会使催化剂粉碎而无法操作。水合条件见表 4-14。

表 4-14　水合条件

| 水蒸气分压/MPa | 0.1 | 0.25 | 0.5 | 0.75 | 1.25 | 1.6 | 2.1 | 2.6 | 3.2 |
|---|---|---|---|---|---|---|---|---|---|
| 催化剂水合温度/℃ | 300 | 320 | 345 | 360 | 380 | 390 | 400 | 410 | 420 |

在相应的蒸汽分压下，当温度低于表 4-14 规定时，即会发生水合反应。所以在开车时，催化剂必须被加热到临界温度以上，方可通入蒸汽。同样在停车时，亦应在到达表 4-14 规定前切除蒸汽，就可避免发生水合反应。

☞ **75. 为什么转化床层对 2m、3m 处的床层的温度有一定要求？**

**答**：这是为了满足催化剂性能要求规定的条件，如 Z403H 转化催化剂，其低温活性较好，在入口段 500~600℃ 已有较好的转化活性。温度太高时则会因析炭反应过于剧烈而结炭，所以规定 3m 处床层温度不大于 630℃。

128

Z402/Z405 和 Z409/Z405G 组合催化剂，其上段 Z402 或 Z409 的低温活性稍差，需要较高的温度才能发挥出足够的活性，满足转化要求，但它本身含钾，具有良好的抗结炭性能，在较高的温度下也不至于结炭，所以允许在 3m 处床层达 670℃的温度。

**☞ 76. 转化管上段 2m、3m 处的温度为什么会慢慢升高？突然或急剧持续升高是如何造成的？如何处理？**

**答**：烃类蒸汽转化反应是强吸热反应，催化剂应用初期，活性较高，在转化管上段 2m、3m 处反应进行的较剧烈，强吸热使此处的温度偏低，随着长期应用，催化剂活性随着催化剂的镍晶粒的缓慢长大，结构的逐步变化而缓慢下降，导致此处反应吸热量的减少反应区下移，反映在温度分布上即出现 2m、3m 处温度慢慢升高的现象。如果没有结炭，一般情况下经过一段时间的使用会稳定下来，中毒和轻微结炭的催化剂经过水蒸气再生并重新还原以后，2m、3m 温度一般也会降下来。

2m、3m 温度突然升高或急剧持续升高是一种反常现象。催化剂中毒失活和轻油原料的变坏，水碳比失调往往是主要原因。另外工况条件的突然变化也会导致此现象的出现。遇到这种现象必须马上分析查找原因，迅速确定解决方案进行处理，防止进一步恶化造成催化剂损坏。

**☞ 77. 转化炉燃料品质和火嘴分布对转化过程有什么影响？**

**答**：燃料气的品质好意味着气中硫含量，单位体积的发热值高，燃料油的品质除要求终馏点尽量低，杂质含量少外，还要求油的胶质含量要低。

硫含量少可减轻腐蚀；燃料气单位体积发热值高还意味着 $H_2$ 含量要少，减少回火的趋势；燃料油的终馏点低和胶质含量少就减少了喷嘴结焦的麻烦。

火嘴分布应尽可能均匀，靠炉侧墙的两排火嘴应较小，因此处只有一面有炉管吸收热量。火嘴分布均匀还意味着在正常运转中要尽量全部点燃顶烧火嘴。

燃料的品质好，在正常运转中燃烧良好，便能调节到全炉火焰分布均匀，供热均匀，满足转化反应对热量的要求，从而保证转化炉满负荷和高质量地运行。

**78. 转化炉管排温差和单管管壁温差应控制在多少？为什么？**

**答**：转化炉膛内各管之壁温在同一水平面上应当大体相等，温差应该是越小越好。但是由于转化催化剂装填之差异、运行过程中结炭多少不同，或转化火嘴供热多少的差别，各管壁温差总是较大，应当通过对火嘴的调节使单管壁温与全炉平均管壁温度之差在±20℃。因为控制温差较小会充分发挥催化剂的整体效能，延长炉管和催化剂的使用寿命。

**79. 如何判断火嘴燃烧状况的好坏？**

**答**：（1）顶烧转化炉：主要从火焰的颜色和外形来判断。当烧燃料气时，火焰应该是蓝色的，或在蓝色中带黄色小斑点，后一种颜色往往表示更有效地燃烧；当烧油时，火焰应当明亮而干净，呈橘黄色，尖端无火星或莹光。无论烧气或烧油，火焰的外形均应刚直有力，不飘忽，更不能扑到炉管上，火焰太长也意味着燃烧不良（一次风太少）。

（2）侧烧转化炉：侧烧转化炉的炉管和炉墙的距离较近，多用无焰、辐射式燃烧器，它一般用瓦斯或气化的液态烃作燃料。由于燃烧器的特殊设计，火焰直烧炉墙，主要靠炉墙的辐射热来加热炉管。火焰没有完整的外形，火焰在火嘴周围均匀分布，将整面炉壁均匀加热，火苗蓝色或无色，以不扑向炉管为良好。

**80. 什么叫二次燃烧？对转化炉有何影响？应如何避免？**

**答**：所谓二次燃烧即指燃料气在火嘴前方未完全燃烧，随烟气前进，在氧气充足的地方又开始燃烧的现象。

二次燃烧使转化炉温变得难以控制，并且有可能在某处发生爆燃的危险。

二次燃烧是由于火嘴的一次风和二次风总量偏低引起的，靠增大对火嘴的供风量就可以避免二次燃烧。

☞ **81. 转化炉膛负压一般控制在多少？负压大小对转化炉有何影响？**

答：转化炉膛负压（上部）一般控制 $3\sim5mm\ H_2O$（约 $-50\sim-30Pa$）。

炉膛负压太小时会发生燃烧不良情况，负压太大时会增大炉子的漏风量，增大了过剩空气系数，都会降低转化炉的热效率，负压太大时甚至会引起灭火。

☞ **82. 什么叫回火？怎样避免或处理回火？**

答：一般常说的回火大约包括三种情况：

（1）火焰回火——这是由于燃烧喷嘴处流速过低，或燃料气中 $H_2$ 浓度太高，造成的一种火焰由燃烧室缩回到混合室燃烧的现象，这时燃烧器壳体会被烧红，而且响声异常。处理办法：①关闭一次风门；②停掉部分火嘴以增加其余火嘴的燃烧率；③缩小喷嘴的开口尺寸以增加流速或内压。

（2）由于燃料中含氧将火焰回火引至燃料气管线中燃烧，一般炉前的阻火器会制止这种现象，置换燃料气应可解决。

点炉时的炉膛回火——这实际上是一种爆燃现象，是十分危险的，避免这种现象的措施：①炉子点火前要用蒸汽彻底吹扫炉膛；②确认燃气阀门不漏；③在火嘴前多处采样作爆炸气分析；④点火时不要正对点火孔；⑤所有火嘴均需点燃，不要用邻近火嘴引燃。⑥一次点火失败后，要关死瓦斯阀门经蒸汽彻底吹扫后再点。

（3）一般在开停工过程中，转化剂还原时，点瓦斯串尾气烧嘴极易出现回火现象。需要闭灯检查，发现火嘴、软管发红，需要停用或提高瓦斯压力方可防止回火现象。

☞ **83. 阻火器的作用是什么？为何有此作用？**

答：阻火器的作用是制止火焰进入燃料气管网，避免回火事故的扩大，阻火器通常安在炉前的燃料气主管线上，它通常是一段直径比燃料气管线粗、两头带法兰的短管，在管内与气流垂直安放着十片左右的铜丝网，一般用一定厚度的铸铝环将网片周边压紧并形成一定间隔。

由于铜网的散热性能极好，当火焰遇到铜网后因温度剧降而熄灭，从而起到阻火的作用。

**☞ 84. 转化炉紧急停工时应注意什么？**

**答：**（1）立即停进转化炉的原料油气，脱硫系统紧急放空卸压、降温；（2）转化炉蒸汽减半，熄火，令其自然降温；（3）对 $Z402$、$Z405$、$Z409$ 催化剂，在半小时内将 $N_2$ 引入转化，吹扫转化床层和变换系统；继续开引风机、打开看火孔、降低转化炉膛温度；（4）对 $Z403H$，要在停油后 5min 内引氮气吹扫置换转化系统并引入还原性气体。

**☞ 85. 什么是油中碳含量？有何意义？**

**答：**所谓油中碳含量，即指单位质量的油品中所含碳元素的质量，碳油比可写成小数或百分数，可用它来衡量油品轻重或/和油品的烃类组成情况。一般来说，油品的碳含量低，意味着油品较轻、终馏点低或平均相对分子质量小；而对于终馏点相同或者说馏分相同的油而言，其油中碳含量低者说明其油中烷烃多，环烷烃和芳香烃少，见表 4-15。所以作为制氢原料油，应该尽量选用油中碳含量低的，因为它不易结炭，并且吨油产氢量提高。

**表 4-15 不同油品之碳含量和终馏点等关系举例**

| 油品 | 终馏点/℃ | 油中含碳/（m/m） | $M$（平均相对分子质量） |
|---|---|---|---|
| 胜利重整拔头油 | 53 | 83.3 | 67.8 |
| 胜利重整抽余油 | 151 | 84.3 | 91.48 |
| 胜利常顶石脑油 | 158 | 85.26 | 99.55 |
| 焦化汽油加氢后 | 180 | 84.91 | 112 |

132

☞ **86. 什么叫绝对碳原（总碳）？怎么计算绝对碳原（总碳）？**

**答：**碳原（总碳）的定义是指 100Nm³ 原料气所含的烃类中的碳，都折算成气态 C 时所占有的体积（Nm³），写作 $\Sigma C$，也叫做总碳。但这种碳原的定义对以轻油为原料的制氢装置来说不可直接套用。

绝对碳原的定义是指 1t 油中所含的碳元素，在标准状况下气化成单原子（C）气体时所占有的体积，叫做绝对碳原，亦可写做 $\Sigma C_a$，单位为 $Nm^3/t_{油}$。

已知油中碳含量时，计算 $\Sigma C_a$ 最方便。

已知抽余油的碳含量为 84.3%（重）求 $\Sigma C_a$。

$\Sigma C_a = 1000（kg/t_{油}）\times 0.843 \div 12.01（kg/kmol）\times 22.4（Nm^3/kmol）= 1572.3（Nm^3/t_{油}）$

上式中三个常数项（$1000 \div 12.01 \times 22.4$）运算后得 1865。

绝对碳原的计算即可简化成通式：

$\Sigma C_a = 1865 \times$ 油中碳含量

☞ **87. 什么叫碳流量？怎么计算碳流量最方便？**

**答：**转化炉的碳流量，是指在单位时间内转化进料烃类中的碳元素不都以甲烷的状态存在时，在标准状况下计算所得的流量，可用符号 $Q_C$ 表示，单位是 $Nm^3/h$。

计算碳流量的算式：

（1）假定已知 $\Sigma C_a$ 和进料油量 t/h，则碳流量：

$$Q_C = \Sigma C_a \times 油 \, t/h，（Nm^3/h）$$

（2）假定已知油中碳含量和进料油流量 t/h：

$$Q_C = 1865 \times 油中碳含量 \times 进料油 \, t/h（Nm^3/h）$$

☞ **88. 什么叫碳空速？怎样计算？**

**答：**碳空速是用来描述制氢转化炉生产强度的一个专用术语，即流过单位催化剂体积的碳流量。碳空速简写为 $V_c$。由于轻油和炼厂气的绝对碳原不同，计算碳空速时主要是计算准碳流量。这就需要对轻油和炼厂气分别计算，再根据分析结果，分别计算轻油碳流量和炼厂气碳流量，然后相加得出总的碳流量（$Nm^3/h$）。已知催化剂装量（$m^3$）计算碳空速公式如下：

$$碳空速(h^{-1}) = \frac{轻油碳流量(Nm^3/h) + 炼厂气碳流量(Nm^3/h)}{催化剂体积(m^3)}$$

☞ **89. 什么叫水碳比？怎样计算？**

答：水碳比是用来表示制氢转化炉操作条件的一个术语，是指转化进料中水（蒸汽）分子的总数和碳原子总数的比值，写为 $H_2O/C$。

计算式为：

$H_2O/C =$ 水蒸气流量（$Nm^3/h$）÷碳流量（$Nm^3/h$）$= Q_{HZO} \div Q_C$

水蒸气的流量如以 kg/h 表示时，则乘以 22.4/18 变成 $Nm^3/h$，再代入上式。

☞ **90. 轻油和炼厂气混合使用作制氢原料时如何计算水碳比和碳空速？**

答：由于轻油和炼厂气的绝对碳原不同，在计算水碳比和碳空速是主要是计算准碳流量。这就需要对轻油和炼厂气分别计量，再根据分析结果，分别计算轻油碳流量和炼厂气碳流量，然后相加得出总碳流量（$Nm^3/h$）。

已知催化剂装量（$m^3$）和水蒸气流量（$Nm^3/h$），或用 kg/h×22.4/18 计算水碳比和碳空速。

水碳比（$H_2O/C$）= 水蒸气流量（$Nm^3/h$）÷［轻油碳流量（$Nm^3/h$）+炼厂气碳流量］（$Nm^3/h$）

碳空速（$h^{-1}$）=［轻油碳硫量（$Nm^3/h$）+炼厂气碳流量（$Nm^3/h$）］÷催化剂体积（$m^3$）

如果是其他两种原料或有第三种原料混用，计算原理同上。

☞ **91. 怎样计算常规流程轻油制氢的吨油产品纯氢量?**

答：常规流程制氢装置所产为工业氢，有相当多的甲烷含量，设甲烷含量为 $X$，则氢纯度为 $1-X$，当油中碳含量为 0.833，而 $X=0.03$ 时，计算吨油产纯氢量如下：

$Q_{H_2}=[1000×$碳含量$÷12.01×2+1000($1$-$碳含量$)÷2.016]×$
$22.4×(1-X)÷(1+3X)=1000×0.833÷12.01×2+1000(1-0.833)÷$
$2.016×22.4×(1-0.03)÷(1+3×0.03)=4416.5(Nm^3)$

注：该结果是最大产纯氢量，不包括泄漏、溶解和采样等损失。

☞ **92. 转化岗位计算有哪些?**

答：已知：常规流程轻油制氢，每小时进油量 5t，原料油 C/H（质量比），水蒸气流量 32000kg/h，工业氢中 $CH_4=3.0\%$，转化催化剂装量 $12m^3$。

求：（1）油中碳含量 C/油

（2）绝对碳原 $\sum C_a$

（3）碳流量 $Q_C$

（4）碳空速 $V_C$

（5）水碳比 $H_2O/C$

（6）工业氢流量，$Q_{工业氢}$（不计损失）

（7）纯氢流量，$Q_{H_2}$（不计损失）

计算：

（1）C/油 $=5.33÷(5.33+1)=0.842=84.2\%$

（2）$\sum C_a=1865×0.842=1570.33(Nm^3/t$ 油$)$

（3）$Q_C=1570.33×5=7851.65(Nm^3/h)$

（4）$V_C=7851.65/12=654.3(h^{-1})$

（5）$H_2O/C=32000×22.4/18÷7851.65=5.07$

（6）$Q_{工业氢}=[5000×0.842÷12.01×2+5000×(1-0.842)÷$
$2.016]×22.4×1÷(1+3×0.03)=22460.75(Nm^3/h)$

（7）$Q_{H_2}=22460.57×(1-0.03)=21786.75(Nm^3/h)$

注：脱硫前所配工业氢气不影响产氢量，只会使流量计指示大于实际产氢量，对碳流量和水碳比的影响可忽略不计，因一般小于千分之三。

☞　**93. 怎样标定转化进料的实际水碳比？**

**答**：通过测定转化尾气中的水和干气的数量、干气的组成并根据 $H_2O/C = O/C$ 的关系就可反算出实际进料的 $H_2O/C$。

（1）标定方法，如图4-19所示。

（2）准备工作。

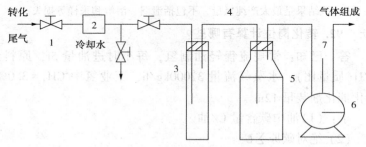

图4-19　标定方法

1—截止阀；调节进气流量在湿式流量计之量程内；2—冷却器；3—量筒；
4—玻璃管；5—玻璃瓶浓硫酸；6—实验室用湿式气体流量计；
7—温度计，另需工业天平和大气压计各一台

加大冷却水量，充分冷却；调节阀门开度，用旁路接流量计观察是否在测定范围内；将流量计转到指针指零；已预先称好量筒和硫酸瓶的总重量；流量计加水适当并已放水平；记下当时的大气压力和环境温度；准备好采样的球胆；使测量装置安装的导管最短；量筒和瓶塞要严密不透气；冷却器到量筒之间用一段乳胶管当接头，以便于拔、插。

（3）进行标定。

准备工作完成，迅速将标定装置切入冷却器后，观察量筒积水、硫酸瓶鼓泡和流量计旋转情况是否正常、平稳，记下温度计读数，此时还可调整流速。尾气在开始标定前和结束后取两次样分析。大约收集到100mL水时迅速停止进样，记下测得的干气

136

流量；称量筒和硫酸瓶的总重，算出水的重量；气样送分析。

（4）计算 $H_2O/C$。假定当时正好为 1 大气压和 0℃（简化计算），收集到的水量100g，干气120L，干气的平均组成为 $CH_4$ = 3.2%、CO = 10.5%、$CO_2$ = 15.3%，先计算干气中碳原子气体量和氧原子的气体量，将水分子当作氧原子计算气体量。尾气（干基）计算表见表4-16。

表4-16　尾气（干基）计算表

| 组分 | 含量 | C% | O% |
|---|---|---|---|
| $CH_4$% | 3.2 | 3.2 | |
| CO% | 10.5 | 10.5 | 10.5 |
| $CO_2$% | 15.3 | 15.3 | 30.6 |
| 总计 | | 29 | 41.1 |

因干气为120L，故

碳原子气量为 120×0.29 = 34.8（L）

氧原子气量为 120×0.411 = 49.32（L）

100g水相当氧原子气量为 100×22.4/18 = 124.44（L）

计算 $H_2O/C$：

$$H_2O/C = O/C = (124.44+49.32)/34.8 = 4.99$$

注：假如不是标准状态时，需根据气态方程式对干气量进行温度和压力校正，25℃、大气压力为 750mmHg 时，干气量实际是 120L×273.2/298.2×750/760 = 108.49（L）。此刻如不校正则算出 $H_2O/C$ = 5.37。

## ☞ 94. 转化炉前压力急剧波动对转化催化剂有何危害？

答：转化炉前压力急剧波动会引起脉冲进料，使水碳比失去控制，严重时导致转化催化剂结炭。由配氢压力急剧变化引起的波动最危险，当配氢压力大幅度下降时，油气在脱硫系统积累起来，此时只有蒸汽大量进转化，后部系统压力大降。当配氢气压力升高时，会将油/氢比很高的油气大量扫到转化，甚至能将水蒸气顶住，使水蒸气量锐减，短时间内形成水碳比很低、烃类进料又大增的局面，引起转化催化剂结炭。转化炉前压力大波动、形成脉冲进料（烃类），又引起后部压力大变，前后互相影响，使脉冲进料持续下去，这对转化催化剂和转化炉的操作都有严重危害。

☞ **95. 什么叫平衡温距？怎样计算？**

**答：** 工业生产中由化学平衡常数所控制的化学反应，反应器出口物料的组成和达到平衡的物料组成之间总是会有一定的差距，反映这两个物料组成的平衡温度之差叫做平衡温距。

当转化出口气体的组成，包括蒸汽量已准确地知道时（或已知进口的水碳比和出口干气的组成时），则与压力结合起来，便可算出平衡温距 $\Delta T$。

例：已知转化进料：$H_2O/C = 5.0$，出口压力为 16atm（a），转化尾气组成：

| | |
|---|---|
| $CH_4 = 2.8\%$ | $CO = 10.0\%$ |
| $CO_2 = 15.0\%$ | $H_2 = 72.2\%$ |

根据 $H_2O/C = O/C$ 的关系式（参考标定水碳比计算），则干气作为 100% 时，水蒸气为 99%，[进水蒸气量为（2.8%+10%+15%）×5=139%，反应量为 10%+2×15%=40%，还剩余水蒸气为 99%]。

以 $CO + H_2O \Longrightarrow CO_2 + H_2$ 计算所得的平衡常数 $K_{wgs}$ 查得的平衡温度作为转化出口温度。

$$K_{wgs} = (15 \times 72.2)/10 \times 99 = 1.094$$

查水煤气变换反应的气相平衡常数表得知，与 1.094 对应的温度是 780℃（$T_1$）。

再计算甲烷蒸汽转化反应的气相平衡常数：

$$K_{ms} = 10 \times 72.2^3/2.8 \times 99 \times 16/(199)^2 = 87.77$$

查甲烷–蒸汽转化的气相平衡常数表得知 $K_{ms} = 87.77$ 时，对应的温度是 774℃（$T_2$）。

平衡温距为 $\Delta T = T_1 - T_2 = 780 - 774 = 6(℃)$

☞ **96. 什么是预转化工艺？**

**答**：绝热床预转化是指烃类原料在低水碳比和较低的温度条件下的烃类绝热转化。烃类在此是指：天然气、液化石油气以及终馏点小于230℃的石脑油。烃类与一定量的水蒸气混合后，预热到360~550℃（根据原料特点，控制不同的预热温度）后进入绝热反应器，进行蒸汽预转化反应。预转化完成后，$C_2$ 以上烃类完全转化为甲烷以及 $CO$、$CO_2$、$H_2$；对于天然气原料则完成部分天然气的蒸汽转化，从而达到降低转化炉负荷，提高装置产能的目的。

其中进行包括烃类裂解、水蒸气转化，而后裂解产物进行加氢、碳氧化物甲烷化等反应，其主要反应如下

$$C_nH_m \longrightarrow C_{n-1}H_{m-x} + CH_x$$
$$\longrightarrow C_{n-2}H_{m-2x} + CH_x$$
$$\longrightarrow C_{n-3}H_{m-3x} + CH_x$$
$$\longrightarrow CH_x + CH_x \qquad （吸热）$$
$$CH_x + H_2O \Longrightarrow CO + (1+x/2)H_2 \qquad （吸热）$$
$$CH_x + (4-x)H \Longrightarrow CH_4 \qquad （放热）$$
$$CO + H_2O \Longrightarrow CO_2 + H_2 \qquad （放热）$$
$$CO + 3H_2 \Longrightarrow CH_4 + H_2O \qquad （放热）$$
$$CO + 4H_2 \Longrightarrow CH_4 + 2H_2O \qquad （放热）$$

所得预转化反应产物为包括 $CH_4$、$CO$、$CO_2$ 和 $H_2$ 的平衡混合物（称为富 $CH_4$ 气体）。上述反应后的气体，再进入转化炉的辐射段，在转化炉管内完成全部转化反应。

☞ **97. 预转化工艺的优点是什么？**

**答**：（1）可将所有的烃类转化为 $CO$、$CO_2$ 和 $CH_4$ 的混合气体，因此可以用重质石脑油作为制氢原料（终馏点可达240℃、芳烃含量可达30%），扩大了制氢的原料范围。

（2）由于预转化器的操作温度较低，有利于硫的吸附，所有从脱硫反应器带来的微量硫可全部在此脱除，从而提高转化和变换催化剂的寿命。

（3）由于一段炉的催化剂顶部已不存在硫中毒问题，也不会产生重质烃类的裂解，因此转化炉管的受热比较均匀，炉管操作条件大为缓和，可延长炉管寿命，提高催化剂空速，提高操作的安全可靠性。实现了装置高温、高空速、高热通量、低水碳比的"三高一低"节能工艺操作要求。

（4）由于进料的组成经预转化后已优化，转化催化剂允许的碳空速得以提高，因而可提高转化炉的处理能力，一般提高幅度为20%以上。对于新设计的装置，则可缩小转化炉和相应对流段的尺寸，节约投资和占地面积。

（5）由于转化所需反应热部分利用了对流段烟道气400～600℃的中温位热量，特别是进入转化炉的原料温度可以提高（例如，无预转化方案转化炉入口温度对石脑油限制在约520℃，采用预转化方案后可提高至580～600℃），故用于辐射段的燃料消耗可以降低，并可相应缩小装置内的锅炉给水系统，降低装置的能耗。

（6）一段转化炉的主要操作参数水碳比可以降低，进一步降低加工能耗。由于进入转化炉的原料已基本上转化为 $CH_4$，因而转化炉管内可选用价格较便宜的天然气类转化催化剂。

预转化工艺特别适合于装置的扩能改造。无论是以石脑油为原料或者以天然气为原料，采用预转化流程后，转化炉的热负荷和原料加燃料的综合能耗以及年操作费用都可不同程度地降低。增加预转化由于可降低燃料消耗，也有明显的经济效益，特别是在水蒸气需求不大的情况下更具有优势。

☞ **98. 预转化反应器的操作条件有哪些？**

**答**：转化反应器的具体操作温度取决于所采用的原料。原料氢碳比越小，在预转化反应器中放热的反应占优势，出口温度就高于入口温度。对于原料氢碳比较高的气态原料(如天然气),则以吸热的转化反应占优势,一般出口温度低于入口温度。因此对气态原料,入口温度可取得较高,而对重质原料,为防止积炭,操作温度不宜太高。

由于预转化反应是在绝热床内进行的,通过反应器出口温度是高于还是低于入口温度,可以判断其总反应是放热还是吸热,由此推断反应器中是放热的甲烷化反应占优势,还是吸热的转化反应占优势。在一定的压力和水碳比下,预转化反应器的入口温度越高,越有利于吸热的转化反应进行。

预转化反应的压力越低,越有利于转化反应的进行。

预转化催化剂不引起积炭所需的最小 $H_2O/C$ 比,对石脑油为 1.5,对天然气可低至 0.25。这些条件主要取决于所选用的催化剂型号。

☞ **99. 烃类绝热预转化的风险与隐患有哪些?**

**答:** 由于催化剂在低温条件下对原料毒物高度敏感性,使其极易发生中毒而失活,而且这种失活是不可逆的永久性失活。因此采用预转化技术对原料的净化提出了更高的要求,目前在工业上实现尚有一定难度。同时使用预转化催化剂在开工过程的还原活化、停工过程中的保护都有严格要求,使得开工时间延长。若使用预还原的催化剂,则对开停工过程的氢气保证提出来较高的要求。虽然有这些缺点,由于烃类绝热预转化技术的种种优点,其推广应用在不断推进。

☞ **100. 当前预转化反应器的流程有哪些?**

**答:** 预转化反应器的设置有以下三种方式,可根据不同的工况确定,见图 4-20。

☞ **101. 国内外预转化催化剂的物理化学性能有哪些?**

**答:** 参考表 4-17。

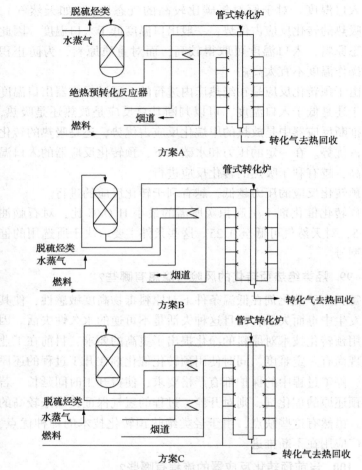

图 4-20　预转化反应器的设置

表 4-17　国内外预转化催化剂的物理化学性能

| 催化剂牌号 | Z501 | Z502 | Z503 | G1-80 | IC165-2 | RKNGR |
|---|---|---|---|---|---|---|
| 外观 | 黑色圆柱状 | 黑色环状 | 黑色圆柱状 | 黑色圆柱状 | 黑色圆柱状 | 黑色圆柱状 |
| 规格/mm | $\phi5\times(4\sim5)$ | $\phi5\times(4\sim6)$ | $\phi5\times(4\sim5)$ | $\phi3\times3$<br>$\phi4.8\times4.8$ | $\phi3\times3$ | $\phi4.5\times4.5$ |

| 催化剂牌号 | Z501 | Z502 | Z503 | G1-80 | IC165-2 | RKNGR |
|---|---|---|---|---|---|---|
| 堆密度/（kg/L） | 0.95~1.05 | 0.90~1.10 | 0.90~1.05 | 1.00~1.20 | 1.20~1.40 | 1.15~1.25 |
| 侧向抗压碎力/（N/cm） | ≥150 | ≥60 | ≥150 | ≥150 | – | – |
| 镍含量（NiO）/% | ≥50 | ≥20 | ≥50 | ≥50 | ~63 | ~25 |

不同类型的预转化催化剂使用条件见表 4-18。

**表 14-18    不同类型预转化催化剂的使用条件**

| 催化剂 | Z501 | Z502 | Z503 |
|---|---|---|---|
| 原料 | 石脑油、液化气 | 天然气、油田气 | 炼厂干气、轻石脑油 |
| 进口温度/℃ | 380~430 | 470~550 | 360~430 |
| 出口温度/℃ | 430~500 | 420~500 | 430~500 |
| 压力/MPa | 1.0~6.0 | 1.0~6.0 | 1.0~6.0 |
| 水碳比 | 1.5~2.5 | 1.5~4.5 | 1.5~3.5 |
| 碳空速/h$^{-1}$ | 500~2000 | 500~3000 | 500~2000 |

☞ **102. 选择预转化催化剂的原则是什么？**

**答**：预转化催化剂是根据烃类原料的特点进行选择。对于石脑油、液态烃、炼厂干气等高碳烃原料，一般选用高镍含量的预转化催化剂。这类催化剂有 Z501、Z503、ICI65-2、G1-80 等。对于天然气、油田气等气态烃类，则选用低镍含量的预转化催化剂即可，这类催化剂有 Z502、RKMGR 等。

☞ **103. 预转化催化剂装填要求有哪些？**

**答**：预转化催化剂在包装前一般进行了过筛处理，因此装填前不必过筛。但运输过程中催化加包装有可能损坏，对于由此造成的催化剂破损要认真检查，并在装填前进行必要处理。一般情况下需要注意以下七点：

（1）催化剂装填工作务必选择天气晴朗，以保证催化剂不受潮。

（2）催化剂装填前应认真检查反应器内部结构，保证器内无杂物，器壁无锈蚀，管道无堵塞。

（3）反应器底部装好惰性瓷球并摊平后，测量催化剂有效装填高度，并做好标记。

（4）装填催化剂时，可以用包装桶直接进行装填，也可以借助漏斗或填充管。无论何种方式装填，都要保证催化剂自由下落高度不超过 0.5m。

（5）装填过程中，要保持装填速度均匀，并及时人工摊平。操作人员进入反应器内部进行摊平作业，应在催化剂上覆盖木板，操作人员踩在木板上进行作业。

（6）催化剂装填完毕，一般不需要在催化剂床层上覆盖瓷球。若用瓷球覆盖，必须保证瓷球是物理和化学惰性的，且装填后必须摊平。

（7）经确认装填工作无误后，封闭反应器。

## ☞ 104. 如何进行预转化催化剂升温还原？

**答**：预转化催化剂一般是以氧化态形式供货。在使用工艺条件下，催化剂应处于还原态，因此装置开工前必须进行催化剂还原。氧化镍还原用以下方程式表示：

$$NiO + H_2 = Ni + H_2O$$

通常情况下，预转化催化剂加热升温在氮气气氛下进行。推荐最大升温速度 40℃/h，氮气空速控制在 500h$^{-1}$ 左右。当催化剂床层温度达到 200℃时，用氢气或者氢含量至少 20%（体积分数）的 $H_2/N_2$ 混合气置换氮气，并按具体要求继续升温，进行催化剂还原。具体升温还原操作如下：

（1）建立预转化催化剂升温还原循环流程。该流程应与转化炉、加氢脱硫系统完全隔开。

（2）先进行氮气循环升温，同时进行催化剂脱水。控制系统压力 0.5MPa 左右，此过程一般需要 15~20h。

（3）催化剂床层升温到 200℃ 以上，引入氢气，控制升温速度，开始进行催化剂还原。催化剂还原升温过程按表 4-19 操作。最后恒温段应保证氢空速不小于 300h$^{-1}$。

表 4-19　催化剂还原升温过程

| 温度范围 | 升温速度/(℃/h) | 时间/h | 累积时间/h |
| --- | --- | --- | --- |
| 200~350℃ | 10~15 | 10 | 10 |
| 350℃恒温 | 0 | 4 | 14 |
| 350~420℃ | 10 | 7 | 21 |
| 420~430℃恒温 | 0 | 3~4 | 25 |

（4）当在分液罐内收集到约 95% 的理论还原水量，可认为还原结束。也可以根据还原时间来确定还原终点。

（5）还原结束。根据整套装置开工情况，对预转化反应器切除循环系统，保温处理，或切入主流程投入正常使用。

需要注意的是预转化催化剂还原过程中，应进行循环气中的烃、碳氧化物含量分析。确保无烃类和碳氧化物进入还原循环。进入预转化反应器的任何物流必须保证硫含量<0.1μg/g，氯含量<0.1μg/g，砷、铅含量<0.01μg/g。

☞　**105. 预转化催化剂正常开车步骤是什么？**

**答**：催化剂还原结束后，保持催化剂床层温度和氢气量，先通入相当于满负荷的 30% 左右的蒸汽量，随后立即切入满负荷 25% 左右净化完全的烃类原料气。压力逐步提高至正常运行压力，调整反应器床层入口温度至正常要求值。

预转化反应器运行正常后，降低配氢量到正常生产控制要求，逐步提高预转化反应器进料量。提量过程中，务必注意调整水碳比、温度、压力到设计正常值，进入正常运转。对于转化系统在预转化还原之前已预先开工的情况，预转化催化剂还原结束后，可直接将预转化反应器切入系统，切入操作要缓慢进行。当预转化反应器与整个装置的压力平衡后，再将预转化完全切入系统。注意及时调整与转化反应器入口温度、水碳比到正常控制要求。

**☞ 106. 预转化催化剂正常停车步骤是什么？**

**答**：正常情况下，装置的停车应首先停止烃类进料，随后立即停蒸汽，并引入氢气或氮气吹扫。预转化停车基本原则：在没有蒸汽存在的情况下，烃类原料不能接触催化剂。如果这种情况发生，会因烃类原料裂解形成的积炭导致催化剂立即遭到破坏，避免蒸汽长时间接触催化剂。装置停车时，推荐用氢气或氮气进行吹扫，及时将蒸汽置换出去并尽量保持氢气气氛，确保预转化催化剂维持还原状态。如果停工时间预转化催化剂被氧化，开工时必须重新进行还原。

**☞ 107. 紧急情况下预转化催化剂的停车如何进行？**

**答**：装置突然停电或其他突发设备事故，装置要进行紧急停车处理。此时分两种情况对预转化反应器进行处理。

第一种情况是预转化反应器与转化系统串在一起降温。此时应立即切断烃类进料，并继续通蒸汽对反应前进行吹扫。同时配入氢气，使预转化催化剂在还原气氛下降温。若配入的氢气中含有少量烃类，则停工过程不能循环，介质只能一次性通过预转化催化剂床层和转化催化剂床层，然后放空。当预转化催化剂床层温度降至250℃，切断蒸汽，继续氢气吹扫降温至200℃时，将预转化的反应器从系统切除，保持正压，封闭反应器。

第二种情况是将预转化反应器从系统内切除，单独进行降温。此时要切断预转化反应器烃类进料，保持蒸汽对反应器进行吹扫，并尽快配入氢气。蒸汽吹扫10min左右，将蒸汽切除，维持氢气量降温或保持正压，关闭反应器进出口，自然降温。

**☞ 108. 预转化催化剂正常操作要点有哪些？**

**答**：预转化反应器投入使用正常运行后，控制好反应器入口温度、水碳比、压力等工艺参数，保持进料平稳和原料洁净。正常运行过程中要注意以下几点：

（1）预转化催化剂对硫、氯、铅、砷等毒物十分敏感，极少量就可以造成催化剂中毒，并且是永久性中毒，所以原料脱毒净化必须始终达到预转化催化剂的指标要求，硫含量 $< 0.1\mu g/g$，氯含量 $< 0.1\mu g/g$，砷、铅含量 $< 0.01\mu g/g$，防止催化剂中毒失活。

（2）严防操作过程中的蒸汽中断或脉冲式进料、水碳比失调、温度、压力大幅度波动等。

（3）出现烃类原料中断的情况，应及时引入氢气，防止可能发生的催化剂蒸汽钝化。若原料中断时间比较长，又没有氢气的情况下，应考虑重新还原后再投料。

（4）使用过程中，定期观测并记录热点移动情况和预转化反应器出口气体组成变化。若出现床层热点温度下移较快或出口气体组成变化较大情况时，应迅速查找原因及时处理，以免造成催化剂失活或损坏。

## ☞ 109. 预转化催化剂的卸出注意事项是什么？

答：当预转化催化剂必须要更换时，就要卸出旧剂。必须注意，此时预转化催化剂一般处于还原状态，若直接卸出，会发生自燃。因此，要安全的卸出催化剂，在此推荐两种从反应器中卸出的方法：

第一种方法是在惰性气氛下干燥的卸出。这种卸出的操作难度较大，需要有连续的惰性气体保护系统和催化剂封装设备。

第二种方法是将催化剂氧化后干燥卸出，一般建议采用该方法。具体操作要点：首先用惰性气体（氮气）吹扫反应器，并升温到200℃，引入约1%（体积分数）的空气，相当于0.2%（体积分数）的氧气，使催化剂床层温升约30℃。氧气的浓度逐步升高到约0.5%（体积分数）床层温升80℃，接着升到1%（体积分数）床层温升160℃，相当于5%（体积分数）的空气浓度。在氧化反应温波移动并穿过催化剂床层后，催化剂床层温度均匀时，小心控制入口温度恒温，逐步提高空气或氧气的浓度，直至达到与大气相同的条件。当不再有氧气消耗时，可以用空气冷却反应器后，打开反应器，安全地卸出催化剂。

☞ **110. 转化炉极易发生积炭的部位在何处？**

**答**：对于石脑油为原料的蒸汽转化而言，烃类大于600℃开始热裂解，到650℃以上时热裂解加剧。对于转化炉炉温而言，无论是顶烧炉还是侧烧炉，在2m以下均在600℃以上，所以2m以下是发生热裂解的区域。

对于顶烧炉而言，火焰喷射火焰外焰部一般在2~3m处，这部分是供热的集中区，也是烃类蒸汽转化反应的集中区，各种反应均快速发生，也是积炭最容易发生的区域，所以顶烧炉已发生积炭的部位通常在2~4m处。

对于侧烧炉而言，火嘴分布比较均匀，2~3m温度相对顶烧炉而言相对较低，反应剧烈区较长，一般积炭的趋势小于顶烧炉，即使发生积炭也不是明显集中于2~4m处。

近几年来，制氢原料向轻质化、廉价化发展，对于用炼厂气、液化气、天然气或油田气为原料的蒸汽转化过程而言，选用Z417、Z402、Z409等以钾碱为促进剂的系列转化催化剂，在正常操作条件下可以避免积炭现象发生。除非有严重的水碳比失调、突然的蒸汽中断、非正常紧急停车、催化剂突然中毒等极端情况出现。

突发事故、紧急停车、催化剂快速中毒等最容易造成催化剂床层发生大量积炭。其积炭的部位难以预料，床层顶部2~3m处，整个上半床层甚至下部床层，乃至整个转化床层均有可能发生严重的积炭。

☞ **111. 催化剂积炭如何判断？**

**答**：催化剂床层一旦发生积炭，所表现的现象是炉管的花瓣、热带、红管和床层阻力升高。床层积炭以后,积炭部位的烃类转化反应减少,吸热量减少,再就是积炭引起传热效果的降低。所以催化剂床层中什么部位发生了积炭,反映在炉管上就是炉管外壁温度升高。局部积炭,炉管外壁局部温度偏高,局部发红,看上去出现花斑;积炭部位逐步增大后,反映在转化炉炉管外壁上就形成了热带;在积炭严重时,由于积炭量的增多,致使反应管催化床层阻力增大,能够通过的气流减少,整根反应管内的反应量减少,相对于正常炉管而言吸热量减少,就形成了红管。由于积炭或其他原因导致炉管堵塞,气流不能通过,则红管的温度继续升高形成亮管。亮管的出现是十分危险的事情,如果不采取措施,往往会发生亮管爆管的现象。

☞ **112. 烃类蒸汽转化过程对蒸汽质量有何要求?**

**答**:蒸汽作为烃类转化反应过程的原料之一,其质量的好坏直接影响转化催化剂的正常使用和寿命。若蒸汽杂质含量高,会造成转化催化剂中毒失活,进而影响装置的正常生产运行。至今已有多套制氢装置出现脱盐水质量不合格,造成装置自产蒸汽中氯、硫酸根等含量超标,引起转化催化剂中毒的实例。因此对进入制氢装置脱盐水的质量应严格控制,防止类似事故的发生。

脱盐水的质量一般按二级脱盐水质量指标控制,此外还必须保证其中 $Cl^-$ 含量小于 $0.5mg/m^3$,这对于烃类蒸汽转化制氢装置的安全运行是必不可少的。

☞ **113. 没有外来氢源的制氢装置如何开工?**

**答**:对于没有外来氢源的制氢装置的开工,可采用氨裂解的方法获得还原性气体,进行转化催化剂的还原和加氢催化剂的预硫化,实现装置开工。

氨裂解还原开工应注意以下几点:

(1)做好制氢装置氨裂解开工方案。制定细致可行的加氢催化剂预硫化方案,以及转化催化剂和中变催化剂的还原方案。

（2）掌握好注氨裂解的时机。只有在转化炉达到一定的温度条件下时，氨才能发生裂解反应，生成氮氢气。原则上要求着转化炉入口温度达到500℃，出口温度达到700℃以上时方可开始注氨。

（3）注氨后开启循环压缩机，进行使氨裂解产生的氮氢气在系统循环，同时加强中变出口气体的氢浓度分析。在系统氢浓度达到转化催化剂还原要求的氢浓度之前，应维持向系统注氨，并控制系统压力（维持一定量的放空开度）。当系统氢浓度达到转化催化剂还原要求时，关闭放空，停止注氨，全量循环进行催化剂的还原。

（4）转化催化剂还原若与中变串联进行，氮氢循环气必须经过氧化锌脱硫反应器，保证还原过程中转化催化剂不会因为中变还原过程放硫出现硫中毒。

除了氨裂解还有一种方法，即用天然气作为还原介质对转化剂进行还原。具体方法如下：

天然气主要成分是甲烷，本身具有还原性，可用于进行转化催化剂还原，且转化催化剂中的助剂对甲烷的裂解也有催化作用，在工业生产中已有实际应用的先例。天然气含硫量低，其主要成分是甲烷，甲烷的氢碳比较高，在转化温度达650℃及进炉蒸汽量能保证水碳比大于7的条件下，天然气进入转化炉后，能够很快进行裂解，使循环气中的氢浓度增加，同时转化催化剂被还原，随着天然气补充量的不断增加，保证了循环系统中的氢含量，使转化催化剂同时处在还原及催化作用的环境下，逐步恢复活性，直至转化催化剂活性全部恢复。在转化炉配入少量蒸汽前提下，天然气可作为转化催化剂还原介质，还原效果同使用氢气还原完全相同，不会造成转化催化剂结炭也不会影响转化催化剂活性。在天然气还原操作中，要根据循环气中的甲烷含量，间断配入天然气，防止配入天然气量过大，必须使转化炉入口甲烷含量小于10%，并保证水碳比大于7，防止催化剂结炭。使用天然气作为还原剂的操作中，必须建立系统循环，通过系统循环，保证转化催化剂还原所需要的氢气并及时检测转化炉出口氢浓度（氢浓度大于75%），使转化催化剂得到完全的还原。

### ☞ 114. 什么是金属尘化？

**答**：金属尘化是指在高温碳（碳氢、碳氧气体）、温度在520~740℃的气体环境中，一些金属（如铁、镍、钴及其合金）碎化为金属碳化物、氧化物、金属和碳（石墨）等组成的混合物的金属损失行为。

由于金属尘化通常与金属材料的渗碳有关，而且腐蚀速度较快，所以又称为灾难性渗碳腐蚀。金属尘化一般呈坑点状局部腐蚀形态，但有时也会呈均匀减薄形式，可能导致金属壁厚严重减薄甚至穿孔。

### ☞ 115. 为什么采取冷壁集气管？

**答**：（1）解决转化炉大型化的热膨胀问题。大型化转化炉通常有几百根炉管，每排炉管多则上百根，少则几十根，导致与炉管相连的出口集气管很长，如果采用热壁集气管，热膨胀量很大，很难处理。采用冷壁集气管，热膨胀量很小，基本消除热膨胀的限制。

（2）解决材料问题。在转化气出转化炉温度普遍大于950℃的现代转化炉设计中，合金材料的炉管、出口猪尾管、热壁出口集气管等面临着巨大考验。尤其是弯弯绕形式的出口猪尾管，越来越不可靠，其寿命常常低于设计值，采用冷壁集气管可以取消弯弯绕形式的出口猪尾管。

### ☞ 116. 冷壁集气管材料有什么特点？

**答**：（1）$Al_2O_3$含量极高，达到95%以上，是浇注料中耐火度最高的产品。

（2）强度高，收缩率非常小，耐剥落及耐磨性能优良，适用温度范围广。

（3）$Fe_2O_3$ 和 $SiO_2$ 含量极低（≤0.2%），极耐 CO 及 $H_2$ 或 $N_2$ 混合气的侵蚀。

☞ **117. 为什么取消出口猪尾管？**

**答：** 在转化气出口温度 850℃ 以上温度条件下，合金材料的猪尾管作为热补偿手段是不可靠的，其实际寿命常常小于设计预期，因此在转化气出转化炉温度普遍大于 850℃ 的现代转化炉中，普遍取消了出口猪尾管。

☞ **118. 入口猪尾管与转化炉管侧接和顶接各有什么优点？**

**答：** 侧接和顶接都是为了猪尾管与转化炉管的连接。

侧接是转化炉炉管在侧面上通过加强接头与上猪尾管连接，顶部用带耐火材料密封塞的法兰完全密封，密封和保温性能相对较好，但伸出炉顶的炉管长度相对较长，浪费炉管，炉管与上猪尾管的焊接位置不佳，上猪尾管的侧弯部分挤占炉顶过道。

顶接是炉管通过顶部法兰与上猪尾管连接，炉管顶部内侧安装带有内控的保温塞，密封和保温性能也很好，伸出炉顶的炉管长度相对较短，节省炉管，炉管与上猪尾管的焊接位置佳，焊接及检查方便，上猪尾管不占用炉顶过道，由于取消了炉管侧面的加强接头，伸出炉顶的炉管光滑，更容易外保温。

☞ **119. 什么是刚性入口猪尾管？什么是柔性入口猪尾管？**

**答：** 刚性入口猪尾管是指不吸收或少量吸收转化炉炉管热膨胀位移量的入口猪尾管，此种尾管弯曲部位较少。

柔性入口猪尾管是指可以完全吸收或大部分吸收转化炉炉管热膨胀位移量的入口猪尾管，此种猪尾管弯曲部位较多，通过弯曲部位的开合吸收炉管的热胀冷缩，对转化炉炉管作用力很小，不易导致转化炉炉管弯曲。

☞ **120. 为什么转化催化剂要上装上卸？**

**答：** 由于转化炉设计普遍取消了转化炉炉管下法兰，炉管下部直接与出口集气管焊接，不再预留转化催化剂卸剂口，因此，转化催化剂要采用真空抽吸的办法从转化炉上法兰处上装上卸。

## ☞ 121. 炉管弯曲原因有哪些?

**答**:炉管弯曲是由于炉管受力变形导致的。有几种可能:第一种是由于炉管表面轴向温度分布不均产生的热应力造成炉管弯曲变形;第二种是由于炉管轴向热膨胀受阻导致炉管受压弯曲;第三种是由于恒力弹簧失效导致炉管受压弯曲;第四种是由于炉管壁厚偏差较大造成炉管弯曲变形。有时是上述几种形式的共同作用导致炉管弯曲。

## ☞ 122. 空气预热器上有时黏附的绿色附着物是什么?

**答**:主要为硫酸亚铁、硫酸铁和硅酸盐的混合物,是露点腐蚀的产物,以及脱附气体夹带的 PSA 吸附剂粉尘。

## ☞ 123. 转化炉采用什么形式的空气预热器较好?

**答**:板式空气预热器好。板式空气预热器使用温度高,结构紧凑,传热效率高,压降大,使用寿命长。低温段为防止低温露点腐蚀,最好采用铸铁材料。

## ☞ 124. 烟风道系统鼓风机、引风机采用一开一备好还是两台全开好?

**答**:两台全开好。风机选型按总负荷的 60%~70% 选型。由于转化炉负荷受下游装置用氢量的约束,经常半负荷运行,此时两台全开可以一开一备了。所以,两台全开既有一开一备风机布置优点,又有风机和电机小型化的优势。另外,两台全开形式的风机布置,在一台风机故障情况下,也能维持转化炉的操作,不必停炉。

## ☞ 125. 转化炉炉底烟道盖板采用什么材料好?

**答**:采用 Cr25Ni20 或 Cr25Ni12 的合金钢材料好,不怕踩踏,不会高温断裂坍塌,比采用非金属耐火砖拱顶结构的安全可靠。

☞ **126. 为什么转化炉炉底烟道隔墙开孔前后不一致？**

答：为了避免烟气在炉膛内偏流，离辐射转对流烟气出口越近，炉底烟道隔墙开孔数量越少，开孔面积越小。

☞ **127. 如何解决转化炉炉顶雨棚内温度太高问题？**

答：采用带有百叶窗室的结构，既通风又防雨。鼓风机取风口设置在炉顶雨棚内，即加快雨棚内的空气流通，又回收了炉体散热，提高了热效率。一般情况下，从雨棚内抽取的热风温度可以比环境温度高 30℃ 以上。进入空气预热器风温的提高，还可以减轻或消除空气预热器的低温露点腐蚀。

☞ **128. 转化炉为何不设置灭火蒸汽管？**

答：由于转化炉炉膛温度很高，炉管壁温通常在 850℃ 以上，而灭火蒸汽通常为 1MPa 的饱和蒸汽，温度大约在 180℃，相对炉管壁温低了很多。因此，如果转化炉爆管着火，灭火蒸汽通入炉膛，炉管遇低温蒸汽急冷，容易损坏其他未爆管炉管。另外，转化炉炉管爆管着火，通常是像气割一样的短火焰。因此转化炉炉管爆管不是通入灭火蒸汽灭火，而是停炉。

☞ **129. 转化炉低压燃料气管线为什么可以取消阻火器？**

答：这与燃烧器形式有关，如果燃烧器为外混式燃烧器，由于没有回火可能，所以不需要加阻火器。另外，由于 PSA 解吸气含有吸附剂粉末，加阻火器容易堵塞管路，影响转化炉安全运行。

☞ **130. 为什么转化炉燃烧器不单独设置长明灯？**

答：采用高压燃料气和 PSA 解吸气两种燃料，并分别进入对应气枪单独燃烧的燃烧器，由于 PSA 解吸气体积流量占整个燃烧器燃料量的 90% 以上，外部高压燃料气量很小，功能已相当于长明灯。因此不必单独再加长明灯，也可以说，此种燃烧器的高压燃料气枪就是长明灯。

☞ **131. 为何要采用低氮氧化物燃烧器？**

答：减少氮氧化物排放量，保护环境，氮氧化物是形成灰霾天气重要污染物。制氢装置虽然炉温很高，但由于燃烧 PSA 解吸气，其体积组成中 $CO_2$ 含量接近 50%，燃烧过程中，降低了助燃空气的氧含量，达到了低氧燃烧效果，因此制氢装置的烟气中氮氧化物含量不高。

☞ **132. 下猪尾管弯曲变形，转化管焊接部位开裂的原因是什么？**

答：转化炉炉管的猪尾管主要作用是吸收由于转化炉炉管和下集合管热膨胀而引起的位移，因此下尾管的长度和形状很重要，炉管与下尾管焊接处开裂的现象即为下尾管太短或者形状不佳，无法吸收膨胀量的原因。

☞ **133. 制氢装置转化工艺用除盐水的规格要求是什么？**

答：根据 GB/T 1576—2008 规定，压力 2.5~3.8MPa 除盐水水质应符合表 4-20 规定：

**表 4-20　除盐水水质**

| 序号 | 参数 | 单位 | 规格 | 国外标准 |
|---|---|---|---|---|
| 1 | pH | | 8~9.5 | 9~10 |
| 2 | 电导率 | μS/cm | ≤80 | ≤0.2 |
| 3 | 溶解氧 | mg/L | ≤0.05 | ≤0.1 |
| 4 | 总硬度 | mmol/L | ≤0.005 | |
| 5 | 浊度 | FTU | ≤2 | |
| 6 | 总铜 | μg/L | | ≤3 |
| 7 | 总铁 | μg/L | ≤100 | ≤20 |
| 8 | 油或油脂 | mg/L | ≤2 | ≤1 |
| 9 | 氯 | μg/g | | ≤0.1 |
| 10 | 有机物 | μg/g | | ≤3 |
| 11 | 硫 | μg/g | | ≤0.2 |
| 12 | 总硅 | μg/g | | ≤0.02 |
| 13 | 总钠 | μg/L | | ≤10 |

由于制氢装置除盐水变为蒸汽后要参与反应，因此为保证装置长周期平稳运行和转化催化剂处于最佳活性，对于除盐水中可能会影响转化催化剂活性的杂质应给予特别关注。特别是容易造成催化剂中毒的硫、氯离子更要严格限制，带预转化的工艺要求水中硫和氯要小于 $0.1\mu g/g$，不带预转化的要小于 $0.5\mu g/g$。根据统计，国内绝大多数的轻烃蒸汽转化制氢装置转化催化剂中毒都受到了锅炉水质的影响。

☞ **134. 酸性水进除氧器作为产汽用水对催化剂有利吗？**

**答：** 不建议用酸性水作为产汽用水。酸性水内含有大量的硅、铁等杂质，直接作为锅炉用水品质不够，会造成转化催化剂花斑或催化剂孔洞堵塞，进而造成转化催化剂积炭。建议经过加碱、加药处理后再用于锅炉用水，而且用量不能太大。

☞ **135. 制氢装置低负荷运行时需要注意什么？**

**答：** 主要注意转化炉炉管不偏流，因为炉管一旦偏流，会造成偏流炉管流量太小或反应吸收热量较小，造成局部炉管管壁温度过高，损坏炉管。可能出现花斑、红点、斑马线等，一般发生在低于60%负荷以下。措施：尽可能提高进入转化炉气体流量，加大水碳比，降低反应出口温度，加大氢气或者中变气的循环量，最低生产负荷可降至15%。

# 第五章　变　换　部　分

☞ **1. 变换的主要作用是什么?**

**答**: 变换的作用就是将转化中的大量 CO 变换成 $CO_2$, 以便尽可能地多产 $H_2$, 并使气体容易净化得到较纯真的氢气, 变换反应式:

$$CO+H_2O \Longleftrightarrow CO_2+H_2+41.2kJ/mol$$

☞ **2. 温度对变换反应有什么影响?**

**答**: 从变换反应式 $CO+H_2O \Longleftrightarrow CO_2+H_2+41.2kJ/mol$ 可知, 反应是放热反应, 降低温度反应速度随之减慢, 温度升高有利于平衡向产物方向移动, 但反应速度随之减慢。温度升高有利于提高反应速度, 但对降低三下四平衡 CO 含量不利, 为此应根据实际情况确定变换工艺和变换温度。

☞ **3. 变换为何要分(高)中变和低变两段?**

**答**: 为了解决反应速度和平衡变换率之间的矛盾, 而采用两个反应器来完成变换反应。

在(高)中变反应器内反应在较高温度下进行, 以较高的反应速度将大部分 CO 变换成 $CO_2$。

低温变换是在较低温度下(平衡常数大)最大限度地将残余的 CO 变换成易脱除的 $CO_2$, 这样更可以达到以最少催化剂装量获得最低的 CO 浓度的目的, 提高产氢率以及工业氢纯度。

因此在工业上采用(高)中变和低变两段变换工艺以获得最大的经济效益。

☞ **4. 水气比对变换有什么影响?**

**答**: 从变换反应可见, 水气比增大, 意味着反应物浓度增加，有利于平衡向降低 CO 浓度方向移动，可以提高变换率。但水汽比过大，不但变换率提高不明显，也会使蒸汽浪费，合适的水气比为 1 左右，一般情况下，水气比受前序工艺的控制。

☞ **5. 压力对变换反应有何影响？**

**答**：变换反应为等体积过程，压力改变时对反应平衡没有影响。压力增加，可以加快反应速度，但压力超过 2.0MPa（G）变换率提高就不明显了。

☞ **6. 空速对变换反应的有何影响？**

**答**：催化剂的适宜干基气体空速和操作压力有关，提高操作压力，催化剂的空速也可提高。

空速是在设计时定好的。完全满足变换反应就是说要按设计要求装填量进行装填，装的多空速小，装的少空速大。

☞ **7. 目前制氢装置中使用的（高）中变催化剂有哪几种？主要成分以及物理性质如何？各有什么特点？**

**答**：中温变换催化剂的主要活性组分为铁和铬的氧化物。$Fe_3O_4$ 的表面是 CO 变换反应的活性表面，$Cr_2O_3$ 和 $Fe_3O_4$ 形成固溶体，起着结构性助催化剂的作用。$Cr_2O_3$ 不改变 $Fe_3O_4$ 表面的比活性，但可大幅度提高 $Fe_3O_4$ 的耐热稳定性。常用的工业催化剂含 $Cr_2O_3$，通常在 5%~13%。此外，绝大多数催化剂中还含少量 $K_2O$（低于 1%），能提高活性和稳定性。

国内应用较广的中温变换催化剂为 B110-2 和 B113。B113 是用硝酸亚铁共沉淀法代替硫酸法生产的，$Fe_2O_3$ 主相为 $\gamma$ 型，这比用硫酸法的 $\alpha$ 型 $Fe_2O_3$ 活性好，强度高。$\gamma$ 型 $Fe_2O_3$ 在氧化和还原反应中晶粒不变大。此外，B113 催化剂含水量少，本体含硫低，故升温还原放硫比较快。表 5-1 为中温变换催化剂的主要物理化学性质。

表 5-1　中温变换催化剂的主要物理化学性质

| 序号 | 项目 | B107 | B107-1 | B108 | B109 | B110-2 | B111 |
|------|------|------|--------|------|------|--------|------|
| 化学组成 | 氧化铁/% | ≥73.0 | ≥70.0 | ≥73.0 | ≥75.0 | ≥79.0 | ≥65.0 |
| | 氧化铬($Cr_2O_3$)/% | ≥10.0 | ≥10.0 | ≥7.0 | ≥9.0 | ≥8.0 | ≥7.6 |
| | 氧化钾/% | | | | | | |
| | 硫酸根($SO_4^{2-}$)/% | ≤6.0 | ≤2.0 | ≤0.7 | ≤0.7 | ≤0.060 | |
| | 氧化铝/% | | | | | | ≤4.5 |
| | 氧化锌/% | | | | | | |
| 物理性质 | 形状 | 片状 | 片状 | 片状 | 片状 | 片状 | 片状 |
| | 颜色 | 棕褐色 | 棕褐色 | 黑褐色 | 棕褐色 | 棕褐色 | 棕褐色 |
| | 直径/mm | 9.0~9.5 | 9.0~9.5 | 9.0~9.5 | 9.0~9.5 | 9.0~9.5 | 9.0~9.5 |
| | 高度/mm | 5.0~7.0 | 5.0~7.0 | 5.0~7.0 | 5.0~7.0 | 5.0~7.0 | 5.0~7.0 |
| | 堆密度/(kg/L) | 1.25~1.60 | 1.20~1.40 | 1.30~1.40 | 1.30~1.50 | 1.40~1.60 | 1.5~1.6 |
| | 孔隙率/% | | | 50 | 40 | | |
| | 比表面/(m²/g) | 55~70 | | 80~100 | 36 | 35 | 50 |

| 序号 | 项目 | B112 | B113 | B114 | B115 | B116 | B117 |
|------|------|------|------|------|------|------|------|
| 化学组成 | 氧化铁/% | ≥75.0 | 78±2 | 77~83 | ≥73 | ≥75.0 | 65~75 |
| | 氧化铬($Cr_2O_3$)/% | ≥6.0 | 9±2 | 8~11 | | ≤3.0 | 3~6 |
| | 氧化钾/% | | | 0.3~0.4 | | | |
| | 硫酸根($SO_4^{2-}$)/% | | 1~200μg/g | | | | <1 |
| | 氧化铝/% | ≥2.2 | | | | ≥1.0 | |
| | 氧化锌/% | — | Cl<100μg/g | | | | |
| 物理性质 | 形状 | 片状 | 片状 | 片状 | 片状 | 片状 | 片状 |
| | 颜色 | 棕褐色 | 棕褐色 | 黑褐色 | 棕褐色 | 棕褐色 | |
| | 直径/mm | 9.0~9.5 | 9 | 9.0~9.5 | 9.0~9.5 | 9.0~10.0 | 9.0~9.5 |
| | 高度/mm | 5.0~7.0 | 5 | 5~6 | 5.0~7.0 | 5.0~8.0 | 7.0~9.0 |
| | 堆密度/(kg/L) | 1.4~1.6 | 1.3~1.4 | 1.35~1.45 | 1.33~1.45 | 1.45~1.55 | 1.5~1.6 |
| | 孔隙率/% | | 45 | 40~50 | | | |
| | 比表面/(m²/g) | | 74 | 80~110 | ~35 | ~40 | |

☞ **8.（高）中变催化剂怎样进行还原放硫？**

**答：**中变催化剂是以 $Fe_2O_3$ 的形态提供的，故在使用前必需进行还原，将活性组分用 $H_2$ 或 CO 还原为具有活性的 $Fe_3O_4$。同时除去在制造催化剂时带入的硫化物，还原反应式：

$$3Fe_2O_3+H_2 \Longleftrightarrow 2Fe_3O_4+H_2O+9.614kJ/mol$$
$$3Fe_2O_3+CO \Longleftrightarrow 2Fe_3O_4+CO_2+50.83kJ/mol$$

一般中变催化剂还原与转化升温串联进行，在中变催化剂 120℃恒温脱水以后，中变床层温度以 30℃/h 升至露点温度以上 20℃。一般制氢装置还原压力在 0.6~1.0MPa，可将床层温度提到 150℃，即可同时引蒸汽和氢气入系统开始进行中变催化剂还原放硫。如果转化新装 Z409/405G、Z402/Z405G 或 Z-403H 等催化剂可同时进行还原，中变催化剂还原放硫过程中控制床层温升不超过 30℃。

（1）引入蒸汽时要及时调节转化炉火嘴和中变入口温控，使床层温度平稳，配汽为正常汽量的 30%~50%，配氢从 0.5% 起，然后逐渐加大配汽量和配氢量。

（2）提高配氢量的同时要慢慢增加配汽量，注意保持 $H_2O/H_2$ 比在 7.5 以下，当氢浓度达到 10% 以后，每次增加氢浓度可为 5%，直至达到 60%，入口温度可能温升不明显，逐渐提至 300~360℃，当转化还原结束后，可将原料引入系统，加大空速使中变催化剂迅速放硫。

（3）引入原料气后，中变气改在出口放空，蒸汽加入量应以转化水碳比保持在 6~7 为好。对 B-110 催化剂，进原料后应将温度提至 400℃进一步放硫。为加快放硫速度和使放硫彻底，可逐渐增加原料量至满负荷的 70%，将中变床层温度提至 450℃，直至连续三个中变出口气分析 $H_2S<1μg/g$ 放硫结束。将入口温度降至于 380℃转为正常生产。

（4）对 B-113 催化剂，进原料以后保持中变入口温度在

370℃，进料调节到满负荷70%，等分析中变出口气 $H_2S<1\mu g/g$ 时为放硫结束，放硫合格后应将中变入口温度降至350~360℃。

（5）放硫结束的标志：连续3h，每小时分析一次，$H_2S<1\mu g/g$。放硫结束，降至操作温度进行正常操作。

☞ **9. 中变催化剂还原为何会放硫？影响放硫时间的因素有哪些？**

答：除 B113 外，其他型号的中温变换催化剂，主要以 $FeSO_4 \cdot 7H_2O$ 为原料，在沉淀、洗涤过程中，少量或微量 $FeSO_4$ 覆盖在沉淀粒子中难于彻底清除，硫其次来源于铬酐($CrO_3$)。工业制备 $CrO_3$ 的主要方法是从 $Na_2Cr_2O_7$ 与 $H_2SO_4$ 共熔、冷却的固态中获得，因而总会夹带 $Na_2SO_4$ 和（或）$K_2SO_4$。中温变换催化剂中的含硫化合物主要是 $FeSO_4$ 或 $Fe_2(SO_4)_3$，其次有微量的 $Na_2SO_4$ 或 $K_2SO_4$。这类含硫化合物在中温变换催化剂中以硫计要求小于 0.06%。

催化剂还原时，$K_2SO_4$ 或 $Na_2SO_4$ 不可能还原为 $H_2S$，只有 $FeSO_4$ 或 $Fe_2(SO_4)_3$ 得到还原。催化剂的还原放硫过程，实际上是 $FeSO_4$ 转化为 $H_2S$、$FeO$ 和 $H_2O$ 过程：

$$FeSO_4+4H_2 \longrightarrow FeO+3H_2O+H_2S$$

温度达到325℃以上，才有明显的放硫现象，$H_2S$ 浓度会达到 $0.5\mu L/L$ 以上，但通常小于 $100\mu L/L$。

在有氢气还原的情况下，催化剂本体含硫多，放硫时间可能长些，提高中变压器床层温度。加大干气空速，保持合适的水氢比都可缩短放硫时间。

☞ **10. 影响（高）中变催化剂正常使用的因素有哪些？如何延长催化剂的使用寿命？**

答：（1）中毒：原料中的有毒物质，如砷、硫、磷等其含量应严格控制，如砷要小于 5ng/g，硫要小于 $0.5\mu g/g$，氯要小于 $1\mu g/g$。

161

（2）升降压太快，尤其事故中的泄压。作为金属氧化物催化剂最怕受拉力，受拉强度远低于受压强度。瞬间降压过快，颗粒中心压力远高于外表面压力，催化剂正好受拉力。这种情况俗称爆米花效应，造成催化剂颗粒粉碎。床层阻力增加，被迫更换催化剂，泄压速度不大于 0.2MPa/min。

（3）床层阻力增加。当前制氢行业用的 B113 系列以及 B113-2 催化剂，还原后本体强度增加 15%，在使用过程中，不会被冷凝水粉化，阻力增加大多是前工序的四种催化剂粉尘，在床层上面积累所致。遇到这种情况把上面的催化剂抽出高度控制在 500~800mm 进行撇头，抽出床层粉尘即可，可补充新催化剂，不补充催化剂也能满足工业生产。

延长催化剂使用寿命方法：

① 水气比(或 $H_2O/CO$ 比)一般要控制在 0.8~1.0，任何时候都不能用还原性干气通过催化剂。

② 开停工或正常生产时应注意压力平稳，不能急剧变化，防止拉力产生致使催化剂破碎。

③ 检维修、停工过程中，必须用氮气保护或闷炉，不能使催化剂接触空气以免燃烧或钝化，并应防止被水泡。

④ 严格控制温度延长使用寿命。反应温度要采用保持 CO 合格的最低反应温度，当发现 CO 含量上升时，再适当提高入口温度。应控制温度平稳，防止超温使催化剂晶粒长大降低活性。

⑤ 转化部分要精心操作，减少水蒸气带盐，避免转化气携带硅、钾、镍等杂质，覆盖中变催化剂表面，导致催化剂失去活性，并增加系统阻力。

有条件的工厂里，使用 B113 系列或 B113-2 时，新催化剂入口温度控制 300~320℃就可以了，不能人为提温，在 $(2~6)×10^4Nm^3/h$ 装置上，能使用 5~6 年，只要床层阻力不增加，出口 CO 在规定指标内，就可以继续使用。(高)中变更换的原因是催化剂上层积垢，造成通气压力增大，而不是活性下降。

☞ **11.（高）中变催化剂床层温度突然下降的原因是什么如何处理？**

**答**：运行中中变床层温度在 $380 \sim 400 ℃$，突然发生床层温度下降 $100 \sim 200 ℃$，这个原因是（高）中变催化剂床层跨温，是中变前置换热器内漏所致。

需紧急停车处理，注意在停车过程中，需要将中变装置的导淋阀打开，把床层的水放出。用氮气把催化剂床层的水赶净，用氮气升温在 $120 ℃$ 恒温 2h 就可以，按开车程序开车即可。

☞ **12. 中变催化剂如何钝化？**

**答**：还原态的中变催化剂与空气接触会自然放出大量热，使催化烧结成块或烧坏设备，催化剂卸出时，可引起火灾，因此当催化剂需要卸出时，先要进行钝化。

$$4Fe_3O_4 + O_2 \longrightarrow 6Fe_2O_3 + 464.73kJ/mol$$

反应式中每 $1\%$ 的 $O_2$ 可造成 $160 ℃$ 的温升，即使在常温下氧化反应也能进行。钝化可以在配入蒸汽的情况下，在床层 $200 ℃$ 时，通入少量空气来进行。即有控制地缓慢氧化，氧含量要从 $0.5\%$ 开始慢慢增加，控制床层温升不超过 $30 ℃$，直到床层无温升、进出口氧含量基本相同为止，然后用空气取代蒸汽使催化剂冷却至常温。卸出时应只拆开卸料口，并准备用水喷淋没有钝化好的催化剂以防止燃烧。

或者采用如下更简便的方法，停工前中变催化剂床层用蒸汽降温到转化切除蒸汽，反应器内通氮气正压保护降温，到床层温度在 $50 ℃$ 以下时，从顶部向反应器内灌水到漫过床层，然后打开上法兰和卸料口卸出中变催化剂即可。

☞ **13.（高）中变连入低变的条件是什么？**

**答**：（高）中变连入低变必须同时满足：

（1）分析变换气体中硫含量小于 $0.5 \mu g/g$。

（2）CO 含量在 $3\%$ 以下。

（3）低变入口气温度高于露点温度20℃。

（4）低变床层不低于入口气露点温度。

☞ **14. 目前制氢使用的低温变换催化剂有哪几种？主要组成以及性能如何？**

**答**：低温变换催化剂主要是铜锌铬系、铜锌铝系催化剂（表5-2）。

表5-2　低温变换催化剂的组成与性能

| 组成<br>型号 | $CuO$/% | $ZnO$/% | $Cr_2O_3$/% | $Al_2O_3$/% | 石墨/% | Cl/<br>（$\mu g/g$） | S/<br>（$\mu g/g$） | $Na_2O$/<br>（$\mu g/g$） |
|---|---|---|---|---|---|---|---|---|
| B202 | >29.0 | 41~47 | | 8.4~10 | | | | |
| B203 | 17~19 | 28~31 | 44~45 | | 4.0 | ≤100 | ≤1000 | |
| B204 | 37.5±2.5 | 38.5±2.5 | | 9.0±1.0 | | | | |
| B205 | 28~29 | 47~51 | | 9~10 | 约3.0 | ≤100 | ≤200 | |
| B206 | 37.5±3.5 | 37.5±3.5 | | 8.5±2 | | ≤1500 | ≤5000 | |

铜基低温变换催化剂主要组分的作用：

（1）Cu的作用。金属铜微晶是低温变换催化剂的活性组分，铜微晶越小，则比表面积越大，活性中心越多，活性越高。催化剂制造厂通常只供应氧化态产品，用户必须先将催化剂还原，使CuO变为Cu。

铜晶粒越小，其表面能越高，在操作温度下会迅速向表面能低的大晶粒转变，亦即通常所说催化剂向热稳定转移的"半熔"或"烧结"。温度越高、越易烧结。随着晶粒的迅速长大，铜的表面和活性中心锐减，催化剂很快失活，故不能采用单组分铜作低温变换催化剂。

（2）ZnO、$Cr_2O_3$、$Al_2O_3$的作用。为了提高表面积大的细小铜微晶的热稳定性，需要阻止分散的铜微晶相互接触。ZnO、$Cr_2O_3$、$Al_2O_3$等载体，最适宜作铜微晶细分散状态的间隔稳定剂。这三种物质都可形成高分散度的微晶，比表面积都大，其熔点都显著高于铜的熔点，能阻抑铜微晶烧结，从而稳定催化剂的内部结构，使其能在少毒的正常工艺条件下，高活性长期运转。部分低温变换催化剂的主要性能见表5-3。

表5-3 部分低温变换催化剂的主要性能

| 型号 | | B201 | B202 | B203 | B204 | B205 | B206 |
|---|---|---|---|---|---|---|---|
| 组分 | | Cu、Zn、Cr | Cu、Zn、Cr | Cu、Zn、Cr | Cu、Zn、Al | Cu、Zn、Al | Cu、Zn、Al |
| 制法 | | 硝酸法 | 硝酸法 | 硝酸法 | 硝酸法 | 络合法 | 络合法 |
| 粒度/mm | | 5×5 | 5×5±0.5 | 4.5×4.5 | 5×4.5±0.5 | 5.6×3.5~4.0 | 5×4.5±0.5 6×3.5±0.5 |
| 堆密度/(kg/L) | | 1.5~1.7 | 1.4~1.5 | 1.05~1.10 | 1.5±0.1 | 1.1~1.2 | 1.4~1.6 |
| 比表面积/(m²/g) | | 60 | 60~80 | 50~70 | 76±10 | 85 | 75±10 |
| 操作条件 | 温度/℃ | 180~230 | 180~230 | 180~240 | 200~240 | 180~260 | 180~260 |
| | 压力/MPa | 2.0 | ≤3.0 | ≤5.0 | ~4.0 | ≤5.0 | ≤4.0 |
| | 空速/h⁻¹ | 1000~2000 | 1000~2000 | ~4000 | 1000~2500 | 1000~4000 | 2000~4000 |

☞ **15. 能使低变催化剂中毒的物质有哪些?**

**答**：使低温变换催化剂活性中毒的物质主要是硫、卤素、冷凝水。

（1）硫。含硫化合物是铜基低温变换催化剂的主要毒物之一。气体中的含硫化合物全部被催化剂床层截留，吸附覆盖于催化剂表面，生成金属含硫化合物。在床层温度232℃时，催化剂中的铜微晶即生成CuS，ZnO也变为ZnS，而且反应速度很快。硫化反应的平衡常数都很大，硫化反应实际上是不可逆的。各式平衡常数随温度降低而增大。

催化剂吸硫量越多，其活性丧失越多。如果以未被硫中毒的催化剂活性为100%计，吸硫0.1%(质量分数)后，活性降至80%；吸硫0.2%(质量分数)后，活性降至65%。

（2）卤素。卤素是比硫更厉害的毒物，入口气中氯化物仅

0.1μL/L，就会显著地毒害低温变换催化剂，氯进入催化剂床层，将活性金属变成氯化物。如图 5-1 所示，当催化剂吸氯 0.01%~0.03%时，催化剂的活性就会大幅度下降。

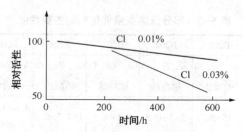

图 5-1　氯对低温变换催化剂活性的影响

催化剂的抗毒性能与其组成和结构有关。若催化剂含 ZnO 量高，且未被结合的游离 ZnO 比例大，催化剂的孔隙率高，则其抗毒性能就强。

（3）冷凝水。变换气中的水蒸气在低温变换催化剂上冷凝、蒸发，有着十分有害的影响。

① 冷凝水对催化剂的直接浸渍，损害催化剂的结构和强度，引起片剂的破碎或粉化，导致床层阻力增大和气体偏流。

② 水汽在床层中冷凝、蒸发，将使床层中的氯化物加速往下层催化剂迁移，使中毒区迅速扩大，使全床层催化剂活性迅速下降。如在水蒸气露点下进料，将导致水汽在上层催化剂上冷凝，使床层温度很不稳定，热点很快下移，出口 CO 含量很快升高，催化剂使用寿命降至正常情况的 2/3。而且水汽冷凝使催化剂失活是全床层性的，也是永久性的，无法再生。

☞　**16. 低变催化剂还原分几个阶段？每个阶段注意事项是什么？**

**答**：采用 $N_2$ 作载气配入氢气进行催化剂还原时，系统压力应在 0.8~1.0MPa。还原分三个阶段：初期为诱导期，温度越低，氢浓度越低，则诱导期越长。每消耗 1%氢气可使催化剂床层温升 28℃，此期间要控制配氢量 ≯0.1%，防止氢积累，造成突然温升。诱导期过后反应进入加速期，还原速度与浓度和温度成正比，故此期间控制好配氢量是控制还原速度的关键，氢浓度可从 0.1%~0.5%（体积分数）逐渐增高到 1%（体积分数）。注意提高配氢量的同时不应提高温度；提高温度时，不应同时提高配氢量。提高配氢量时，要注意观察床层温升变化情况。当入口氢浓度达到 0.8%~1% 时，为还原主期，应控制床层温升不超过 30℃，床层最高温度不超过 220℃。对这项工作一定要慎之又慎，否则催化剂在还原时超温，铜微晶变大，活性就会下降，不能达到预期目标。当低温变换出口氢浓度逐渐增加时，说明还原耗氢减少，反应进入减速期。此时，可交替提高床层温度（每次 3~5℃，至 190~200℃）和交替提高配氢浓度到 10%~20%，这一步骤仍应注意后部床层温升。当进出口氢浓度都达到 20%，床层已经不再耗 $H_2$，催化剂各层已经过温度高峰后回落到入口温度附近，认为催化剂还原基本结束。

☞ **17. 低变催化剂还原时发现超温如何处理？**

**答：** 在还原过程中，当发现床层温度急剧上升，有可能超温时，马上切断氢源，加大循环量，同时降低入口温度，待床层恢复正常后，先恢复入口温度然后恢复配氢继续还原。必须记住，当还原反应区经过热电偶时才能测得最高温度，决不能因为某一点温降，就提配氢浓度。主还原期浓度一般在 0.5%~1.0%，不可以轻易提高配氢浓度。

☞ **18. 低变催化剂还原时，稀释气、空速、压力和氢浓度如何选择和控制？**

**答：** 稀释气：氮气、天然气、过热蒸汽。

还原气：$H_2$、CO。

在制氢行业中，一般为干气还原，氮气是首选载气，还原后催化剂活性最好，但温升较大，每 1% 氢气在氮气中可造成 28℃

温升，氮气纯度应不低于 99.8%，使用氮气氧含量不能超过 1%。

空速：低变还原空速在 300h$^{-1}$，空速大可以加快还原速度，把反应热带走，并减少气体偏流的可能性。

压力：还原时压力低些好，一般在 0.3~0.5MPa，对于 4×10$^4$Nm$^3$/h 以上的装置，根据压缩机的能力，一般维持在 0.8~1.0MPa 才可能使空速达到 250~300 h$^{-1}$。

氢浓度：在还原初期控制在 0.2%~0.5% 就不要增加配氢量，入口在 180℃，在床层温升不超过 30℃情况下，慢慢地提氢浓度，每次以 0.1% 提氢浓度，逐渐增加 1%，待反应温升变小，再提 H$_2$ 浓度，同时记住"提 H$_2$ 不提温，提温不提 H$_2$"这个还原的法则。当入口温度在 200℃、床层温度在 230℃时，出入口氢浓度相等确认无氢耗，还原结束。

☞ **19. 如何判断低变催化剂还原结束和完全?**

**答**：催化剂还原结束的标志是当入口温度在 200℃，床层各温度都出现过 230℃的温升，低变催化剂进出口都达到氢浓度 20%，认为还原结束。

还原完全，一是计算催化剂的出水量（做计量，如桶），二是耗 H$_2$ 量与理论耗氢量对照，相当不大于 5%，就可以认为还原完全，否则，还要还原一段时间，使还原完全彻底。

（1）求理论耗氢量。

例：低变催化剂含 CuO 31%，堆积密度 965kg/m$^3$，求每立方米催化剂的理论耗氢量?

CuO 的相对分子质量是 79.5，因此氢耗是 965×0.31×22.4/79.5 = 84.3Nm$^3$/m$^3$ 催化剂。

（2）求理论出水量。

例：低变催化剂含 CuO 31%，堆积密度 965kg/m$^3$，求每立方米催化剂的理论出水量?

CuO 的相对分子质量是 79.5，水相对分子质量是 18，因此理论出水量为：965×0.31×18/79.5＝67.73kg。这需要现场有出水的计量，一般用50kg或100kg、200kg的桶计量。

**20. 影响低变正常运行的因素有哪些？**

答：（1）防止中变气带硫、氯进入低变催化剂床层，中变催化剂超温放硫，蒸汽带入氯根和硫酸根，在变换系统补入蒸汽调节气比，但防止蒸汽带盐，不光有碳酸盐，还有硫酸盐。

（2）防止床层超温烧结，使用初期，应充分利用催化剂的低温活性，不人为地提温，只要高于露点20℃以上就可以。

（3）压力要平衡，尤其是开停车时，不能急剧降压，防止催化剂颗粒产生拉力。

**21. 低变催化剂为何要防止水汽冷凝？**

答：当水汽冷凝时，冷凝水和工艺气中的 $CO_2$ 共存，会在催化剂颗粒表面生成一层绿色的碱式碳酸铜 $[Cu_2(OH)_2CO_3]$，从而使催化剂活性降低，要防冷凝水生成。

另外高变催化剂出口气含有 $100\sim700\mu g/g$ 的 $NH_3$，碱式碳酸铜易溶于氨水，其产物铜氨铬离子 $Cu(NH_3)_4$，能使低变活性铜受到腐蚀而失去活性，更加严重的是，$NH_3$ 对锌的腐蚀也破坏间隔体的作用。只要高于露点温度20℃以上，就可以防止水汽冷凝。

**22. 怎样防止低变催化剂被水泡？**

答：主要是控制入口温度高于露点20℃，在开停工时切除低变时，应用氮气保压。当温度降低时，打开导淋排水。在检修时，低变进出口要加好盲板，并能氮气保压，防止系统试压漏入低变反应器。

**23. 如何延长低变催化剂寿命？**

答：（1）主要是原料气和蒸汽、脱硫、脱氯要彻底，硫小于 $0.5\mu g/g$、$0.2\mu g/g$ 更好，氯小于 $0.1\mu g/g$。

（2）在运行中充分发挥低温活性，控制入口温度压力平稳。

入口温度高于露点 20℃。还原和运行时，不超温。

（3）运行时，入口 CO 小于 3%。

（4）事故状态下注意保护催化剂，尤其是降压时不能太快太急。

（5）（高）中变更换新催化剂时，应确认低变入口硫小于 $0.5\mu g/g$。

☞ **24. 低变催化剂如何钝化？**

**答**：低变催化剂还原态遇空气会自燃，产生大量的热危及设备安全，所以卸出前先钝化。

钝化后催化剂还要在使用时，用氮气置换工艺气至工艺气含量小于 0.1%，然后氮气循环，在 160～180℃ 床温时，向循环氮气中配入空气进行钝化，床层无温升时结束。

①钝化后催化剂弃而不用时，用蒸汽降温，然后在蒸汽中，加入空气，降至常温卸出。②用蒸汽后惰性气体降温，边卸出边浇水。③催化剂闷炉，降至常温，浇水浸过床层卸出。

☞ **25. 中变催化剂还原为什么要配入水蒸气？配入多少才能保证催化剂不还原过度？**

**答**：在中变催化剂还原过程中，配入水蒸气是为防止 $Fe_3O_4$ 进一步被还原成金属铁，失去变换活性。

只要控制 $H_2O/H_2$ 比在 0.2 以上，就可保证催化剂不被还原过度。

☞ **26. 如何防止中变催化剂还原时超温？**

**答**：（1）中变催化剂还原时不容易超温，但在配汽氢的初期，有可能引起超温。应注意初期配氢量不能高，从 0.5% 开始，视床层温升情况，慢慢增加。

（2）注意控制中变入口温度，应遵循提温不提配氢量；提氢量不同时提温的原则，控制床层温升不超过 30℃。

（3）发现床层温升太快可适当降低配氢量或降低中变入口温

度，控制床层最高温度不超过该型号中变催化剂的最高使用温度。

☞ **27. 如何进行中温变换和低温变换的工艺选择？**

**答**：变换气中 CO 每降低 0.1%，产氢率可提高 1.1% ~ 1.6%。对常规制氢装置，由于后续的净化工序采用甲烷化法，来除去变换气中的 CO 和脱碳过程剩余的 $CO_2$，因此必须采用中－低温变换两段反应，尽量降低变换气中的 CO 含量（要求在 0.3%以下），以防甲烷化反应器超温，并减少 CO 甲烷化所消耗的氢气，提高产氢率和氢纯度。对 PSA 净化的制氢装置，变换气中的 CO 在后续的 PSA 吸附罐中被除去，并在脱附过程中进入尾气。为使尾气保持一定的热值，一般采用一段中温变换即可，变换气中的 CO 含量约为 3%。但对于以石脑油为原料的制氢装置，为提高石脑油原料的产氢率，可考虑增设低温变换反应器，但必须严格注意进入低温变换反应器的介质温度，必须高于露点 30℃，以确保安全操作。

☞ **28. 什么叫水气比？$H_2O/CO$ 比？如何计算？**

**答**：转化气进入中变、低变反应器中的水蒸气体积数与干气体积数之比叫水气比。

水气比 = 水蒸气量（$Nm^3/h$）÷ 干气量（$Nm^3/h$）

$H_2O/CO$ 比是水蒸气量与干气中 CO 量体积比。

$H_2O/CO$ = 水蒸气量（$Nm^3/h$）÷ CO 量（$Nm^3/h$）

例：转化气总干气量为 25000$Nm^3/h$，总湿气量为 51000$Nm^3/h$，其中 CO 量为 5.38%（湿基），求水气比和 $H_2O/CO$ 比。

解：水蒸气量 = 51000-25000 = 2600$Nm^3/h$

CO 量 = 51000×0.038 = 2744$Nm^3/h$

水气比 = 26000/25000 = 1.04

$H_2O/C$ = 26000/2744 = 9.48

☞ **29. 什么叫变换率？如何计算？**

**答**：一氧化碳在变换反应器中变换反应掉的一氧化碳的百分数叫变换率，变换率用下式计算：$X\% = (Y_1 - Y_2) \div Y_1(1 + Y_2)$

式中 $Y_1$ 和 $Y_2$ 分别是变换前和变换后气体中的 CO% 浓度（干基）。

**例**：某厂转化气中 CO 含量为 9%，经中变后，CO 含量降为 2.5%，经低变后 CO 含量降为 0.2%，计算中变及总变换率。

**解**：中变变换率 $X_{中} = (0.09 - 0.025) \div 0.09 \times (1 + 0.025) = 70.5\%$

总变换率 $X_{总} = (0.09 - 0.025) \div 0.09 \times (1 + 0.025) = 97.6\%$

☞ **30. 什么叫化学平衡？什么是化学平衡常数？什么叫平衡变换率？如何计算？**

**答**：在一定的温度、压力下，反应体系的正反应速度与逆反应速度相等时，体系中各组分浓度不再改变，这种情况称为化学平衡。

处于化学反应平衡状态的体系中，产物浓度的乘积和反应物浓度的乘积的比值是一个常数，称为平衡常数，用 $K_\rho$ 表示，对于任意一个气相反应：

$$dD + eE \rightleftharpoons gG + rR$$

$$K_\rho = P^{gG} \cdot P^{rR} / P^{dD} \cdot P^{eE}$$

式中 d、e、g、r 为各组分的系数。平衡时的最大转化率称为的理论转化率，变换反应平衡时的最大变换率叫平衡变换率。

$$CO + H_2O \rightleftharpoons CO_2 + H_2$$

$$K_\rho = \frac{P_{CO_2} \cdot P_{H_2}}{P_{CO} P_{H_2O}} = \frac{(CO_2)(H_2)}{(CO)(H_2O)}$$

上式中括号内为物料浓度。

**例**：某厂中变气（干气）组成如下：$H_2$ 73.2%、CO 1.5%、$CO_2$ 22.3%、$CH_4$ 3.0%，中变温度 386℃，转化水碳比 5.0，求

172

中变气平衡常数及平衡温距。

解：以干气为 100kmol 计：

制氢原料中没有 $N_2$ 和 $O_2$，故干气中的氧全部来自水蒸气，分解为：

$$1.5+22.3× = 46.1(kmol)$$

根据碳平衡可知原料气用量，再由转化水碳比可知工艺汽量：

$$(1.5+22.3+3.0)×5.0 = 134(kmol)$$

残余未分解的 $H_2O$ 量：

$$134-46.1 = 87.9(kmol)$$

计算变换平衡常数 $K_p = 22.3×73.2÷1.5×87.9 = 12.38$，查"变换平衡常数"表(合成氨催化剂手册，$P_{209}$ 表 5)，$K_p = 12.38$，$t_平 = 396℃$。平衡温距 $396-386 = 10(℃)$。

# 第六章 脱 碳 部 分

☞ **1. 脱碳净化方法中何谓物理吸收？何谓化学吸收？**

**答**：利用二氧化碳能溶于某种液体这一特性，使其在液体中进行物理溶解后被脱除，这种工艺称之为物理吸收。常用的吸收剂有水、甲醇、环丁砜、碳酸丙烯酯等。

利用二氧化碳呈酸性的特征，使其与碱性吸收剂进行化学反应后而将其脱除，此种工艺称之为化学吸收。常用的吸收剂有酸钾水溶液、乙醇胺水溶液或环丁砜乙醇胺溶液、氨水等。

两种吸收方法都能达到好的吸收效果。但在选择方案时，必须结合具体条件，如气体温度、压力、浓度，以及热源和吸收剂等进行综合考虑。

☞ **2. 为什么吸收塔的操作条件为低温高压，而再生塔为低压高温？其理论基础是什么？**

**答**：以碳酸钾溶液吸收二氧化碳的热钾碱法为例。碳酸钾溶液吸收二氧化碳的化学方程式为：$CO_2 + H_2O + K_2CO_3 \rightleftharpoons 2KHCO_3 + Q$，这是一个体积缩小、过程可逆的放热反应，因而从热力学角度吸收过程在高压低温是有利的，而再生过程是吸收过程的逆反应，高温低压是有利的。

碳酸钾溶液吸收二氧化碳的过程是一个复杂的传质过程，其操作条件的确定，工艺流程的优化还要考虑动力学因素。从动力学观点看，吸收的全过程：

（1）气相中的二氧化碳扩散到溶液界面。

（2）二氧化碳溶解于界面液层中。

（3）溶解的二氧化碳在界面液层中与碳酸钾溶液发生化学

174

反应。

（4）反应产物向液相主体扩散，反应物从液相主体向界面扩散。

上述各步中，除第三部是化学反应过程外，其余均为传质过程。

其中最慢的步骤是化学反应，它的速度对整个过程起控制的作用。基础理论研究表明：$CO_2 + OH^- \rightleftharpoons HCO_3^-$ 这一反应控制溶液对 $CO_2$ 吸收速度。

为了加快吸收过程的速度，一般可以采用提高吸收过程的压力和温度的办法。提高压力时，根据亨利定律，就是提高溶液中溶解的 $CO_2$ 浓度，从而提高了反应速度。提高温度，可使水解反应的平衡常数增加，从而使 $OH^-$ 度增加，也对提高反应速度有所贡献。工业实际应用中在碳酸钾溶液中加入活化剂 DEA，其目的也是为提高 $CO_2 + OH^- \rightleftharpoons HCO_3^-$ 反应速度。

溶液再生是在减压、加热下进行的，在降压的加热条件下，碳酸钾吸收 $CO_2$ 的平衡是向左移动。同时随着温度的增高，二氧化碳的平衡分压增加，而且蒸汽量也增加，从而又降低 $CO_2$ 分压，这些对二氧化碳的解吸都是有利的。一般再生压力在 $0.01 \sim 0.02 MPa$，而塔底溶液温度主要由溶液的浓度和塔底压力决定，即相当于这时溶液的沸点温度。

☞ **3. 国内制氢及合成氨装置中采用的脱碳方法有哪几种？**

**答：**目前，制氢脱碳采用热钾碱法：碳酸钾吸收 $CO_2$，其中一种是利用二乙醇胺作活化剂的苯菲尔法，另一种是利用氨基乙酸作活化剂的氨基乙酸法。

化学反应式如下：$K_2CO_3 + CO_2 + H_2O \rightleftharpoons 2KHCO_3 + Q$

小型氨厂采用的氨水吸收法，用来脱除变换气中大量的 $CO_2$（$26\% \sim 28\%$）生成碳酸氢铵成为最终氮肥产品。总反应式为：

$$2NH_3 + CO_2 + H_2O \rightleftharpoons (NH_4)_2CO_3 + Q$$

$$NH_3 + CO_2 + H_2O \Longrightarrow NH_4HCO_3 + Q$$

小型氨厂除了原先的加压水洗法外，还采用了有机溶剂如碳酸丙烯酯法等物理吸收法和环丁砜吸收的物理-化学综合吸收法。

碳酸丙烯酯法是物理溶剂吸收法，此溶剂无腐蚀性，蒸气压低，化学稳定性好，也不产生降解反应，故溶剂的损耗少，温度越低，$CO_2$ 分压越高，吸收能力愈高。

环丁砜的化学名称是 1，1-二氧化四氢噻吩，其结构式：

$$\begin{array}{ccc} H_2C & \!\!\!\!\text{——} \!\!\!\! & CH_2 \\ H_2C & & CH_2 \\ & S & \\ O & & O \end{array}$$

二氧化碳的平衡溶解量随其分压增高而上升，并随着溶液中环丁砜含量的升高而增大，而乙醇胺溶液吸收 $CO_2$ 是基于乙醇胺与 $CO_2$ 化学反应的结果，因此环丁砜-乙醇胺混合溶液吸收 $CO_2$ 是物理和化学总和的结果。在低压下化学作用是主要的，而随着压力的升高物理溶解作用增强。此法运用于净化 $CO_2$ 分压较高的气体，此法溶液再生容易，蒸汽消耗少，系统热负荷也低。

☞ **4. 脱碳溶液组成中各组分对 $CO_2$ 吸收有什么影响？**

**答**：苯菲尔法的碳酸钾溶液组成：$K_2CO_3$ 27% ~ 30%（质量）、DEA（二乙醇胺）3%（质量）、$V_2O_5$ 0.5%（质量）。

无毒 G-V 法的氨基乙酸溶液组成：$K_2O$ 250g/L（折合成 $K_2CO_3$ 为 343g/L）、氨基乙酸 50g/L、$V_2O_5$ 3~5g/L。

对于碳酸钾溶液来说，碳酸钾的含量越高，能与它反应的 $CO_2$ 也必然会越多，因此也就提高了溶液的吸收能力。或者说，对于脱除同样多的 $CO_2$ 来说，所需的溶液循环量就可减少，从而可减轻泵、塔、换热器的负荷。大体上溶液中碳酸钾含量每增加 1%，循环量可减少 2%～3%。另一方面，碳酸钾浓度越高，则溶液结晶堵塞的可能性就越大，腐蚀也将越严重。再生是在沸腾状态下操作的，浓度高则沸点也高，更加剧了腐蚀。

二乙醇胺和氨基乙酸都是碳酸钾溶液的活化剂。

$$CO_2 + OH^- \rightleftharpoons HCO_3^- \tag{1}$$

反应式(1)的反应速度决定着整个反应的速度。为加快其反应速度，最有效的办法是在碳酸钾溶液中加入活化剂，以改变其反应过程。

采用二乙醇胺作活化剂的反应机理如下：

$$CO_2 + (C_2H_5O)_2NH \rightleftharpoons (C_2H_5O)_2NCOO^- + H^+ \tag{2}$$

$$(C_2H_5O)_2NCOO^- + H_2O \rightleftharpoons (C_2H_5O)_2NH + HCO_3^- \tag{3}$$

反应式(2)吸收 $CO_2$ 的反应速度大大快于反应式(1)吸收 $CO_2$ 的速度。从平衡观点看，加入二乙醇胺作活化剂，降低了溶液表面上的 $CO_2$ 平衡分压，从而有利于净化度的提高。

用胺基乙酸作活化剂的反应机理如下：

胺基乙酸在 pH 值较高的钾碱液中是以 $NH_2CH_2COO^-$ 的形式存在的。

反应第一步：

$$NH_2CH_2COO^- + CO_2 \longrightarrow {}^-OOCNHCH_2COO^- + H^+ \tag{4}$$

$$H^+ + NH_2CH_2COO^- \longrightarrow NH_3^+CH_2COO^- \tag{5}$$

$$H^+ + CO_3^- \longrightarrow HCO_3^- \tag{6}$$

反应第二步(甲氨水解)：

$${}^-OOCNHCH_2COO^- + H_2O \longrightarrow NH_2CH_2COO^- + HCO_3^- \tag{7}$$

这是总的反应，实际上是分如下几步进行的：

$${}^-OOCNHCH_2COO^- + NH_3^+CH_2COO^- \longrightarrow 2NH_3^+CH_2COO^- + CO_2 \tag{8}$$

$$CO_2 + HOH \longrightarrow HCO_3^- + H^+ \tag{9}$$

$$H^+ + NH_2CH_2COO^- \longrightarrow NH_3^+CH_2COO^- \tag{10}$$

因此，在溶液中加入了氨基乙酸后，改变了反应历程，提高了反应速度，同时也降低了液面上的 $CO_2$ 平衡分压，有利于吸收过程的进行。

$V_2O_5$ 或偏钒酸钾溶液中的缓蚀剂。

一般均采用偏钒酸钾作为缓蚀剂，但在实际生产中常加入五氧化二钒，这时在溶液中产生如下反应：$V_2O_5 + K_2CO_3 \longrightarrow 2KVO_3 + CO_2$，从而生成所需的钒酸钾。偏钒酸盐在碳酸钾溶液中作为缓蚀剂的作用，是利用它在碳钢表面生成一层坚密的难溶解的钝化膜，以隔离设备与溶液接触。从电化学观点讲，是利用它是氧化剂，以对阳极过程起阻滞作用。系统开车时，钒酸钾浓度一般在 0.7% ~ 1.0%，正常生产时要求五价钒在 0.3% 以上即可。

☞ **5. 什么叫转化度、再生度、碳化指数？贫液、半贫液、富液的再生度一般控制在多少？**

**答：**溶液的再生程度在苯菲尔系统中用转化度 $FC$ 或再生度来表示。其定义是溶液中碳酸氢钾的含量和溶液中总碳酸钾含量的比值（均以当量浓度计）。

$$FC = w_{KHCO_3} \div (w_{KHCO_3} + w_{KC_2O_3})$$

从此式可以看出，其值总小于 1。

凯洛格流程中的贫液、半贫液和富液的 $FC$ 值分别为 0.25、0.45 和 0.83。

在无毒 G-V 法中，溶液的再生程度是以碳化指数或再生度 $i_c$ 表示的。定义是溶液中的二氧化碳量和溶液中的氧化钾量的比值（均以摩尔浓度表示）。即 $i_c = m_{CO_2}/m_{K_2O}$，$i_c = 1$ 时，溶液是 100% 的 $K_2CO_3$，$i_c = 2$ 时，溶液中为 100% 的 $KHCO_3$，$i_c = 0$ 时，溶液为 100% 的 $KOH$。在赫尔蒂的流程中贫液、半贫液和富液的 $i_c$ 分别是 1.08、1.37 和 1.73。

转化度和碳化指数的关系为 $i_c = 1 + FC$

☞ **6. 影响 $CO_2$ 吸收的主要操作因素有哪些?**

**答**: (1) 吸收温度。吸收温度高, 有利于加速反应, 但不利于反应平衡。两段吸收流程要求塔顶进口贫液温度低一些, 一边尽量减少残余 $CO_2$, 塔中部进口半贫液温度则比较高, 可较快地吸收大量 $CO_2$。

(2) 吸收压力。吸收压力愈高, 则吸收推动力愈大。实际上吸收塔的压力取决于前后工序, 不能随意改变。制氢压力控制在 $1.3 \sim 1.5MPa$。

(3) 溶液循环量。溶液的循环量取决于生产负荷和溶液的吸收能力(单位体积的溶液所能吸收的 $CO_2$ 的量)。在使用填料塔时还须考虑在单位时间里, 单位塔截面积上喷淋的溶液量(即喷淋密度), 以使填料表面得到充分润湿, 否则气体通过干填料, 不仅影响净化度, 而且会使碳钢填料产生腐蚀。另外溶液循环量要随着溶液总碱度、转化率以及气体负荷的变化来调节。

(4) 贫液和半贫液的转化度。贫液或半贫液的转化度影响溶液吸收效果, 如果再生塔供热不足则会造成转化度下降, 吸收 $CO_2$ 的能力降低。

(5) 液位。液位是脱碳工序最重要的控制因素, 无论是吸收塔或是再生塔, 都必须保持液位稳定。当液位过低时, 会造成气体串到后面低压设备内造成设备超压, 或引起泵的抽空。液位过高, 会造成出口气带液, 严重时将影响甲烷化反应器操作。

(6) 压差。吸收塔压差大小可以反映塔内气液流动情况, 预知拦液或液泛的发生是极为重要的, 应经常注意。由于压差计导压管极易积水, 引起压差指标波动和偏差, 所以需经常排放导压管的积水, 以保证压差计读数可靠。

☞ **7. 热钾碱法脱碳造成设备腐蚀的因素有哪些? 如何防止?**

**答**: 胺-钾碱溶液脱碳系统的腐蚀主要有下述几种情况:

(1) 含有二氧化碳气体的冷凝液对金属材料的酸性腐蚀, 这

179

种腐蚀在温度为 60℃ 以上时尤为明显，一般发生在再生塔的上部和再生气去水冷器前的管线、再沸器管束、水力透平出口溶液管线、溶液泵等部位。为防止腐蚀，一般在这些部位采用不锈钢材料。

（2）碳酸钾溶液引起金属材料的侵蚀性腐蚀。这种情况下的碳钢腐蚀主要是因为溶液中的 $CO_3^-$ 和 $HCO_3^-$ 的作用，其中 $HCO_3^{2-}$ 的腐蚀作用比 $CO_3^{2-}$ 强，腐蚀生成的 $Fe^{2+}$ 进入溶液，从而使金属表面的腐蚀得以不断进行。为了防止这种腐蚀，一般在溶液中添加缓蚀剂五氧化二钒或偏钒酸盐，使在碳钢表面生成一层致密的钝化膜，从而防止碳钢继续被侵蚀。

（3）碱液的应力腐蚀。由于碳酸钾是一种电解质，因此存在着应力腐蚀的可能，应力来源通常是由于设备加工时热处理不当时产生的残留应力。一旦设备出现应力腐蚀的裂缝，它能以很快的速度延伸，从而导致设备的破裂。

脱碳系统的全部碳钢设备和管线的焊缝都要进行应力消除处理，而且在应力消除处理后，不能再在设备上进行任何焊接，或者是焊接后再作应力消除处理。

（4）碱液中的冲刷腐蚀。这种腐蚀是由于碱液流速太高形成的湍流或冲击，或者是碱液中混有固体粒子和气体形成的冲击、磨损，导致钝化膜遭受严重冲刷而破坏，最终产生腐蚀。故一般碳钢管道设计流速在 $1.5 \sim 2.0 \text{m/s}$，同时严格防止系统中固体粒子的生成或从外界混入，流速高的部位要用不锈钢。

（5）$Cl^-$ 对不锈钢的腐蚀。$Cl^-$ 腐蚀速度与其浓度的平方根成正比，因此应严格脱碳液中的 $Cl^-$ 含量在 $100 \mu g/g$ 以下。$Cl^-$ 主要是由于化学药品带进系统，所以要严格控制化学药品中的氯含量。

☞ **8. 什么叫液泛？液泛的主要原因是什么？怎样避免？**

**答：**由于溶液的起泡，气体夹带雾沫过多，不但影响吸收和

180

再生效率，严重时液体流不下来，完全被气体托住，甚至溶液可能随着气体的夹带进入甲烷化反应器，以致无法继续生产，这种现象称为液泛。

溶液起泡是引起两塔液泛的主要原因，引起溶液发泡的原因很多，溶液脏、有油，操作负荷过高，加量过猛都可能引起液泛。

操作中观看两塔压差和液位，如果气量未变而塔的压差增加，或溶液循环量正常而液位下降，都可能是液泛的前兆，此时就应该找其原因进行调整，必要时减量操作。

设计选用气流速度不得高于泛点气速的50%~60%，不要超负荷运行，加量时不可过猛。

添加消泡剂。消泡剂应当稀释后加入，注入系统的部位应视具体情况而定，如注入贫液和半贫液中则主要针对吸收塔，而防止再生塔液泛最好就注在富液中。消泡剂加入速度不可过快，否则会使在填料表面上的溶液挂不住而大量下流，塔底液位上升，再生塔甚至会没过再沸器气相管而引起水击。

☞ **9. 如何保持脱碳系统的水平衡？**

**答：** 脱碳溶液在两塔之间不断循环，如果水量不能保持出入平衡，势必会造成溶液越来越稀，或越来越浓，以至无法维持正常液位。

在脱碳系统，进水方为工艺气体在吸收塔的冷凝水、溶液泵的机械密封水、仪表冲洗水等。出水方为再生塔顶的 $CO_2$ 冷凝水。调整水平衡的主要手段是调整再生塔顶的回流水，此外正常生产中，溶液泵的机械密封水量及仪表冲洗水对系统的水平衡也影响甚大，应根据操作情况注意密封水量。

再生塔顶二氧化碳气体经水冷器冷却后的冷凝液，经泵返回再生塔顶，作为塔顶洗涤段的回流液。另有部分冷凝液从洗涤段底部引出，到再生塔下段填料的顶部或底部，免得塔内半贫液过稀和贫液过浓。贫液过浓，引起沸点上升，不利于传热，两塔的液位，尤其是再生塔的液位是否正常是水平衡的标志。应根据液位的升降随时调节 $CO_2$ 冷凝液返回系统的流量，以保持整个系统水平衡。

☞ **10. 热钾碱法脱碳系统在开工时如何进行清洗和钒化？**

**答**：脱碳系统在运转前必须进行脱脂和除锈处理，其目的是除去设备内油脂、积垢、铁锈以及其他能使碳酸钾溶液起泡的物质，这对脱碳系统能否正常运行至关重要。

（1）机械清除和检查。

① 检查所有的塔、换热器等内壁是否有铁锈和水垢，并用人工方法尽量将其清除干净。

② 检查设备内件，系统进行清扫并安装填料。

③ 检查过滤器及泵的过滤网是否清洁。

（2）水洗。

① 水冲洗。在进行循环水冲洗前，可建一些临时冲洗流程，将系统分段进行冲洗，这样可以节约循环时间。

② 冷水洗。用冷的干净脱盐水在再生塔建立液位，开动泵将水打入吸收塔。两塔建立液位后，用氮气给吸收塔充压，使其压力足以把吸收塔底的水压回到再生塔，这样整个系统建立循环。

③ 进行循环时，采用边补水、边排放，倒泵清洗泵入口过滤网的方法。待排出水比较干净时，取样分析，当水浊度 < 10μg/g 时可视冷水清洗合格。

④ 热水洗。将水加热至接近沸腾，继续进行循环，同时注意清洗过滤网，并控制温度不大于 98℃，取样分析浊度小于 10μg/g 为合格。

（3）碱洗。碱洗的目的是清除系统中的油脂。

① 系统排尽热水。

② 配制浓度为 3%（质量）的 NaOH 溶液，用这种溶液在系统中建立液位，并进行循环。如果塔内装有陶瓷填料，溶液温度不

182

应超过 25℃，以防碱液腐蚀；如果是钢质或聚丙烯填料，则溶液温度应保持在 90~100℃。碱液循环时间 72h，在此期间仍应经常注意过滤器及泵的过滤网堵塞情况。

③ 第一次碱洗完毕后，将碱液完全排掉，然后用脱盐水循环冲洗 8~12h。再次用 3% 的 NaOH 溶液进行循环和加热，时间也是 72h，然后再用冷脱盐水冲洗。

④ 取样分析溶液的泡高和消泡时间，若泡高小于 6cm，且消泡时间小于 10s，则认为合格，否则要进行第三次碱洗。

⑤ 配制 4%~5% 的 $K_2CO_3$，如同上述方法进行循环、加热，直到取样分析合格为止，碱洗结束后，系统氮气保持微正压进行保护，直到引入碳酸钾溶液为止。当采用聚丙烯填料时，还须用 4%~5% 的 $K_2CO_3$ 溶液进行补充清洗。

⑥ 注意事项：填料在装入塔内前，最好先在塔外洗净，这样可大大缩短碱洗时间；碱液排出后应用 $H_2SO_4$ 中和，使 pH 值降至 8、9 后排往下水道。

（4）钒化。

① 配制足够的碳酸钾溶液，$K_2CO_3$ 浓度为 27%~30%（质量），$KVO_3$（或 $V_2O_5$）0.7%~0.8%（质量），二乙醇胺要在钒化完成后才加入。

② 再沸器系统的静置钒化。用泵将储槽内已配置好的碳酸钾溶液打入再生塔底，使再沸器及其出入管线内部充满溶液。用蒸汽通入蒸汽再沸器，把溶液进行加热，使溶液温度保持在 105℃，或低于沸点，防止溶液沸腾，以免造成填料震动和破坏。

溶液在再沸器系统内停留 36h，在此期间定期检查溶液的浓度和钒的浓度，必要时补充加钒。

分析频率及项目：$K_2CO_3$ 浓度 1 次/4h，$KVO_3$ 浓度 1 次/4h。

取样地点：蒸汽再沸器底部。

③ 系统的动钒化。用贫液泵建立系统的循环，并及时向再生塔补液，继续向再沸器通入蒸汽，保持溶液温度在 105℃。

系统一经稳定而且贫液流量接近正常值时，就应该开始半贫液的循环，可能使其流量为正常流量的80%，从贮槽进一步往再生塔底补入新鲜溶液以保持液位。继续用热的溶液循环4~5d。在此期间定期检查 $KVO_3$ 浓度（0.7%~0.8%）及铁离子浓度，当钒含量不再下降，铁离子小于 $100\mu g/g$，可视为合格。

钒化后用泵将二乙醇胺加入到再生塔底，使 $K_2CO_3$ 溶液中含3%的DEA。

④ 短期停车后的开车钝化。如停车中脱碳系统已打开与空气接触或钒化膜干，则在开车前应重新钒化，若原来溶液的转化率等于或低于0.25，这样的溶液可用于钒化。重新钒化时间可减至36h，溶液中虽含有DEA，但对钒化没有影响。

假如在停车期间，系统内装入没有钒化过的管线和设备，则应按照程序钒化4~5d，保证形成足够的钒化膜。

☞ **11. 工艺气串入脱碳系统前应具有哪些条件？操作中应注意哪些问题？**

答：工艺气串入脱碳系统前应具备的条件：

（1）从中变出口到脱碳出口所有设备和管道均已用氮气置换合格，氧含量小于0.5%。

（2）脱碳系统的化学清洗、钒化结束，溶液配制达到设计要求。

（3）吸收塔、再生塔已建立正常液位，循环稳定，溶液循环量为正常循环量的80%。

（4）消泡剂已配制好（消泡剂：水=1:50），注消泡剂的泵随时可投用。

（5）机械过滤器已投用。

（6）再生塔底出口溶液已加热到100℃左右，贫液温度已控制为70℃左右。

（7）回流冷凝液泵可随时启动。

（8）再生塔顶聊冷却器已通冷却水。

（9）事故淬冷水已备好，淬冷水泵随时可启动。

（10）所有仪表已投用。

（11）界外工艺冷凝液汽提装置已具备接收工艺冷凝液的条件。

在脱碳系统导气时要注意：

（1）缓慢向吸收塔充压，待吸收塔的压力与系统压力平衡后才全开吸收塔入口大阀。

（2）导气过程中，逐渐关闭吸收塔跨线阀，引工艺气通过吸收塔，随时注意两塔压差，一旦压差上升过快，立即停止导气，严防塔内液泛。为防止大开大关，导气过程应在20min内分3次完成。

气体全部通过吸收塔后调整各工艺参数值及系统的水平衡。

## ☞ 12. 如何配制脱碳溶液？应注意什么问题？

**答**：（1）先计算好地下槽内配制一槽溶液所需的碳酸钾质量。

（2）向地下槽加入脱盐水达到预先计算好的液位高度。

（3）开动蒸汽盘管，将水温升到60~70℃。

（4）开动搅拌器，同时向地下槽加入预先计算好的碳酸钾。

（5）进行人工取样分析，检查是否达到规定的浓度。

（6）配制好的溶液用泵加入贮槽内。

（7）按以上的程序一槽一槽的配制。

钒的加入：

从贮槽内放碳酸钾溶液至地下槽，加入五氧化二钒，配制成含 $KCO_3$ 浓度为0.8%的溶液。五氧化二钒和碳酸钾反应：

$$V_2O_5+K_2CO_3 =\!=\!= 2KVO_3+CO_2\uparrow$$

地下槽内温度60~70℃，开动搅拌器15~20min后，用溶液补给泵经活性炭过滤器打入再生塔底，溶好一槽，打入一槽，直到全部溶液浓度达到要求为止。

二乙醇胺的加入：

在地下槽与溶液混合后，分批打入系统中，直到系统内 DEA 浓度达到要求为止。

在配制溶液中要注意以下几个问题：

（1）配制溶液前，设备、管线、贮槽要清洗干净，配制溶液过程中要防止杂物的带入。

（2）严格控制化学药品的质量，使用质量合格的脱盐水配制溶液。

☞ **13. 如何判断工艺气再沸器内漏？**

**答**：通过分析，发现 $CO_2$ 纯度下降，$CO_2$ 气体中 $H_2$ 含量上升，超过规定值。根据这些现象可以判断可能是工艺气再沸器发生了内漏。

☞ **14. 溶液起泡的原因有哪些？如何处理？**

**答**：溶液的起泡性与其表面张力有关。表面张力小的液体容易起泡，但更重要的是已生成的泡沫的稳定性问题。干净的苯菲尔溶液和氨基乙酸溶液都是较好的润湿性液体，不容易起泡，但当溶液中溶解有其他成分，这些成分自行聚集在膜的表面，就增加了泡沫的稳定性。其他不溶性物质（如铁锈、催化剂、活性炭等微粒）。易附在泡沫表面上，水不溶性的液体如油污、高级烃类等杂质都大大增加了泡沫膜的强度和泡沫的稳定性。溶液起泡的原因见表 6-1。

表 6-1　溶液起泡的原因

| 气体夹带物 | 操作方面原因 | 其他方面的原因 |
|---|---|---|
| 油 | 吸收塔超过负荷，再生塔热负荷太高 | 系统设备，管道清理不干净 |
| 硫化物 | 溶液再生不好 | 碳酸钾等化学药品纯度不合要求 |
| 其他化学物质等 | 吸收塔与再生塔被污染 | 过滤器效率低 |
| 固体微粒 | 压力和流动状态改变大 | 溶液中降解物积累太多，系统带入含有杂质的水 |

处理办法：

（1）首次开工前系统应彻底清洗，除油和钝化。

（2）配制溶液所用原料的杂质必须严加控制，使用脱盐水或冷凝液。

（3）保持机械过滤器在系统中正常连续运转，定期启用活性炭过滤器，加强溶液的过滤，及时更换滤网和活性炭。

（4）每天进行溶液的泡沫试验，以便及早发现和处理问题。

（5）开停车和正常操作时，气体负荷、液体负荷和热负荷都要尽量保持稳定，避免大幅度波动和超负荷运行。

（6）如果确认溶液起泡，要及时向塔内注入消泡剂。消泡剂应当稀释后加入，加入部位视具体情况而定。

☞ **15. 引起二乙醇胺溶液降解的原因有哪些？**

**答**：二乙醇胺（DEA）在苯菲尔脱碳溶液中起活化剂作用，它是一种显微碱性的有机胺类化合物，在常温常压下其化学性质是稳定的。但在长期生产过程中由于高温或接触其他化学物质，往往会失去 $NH_2$ 基，或与其他物质反应生成不可再生的物质而失去活化作用，工业上称为 DEA 降解。降解的原因可分为热降解和化学降解。

热降解是指 DEA 在高温下分子结构发生变化，失去微碱性活性，一般说来在再生塔塔底温度下 DEA 是稳定的，但当再沸器热源温度过高，再沸器管束外表温度可能会超过 DEA 的裂解温度，长期操作就有可能使 DEA 降解。

化学降解是指 DEA 与其他物质发生化学反应而失去活性，如在操作中为了调整 $V^{4+}/V^{5+}$ 比例将系统溶液引入地下槽进行暴气氧化，这在生产中被认为是行之有效的方法，但如引出的溶液（如半贫液、富液）温度过高，在暴气中就有可能造成 DEA 氧化降解。

☞ **16. 溶液中的铁含量和氯含量高说明什么？**

**答**：溶液中的铁离子除系统初次清洗和作为补充水，化学药品中的杂质带入外，主要是系统腐蚀时从设备和碳钢填料上转入溶液的，因此溶液中的铁离子是衡量系统腐蚀情况的一个重要标志。苯菲尔法规定铁离子的正常值为 $10\sim100\mu g/g$，如果溶液中铁含量在短时间内有明显增加时，就说明系统有局部腐蚀。如果铁离子含量达到 $200\sim300\mu g/g$ 时，还将造成铁和钒的共沉淀，从而使溶液中的钒盐迅速损失而进一步加速腐蚀的进行。

溶液中的氯离子主要来自化学药品，也来自补充水。它在溶液中的含量必须很小，若超过一定限量时，将会造成钒化膜的破坏和严重的孔蚀，溶液中氯离子应小于 $100\mu g/g$，氯离子对 $Fe_2O_3$ 钝化膜的破坏按下式进行。

$$Fe^{++}(氧化物)+3Cl^- \longrightarrow FeCl_3 \longrightarrow Fe^{3+}(溶液)+3Cl^-$$

☞ **17. 脱碳溶液中如何控制钒浓度?**

**答:** 偏钒酸盐(或五氧化二钒)在碳酸钾溶液中作缓蚀剂，是利用它在碳钢表面生成一层致密的钒化膜，生产中维持钒酸盐浓度在 0.7% 左右。同时由于实际溶液中存在着一系列的氧化还原反应，溶液中的钒是以五价钒和低价钒形态共存的，而四价钒在溶液中并不能起钒化作用。苯菲尔公司推荐溶液中五价钒和四价钒比值大约为 1。当溶液中的五价钒低于 0.3% 时，可以采用加入氧化剂的办法来提高其浓度。目前在胺-碳酸钾脱碳溶液系统中，推荐使用亚硝酸钾来氧化四价钒，亚硝酸钾不仅能增进钒的缓蚀作用，而且它本身也是一种氧化性缓蚀剂。只要向系统添加 0.01%~0.1%(质量)的亚硝酸钾，就能使五价钒维持在所希望的范围内，但过量的亚硝酸钾也会氧化二乙醇胺。除了加亚硝酸钾外，还可以补充总钒或空气氧化来提高 $V^{5+}$ 含量。

☞ **18. 溶液泵突然停运时如何处理?**

**答:** 溶液泵尤其是半贫液泵突然停运，含大量 $CO_2$ 的气体进入甲烷化反应器，会导致甲烷化催化剂床层温度直线上升，几分钟内就会高达 $700\sim800℃$，这是甲烷化最危险的事故。急剧大幅度超温会损害甲烷化催化剂、反应器和进出口气换热器。所以

188

发现溶液泵突然停运时要立即切断甲烷化入口气(吸收塔出口粗氢气直接放空),打开甲烷化反应器放空阀卸压到常压,然后通入冷却介质,如氮气降温。当溶液泵启动成功并粗氢气分析合格后,将其引入甲烷化降温、升压,恢复正常生产。

☞ **19. 目前世界上比较先进的低能耗脱碳技术有哪几种?**

**答**:脱碳过程是制氢装置的一个重要环节,能耗在总能耗中占很大的比例,目前国外已采用了几种低能耗的脱碳工艺,使总能耗明显下降。

(1)化学吸收方面的几种新的脱碳工艺技术。

① 低热耗苯菲尔法。该法是大家熟知的苯菲尔热钾碱吸收法的改进,由美国联碳公司开发。其能耗低的原因是再生液进入低压设备时可产生蒸汽,闪蒸蒸汽经喷射泵或压缩机压缩后可用作再生汽提蒸汽,以替代外部供热。喷射泵需要的低压蒸汽(0.4MPa 以下)可由外部提供,或由低温变换气的废热回收产生,机械压缩可在单级压缩机中进行。目前许多大型氨厂的节能改造都采用了四级喷射泵闪蒸的低热耗苯菲尔工艺,见图 6-1 所示。

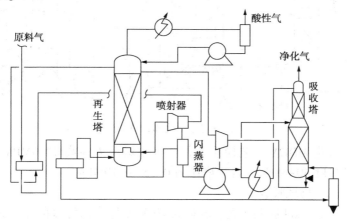

图 6-1　低热耗苯菲尔工艺

②空间位阻胺脱碳工艺。该工艺由美国埃克森研究和工程公司开发，是用来脱除酸性气体的位阻胺改良热钾碱工艺，其中Flexsorb PS 用于 $CO_2$ 和 $H_2S$ 的大量脱除。其吸收液组成是以空间位阻胺为促进剂，碳酸钾溶液为主吸收液的混合液。目前的流程为传统的两段吸收两段再生工艺，使用空间位阻胺与传统的胺类促进剂相比，可提高气体处理能力和传质速度。如果采用此吸收液代替传统的热钾碱吸收液，现有吸收塔处理能力可提高5%~10%，如果对装置进行改造，其处理能力提高20%。

③ 活化 MDEA 法。活化 MDEA 法是由 BASF 公司开发的当代节能型脱碳方法，其吸收液是由无腐蚀的甲基二乙醇胺（MDEA）和少量的能与 $CO_2$ 起微弱反应的活化组分组成，见图6-2所示。

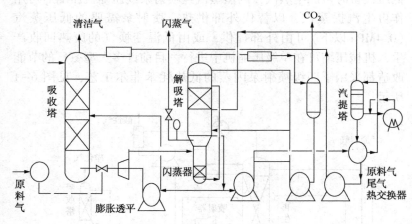

图 6-2 活化 MDEA 法

活化 MDEA 工艺操作条件：吸收塔压力最高 12.0MPa，吸收塔温度 40~90℃，再生塔压力 0.05~0.19MPa。

（2）物理吸收。

① Selexol 脱碳工艺。Selexol 脱碳工艺被称为目前能耗最低的脱碳工艺，最初由 Alliea Chemical 公司开发，现属于 Norton

(诺顿)公司所有，该工艺使用的溶剂为聚乙二醇二甲醚混合物，这种溶剂对设备无腐蚀，稳定性好，无毒、不降解、不挥发。Selexol 工艺通过 Selexol 溶剂物理吸收 $CO_2$，同时通过闪蒸和空气汽提来再生溶剂，从而不需任何外界热量，见图 6-3 所示。

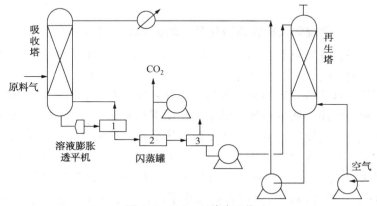

图 6-3　Selexol 脱碳工艺

② Rectisol 净化工艺(低温甲醇洗法)。这项工艺由林德(Liede)和鲁奇(Lurgi)两家公司联合开发，为物理吸收的净化工艺。通常吸收剂为甲醇，操作温度在 0℃ 以下，可脱除 $CO_2$、$H_2S$、COS 等气体。一般来说，这项工艺可把 $CO_2$ 脱除到 ppm 级。它的主要优点是吸收剂价廉易得，工艺操作灵活、投资省等，特别适合于后配氮洗的氨厂。

# 第七章 甲烷化部分

☞ **1. 甲烷化反应作为净化手段的实际意义是什么？**

**答**：在制氢装置或合成氨装置中，工艺气体经过中变、低变、脱 $CO_2$ 之后，气体中尚残存约 0.5% 左右的 CO、$CO_2$，如果不除去这些杂质对用氢对象加氢装置来说，不仅对加氢催化剂产生毒害作用，而且在加氢催化剂作用下 CO、$CO_2$ 与 $H_2$ 产生强放热的甲烷化反应，对本来就是强放热反应的加氢过程无疑是火上浇油；对合成氨装置来说，CO、$CO_2$ 也是氨合成催化剂的毒物，因此 $H_2$ 或者氮氢气体进入下工序之前，必须脱除残存的 CO、$CO_2$，甲烷化就是实用的有效净化手段，一般要求工艺氢中 CO+$CO_2$ 小于 20μg/g，氮氢合成气中 CO+$CO_2$ 小于 10μg/g。

甲烷化反应式为：

$$CO + 3H_2 \Longrightarrow CH_4 + H_2O(汽)(放热)$$

$$CO_2 + 4H_2 \Longrightarrow CH_4 + 2H_2O(汽)(放热)$$

上述反应都是强放热反应，在绝热反应器中绝热温升的数值大体是：每增加 1% 的 CO 量，会使甲烷化反应器床层温度升高 72℃；每增加 1% 的 $CO_2$，会使反应器床层温度升高 60℃。甲烷化反应过程见图 7-1 所示。

☞ **2. 影响甲烷化反应的主要因素有哪些？**

**答**：（1）温度。甲烷化反应的平衡常数随温度升高而减小，反应速度随温度的提高而加快。一般规定甲烷化操作的极限温度为 450℃，进口温度的确定取决于催化剂的活性温度，催化剂活性衰退时可以通过提温来弥补。

（2）压力。提高压力既增加反应物分子的接触提高转化率，

192

有利于反应向右进行，降低 CO 和 $CO_2$ 的含量。

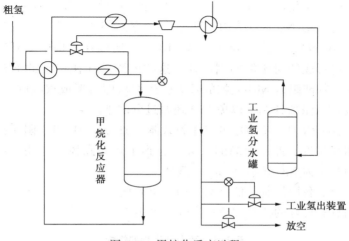

图 7-1　甲烷化反应过程

☞　**3. 常用的甲烷化催化剂种类有哪些？其主要组成及性能如何？**

答：在中低压下一般采用镍铝系甲烷化催化剂，商品甲烷化催化剂有普通型和预还原型二类，表 7-1 为大型氨厂几种常用的甲烷化催化剂及其性质。催化剂的主要组分：

（1）镍：镍是催化剂的活性组分。甲烷化反应是在活性镍的表面上进行的，镍以细小的微晶粒提供大的表面积，对催化剂的活性有利。

（2）三氧化二铝：三氧化二铝是一种普通使用的载体。$Al_2O_3$ 有多种结构形态，用于甲烷化的可以是大孔的 $\gamma-Al_2O_3$，在 $NiO-Al_2O_3$ 体系中，$\gamma-Al_2O_3$ 表面的 $Al^{3+}$ 和 $O^{2-}$ 有很强的剩余成键能力，可与 NiO 中的 $O^{2-}$ 和 $Ni^{2+}$ 相互作用形成强的表面离子键，使 NiO 在 $\gamma-Al_2O_3$ 表面上分散，还原后即形成很细的镍晶，而且由于 $Al_2O_3$ 的稳定作用，阻碍了镍晶的相互聚结长大，提高

193

了镍晶的稳定性。

（3）氧化镁：氧化镁是一种良好的结构稳定剂。MgO 与 NiO 都具有类似 NaCl 的结构，即面心立方晶格，金属离子也相近（$Ni^{2+}$ 0.69A、$Mg^{2+}$ 0.65A，$1A = 10^{-10}$ m）所以在晶格中具有互换性，可形成任何比例的固溶体，这样的固溶体比单独的 NiO 难还原，却能阻碍 NiO 晶粒的长大，还原后即可形成很细的镍晶，MgO 加入量要控制，以免 NiO 还原过分困难。

（4）$Cr_2O_3$：$Cr_2O_3$ 可以作为载体，加入 $Cr_2O_3$ 可以阻止镍晶的相互靠近，抑制镍晶的长大，起到了热间隔体的作用，英国 ICI 11-1 为 NiO 负载在 $Cr_2O_3$ 载体上。

（5）我国研制的催化剂采用稀土氧化物等作为促进剂，使催化剂具有良好的活性和热稳定性。见表 7-1。

表 7-1　稀土氧化物的性能

| 型号 | 化学组成/%（质量分数） | | | | 外观 | 规格/mm | 堆积密度/（kg/L） | 比表面积/（$m^2/g$） |
| | Ni | $Al_2O_3$ | MgO | $RE_2O_3$[①] | | | | |
| --- | --- | --- | --- | --- | --- | --- | --- | --- |
| J101 | 46.0 | 42.0 | | | 灰黑色圆柱体 | $\phi$5×4.5~5.5 | 0.9~1.2 | ~250 |
| J103H | ≥12[②] | 余量 | | | 黑色条状物 | $\phi$6×5~8 | 0.8~0.9 | 130~170 |
| J105 | ≥21.0 | 24.0~30.5 | 10.5~14.5 | 7.5~10.0 | 灰黑色圆柱体 | $\phi$5×4.5~5.0 | 1.0~1.2 | ~250 |

① $RE_2O_3$-稀土氧化物。

② 含5%以上还原态镍。

以上几种催化剂都是以镍为活性组分，氧化铝为载体，J105 催化剂以 MgO 和 $Re_2O_3$ 为促进剂，J103H 为预还原型催化剂，含有 5%以上的还原镍，使用中可缩短升温还原时间。

☞　**4. 影响甲烷化催化剂还原的因素有哪些？**

答：一般甲烷化催化剂是以氧化态形式供应的，使用前需要

194

还原，还原剂就利用脱碳后气体，用脱碳气通入催化剂床层，随着升温，催化剂也随着还原了。

影响甲烷化催化剂还原的因素：

（1）温度。温度是影响还原的主要因素，温度过低还原速度很慢，温度过高导致烧结而使镍晶粒长大。

（2）压力。一般来讲压力对还原反应影响不大。

（3）空速。加大空速有利于还原过程中生成的水及时排出，而且也可缩小床层轴向温差，但空速的提高受加热设备能力的限制，一般还原期间的空速为正常操作空速的25%~50%。

（4）气体组成。由于还原反应热效应较小，因此可直接采用纯氢、$N_2$-$H_2$气或工艺气。催化剂一旦开始还原就具有活性，甲烷化反应为强放热反应，所以采用工艺气还原时，应严格控制CO、$CO_2$的含量。

☞ **5. 甲烷化催化剂升温还原和开车操作步骤是什么？**

**答**：部分型号的甲烷化催化剂都是以氧化态的形式提供给用户的，首次使用时，必须用氢将氧化镍的催化剂还原成金属镍才具有活性，还原反应式如下：

$$NiO+H_2 \Longrightarrow Ni+H_2O+Q$$

此反应不是强放热的，还原过程本身不会引起催化剂床层大的温升。从化学平衡考虑，催化剂的还原是比较容易的，在300~400℃范围内，还原气体中$H_2$浓度在1%以上，就能使还原反应进行。但要还原完全，并获得最大的活性镍表面积，就取决于还原过程中的温度、空速等因素。催化剂的组成及制备方法对还原结果也有很大的影响。

（1）温度、压力等因素对还原的影响。温度是还原过程中的主要因素，镍催化剂一般在300℃左右即开始还原，350℃时已有可观的还原度，为还原彻底，还原温度需升到400℃。

还原压力对催化剂活性影响不大，但采用工艺气还原时，还原过程中伴随有甲烷化反应，提高压力有利于对甲烷化反应的进行，这样可提早获得合格的工业氢。

（2）催化剂的升温还原。甲烷化催化剂的还原，可用 $N_2$ 作升温介质，开工加热炉作热源，在线外进行还原操作；也可在开工后期采用粗氢进行还原，但开工时间长。若是正常更换催化剂时的还原，可在开工后期采用粗氢进行升温还原操作。

由于催化剂的还原反应是微放热反应，因此还原几乎是等温的，整个还原过程可分为：升温期、还原主期和还原末期。

① 升温期。先用 $N_2$ 把整个系统中的 $O_2$ 置换干净，系统充 $N_2$ 压力升至 0.5MPa，以提高气流线速度，减小床层温差。升温阶段可通过控制导入工艺气（即粗氢）入口温度，来调节升温速率在 50~70℃/h，把床层温度升至 200~250℃，工艺气量一般在 20%~50% 负荷即可。

② 主还原期。当床层温度加热到 200~250℃ 以后，开始还原，但速度较慢，当床层温度升到 300℃ 以上还原明显加快，为了避免温升过大，这时应小心控制进口温度的升温速率在 20~30℃/h。

按上述的升温速度，把反应器床层最低点温度升至 350℃（但要严格控制床层最高温度≯400℃时），还原 6h，催化剂就达到合格的活性。

③ 还原末期。继续加热催化剂，直到入口温度达到 350℃，并维持这个条件，保持到床层出口温度等于床层中最高温度为止。且要求床层最高温度达到 400℃，并维持 2~6h，以获得最佳的活性，这时催化剂还原结束，然后将入口温度逐渐降至设计温度，并转入正常操作。

（3）升温还原中应注意的问题。

① 在催化剂还原过程中，必须时刻注意反应器内床层温升情况，发现床层温度有突然上升趋势时，立刻把入口温度降下来，以免反应器超温损坏设备。

② 由于催化剂中尚有残留的碱式碳酸盐会分解，当床层温

196

度升到300℃时，有$CO_2$放出，而这部分$CO_2$也会参加甲烷化反应。若采用循环升温方式，应适当加大循环气的放空量，保持$CO_2<1\%$，以防积累的$CO_2$伴随甲烷化反应而引起温升。

③ 在用上游工艺气还原时，要严格控制工艺气中碳的氧化物含量，因为在床层温度达250℃后还原与甲烷化反应会同时进行，因此要特别注意防止超温。

④ 还原过程中氢耗并不明显，在床层温度达到预定指标后，维持一定时间，以出口气体中碳的氧化物符合设计指标后稳定数小时，即可认为还原基本结束，转入正常生产。

⑤ 催化剂在还原过程中有水放出，其理论出水量为 $65 \sim 75kg/m^3$，所以在还原期间应及时排放分离器中的水，降低气体中的水汽浓度。

⑥ 若进口温度达不到350℃，床层温度也达不到400℃，此时可以使部分气体跨过低变反应器走旁路，以增加甲烷化原料中$CO+CO_2$浓度，成功地进行催化剂还原。但要小心谨慎地操作，防止$CO+CO_2$浓度超高，引起催化剂床层剧烈升温，导致催化剂活性损失和损坏设备。

☞ **6. 引起甲烷化催化剂超温的原因有哪些？如何处理和防止？**

**答：** 甲烷化本身的操作是平稳可靠的，一般甲烷化发生的事故都来自前面的工序，如低变出口气不合格，尤其是脱碳系统的操作与甲烷化操作的好坏密切相关。

（1）由于吸收塔温度或吸收液组成控制不当，引起脱碳效率的降低，出口气中$CO_2$含量增高。

（2）切换泵或泵本身的故障，引起溶液部分或全部中断，脱碳出口气中$CO_2$量上升。

（3）中压蒸汽管网压力波动引起贫液量和半贫液量波动等。

不管哪种原因引起脱碳出口气中$CO_2$含量增高，甲烷化反应器马上会出现异常的温升，温度在几分钟内超过设计值，甚至高达500℃以上，对催化剂和设备均带来不可弥补的损失。

甲烷化反应器本身应设有高温报警和联锁保护装置，正常操作中若反应器温度有增高的趋势，操作者应及时找出原因并处理之，当温度达到某给定值（例如380℃）时发出报警，同时联锁动作切除甲烷化反应器，工艺气放空，同时要注意有关的换热设备，防止降温太快而损坏。如果超温事故已经发生，最好能用冷氮降温。

☞ **7. 甲烷化催化剂低温及有 CO 存在时可能有羰基镍生成，其危害性如何？为此在开停车升降温时应注意什么？**

**答**：羟基镍是一种无色透明的液体，有一种特殊的生土气味，密度为 $1.32g/cm^3$，常压沸点43℃，室温下易挥发，20℃时蒸气压力320.6mmHg（1mmHg=133.322Pa）。−25℃时冷凝成针状结晶，150~180℃时分解成 CO 和极细的 Ni，与干空气接触会燃烧，并带有轻微的爆炸。

羟基镍气体有剧毒，羟基镍的毒性：

（1）对人体的毒害。当人体处于含有羟基镍的气氛中，羟基镍以蒸气形式迅速由呼吸道吸入并广泛分布于各组织器官，以肺脑最明显。中毒初期症状是头痛、眼花、恶心呕吐、发热和呼吸困难，严重者可致命。羟基镍在工厂空气中的允许浓度，我国是 $0.001mg/m^3$，美国为 $0.001\mu L/L$（体积）。

（2）对催化剂的毒害。当操作不妥生成羟基镍时会严重损害催化剂的活性，这是由于 CO 和催化剂中活性镍反应生成羟基镍引起镍的流失所造成的。

首次开车时，氧化态的甲烷化催化剂是没有危险的，但使用预还原催化剂时就应特别注意。停车降温时，在温度降至200℃以前就应当用不含 CO 的气体（例如 $N_2$）把工艺气置换出去，在以后的开车中，应用不含 CO 的气体升温到300℃以上，再通入工艺气，或用工艺气体升温时应尽快地升到200℃以上，同时压力也尽可能降低，使生成羟基镍的可能性减至最小。

## ☞ 8. 影响甲烷化催化剂活性寿命的因素有哪些？

**答：** 甲烷化催化剂活性较好，按照技术要求操作，出口 $CO$+ $CO_2$ 含量满足指标限制是没有问题的。如果脱碳工序稳定，甲烷化入口气中 $H_2S$ 等毒物脱除干净，甲烷化催化剂使用寿命可达 8~10 年。

催化剂使用寿命的终止，是由于催化剂活性的丧失或由于催化剂强度破坏，造成催化剂破碎粉化，床层压降明显增大。影响甲烷化催化剂活性的主要因素是催化剂中毒或烧结。砷、卤素是镍催化剂的毒物，但最常见的毒物是硫。硫是累积性毒物，即使浓度很小，也会使催化剂中毒，影响催化剂的使用寿命。催化剂只要吸收了 0.1%~0.2% 的硫，就能导致活性明显下降，而且这种中毒是不可逆的永久性中毒。

甲烷化催化剂的硫中毒是分层进行的。起初入口气中 $H_2S$ 几乎完全被上层催化剂所吸收，引起其活性衰退，而下层催化剂仍处于无硫气氛下。当上层催化剂吸硫达 0.2%，活性衰退大半，但这部分催化剂仍有较强的吸硫能力，对下层催化剂继续起到保护作用。最后当吸硫量达到 0.6%~1.0% 时，$H_2S$ 就有可能穿透到下层催化剂，使其逐渐中毒，导致全部催化剂失效而被迫更换。所以为了保证催化剂有较长的使用寿命，应采取措施，将入口气中的硫浓度降到 $0.5\mu g/g$ 以下。

## ☞ 9. 甲烷化催化剂卸出时的注意事项是什么？

**答：** 已被还原的催化剂和已还原催化剂，从反应器中卸出时会与空气激烈地反应：$Ni+1/2O_2 \longrightarrow NiO$（剧烈放热）。

因此在卸催化剂过程中若不加以控制，让空气与催化剂接触，就会产生过高的温度而损坏设备。

在卸催化剂时，应先用氮气降温到 40℃ 以下，然后用氮气微正压保护，若观察床层温升没有变化，即可开始卸出催化剂。

在卸催化剂过程中炉内要始终保持氮气气氛，若万一氮气中断，应立即向炉内通入蒸汽，以防催化剂被空气氧化。

催化剂卸出后应用水浇湿，使其保持湿润。

# 第八章　变压吸附部分

☞ **1. 什么是吸附?**

**答**: 吸附是指两种相态不同的物质接触时, 其中密度较低的物质分子在密度较高的物质表面被富集的现象和过程。其实质就是在两相的交界面上, 物质的浓度会自动发生变化的现象和过程。密度高的物质通常称为吸附剂, 密度低的物质称为吸附质。

☞ **2. 吸附按性质通常分为哪些类型?**

**答**: 吸附按其性质的不同可分为四大类, 即: 化学吸附、活性吸附、毛细管凝缩和物理吸附。

化学吸附是指吸附剂与吸附质间发生有化学反应, 并在吸附剂表面生成化合物的吸附过程。其吸附过程一般进行比较缓慢, 且解吸过程非常困难。

活性吸附是指吸附剂与吸附质间生成有表面络合物的吸附过程。这种表面络合物的特点是: 与吸附质分子生成结合物的吸附剂表面分子, 仍留在吸附剂的晶格内。其解吸过程一班也较困难。

毛细管凝缩是指固体吸附剂在吸附蒸汽时, 在吸附剂孔隙内发生的凝结现象。一般需要加热才能完全再生。

物理吸附是指依靠吸附剂与吸附质分子间的分子力(即范德华力)进行的吸附, 所以物理吸附又叫范德华吸附。吸附作用主要由气体的逸度和极性这两个性质所决定, 极性组分或有极化作用的组分, 会被结晶的阳离子优先吸附, 容易逃逸的组分具有较小的极性, 如氢和氦小分子与其他相对的大分子比较, 实际上不被吸附, 因此含氢气体中的大部分杂质会有选择的被吸附掉，氢气的纯度就得以提高。物理吸附的特点是吸附过程中没有化学反应，吸附过程进行得极快，参与吸附的各相物质间的平衡瞬间即可完成，并且这种吸附是完全可逆的，其吸附过程是一放热过程。制氢装置中采用的PSA变压吸附就是物理吸附。

☞ **3. 什么是吸附分离？**

**答**：吸附是化工生产中对流体混合物进行分离的一种方式。是利用混合物中各组分在多孔性能固体吸附剂中被吸附力的不同，使其中的一种或数种组分被吸附于吸附剂表面上，从而达到分离的目的。根据吸附剂表面和被吸附物质之间作用力的不同，可分为物理吸附和化学吸附两种类型。

☞ **4. 什么是变压吸附？**

**答**：变压吸附简称PSA，是对气体混合物进行提纯的工艺过程，该工艺是以多孔性固体物质（吸附剂）内部表面对气体分子的物理吸附为基础，在两种压力状态之间工作的可逆的物理吸附过程，它是根据混合气体中杂质组分在高压下具有较大的吸附能力，在低压下具有较小的吸附能力，而理想的组分 $H_2$ 则无论是高压或是低压都具有较小的吸附能力的原理，在高压下，增加杂质分压以便将其尽量多的吸附于吸附剂上，从而达到高的产品纯度。吸附剂的解吸或再生在低压下进行，尽量减少吸附剂上杂质的残余量，以便于在下个循环再次吸附杂质。

☞ **5. 什么是变温吸附？**

**答**：变温吸附简称TSA（Temperature Swing Adsorption），也是对气体混合物进行提纯的一种工艺过程，该工艺是在两种温度状态之间工作的可逆的物理吸附过程。

变温吸附气体分离工艺的实现是利用吸附剂在这种物理吸附中所具有的两个基本性质：一是对不同组分的吸附能力不同；二是吸附质在吸附剂上的吸附容量随吸附质的温度上升而减小。利用第一个性质，可实现对混合气体中某些组分的优先吸附而使其他组分得以提纯；利用吸附剂的第二个性质，可实现吸附剂在低温(通常是常温)下大量吸附被吸附组分，而在高温下使被吸附组分解吸，吸附剂得以再生，从而构成吸附剂的吸附与再生循环，达到连续分离提纯气体的目的。

☞ **6. 变压吸附工艺和变温吸附工艺如何选择？**

**答**：变压吸附(PSA)的循环时间短，吸附剂利用效率高，吸附剂用量相对较小，不需要外加换热设备，但对于某些吸附力很大、非常容易吸附，但难于解吸的大分子组分解吸较困难，因此适合于大气量多组分气体的分离与纯化。

变温吸附(TSA)法的循环时间长、吸附剂利用效率低，但再生彻底，特别是对于一些吸附力很大、非常容易吸附，但难于解吸的大分子组分，可实现良好的再生，因此通常用于微量杂质或难解吸杂质的脱除。

在实际应用中一般依据气源的组成、压力及产品要求的不同，来选择 PSA、TSA 或 PSA+TSA 工艺。

☞ **7. 什么是真空变压吸附？其特点是什么？**

**答**：在通常的 PSA 工艺中，吸附床层压力即使降至常压，被吸附的杂质也不能完全解吸，这时可采用两种方法使吸附剂完全再生：一种是用产品气对床层进行冲洗，将较难解吸的杂质冲洗下来。其优点是常压下即可完成，但缺点是会损失部分产品气；另一种是利用抽真空的办法进行再生，使较难解吸的杂质在负压下强行解吸下来，这就是通常所说的真空变压吸附(VPSA 或 VSA)。VPSA 工艺的优点是再生效果好，产品收率高，但缺点是需要增加真空泵和能耗。

真空再生流程的优点是操作压力低，产品收率高。冲洗再生流程的优点是正压下即可完成，缺点是会多损失部分产品氢气。究竟采用哪种工艺，主要视原料气的组成、压力、回收率的要求以及工厂的资金和场地等情况而定。对于从变换气中提纯 $H_2$ 的变压吸附装置，由于原料气的压力较高，原料气中的杂质含量高，且均属于较容易解吸的杂质，而且解吸气需要以 0.03MPa 压力送往制氢转化炉作燃料，因而采用抽真空方式进行吸附剂再生的能耗过高，投资较大，采用冲洗方式进行吸附剂再生更为合理，所以通常都选择 PSA 流程。

☞ **8. 何谓 PSA 的氢回收率？怎样计算氢回收率？**

**答**：回收率是变压吸附装置主要考核指标之一，它的定义是从变压吸附装置获得的产品中被回收氢组分绝对量，占进入变压吸附装置的原料气中氢组分绝对量的百分比。

计算方法：

方法一：

已知下列条件：

（1）进入变压吸附装置的原料气流量 $F(\mathrm{Nm^3/h})$；

（2）原料中氢组分含量 $X_F(\%)$；

（3）从变压吸附装置获得的产品氢气流量 $P(\mathrm{Nm^3/h})$；

（4）产品中被回收氢组分的含量 $X_p(\%)$。

被回收组分的回收率 $R$ 为：

$$R = \frac{P \cdot X_p}{F \cdot X_F} \times 100\%$$

方法二：

已知下列条件：

（1）原料气中的氢组分含量 $X_F(\%)$；

（2）产品中被回收的氢组分含量 $X_p(\%)$；

（3）解吸气中的氢组分含量 $X_w(\%)$。

被回收组分的回收率 $R$ 为：

$$R = \frac{X_p(X_F - X_w)}{X_F(X_p - X_w)} \times 100\%$$

☞ **9. 制氢装置采用 PSA 净化工艺术有何特点？**

**答**：制氢装置采用 PSA 净化工艺后有如下特点：

（1）产品氢纯度高，可达99.9%以上，用于加氢可降低操作压力和减少排放损失。

（2）工艺流程短，自动化程度高，可靠性和灵活性好，开停车方便。

（3）动设备减少，消耗低，易于管理与维修。

（4）由于排放的废气可作为转化炉的燃料使用，可降低生产综合费用。

（5）不足之处是装置的 $H_2$ 产率较湿法脱碳的同类装置低，氢产量相同时原料消耗较高。

☞ **10. 什么样的混合气体才能用 PSA 进行分离？**

**答**：适于采用 PSA 进行分离的混合气体应具备如下特点：混合气体中各组分必须是在相同的吸附压力下具有不同的吸附能力，而在较低的压力下，又具有较小的吸附能力，吸附能力越大便越容易分离。而希望的组分应当是非吸附性的，或吸附能力很小，且随压力变化吸附能力变化不大。

☞ **11. 制氢装置中 PSA 最常用的吸附剂是什么？它们对一般气体的吸附顺序如何？**

**答**：PSA 最常用的吸附剂是分子筛和活性炭，通常两种吸附组合使用。

分子筛对一般气体吸附顺序：

$$H_2 \ll N_2 < CH_4 < CO < CO_2$$

活性炭对一般气体的吸附顺序：

$$H_2 \ll N_2 < CO < CH_4 < CO_2$$

PSA-$H_2$ 提纯装置所选用的吸附剂都是具有较大比表面积的固体颗粒。不同的吸附剂由于有不同的孔隙大小分布、不同的比表面积和不同的表面性质，因而对混合气体中的各组分具有不同的吸附能力和吸附容量。图 8-1 则象征性地给出了不同组分在分子筛上的吸附强弱顺序。

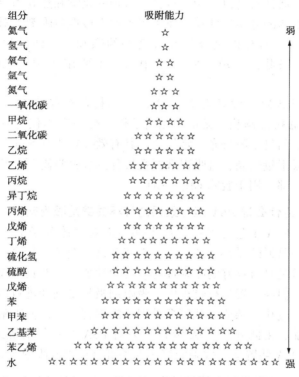

图 8-1　不同组分在分子筛上的吸附强弱顺序

☞ **12. 活性氧化铝和硅胶在 PSA 装置中的作用是什么？**

**答**：活性氧化铝是物理化学性能极其稳定的高空隙 $Al_2O_3$，规格为 $\phi3mm\sim\phi5mm$ 球状，抗磨耗、抗破碎、无毒，并且有极好的热稳定性。在 PSA 工艺上活性氧化铝可作为一种辅助的吸附剂装填于吸附器的底部，用于脱除进料中的水蒸气和芳烃。硅胶是一种无定形二氧化硅，呈化学惰性无腐蚀的特点，在 PSA

工艺上一般是装填在吸附器的底部，用来净化重烃类和酸性气。

**☞ 13. 活性炭和分子筛在 PSA 装置中的作用是什么？**

**答**：活性炭是以煤为原料，经特别的化学和热处理得到的孔隙特别发达的专用活性炭。属于耐水型无极性吸附剂，对原料气中几乎所有的有机化合物都有良好的亲和力。活性炭规格为 $\phi 0.5mm$ 条状，装填于吸附塔中部，主要用于脱除 $CO_2$ 和部分 $CH_4$。

分子筛为一种具有立方体骨架结构的硅铝酸盐，规格为 $\phi 2mm$、$\phi 3mm$ 球状，无毒，无腐蚀性。分子筛不仅有发达的比表面积，而且空隙分布非常均匀，其有效孔径为 0.5nm。分子筛是一种吸附量较高，且吸附选择性极佳的优良吸附剂，装填于吸附塔的上部，用于脱除 $CH_4$、$CO$。

**☞ 14. 为什么说 PSA 运行效果的好坏关键是吸附剂？**

**答**：PSA 工艺是以吸附剂内部表面对气体分子的物理吸附为基础的可逆的循环工艺过程，而实现这一循环工艺过程，最基本要求就是具有良好的吸附性能、再生性能、以及具有较长的使用寿命。但在装置运行过程中，吸附剂极易受到如进料带水、升降压速度过快、杂质过载等多种因素的损害，从而使吸附剂失去上述性能，由此导致 PSA 装置失去对 PSA 原料气的提纯作用，所以说 PSA 装置运行效果的好坏的关键是保护好吸附剂。

**☞ 15. 影响吸附剂性能的因素有哪些？如何避免和处理？**

**答**：在 PSA 装置运行过程中，影响吸附剂性能的因素主要有两个：一是进料大量带水、带油或是含高硫，加上吸附时间设置过长从而导致杂质过载，对吸附剂失去吸附功能。二是由于升降压速度过快导致吸附剂粉化。

对于第一种因素，应通过处理好原料气，正确设置吸附时间，控制较高的氢气纯度来避免发生，如果已经发生吸附剂中毒，失去吸附功能，可采用氮气加热的方式使吸附剂得以再生。

对于第二种因素，应通过节流和控制阀控制吸附塔的升降压速度，使这一过程尽量平缓。如果吸附剂已经粉化，就只能更换粉化的吸附剂了。

☞ **16. 新鲜的吸附剂如何保管?**

**答**：由于新鲜的吸附剂对水分子有很强的亲合力，而且吸附了水以后脱吸附是很困难的(通常必须加热才能脱附)，这将严重影响 PSA 装置的性能，所以新鲜的吸附剂应妥善保管好，主要采取以下几点防护措施：

(1) 装吸附剂的容器应当保存在室内，以防止遭受雨雪或受潮。

(2) 装有吸附剂的桶不可以刺破、严重撞凹或破坏桶的密封。

(3) 吸附剂知道被立即装填以前，其容器必须是不开封的。

☞ **17. 分子筛和活性炭吸附性能如何比较?**

答：由图 8-2 可以看出：

活性炭对 $CO_2$ 的吸附能力很大，而且吸附量随压力的升降变

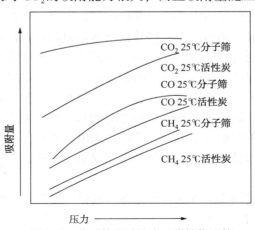

图 8-2　分子筛和活性炭吸附性能比较

化十分明显，是 $CO_2$ 的良好吸附剂，分子筛则不然，它在低压下就大量吸附 $CO_2$，而且随压力升高吸附量变化不明显，在低压下脱附困难，故不能用作 $CO_2$ 的吸附剂。

活性炭和分子筛都可用作 CO 的吸附剂，活性炭的高压吸附量比分子筛的大，低压脱附容易，但是分子筛的吸附能力更强，适用于要求产品中 CO 很低的情况。

分子筛和活性炭都适于在 PSA 中吸附 $CH_4$，它们在压力变化幅度相同时，平衡吸附量的变化基本相同，而分子筛对 $CH_4$ 的吸附能力更强。

☞ **18. 吸附剂是怎样装填的?**

**答:** 制氢装置中的 PSA 所用的吸附剂通常是由活性炭和分子筛两种组合的。根据活性炭和分子筛对杂质组分 $CO_2$、$CH_4$、CO 和 $H_2O$ 的不同吸附特性，一般活性炭作为主吸附剂装在下层，约占吸附剂总量的四分之三。分子炭作为辅助吸附剂装在吸附器上层。如果为了脱水和防止芳烃使吸附剂中毒，通常在床层底部装一些活性氧化铝。

吸附剂的装填步骤及要求:

（1）检查吸附器内部结构合格后，首先装入活性炭。将活性炭从容器中倾入卸料漏斗，提升到吸附器顶部后转移到接收漏斗中，吸附剂通过管子流到连接的装填元件上，通过装填元件，吸附剂均匀地降落在吸附剂床层的表面上，这样吸附剂才能获得均匀一致的最大的堆积密度，并且使吸附剂的下沉和移动最小。

（2）活性炭装填完毕后，应平整料面，使床层基础面水平。然后按同样的装填方法装入分子筛。装填完毕后，平整料面，使吸附剂床层的顶部水平。装好吸附器顶部分布器，封好吸附器上下打开的法兰。

（3）通过同样的方法装填全部吸附器，以使经过每个吸附器的气体流量均匀一致。

（4）在所有吸附剂装填操作期间，必须最大限度地缩短吸附剂在空气中的暴露时间，绝对防止暴露在湿气中，在下雨或下雪期间绝对不许装填。

各种吸附剂装填级配图如图 8-3 所示。

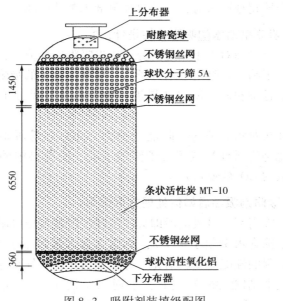

图 8-3　吸附剂装填级配图

☞ **19. 怎样延长吸附剂的寿命?**

**答**：(1) 吸附器压力的快速变化能引起吸附剂床层的松动或压碎，从而危害吸附剂，所以在操作过程中要防止吸附器的压力发生快速变化。

(2) 进料带水是危害吸附剂使用寿命的一大因素，所以进料气要经过严格脱水，避免发生液体夹带。

(3) 进料组分不在设计规格的范围内也会造成对吸附剂的损害，严重时可能导致吸附剂永久性的损坏。所以当进料气出现杂质浓度高时，应缩短吸附时间，防止杂质超载。

(4) 进料温度过高影响吸附剂的吸附能力，易造成杂质超载，温度过低影响再生，所以要保证进料温度在要求的范围内。

（5）合理调整吸附时间，及时处理故障报警，防止发生杂质超载。杂质超载严重时，可导致吸附剂永久性损坏。

### ☞ 20. 吸附剂对水的吸附特性是什么？

**答**：分子筛对大小相近的分子优先吸附极性分子，尤其是水分子，分子筛一旦吸附了水分子后，对其他分子的吸附能力明显下降，而且难脱附，所以如果进料中带水易造成分子筛的致命损害。

活性炭对水分子的吸附能力很大，而且容易脱附，所以在 PSA 中总是将活性炭置于分子筛的下面，使进料中的微量水和绝大多数的 $CO_2$ 被吸附分离。

### ☞ 21. 吸附剂吸潮后如何处理方可使用？

**答**：吸附剂一旦吸潮后即失去活性，通常变压吸附工业装置要求分子筛含水量须小于 1%，活性炭含水量须小于 2%，否则会影响吸附的性能需重新活化。分子筛活化在通气吹除的情况下活化温度控制在 360℃ 左右，不通气情况下活化温度控制在 500℃ 左右，活性炭活性温度控制在 150℃ 左右。活化时间通常控制恒温时间 4h 以上，吸附剂吸潮后由于使用厂家一般不具备活化的条件故都送到吸附剂生产厂家去活化。

### ☞ 22. PSA 进料中为什么要充分脱水？怎样防止进料带水？

**答**：由吸附剂对水的吸附特性可知，吸附剂极易吸水，而且脱附困难，同时吸附剂吸水之后，对其他分子的吸附能力下降，所以必须对进料气进行严格脱水，以防止损害吸附剂。

为了防止进料带水，通常在进料线上增设进料气水分离罐，同时为防止冬季饱和气体在管线中发生冷凝，而将水分离罐后的 PSA 进料全部进行伴热并保温。

210

☞ **23. 吸附剂在使用中受潮引起吸附性能下降如何处理？**

答：吸附剂在使用中受潮如果不是很严重，可以用干燥的气体进行吹除或用抽真空方式抽吸，降低水的分压，使吸附剂恢复部分活性，维持生产使用，但吸附性能难以恢复如初。如果受潮严重、只有按照吸附剂活化处理方法重新活化。

☞ **24. 吸附器充分吸附杂质后，各杂质在吸附剂上如何分布？**

答：当吸附器充分地吸附了杂质以后，杂质界面最前沿为 $CO$，其次是 $CH_4$，再次是 $CO_2$，最低层是微量的水。

杂质在吸附剂中的分布规律与吸附剂对各杂质组分的吸附能力以及吸附剂的分布状况有关。在吸附器中，活性炭作为主要的吸附剂装填在下部，分子筛作为辅助吸附剂装填在上部。进料气由吸附器底部进入床层，首先接触活性炭，而活性炭对杂质的吸附能力的大小次序为：$H_2O>CO_2>CH_4>CO$，所以吸附过程中 $H_2O$、$CO_2$、$CH_4$、$CO$ 被依次吸附下来。剩余的 $CO$ 杂质又被上部分子筛吸附，从而获得高纯度的氢气。

☞ **25. 在 PSA 工艺中，对进料气中的高级烃含量有何限制？如何解决进料气中高级烃含量多的问题？**

答：当 PSA 工艺被用于直接从炼厂气中回收氢气时，就出现了对进料气中高级烃含量限制问题。这是因为大分子烃类吸附在吸附剂上容易液化，降压脱附时难于完全脱附出去，久而久之会使吸附剂的吸附能力下降，因此要限制 PS 进料气中大分子高级烃的含量，一般要求高于 $C_3$ 的烃类总含量 $\not> 1.0\%$。

当 PSA 进料气中 $C_3$ 以上烃类含量较高时，不能直接进变压吸附，需要在前面增加设备，有的先用变温吸附脱除 $C_3$ 以上的重烃，然后再进 PSA 单元。

☞ **26. 变压吸附的解析方式主要有几种？如何选择？**

答：在变压吸附（PSA）工艺中，通常吸附剂床层压力即使降至常压，被吸附的组分也不可能完全解吸，因此为了进一步降低杂质的分压，使吸附剂得到良好的再生，就形成了两种 PSA 解吸工艺：

一种是用产品气或其他不易吸附的组分对吸附床进行冲洗，使被吸附组分的分压大大降低，将较难解吸的杂质冲洗出来，其优点是在常压或微正压下即可完成，不再增加任何设备，但缺点是会损失部分产品气体，降低了产品气的收率。

另一种是利用抽真空的办法降低被吸附组分的分压，使吸附的组分在负压下解吸出来，这就是通常所说的真空变压吸附（Vacuum Pressure Swing Adsorption，缩写为 VPSA）。VPSA 工艺的优点是再生效果好，产品收率高，但缺点是需要增加真空泵。

在实际应用过程中，究竟采用何种解吸工艺，主要视原料气的组成性质、原料气压力、流量、产品的要求以及工厂的资金和场地等情况而决定，通常氢气回收率对装置运行成本影响大的场合采用 VPSA 工艺，反之则采用 PSA 工艺。

☞ **27. PSA 工艺的主要过程步骤是什么？**

**答**：PSA 工艺的主要过程步骤包括：吸附→均压减压→顺放→逆放→冲洗→均压升压→产品升压→吸附。每个吸附塔都需要按同样的顺序循环经过以上的步骤才能构成一个完整的吸附-再生循环，多个吸附塔重复进行这样的循环操作，并依次错开一定的顺序，就可以实现原料气的连续分离。

☞ **28. 吸附和脱附工艺过程是怎样的？**

**答**：在实际的变压吸附过程中，当多组分气体在一定的压力下进入吸附床时，由于流体运动，各组分的浓度相互间会发生转变，但这种转变很快就会稳定下来并形成可以观测到的饱和区、传质区和波峰面。实际上混合气体中有多少种除氢气以外的组分，就有多少个被恒态区隔开的波峰面。但对于具体工业应用而言，我们只需关心其中需要控制的某一种最难吸附的杂质组分的波峰面（吸附前沿）即可。图 8-4 简化地给出了吸附过程中波峰面(吸附前沿)的推移情况。

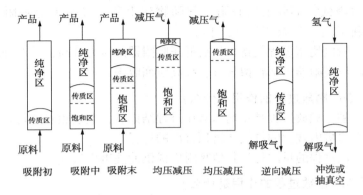

图 8-4 吸附过程中波峰面的推移情况

可以看出，随着吸附的进行，吸附床进料端将逐渐达到吸附平衡，而吸附传质区和吸附前沿将逐渐前移。当吸附前沿尚未达到床层出口时即结束了吸附过程，这时吸附床的出口端仍保留着一段基本未吸附杂质的纯净区。吸附结束后，随着均压减压和顺放减压的进行，由于压力下降，饱和区已经达到吸附平衡的被吸附质开始解吸并向前移动，然后被再次吸附，同时吸附传质区和吸附前沿继续前移，直到床层的出口。

在顺放减压后，床层进行逆向减压。这时随着压力的迅速下降，被吸附的杂质开始大量解吸，同时床层在低压下达到新的吸附平衡状态。最后用氢气逆向冲洗床层，降低床层杂质分压，打破吸附平衡，使杂质组分彻底脱附，吸附剂获得再生。

☞ **29. 均压过程的意义是什么？**

**答：**被吹扫后的吸附器内吸附剂再生完成，但吸附器内压力很低，与进料压力的压差太大，不能直接进行吸附，需要先升压。而完成吸附步骤的吸附器的压力较高，同时吸附剂颗粒之间，存留一部分氢气应当回收，均压过程即是吸附之后的高压吸附器与再生之后的低压吸附器进行压力均衡，高压吸附器内部氢气流入吸附器。均压过程中，高压吸附器压力降低，部分杂质脱附，并随物流上移，又被上部吸附剂重新吸附，故杂质界面上移。

所以均压过程使得再生后低压吸附器的压力升高，并充分利用高压吸附器内部存留氢气，提高氢回收率。

☞ **30. 顺放过程的作用是什么？**

**答：** 顺放过程是在均压减压过程结束后，继续顺着吸附方向将吸附塔内残留的氢气从塔顶排出的过程

该过程的目的是为其他吸附塔提供冲洗再生氢气。

☞ **31. 逆放过程的作用是什么？**

**答：** 逆放是吸附塔在顺放过程后进行的逆流泄压过程，逆放气流从吸附塔底部排出，随着压力的不断降低，杂质不断脱附并排入废气系统，杂质前沿界面逐渐下移。

逆放过程的作用就是排出吸附塔内的杂质，使吸附剂实现再生，但通常逆放过程结束时，吸附剂的再生是不充分的。

☞ **32. 冲洗过程的作用是什么？**

**答：** 冲洗过程是在逆放过程结束后，用顺放过程产生的氢气逆着吸附方向对吸附床进行冲洗，使吸附剂所吸附的杂质得以完全脱附的过程。随着冲洗的进行，杂质分压不断降低，从而脱附出来并排入废气系统。

冲洗过程的作用就是使吸附剂能实现充分的再生。

☞ **33. 产品气升压过程的作用是什么？**

**答：** 产品气升压过程是在均压升压过程结束后，用产品氢将吸附塔压力升至吸附压力的过程。

产品气升压过程的作用有两个：一是使吸附塔的压力能完全升至吸附压力，使其再次切换到吸附步骤是不至引起原料和产品压力的波动；二是使吸附塔上部得到高纯度产品氢的置换，使其再次切换到吸附步骤时不至引起产品氢纯度的波动。

☞ **34. 在哪些步骤中吸附器内的杂质界面上移？**

答：在吸附、均压减压和顺放步骤中，吸附塔内的杂质界面均会上移。

在吸附过程中，随着原料气不断从塔底进入，下部的吸附剂会逐渐达到吸附平衡（或称吸附饱和）状态，因此无法被吸附的杂质就会逐渐上移。在均压减压和顺放过程中，由于压力在不断降低，并且降压的方向是顺着吸附塔方向上进行的，所以吸附塔底部处于吸附饱和状态的吸附剂上的部分杂质就会逐渐脱附出来，并随物流上移，同时又被床层上部尚未吸附杂质的吸附剂重新吸附下来，从而使吸附塔内的杂质界面逐渐上移。为保证产品氢纯度，在顺放过程结束时，杂质界面不应穿透整个吸附剂床层。

☞ **35. 为什么顺流泄压过程中吸附器内的杂质界面会上移？**

答：变压吸附是物理吸附，压力降低时，被吸附的杂质可以脱附，所以当吸附器顺流泄压时，随着压力的降低，部分杂质逐渐脱附，并随物流上移，同时又被床层上部尚未吸附杂质的吸附剂重新吸附下来，因而顺流泄压过程中吸附器内杂质界面逐渐上移。

☞ **36. 在哪些步骤中吸附器内的杂质界面下移？为什么？**

答：在逆放和冲洗步骤中，吸附塔内的杂质界面均会下移。

因为在逆放和冲洗步骤中，吸附塔内的总压和杂质分压逐渐下降，降压的方向是逆着吸附塔向下进行的，所以吸附剂上的杂质会逐渐脱附出来，并随物流下移，使杂质界面下移。

☞ **37. 哪个步骤对产品氢气压力和流量波动影响最大？如何控制？**

答：PSA 的产品气升压步骤对产品氢压力和流量的波动影响最大。因为这个步骤使用了部分高压产品氢气对低压的吸附塔进行升压，如果控制不好，就会导致产品氢压力和流量大幅度波动。

产品气升压过程需要由调节阀精确控制，通常采用自动控制模式时，手动控制的原则是：将吸附塔的产品气升压过程控制在升压时间内恰好、缓慢完成。控制应注意：（1）升压速度严禁过快；（2）必须保证升压步骤结束时的吸附塔压力基本等于吸附压力。

☞ **38. 哪个步骤对吸附剂的再生效果影响最大？如何控制？**

**答：**冲洗步骤对吸附剂的再生效果影响最大。因为这个步骤是吸附剂的最主要再生步骤，如果冲洗氢气量不足或者冲洗时间过短或者冲洗气流量不均匀，就会导致吸附剂再生不好，从而导致恶性循环，产品纯度下降，吸附剂过载。

冲洗过程的精确控制是保证产品纯度的关键控制回路。通常冲洗过程采用自动控制模式进行控制，如果由于变送器或其他仪表故障不能采用自动控制模式时，手动控制的原则是：在冲洗时间内，将吸附塔所能提供的最大顺放氢气量刚好、匀速地用完。控制应注意：（1）顺放出的氢气的吸附塔压力在此过程中能降到设计压力值；（2）冲洗气流速在整个冲洗过程中是恒流的。

☞ **39. 哪个步骤对废气压力和流量波动影响最大？如何控制？**

**答：**PSA的逆放步骤对废气压力和流量的波动影响最大。因为这个步骤中吸附塔内的高压解吸气会排入低压尾气系统，如果控制不好，就会导致尾气系统的压力和流量波动。

随意逆放过程需要由调节阀精确控制，通常采用自动控制模式进行控制，如果由于变送器或其他仪表故障不能采用自动控制模式时，手动控制的原则是：将吸附塔的逆放过程控制在逆放时间内恰好、缓慢地完成。控制应注意：（1）逆放速度严禁过快；（2）必须保证逆放步骤结束时的吸附塔压力基本等于尾气系统压力。

☞ **40. 废气缓冲罐有什么作用？**

**答：**PSA运转过程中产生的废气，其压力、流量和组成都

216

发生周期性的变化，而作为转化炉的燃料气应当具有稳定的压力、流量和热值，故 PSA 装置设置了废气缓冲罐，其作用就是为转化炉提供流量、压力和组成接近均匀一致的燃料气。

### ☞ 41. 进料组成变化对 PSA 有何影响？

**答**：进料中氢含量增加时，产氢量和氢收率提高，当氢含量低于设计值时，进料中杂质增加，产氢量和氢收率降低。如进料中杂质浓度增加而未能及时缩短吸附时间（或者降低进料流量），则能造成杂质超载，使产品纯度下降，影响 PSA 的操作性能。

### ☞ 42. 进料流速变化对 PSA 有何影响？

**答**：进料流速降低时，因减少了传质区的长度而改善了分离效果，将延长吸附时间以充分利用吸附剂，获得较高的氢收率。当进料流速提高时，加长了传质区的长度，分离效果变坏，应缩短吸附时间，保证产品纯度，保护吸附剂，虽然氢收率下降（工产品纯度下降），但因处理量增加产氢量还是提高了。当进料量为设计能力的 105%～130% 时氢收率基本不变。

### ☞ 43. 进料温度变化对 PSA 有何影响？

**答**：变压吸附是物理吸附过程，进料温度的高低直接影响吸附剂的吸附性能。进料温度太高，吸附剂的吸附能力下降，因而造成氢收率下降，同时还影响产品纯度和吸附的使用寿命。温度太低再生困难，如果因此造成吸附剂再生不完全，则恶性循环的后果将导致杂质超载的现象而损害吸附剂。常温下（10～30℃ 范围内）几乎有相等的氢收率，进料温度太高或太低，氢收率都有所下降。

### ☞ 44. 吸附压力是否越高越好？

**答**：变压吸附是物理吸附过程，其吸附量随压力的增加而增加。开始近乎直线增加，而后增加变慢，当压力增加到一定值时，吸附量趋于一稳定的极大值。

在较高压力下，氢气的吸附量也增加，所以损失加大；加上再生工艺的特点，使得氢收率有所下降，如图 8-5 所示。由此可见在一定的压力范围内，随压力的升高杂质的吸附量增加而氢收率提高，而吸附压力过高氢收率反而下降，所以吸附压力并非越高越好，制氢装置中 PSA 的吸附压力一般设计值为 2.3MPa 左右。

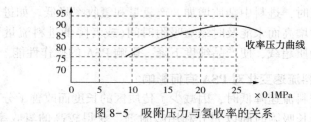

图 8-5　吸附压力与氢收率的关系

### ☞ 45. 冲洗压力是否越低越好？

**答**：吹扫压力即废气压力，吹扫压力越低氢回收率越高，吸附剂再生得越好。反之吹扫压力越高，氢收率越低。但考虑到废气要能直接送到转化炉作燃料，故废气缓冲罐出口压力最低保持 0.03MPa（表）。

### ☞ 46. 在 10 床 PSA 中，当要求半负荷生产时，是否应改为 5 床运行？

**答**：正常生产中，工艺过程应优先选择 10 床（主运行程序）操作。10 床运行时，氢回收率比较高，而且 PSA 的操作性能最佳，产品和废气都波动最小。而 5 床运行时，氢收率降低。并且 5 床循环时任一时刻只有一台吸附器产生废气，或是进行排放或是进行吹扫，因此废气的压力、组成都比 10 床循环时波动大。所以当要求半负荷生产时，不应改为 5 床运行，而应当按 10 床操作，并适当调整吸附时间获得高的氢收率。

### ☞ 47. 什么是杂质超载？有哪些危害？

**答**：在一定的工艺条件下，每个循环中被吸附剂吸附的杂质量超出最大设计允许吸附量时称为杂质超载。

杂质超载的发生不仅使产品纯度下降，而且还损害吸附剂。

☞ **48. 造成杂质超载的原因有哪些？如何防范？**

**答：**（1）每周期循环时间过长，使每周期吸附的杂质量超出允许值，造成杂质超载。所以应根据实际进料流量的大小及时调整吸附时间。

（2）不时地使用"手动步进"方式，人为地延长了每周期循环时间，也能造成杂质超载，因此在使用"手动步进"方式时，要避免装置停留在"手动步进"方式的周期时间超长。

（3）阀门泄漏也能引起杂质超载，所以应及时发现阀门故障并及时切换到替换运行程序。

（4）进料杂质超出规格要求。如果杂质浓度高则应及时降低进料量并缩短吸附时间，若杂质的成分特殊则应及时切出 PSA。

（5）液体夹带不仅降低了吸附剂对正常杂质的吸附能力造成杂质超载，而且脱附困难，严重损害吸附剂。所以进料气要经过严格的脱水分离。

（6）进料温度过高吸附剂的吸附能力下降，也能造成杂质超载，所以应控制进料温度在要求的范围内。

☞ **49. 吸附器压力的快速变化对吸附剂造成什么危害？**

**答：**吸附器压力的快速变化将引起吸附剂床层的松动或压碎，使经过吸附器的压降增加。由于吸附剂的压碎而产生的粉尘将通过吸附器中的拦截筛网漏出，并且还可能损坏工艺阀门阀座，堵塞仪表管线，使装置的操作性能变坏，甚至会导致停车。

☞ **50. 为什么要根据进料流量的大小调整吸附时间？**

**答：**每个吸附器在一定的产品规格要求和一定量吸附剂的条件下，吸附剂对杂质的允许吸附量是一定的，所以每个吸附步骤只能提纯一定量的进料气。在一定的进料流率下，如果吸附时间过长，则吸附剂过多地吸附了杂质造成杂质超载，不仅使产品纯度下降，而且使 PSA 操作性能变坏。若吸附时间太短，则不能充分利用吸附剂，达不到应有的氢收率，造成浪费。所以应根据实际进料流量的大小合理地调整吸附时间，充分利用吸附剂，在保证产品纯度和保护好吸附剂的前提下，获得高的氢收率。

☞ **51. 吸附时间设定的原则是什么?**

**答:** 吸附时间参数是变压吸附的最主要参数，其设定值将直接决定装置产品氢的纯度和氢气的收率。其设定原则：在保证产品氢气纯度的前提下尽量延长吸附时间，这样才能保证产品氢纯度，又能保证高的氢气回收率。

流量越大则吸附时间就应越短，流量越小则吸附时间就应越长。这样才能保证在各种操作负荷下均能充分地利用吸附剂的吸附能力，在保证产品纯度的情况下，获得最高的氢气回收率。PSA 装置的吸附时间参数，可在 DCS 上人工设定，亦可由 DCS 自动计算产生。

实际吸附时间 = (满负荷流量/实际负荷流量)×满负荷时间操作系数

吸附时间延长→产品纯度下降→氢气回收率提高。

吸附时间缩短→产品纯度上升→氢气回收率降低。

☞ **52. 吸附时间控制方式的作用是什么?**

**答:** 吸附时间的控制方式有自动和手动(或能力和局部)两种控制方式。自动方式控制时，吸附时间作为进料流率的一个函数自动计算。因此吸附时间可以随进料流率的变化而及时地自动调整；而且可以通过调整控制系数使得吸附时间与进料流量相匹配，使氢回收率保持在一个高水平上。所以正常生产中自动(功能力)控制方式是优先选择的操作方式。

手动(或局部)控制方式时，吸附时间的控制由操作员利用控制台键盘输入新的吸附时间来实现。所以局部控制方式一般应用于停工或者进料组成急剧变化和怀疑进料流量计有故障等异常情况下，操作员根据需要或实际进料量的大小输入合适的吸附时间，以便尽快地得到合格产品和防止杂质超载的现象发生。

**☞ 53. 操作系数是如何进行调整的？**

**答**：由于操作系数的大小决定着吸附时间的长短，因而对该 PSA 装置的运行状况有至关重要的影响。所以调整时应特别精心，其调整步骤如下：

（1）增加操作系数（当产品氢纯度高于要求值时，增加操作系数）。

① 以 0.05 为单位增加操作系数；

② 等 3 个完整的 PSA 循环周期；

③ 重复以上步骤增加操作参数，直到产品纯度下降至允许的最低值；

④ 以 0.05 为单位降低操作系数，使装置能在高收率下安全运行。

（2）减小操作系数（当产品氢纯度低于要求值时，减小操作系数）。

① 以 0.1 为单位减少操作系数；

② 等 3 个完整的 PSA 循环周期；

③ 重复以上的步骤减小操作参数，直到产品纯度上升至允许值以内；

④ 然后按增加操作系数的步骤调整，直到装置能在高收率下安全运行为止。

**☞ 54. 如何使低的产品纯度恢复正常？**

**答**：要使低的产品纯度恢复正常，通常采用缩短吸附时间的操作来实现。首先要找出使产品纯度下降的原因，并给予纠正。如果需要切换则应及时切换到相应的替换运行程序，然后缩短吸附时间。可通过局部控制方式人为地输入一个较小的吸附时间，也可在能力控制方式下通过减小控制系数来缩短吸附时间。如果吸附时间设定到最小而产品纯度仍未恢复时，则有必要降低进料

221

流量，使每循环周期的处理量更少，以便尽快地恢复产品纯度。恢复正常后，应缓慢地增加吸附时间以提高氢回收率，并根据实际需要调整进料流量。

☞ **55. 吸附剂传统的冲洗方式有何缺点？当前有何改进？**

　　**答**：变压吸附流程设计技术的核心，实际上就在于如何用最少的氢气实现最良好的吸附效果，因为再生效果好就意味着同样条件下的产品纯度高、吸附的循环周期长、氢气损失小、产品收率高。因此，吸附剂再生过程是由逆放和冲洗过程组成的，因而如何改善逆放和冲洗过程成为流程设计的核心。

　　最传统的吸附冲洗方式：吸附塔→吸附塔一次直接冲洗再生。

　　该再生方式有三个缺点：(1) 吸附床直接顺放出来用于冲洗的氢气纯度随着其压力下降而逐渐下降，而被冲洗的再生塔内杂质逐渐减少，这样就会在冲洗再生的末期形成对被再生吸附剂的二次污染，影响吸附效果；(2) 由于冲洗再生过程需要较长时间的传质再生时间才能保证再生效果，这样就使得顺放出氢气的吸附床也必须长时间的做顺防工作，这样占用了其本身的再生时间，从而使总再生时间减少影响再生效果；(3) 长时间的顺放过程将使顺放出的氢气中的总杂质含量升高，也会影响冲洗再生效果。

　　为同时解决以上三个缺点，现在有的公司开发了顺放气缓冲冲洗技术。即首先将吸附床内的氢气迅速地放入一个缓冲罐内，然后再利用缓冲罐中的氢气经过精确调节后进行长时间的恒流冲洗再生。这种冲洗再生方式的优点：

　　① 顺放过程可以在很短时间内完成，因而顺放出来的氢气总纯度得到提高，可以改善再生效果。

　　② 在同等的吸附床数量和均压次数下，逆放和冲洗的时间得以延长，再生传质效果得以进一步提高。

　　③ 由于顺放气缓冲罐内的轻组分（氢气）在罐的上部，重组

分在罐的下部，利用这样的特性冲缓冲罐底部放出冲洗氢气，同样可以实现避免传统冲洗的二次污染问题。

④ 逆放时间的延长可以减少解吸气的波动，使制氢转化炉的燃烧状况更平稳。

☞ **56. 为什么修改吸附时间后并不能马上改变产品纯度？**

**答**：由于在 PSA 装置运行中，吸附床层的顶部吸附剂通常留有部分基本不吸附杂质，称为预留段，这部分吸附剂的作用是保证产品纯度，因此延长吸附时间时，即使吸附时间设定过长，杂质也需要在两三个循环之后才会穿透预留段进入产品氢中。因此，在进行延长吸附时间操作时，必须缓慢进行，通常每次延长的时间不能超过 5%，并且至少要等待 3 个以上的"吸附－再生"循环，在确定了吸附时间对产品纯度的影响程度后，才能再次进行修改时间操作。

☞ **57. 由替换运行程序切回主运行程序（10 床）前，应做好哪些准备工作？**

**答**：在 10 床 PSA 中，通常把 10 床循环过程称为主运行程序，而把 8 床和 5 床的循环过程为替换运行程序。由替换运行程序切回主运行程序前，首先必须确认停运吸附器的杂质水平。如果停运吸附器内原有的杂质量比较高，例如吸附器停运时的步骤是泄压供吹扫，而切回 10 床后进行的又是升压或吸附步骤，则将导致杂质超载，使产品纯度下降，PSA 的操作性能变坏。所以在切回 10 床前，应先将杂质量高的停运吸附器降压排放、吹扫，使吸附剂得到再生。然后再将停运吸附器的压力调整到切换步位要求的压力水平。

☞ **58. 如何防止吸附器内的压力变化过快？**

**答**：要防止吸附器内的压力发生过快变化，应注意以下几种操作：

（1）正确使用手动阀门操作。在进行手动阀门操作前，应检查阀门两侧的压力。如果阀门两侧的压差过大，进行手动阀门操作就易造成压力变化过快。

（2）工艺阀门失灵，应及时切换到替换运行程序或停车，以免造成吸附器内的压力变化过快。

（3）在非停工步位开工，或者没有预先校核吸附器的压力是否与开工步位一致，则可能引起不正常的压力变化。所以开工时，要保证吸附器的压力水平与开工步位一致。

（4）使用手动步进方式时，要注意吸附器的压力水平与所选步位一致，否则易造成吸附器的压力变化过快。

（5）在某些不适当的步位由主运行程序切换到替换运行程序，也能造成吸附器压力变化过快，所以通常选择在最佳步位进行切换。

☞ **59. PSA 的解吸气如何控制稳定?**

答：PSA 工艺的特点决定了解吸气的排放是间歇的，压力是波动的，所以控制好解吸气的波动必须采用一些特殊的措施和控制方案。

首先通过优化吸附运行状态，使得逆放和冲洗两个再生过程连续，从而减少了解吸气来源的波动。其次采用了两级解吸气缓冲系统，一级为波动最大的逆放解吸气首先进入逆放气缓冲罐进行缓冲，该逆放过程采用一套自适应调节系统控制，保证该逆放过程可以在任何工况下均自动做到恒流逆放，因此消除了对后系统的影响；二级为来自逆放气缓冲罐的逆放解吸气经过二次调节稳定后，再与经过精确调解稳定后的冲洗解吸气进入一个解吸气混合罐中进行充分混合，以保证出口解吸气的热值稳定。最后从解吸气混合罐中送出的最终解吸气再通过一个压力、流量串级控制系统后，以稳定的流量和压力送至转化炉。

通过这两级缓冲罐三级调节控制后的解吸气，可保证压力、热值、流量的高度稳定，大大方便转化炉的燃烧。

224

☞ **60. PSA 系统程控阀的执行机构有哪几种？特点分别是什么？**

答：一般来讲，PSA 程控阀门驱动设计分为：液压驱动和气压驱动。现就这两种驱动方式的特性以及相应的执行机构做简要比较，并通过比较说明二者的特点，见表 8-1、图 8-6、图8-7。

表 8-1　PSA 系统控制阀执行机构分类

|  | 液压传动 | 气动传动 |
|---|---|---|
| 传动特性 | 流体传动 | 流体传动 |
| 负载特性 | 油液不可压缩，传动负载刚性好，动作更平稳；动作响应快 | 空气可压缩，传动负载刚性差，运动时有爬行现象；空气减压时间长，动作响应慢 |
| 缓冲特性 | 液压缓冲结构技术成熟，可靠，可实现精确缓冲，几乎没有驱动冲击 | 空压可压缩，缓冲不稳定，且通常气动执行器均不设计缓冲装置，驱动冲击和回弹明显 |
| 传动精度 | 传动精度高，扭矩输出稳定 | 转动精度差，受气源稳定型影响，扭矩输出不稳定 |
| 阀门开关速度 | 速度调节精度高，可实现全行程时间 1~20s 连续可调 | 速度调节不容易，且全行程时间一般大于 3s |
| 使用寿命 | 油液自润滑，运动部件寿命高 | 一般需外加润滑，运动及摩擦部件寿命相对短 |
| 动力源要求 | 独立动力源系统，启停方便 | 一般用户工厂自配 |
| 系统循环方式 | 独立全密封，增加回油管路，油液循环利用 | 开放循环，压缩空气消耗较大 |
| 系统密封性要求 | 较高 | 要求较低 |
| 发生泄漏影响 | 油液泄漏，对环境有影响 | 空气泄漏，对环境基本无影响 |
| 系统性 | 自成系统，不受外界影响 | 非独立，受仪表气源影响大 |
| 执行机构尺寸 | 体积小，重量轻 | 气缸尺寸大，体积大，重量较重(若采用铝合金制造，重量相对较轻) |

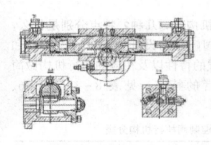

图 8-6　SDTT 系列液压　　　　图 8-7　主流进口气动驱动装置
驱动装置结构图

☞ **61. 液压控制系统有何特点?**

**答:** 集成液压泵站为双系统,一开一备,两套系统完全独立,可独立检修。其控制点包括:

液位控制:在泵站上装有一台带报警、联锁点的现场磁浮子液位计和一台液位变送器,用于监控泵站的油箱液位。当油箱液位低于报警值时,DCS 将报警提醒值班人员加油并检查油压系统有无泄漏点。当油箱液位低于联锁值时,为保证系统的安全性,DCS 系统将联锁停氢提纯装置并报警。

油温控制:泵站上装有一台温度计,当液压油温度超过50℃时,值班人员应打开冷却水阀。

压力控制:液压系统设计有现场压力表和智能压力变送器各一台,可将液压系统工作压力传送至 DCS 控制系统,当系统压力低于设定值 4.0MPa 时,DCS 系统将自动停止正在运行的泵,同时启动备用泵并报警。

☞ **62. PSA 系统典型的报警以及联锁系统是怎样的?**

**答:** (1)阀门传感器报警。报警内容显示为程控阀门开关错误。操作人员必须请维护人员检查,如果影响到吸附压力、解吸压力或产品氢气纯度,必须切塔或者 PSA 停车处理。

(2)液压系统压力变送器报警。报警内容显示为液压系统压力低，自动启动备用泵。出现这种情况时，操作人员要及时联系钳工处理。

（3）液压系统油箱液位报警。报警内容显示为液压系统油箱液位低。请检修人员检查液压系统油路是否有漏油。如果液位过低，会造成液压系统压力降低，程控碟阀开启速度降低。如果压力低于程控碟阀使用要求的压力，PSA 将会停车处理。

（4）吸附压力报警。报警内容显示为吸附压力低。请仪表维护人员检查 PSA 出入口调节阀门。

（5）解吸气压力报警。报警内容显示为解吸气压力高。检查解吸气去转化炉后路是否畅通，检查有无阀门内漏现象。

产品气中 $CO+CO_2$ 含量高报警。报警内容显示为产品气中 $CO+CO_2$ 含量高。操作人员注意，要减小操作系数，降低吸附时间。

（6）产品氢气纯度低报警。报警内容显示为产品氢气纯度低。操作人员注意，要减小操作系数，降低吸附时间。SDFT 系列液压驱动装置结构见图 8-8 所示。

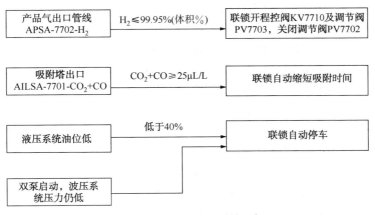

图 8-8　PSA 系统的联锁逻辑

☞ **63. 吸附塔的切除是如何进行的?**

**答**: 由于 PSA 氢提纯装置是由多台吸附塔组成, 因而为提高装置的可靠性, PSA 装置编制了一套切塔和恢复程序。以 10 塔吸附为例, 1 台吸附塔出现故障时, 可将其切出工作线, 让剩余的 9 个吸附塔转入 9~2~3 方式工作, 如果再有吸附塔出现故障, 则可继续切除, 依次转入 8~2~2 流程、7~2~2 6~2~2 和 5~1~2 流程。但这时装置处理量和产氢量等指标会发生变化。

切塔步骤如下:

(1) 故障塔判断。当某吸附塔的压力异常、程控阀门检出错、杂质超标, 三种问题同时出现两种时, 就认为此塔故障, 应予以切除。此时 DCS 将提示操作人员。

(2) 切塔操作。经操作人员确认故障属实后, 直接在 DCS 上选中故障塔的切除键, 然后确认。则程序将自动关断该塔的所有程控阀门, 将故障塔切出工作线。此时被切除塔处于接近于常压的状态, 可较方便地进行检修。

调出塔控制组页, 可进行切塔和恢复塔操作。

操作方式: 所有开关量仪表框要在"MAN"方式下, 才能手动操作。如处于"AUTO"模式, 应在操作前先设置为"MAN"。

① 手动切塔。

先将 SWMD(切塔模式自动/手动)置为"手动";

用 STNO(塔号)选定要切除的塔号(1~10);

将 SRUN(切塔启动)设置为"启动"态;

切塔操作后, PSA 系统马上转入切塔工作, 切塔控制组的操作模式要发生变化:

SWMD 模式变为"AUT", 状态变为"自动";

SRUN 模式变为"AUT", 状态变为"OFF";

SW1P 模式变为"AUTO", 状态变为"禁止"。

② 自动切塔。

自动切塔条件:

某吸附塔的塔压异常报警；

该吸附塔程控阀门检报警；

SWMD 处于"AUTO"状态；

SW1P 处于"OFF"状态。

当上述条件满足后，PSA 自动切塔。切塔后切塔控制显示如同手动切塔。切除后 SW1P 状态变为"禁止"，在一个循环同期内禁止切塔和恢复塔。在 10 塔切剩为 9 塔时，TE1 和 TE2 减少为原来的 95%。切塔个数最多为 6 个。本系统可实现 6 塔无级切塔。

③ 切塔时机。

阀门故障切塔：立即切塔；

有安排切塔：等该塔运行到逆放(D)过程结束时，塔压约为 0.05MPa，此时切塔扰动最小，系统最稳定。

（3）控制机自动将程序切入 9-2-4 流程中，和切塔前的 10-2-4 流程相对应的点，保证切除时各吸附塔压力无大的波动。

（4）程序自动开始运行切塔后的 9-2-4 程序，并建立起正常的运行条件。为保证切塔时产品氢纯度不变，在切塔后的第一个循环内，程序将自动缩短吸附时间。

（5）装置正常运行。请检修人员检修故障塔。

（6）如果在已切除一台吸附塔后又有吸附塔故障出现，则重复以上的操作，即继续切至 8 塔、7 塔、6 塔、5 塔运行。

PSA 装置的绝大多数故障均出现在控制系统和调节装置上，因而通常切塔后的检修无需拆工艺管线和设备。但被切除塔在检修时，如需要拆开连接的工艺管道或设备，则必须先将塔内气体排入燃料气系统并进行置换。这时必须将与故障塔同侧的另外几台吸附塔一起切除，并将两侧的吸附塔用截止阀门和盲板隔离才能维修，此时装置的产量减半。

☞ **64. PSA 系统切塔后如何恢复？**

**答：** 当被切除塔故障排除后，需要将其重新投入正常运行，但如果投入的时机、状态不对，将引起较大的压力波动和产品纯度变化，甚至可能出现故障和安全事故。为此该PSA装置设计的自动恢复软件，能够自动找出最佳状态恢复，使系统波动最小。

恢复过程如下：

（1）操作人员发出塔恢复指令；在控制机上直接点动要恢复塔的恢复键，然后确认。

（2）计算机自动等待合适的时间，将故障塔恢复至运行程序；程序根据各塔的压力状态，自动确定恢复后应进入的最佳运行步序，然后自动等待到该步序的最佳切入时机，切入新程序。

注意新恢复的塔总是从解吸阶段切入的（即ElDP1段），这样可保证恢复后的产品纯度不变。

### ☞ 65. PSA 正常停车如何操作？

**答**：（1）将DCS上的运行（RUN）按钮复位，将程控阀门全部关闭；关闭系统所有进出界区的截止阀门，使氢提纯系统和界区外隔断；通过DCS上的步进按钮，调整程控阀门，使各塔压力基本相等，并且都处于较高的正压；关闭液压泵站。

（2）正常停车后，装置各吸附塔的压力相同，因而再次开工时应按正常开工步骤操作。

### ☞ 66. PSA 紧急停车如何操作？

**答**：当PSA装置出现事故或上下游装置出现事故时，需紧急停车。其停车步骤如下：

（1）点动DCS上的停车按钮（置ON），关闭程控阀门，同时程序自动记住停车时的状态。

（2）关闭原料进气阀门、产品氢出口阀门、解吸气出口阀门，这时系统即已处于紧急停车状态。

### ☞ 67. PSA 临时停车如何操作？

**答**：如因工作需要做短时间的停车（不超过1h），则可进行临时停车，其步骤和紧急停车相同。

紧急停车或临时停车后的重新投运：由于程序仍记录着停车时的状态，且各吸附塔的压力也和停车时的一样，所以这时可从停车时的状态投运，让系统无扰动地恢复到正常工作状态，这样对产品纯度影响很小。步骤如下：

（1）任何吸附塔的压力与 DCS 上显示的暂停状态相符。

（2）在 DCS 上将停车（STOP）按钮复位（置 OFF），系统即转入正常运行。千万注意：采用这种方法恢复运行前，必须确认各吸附塔的压力和停车锁存的状态一致。否则一旦启动将可能使高压塔的气体串入低压的解吸气系统而酿成事故。

### ☞ 68. 氮气在 PSA 吸附塔中哪层被何种吸附剂吸附？

答：氮气其实被分子筛吸附剂吸附的，也就是被吸附塔顶部的吸附剂吸附的。

### ☞ 69. 降低 PSA 解吸气氢含量有何要求？

答：解吸气中 $H_2$ 含量控制越低越好。但氢气回收率和氢纯度是一对矛盾，在装置流程确定情况下，在满足氢气质量前提下尽可能提高氢气收率。

焦化干气制氢时，氢气收率和解吸气内氢气含量关系如下

| 序号 | 项目 | 1 | 2 | 3 | 4 |
|------|------|------|------|------|------|
| 1 | PSA 氢气收率/%（体积分数） | 80 | 82 | 86 | 90 |
| 2 | 解吸气中氢气含量/%（体积分数） | 36.9 | 34.4 | 29 | 22.6 |

顺放气罐程控阀调节阀开度上下限设定原则：以保证顺放管压力在整个冲洗过程中的压力是均压下降的，并且在冲洗末期时顺放罐压力能降低至 0.03~0.05MPa。

### ☞ 70. PSA 氢提纯单元在实际操作中提高氢气回收率的要点是什么？

答：（1）尽量将产品氢中 CO 含量控制在允许的最大值附近。

（2）尽量将吸时间投入自动计算模式，吸附剂时间可以随变换气流量变化自动调整。

（3）尽量提高 PSA 操作压力。

（4）尽量降低 PSA 的解吸压力。

（5）确保吸附塔的冲洗再生时间达到 120s 以上，保证吸附剂的再生效果。

（6）尽量保证冲洗气流量的平稳。

# 第九章 废热锅炉部分

☞ **1. 何谓锅炉和废热锅炉?**

**答：**锅炉一般指水蒸气锅炉，即利用燃料放出的热量，通过金属壁面将水加热产生蒸汽的热工设备。最初的锅炉是由锅和炉两大部分组成的。锅是装水的容器，由锅筒和许多钢管组成；炉是燃料燃烧的场所。随着技术的进步，不断地改进锅炉结构以提高热效率和利用废热的结果，在现代的某些锅炉中，"锅"主要由汽包、水冷壁、对流管、过热管和水预热管等组成；"炉"指辐射室、对流室等能提供热源地方。

所谓废热锅炉，即利用废热来产生蒸汽的设备。制氢装置中的废热锅炉系统通常指产生蒸汽的诸多设备。主要由转化气废热锅炉、设在转化炉对流段的烟气废热锅炉和中变气废热锅炉，还有它们共用的上汽包和蒸汽过热器等组成。

☞ **2. 废热锅炉的汽包有何作用?**

**答：**汽包在废热锅炉的上部，又叫上汽包，是一个钢制圆筒形密闭的受压容器，其作用是贮存足够数量高位能的水，以便炉水在汽包和废热锅炉(换热管束)之间循环产生蒸汽，同时提供汽水分离的空间，通过内置旋风分离器使汽水分离。

☞ **3. 锅炉的八大附件是什么?**

**答：**为了保证锅炉系统的正常、安全运行，锅炉系统必须具备的八大附件是安全阀、压力表、水位计、温度计、流量计、水位报警、给水调节器和防爆门。废热锅炉因没有炉膛，故没有防爆门。

☞ **4. 首次开工前为何要煮炉? 怎样煮炉?**

**答：**新安装、大修、改造或长期停用的锅炉，里面会有很多铁锈、油脂和污垢等，煮炉就是用加热和化学清洗的方法清除这些杂质和污物，以免影响蒸汽品质和损坏设备。

煮炉步骤：

（1）煮炉的准备工作。煮炉是对给水及蒸汽发生系统进行化学清洗，所以先要建立起煮炉的循环流程，以便在煮炉时除正常的废锅系统的自然对流和强制循环对流能进行外，还要通过加接临时管线使除氧器进出水所经设备和管线能进行循环清洗。检查设备内部、仪表并进行气密，循环用泵，化学药品和加热用蒸汽应准备好。

（2）煮炉。首先引脱盐水经除氧器、给水泵到上汽包，建立最低可见液位，进行系统循环冲洗，冲洗至排水浊度小于 $10\mu g/g$ 为合格；

通过从除氧器和转化气废锅底部通蒸汽，将系统中水加热到沸腾状态，然后加药；

从除氧器加药。加药量的多少视锅炉系统清洁程度而定。氧化腐蚀及污垢较轻的，每吨水中加氢氧化钠 $2\sim3kg$，加磷酸三钠 $2\sim3kg$；常期停运的锅炉，除铁锈外还有水垢的，每吨水加氢氧化钠和磷酸三钠各 $5\sim6kg$，特别脏的还要再增加用药量 $50\%\sim100\%$，NaOH 可一次连续加入，$Na_3PO_4$ 可先加入 $50\%$，其余在煮炉过程中加入。

加药后的煮炉时间一般为 24h。对中压锅炉如果煮炉和烘炉同时进行的话，要增加煮炉时间至 72h，并将增加压力分为 1.0MPa、1.5MPa 和 3.0MPa 三个阶段。煮炉时需保护高水位，各排污点稍开排污，并采水样分析。发现碱度降低要补加氢氧化钠和磷酸三钠。

煮炉结束后打开全部低点排污阀放水，停止加热，排尽碱水后用脱盐水冲洗煮炉系统，至出水清洁，水的 pH 值小于 8.5。

拆去临时管线，用氮气气密，准备开炉。

234

☞ **5. 给水为何要除氧？**

**答**：未经脱氧处理水中总溶解着一部分氧气，含氧的水进入锅炉系统腐蚀金属，从而降低锅炉的使用寿命。为了延长锅炉的使用寿命，必须在给水进入锅炉系统前进行脱氧处理。

通常在除氧器中脱除氧气。除氧器有多种，常用的是大气式热力除氧器。除氧原理系根据享利及道尔顿定律："气体在液体中的溶解度与它的分压成正比，而且与温度成反比"。当水面上部空间气体分压减少时，气体能从液体中析出的道理进行的。水从除氧器顶部引入喷下来，与逆流向上的蒸汽接触，被加热到除氧器压力下的沸点温度，气体分压降低至近于零，水中溶解的空气也几乎减至零，氧气即被除去。

有时为了进一步除氧和保持炉水碱度、防止腐蚀，还往锅炉给水中加入联氨，其反应式为：$N_2H_4+O_2 == 2H_2O+N_2$

除氧水含氧不合格的原因有：除氧器进水温度太低；加热蒸汽量小；进水量过大，超过除氧器设计值，使除氧器内水温达不到沸点；排气阀门开度太小，或取样方法不当。

☞ **6. 除氧器由几部分组成？各有何作用？操作条件如何？**

**答**：大气式热力除氧器由直立的除氧塔和卧式的水箱构成，除氧塔内自上而下有进水分布管和喷嘴、填料层、筛盘和进汽管。水的除氧好在这里进行。卧式水箱连接在除氧塔的下面，接受并贮存除氧水，底部有蒸汽加热盘管，按规定水箱要能容纳锅炉系统正常操作 20min 的用水量。

除氧器的正常操作条件：

除氧器温度：102～104℃；

除氧器内压力：0.01～0.02MPa（表）；

出水含氧量：<0.03mg/L。

☞ **7. 给水、炉水和蒸汽的质量指标是什么？**

**答**：对锅炉给水、炉水和蒸汽的质量要求因产汽压力而异，产汽压力越高，则质量要求越高，在制氢装置废热锅炉的压力（中压）范围内，质量指标见表9-1。

表 9-1　给水、炉水和蒸汽的质量指标

| 项目 | 单位 | 给水 | 炉水 | 蒸汽 |
|---|---|---|---|---|
| pH 值 | | >7 | >9 | |
| 溶解氧 | mg/L | <0.03 | | |
| 二氧化硅 | mg/L | <0.2 | <25 | <0.1 |
| 电导(25℃) | μΩ/cm | <10 | <200 | <10 |
| 含盐 | mg/L | <5 | | |
| 总固 | mg/L | | <500 | |
| 磷酸根 | mg/L | | 5~15 | |
| 氯根 | mg/L | | | <0.5 |
| 硫酸根 | mg/L | | | <0.5 |

☞ **8. 汽包升降压及降温时要注意些什么？**

**答**：在制氢装置中废热锅炉一般属中压锅炉范围，汽包壁较厚，因此在开(升温、升压)停(降温降压)炉时，最重要的需注意以下三条：

（1）进水温度与汽包壁温之差不应大于50℃；

（2）升温速度不超过55℃/h，或升压速度不大于1.0MPa/h；

（3）停炉时要用原炉水系统循环降温降压，不得采取排除热水突然进冷水的方法。三项注意的目的只有一个，就是防止出现超应力。因为上汽包不仅是一个厚壁受压容器，它还通过许多工孔和许多水、汽管线连接在一起，在开停工时急剧升降温，引起热应力，容易产生裂纹等，使设备强度受到损害。

☞ **9. 什么叫汽包水位的三冲量调节？**

**答**：在废锅操作中，维持汽包水位平稳是最重要的操作。而汽包水位除受给水量变化影响外，还受产汽量的影响，因此，采

236

用单参数水位调节并不理想，需要采用汽、水差值一定的方法来控制进水，使汽包水位更加平稳。这种控制汽包水位的方法，习惯叫三冲量调节。三冲量调节实际上是串级调节。汽包水位是这个调节系统的主参数，即在这一控制回路里，水位调节器的输出信号作为串级调节器给定值，而蒸汽流量与给水流量经加法器以后的差值作为串级调节器的测量值（副参数）。只要测量值和给定值存在偏差，串级调节器就输出讯号去控制进水流量的变化。

☞ **10. 汽包发生汽水共腾的现象、原因及处理方法是什么？**

**答**：发生汽水共腾时汽包水位计内的水位剧烈振动，看不了水位；过热蒸汽温度急剧下降，严重时发生水击；蒸汽及炉水品质恶化；水位报警器间断地发出高或低报警信号。

发生汽水共腾的原因：（1）炉水含量超过规定指标太多，排污不及时；（2）水位过高，炉水在极限程度时蒸汽负荷剧增；（3）给水中含油和加药量太多。

发生汽水共腾时的处理方法：（1）降低锅炉负荷，即减少产汽量；（2）加强定期排污和连续排污，同时加强给水，防止水位过低造成缺水；（3）加强炉水分析，根据分析结果进行排污，改善炉水质量；（4）水位应控制 50±50%。

☞ **11. 锅炉炉水为何要加药？**

**答**：向炉水中加药是对炉水进行内处理，目的是防止结垢和腐蚀。

往炉水中加入磷酸三钠后，由于磷酸三钠（$Na_3PO_4$）能与钙、镁等离子形成松散的水垢，不附在汽包内壁上，能从定期排污管将其排除，这就减少了形成坚硬水垢的可能。

加入联胺的目的，一方面可增加给水的碱度，有利于防止腐蚀；另一方面，联胺可与水中氧发生反应，达到进一步除氧的目的。反应式为：$N_2H_4+O_2 \Longrightarrow 2H_2O+N_2$

☞ **12. 何谓锅炉排污？有几种排污？各有何作用？怎样进行排污？**

**答**：从锅炉水中排除浓缩的溶解固体物和水面上的悬浮固体物的操作叫排污。

排污有两种，即连续排污和间断排污。

连续排污的集水管设在汽包的汽水界面以下约 80mm 处，此处正好最蒸汽释放区，是炉水中含盐浓度最大的地方，从这里连续排出部分炉水以维持炉水含盐量和蒸汽含盐量在规定范围内。连续排污也叫表面排污。

间断排污口设在锅炉的最低点，那里是溶解固体物和沉淀物堆积的地方，间断排污的目的是排除炉内沉淀物和部分含量溶解固体物浓度较高的炉水，以保持炉水水质合格。间断排污也叫定期排污。

间断排污的操作方法：

（1）全开第二道阀，然后微开第一道阀，以便预热排污管道；

（2）慢慢开大第一道排污阀进行排污，排污时间一般为 10~30s；

（3）排污完毕后先关死第一道排污阀，再关第二道阀。这样操作可以保护第二道排污阀严密不漏。

注意：排污要在较高水位时进行，排污量以保持炉水质量合格为准。

☞ **13. 汽包安全阀有何作用？如何设置？定压多少？**

**答**：安全阀是锅炉系统的重要附件，它被用以防止汽包内蒸汽压力超过限度时发生破裂或其他损坏事故，当汽包内压力超过规定数值时，安全阀即自动开放出部分蒸汽，使压力下降，待压力下降到正常数值时即自行关闭，维持锅炉正常运行。

对于蒸汽发生量大于 0.5t/h 锅炉，至少应装两个独立的安全阀，其中一个按锅炉设定正常操作压力 1.04 倍定压，另一个按正常操作压力的 1.06 倍定压。

安全阀未定压的锅炉不准投入运行。

### ☞ 14. 什么是锅炉缺水？如何处理？

**答**：锅炉缺水分轻微缺水和严重缺水。如果水位在规定的最低水位以下，但还能看见水位，或者水位已看不见，但用叫水法能看见时，属于轻微缺水。如果水位已看不见，用叫水法也看不见水位时，则属于严重缺水。

锅炉缺水是锅炉运行的重大事故之一，严重缺水会造成爆管，如果处理不当，在完全干锅的情况下突然进水会造成极其严重的后果。

锅炉缺水的处理方法：

（1）当刚发生低水位报警，其他运行参数尚正常，仅汽包水位计不见水位，用叫水法能看见水位时，属于轻微缺水，可将三冲量调节改为单参数自动调节，或改为手动控制加强上水。水位正常后，检查三冲量调节系统，无问题后逐步投用三冲量调节。

如加强上水后水位仍很低或保持不住时，要检查给水流量仪表有无问题；检查给水泵的运行情况，必要时可暂时停止一切排污；检查并确定废热锅炉管是否有破裂漏水处；报告值班长并降低锅炉负荷。

（2）当上汽包已不见水位，通过叫水法也看不见水位，热蒸汽温度上升、压力也上升时，说明已属严重缺水，这时应立即报告值班长，采取紧急停炉措施。

### ☞ 15. 什么是锅炉满水？有何危害？如何处理？

**答**：锅炉满水分轻微满水和严重满水。如果水位在规定的最高水位线以上或水位已看不见，而用叫水的方法能看见时，则为轻微满水；用叫水方法仍看不到水位时则属严重满水。

当发生锅炉满水时，水位报警器发出高水位报警信号，蒸汽开始带水，蒸汽品质下降，含盐量增加，过热蒸汽温度下降。严重满水时，甚至炉水进入蒸汽管线，引起蒸汽管线水击，严重影响转化炉操作。造成转化水碳比波动和蒸汽中氯等毒物含量的升高。

满水时处理方法：

（1）当汽包蒸汽压力和过热蒸汽温度正常，仅水位超高时，应采取如下措施：进行汽包水位计的对照与冲洗，以检查其指示是否正常，将给水自动调节改为手动，减少给水流量，以使水位恢复正常。

（2）当属严重满水，过热蒸汽温度大降或蒸汽管线发生水击时，则应进行如下操作：手动停止给水；开大炉水的排污阀放水；通知值班长请转化岗位采取相应措施。

☞ **16. 正常的开炉步骤是什么？**

**答**：正常的开炉步骤为：

（1）除氧器上水至正常水位，开启水箱加热盘管，将水温加热至与环境温度相差约50℃以内。

（2）开启给水泵向汽包加中水至正常水位。上水前打开汽包排气阀，并开启各排污点排水至水清为止。检查并冲洗汽包水位计。

（3）开启强制循环泵进行循环，此时注意汽包补水至正常水位。有意识地提高或降低汽包水位，试验汽包水位警报器。

（4）当转化炉点火后有蒸汽发生时应关小放汽阀缓慢升压。升压速度为每小时 1.0MPa，或蒸汽升温的速度≮50℃/h，开启连续排污。

（5）除氧器按规定点加药并达到正常操作条件，除氧器水箱液位自控投用。

（6）汽包升压过程中检查各压力表指示是否准确，检查并冲洗汽包水位计，按规定进行间断排污。当汽包压力达到 1.0MPa后，引少许蒸汽入主汽管线暖管，并及时排除凝结水，此时所产蒸汽排入 1.0MPa 蒸汽管网。

（7）当汽包升压至操作压力，引入转化后，校对汽包液位自控、给水和蒸汽自控系统，操作稳定后投用三冲量自动调节。

☞ **17. 正常停炉步骤是什么？**

**答**：废热锅炉的停运是和转化停工同时进行的。由于热源的递减使用废锅蒸汽产量减少，通知转化岗位操作工减少用汽量，尽量维持锅炉在正常压力下运行。停炉步骤：

（1）转化降温时产汽量减少，此时注意维持汽包正常水位，将三冲量调节改为汽包水位单参数自动控制，尽量保持液面正常。

（2）当转化停用自产蒸汽时，开上汽包小放汽阀，关死汽包上第一道主汽阀，尽量维持汽包压力平稳或缓慢下降，不得突然卸压。

（3）停止连续排污，汽包改为遥控上水，不产汽时则关死上水阀，停运给水泵关汽包排汽阀。维持强制循环泵运行，使锅炉系统自然降温降压。

（4）当汽包压力下降至 0.1~0.2MPa 时打开小排汽阀。当炉水温度降到 70℃ 以下时，停运循环泵。如为短期停炉且气温在 0℃ 以上时，可不放出炉水，汽包维持正常液面，空间用氮气置换，然后充 0.5MPa 氮气，关死小排气阀保持正压，等待重新开炉。

当长期停炉时，需在炉水 70℃ 以下时打开所有低点排污排净炉水，然后关死排污和放空阀，锅炉系统充氮气保持正压。

☞ **18. 停炉保护的目的和方法是什么？**

**答**：停炉保护的目的是防止锅炉内表面金属发生腐蚀。保护的方法：

（1）非冬季短期停炉保护。在锅炉正常停工后，汽包内保持正常液位，汽包空间用氮气置换合格，然后保持氮气正压密封。

也可将上汽包充满除氧水湿法保护。

（2）充氮保护。将全部炉水排净后，关死排污阀，锅炉系统内部用氮气置换合格，然后充以 0.5MPa 的氮气。

（3）干法保护（适于长期停运的锅炉）。锅炉系统从全部低点排污阀排净存水后，用氮气吹净对流管组的存水，关死排污阀，在上汽包内装入生石灰或无水氯化钙（放在铁盘子上），按每立方米锅炉容积放生石灰 3kg 或无水氯化钙 2kg，然后将上汽包密封之。以后每月检查并更换一次失效的干燥剂。

### ☞ 19. 何时需紧急停炉？关键要注意什么？

**答**：在锅炉运行过程中，有下列情况之一时，需紧急停炉：

（1）锅炉严重缺水，虽经叫水（冲洗水位计排水阀，关闭水位计汽阀），仍未看到水位。

（2）汽包水位迅速下降，虽增大给水并采取其他措施，仍不能使水位回升。

（3）全部给水泵失效或给水系统发生严重故障，无法保障锅炉给水需要。

（4）全部循环水泵失效，无法强制循环。

（5）水位表、安全阀、压力表等最重要安全附件，其中有一种全部失效。

（6）锅炉受压部件严重泄漏或严重损坏。

紧急停炉注意事项：

（1）因废锅的热源在转化炉，所以要请示当班班长，转化炉熄火，准备全装置紧急停工。

（2）如因汽包严重缺水而紧急停炉时，严禁向上汽包供水，以防扩大事故。

（3）只要不是因严重缺水而停炉，就应照常向汽包给水，并维持正常水位，强制循环泵也要正常运转。

（4）紧急停炉时，不得从汽包紧急卸压，也不得在高温下排掉炉水。

# 第十章 设备结构性能及使用与维护

☞ **1. 什么是制氢转化炉？有哪几种类型？**

**答**：转化炉是制氢装置的核心设备。在转化炉中，原料的转化反应是在填充催化剂的管内进行的。由于转化反应是强吸热反应，所需的大量热能是通过管壁从管外传递给管内反应系统的，因此转化炉既是一个固定床管式反应器，又是一个能提供大量热量的加热设备。它不仅加热转化物料，向转化反应提供热量，同时还要进行转化反应。随着制氢生产规模的扩大和转化工艺技术的迅速提高，转化炉的操作条件愈加苛刻，要求炉管壁温在950℃左右，操作压力达到 4MPa 以上。所以它的设计计算、选材、安装、维护、检修等环节都是延长转化炉使用寿命的关键。

制氢装置转化炉的基本类型分为顶烧式转化炉和侧烧式转化炉，它们有其各自的结构和特点。

☞ **2. 顶烧式转化炉的结构和特点是什么？**

**答**：目前世界上最具代表性的顶烧式转化炉有 I. C. I（英国帝国化学工业公司）型转化炉和 Kellogg（美国凯洛格公司）型转化炉。

（1）I. C. I 型顶烧炉的结构和特点。

某 I. C. I 转化炉结构如图 10-1 所示。数排炉管排列于炉膛内，炉顶设置数排燃料气火嘴，炉管双面受热。原料气通过上集气管经上猪尾管进入转化炉管内，从上而下，边加热边反应，出口转化气经下猪尾管引至炉底两根水平放置的集气总管送出。

I. C. I 顶烧炉型的特点：原料气和烟气并流操作，传热和转化反应基本匹配，轴向温度分布较为理想。由于炉顶处温度高，

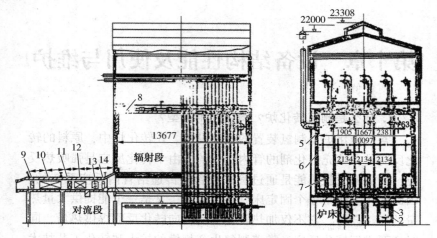

图 10-1  I. C. I 型顶烧炉

1—出口总管；2—保温箱；3—出口猪尾管；4—悬吊炉顶；5—悬挂炉墙；
6—绝热耐火墙；7—烟道；8—火嘴；9—天然气预热器；10—余热锅炉；
11—蒸汽过热器；12—天然气蒸汽加热器；13—工艺空气加热器

炉管很快就被加热至高温，从顶向下 30%~40%处的管外壁温度
最高，容易引起局部过热，也是炉管最易破裂的地方。

火嘴全部装在炉顶，形成单排双面辐射的结构，因此径向辐
射传热较为均匀。由于火嘴全部安装在顶部，纵向温度不能自由
调节。

由于顶烧炉的火嘴安装数量较少，燃烧系统总管配置较为简
单，燃料进入燃烧系统的流量(或压力)调节方便，投资较少。

辐射段炉子结构设置较为紧凑，炉子宽度不受产量的限制，
适宜于大型化。

对流段设置在炉侧，安装拆修方便，但占地较大。

(2) 凯洛格型顶烧炉的结构和特点。

某凯洛格型转化炉结构如图 10-2 所示。炉管分为数排，置
于炉膛中，每排炉管下端与一个下集气管焊接，下集气管外面有

轻质绝热材料保温，集气管的中间又焊上一根上升管，上升管伸出炉顶与集气总管连接，集气总管内衬耐火材料。这种炉管排列又称竖琴式，增加产量，只需增加排数即可。

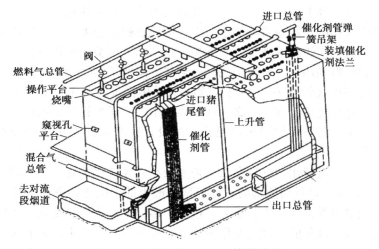

图 10-2　凯洛格(Kellogg)型转化炉

炉管及下集气管的重量是由固定在炉顶钢架上的弹簧支架承担，上升管和输气总管的重量由几个输气管弹簧承担，因此，炉管及输气总管均处在弹簧支架的弹性吊挂状态。这种全部采用刚性焊接的管排，在操作时因热膨胀差而产生的热应力，就可以大部分被这种弹簧吊挂系统所吸收。

辐射室顶部装有自吸式火嘴，炉底下烟道内设置辅助火嘴，以供对流段热量之不足。

原料气由上集气管经上猪尾管通入转化炉管内，气流自上向下流动，边加热边反应，燃料气经火嘴燃烧后垂直向下，烟气经对流段，最后由引风机引出。

炉管规格为 $\phi112mm$（外径）$\times\phi71mm$（内径）$\times9582mm$（总长），材质为 HK-40，下集气管材质为 Incoloy-800，上升管材质为 Supertherm（超热合金钢）。

凯洛格转化炉的特点：凯洛格转化炉的特点之一是采用了竖琴式炉管结构，取消了下猪尾管，一排炉管垂直地焊接在下集气管上，而由上升管将转化气引出炉外。炉管和上升管都置于炉内，处于高温下工作，虽然上升管的温度稍高于转化炉管，但材料的线膨胀系数前者略小于后者，因此热膨胀相差不大，所产生的热应力由炉顶的弹簧支架承担。这一结构可节约炉管材料，提高管材料利用率，避免炉底漏入空气，降低了烟气含氧量。由于炉管和集气管都置于炉内，故减少了热损失。与 I.C.I 炉型一样，卸催化剂不方便，必须从炉顶抽出。一旦炉管局部损坏，必须停车，将整排炉管吊出更换，故设计时必须留有更大的安全系数。

　　凯洛格转化炉的特点之二是采用小直径转化炉管，其内径只有 71mm，是目前使用的各种炉型中最小的。由于炉管内的反应是变温过程，反应十分复杂，包括了多种平行和串联反应。所以实现这一过程的关键是催化剂的活性及供热。采用小直径的转化炉管有利于提高空速，使气体流动的雷诺数增加，提高传热系数，有利于传热；采用小直径转化炉管，还可使物料流动速度分布均匀，抑制返混，有利于热裂解、催化裂解等串联反应。当然管径的减小也有一定的限制，空速提高使压降增加，动力消耗增大；管子根数太多，会造成连接上的麻烦；另外，对轻油蒸汽转化，考虑到析碳反应，温升不宜太快，管径也不宜过小。

　　凯洛格转化炉的操作空速为 1800h$^{-1}$，接近 I.C.I 炉的两倍。但一段炉炉管压力降大，达 0.5MPa，动力损耗较大。

　　（3）其他类型顶烧转化炉的结构和特点。

　　国内某顶烧转化炉，6 排炉管排列于炉膛内，炉顶设置 7 排燃料气火嘴，采用复合燃料器，既可单独使用炼厂燃料气，也可单独使用 PSA 的脱附气，还可能同时使用两种燃料进行生产，炉管双面受热。炉管上下都设有猪尾管，原料气通过上集气管经上猪尾管进入转化炉管内，原料气从上而下，边加热边反应，出

246

口转化气经下猪尾管引至炉底 3 根水平放置的集气总管。

炉管规格为 φ124mm×11mm，炉管材质为 HK-40，下猪尾管和下集气管的材质为Incoloy-800。

该炉型的特点：

由于顶烧炉的火嘴数量较少，燃烧系统总管配置较为简单，燃料进入燃烧系统的流量（或压力）调节方便，投资也较少。

辐射段炉子结构较为紧凑，适宜于大型化。

炉管下端伸出炉底并固定在钢架上，用法兰盖密封，侧焊下猪尾管，猪尾管与下集气管连接，下集气管采用冷壁式。炉管的重量主要是由固定在炉底的钢架承担。

炉管上端设弹簧支架，全部炉管处于由弹簧支架的弹性吊挂状态。全部采用刚性焊接的管排，在操作时因热膨胀差而产生的热应力，可以大部分被这种弹簧吊挂系统所吸收。

炉管的这种吊挂放置形式降低了生产时所到的应力，有利于保护炉管。由于炉管受热后向上伸长，故底部温度较高的下猪尾管所须的热补偿量要比炉管顶部固定的炉子要小，更有利于保护高温下猪尾管的长周期运行。

### ☞ 3. 侧烧式转化炉的结构和特点有哪些？

**答**：侧烧式转化炉沿炉管长度方向的温度分布，可以通过侧壁火嘴来调节，使纵向温度分布均匀。但由于双向炉管对热辐射的遮蔽作用，炉管径向存在温差，长时间运行后会发生弯曲现象，即使停炉冷却也得不到恢复。

采用自吸式碗形无烟火嘴，能使燃料气与空气充分混合后进入火嘴燃烧，缩小了炉膛体积，有利于降低空气过剩系数。

侧烧炉分布的火嘴火焰不会直接喷到炉管表面，而是喷向壁面多个菊花状凸棱，然后辐射到整个炉膛，转化炉管传热均匀，热效率高，燃烧能耗低，操作比较稳定，不需在炉管长度方向采用不同规格的催化剂来补偿热量分布的均匀性，见图 10-3 所示。

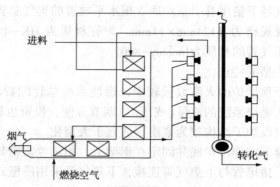

进料

烟气

燃烧空气

转化气

图 10-3　侧烧式转化炉的燃烧系统

　　采用上烟道，把对流段各组管束放到辐射室顶部，布置紧凑，减少占地面积，节省引风机动力；但使炉体复杂化，特别是给施工安装和检修带来不便。

　　在对流段加热管束的设计中，采取一定的工艺措施，使加热物料的出口温度可以得到有效调节，对生产有利。

　　侧烧炉每排炉管均成双三角形排列。管排间距与管距均为炉管外径的 2 倍。因此，能使炉管接受炉壁两侧燃烧的均匀辐射热。

　　转化所需热量，由每个辐射段两侧自吸式碗形无烟火嘴提供；火嘴在每个辐射室两侧分布。为了控制炉管的温度分布，炉膛及炉管内部装有测温的热电偶。

　　由于结构的原因，在技术改造、扩大产量时，基于原设备上的施工，会有一定困难。

☞ **4. 转化炉的基本组成和主要部件有哪些？**

　　**答：**顶烧式转化炉和侧烧式转化炉由辐射室和对流室两部分组成，直接接受炉膛火焰辐射加热的为辐射室，受烟道气对流加热的为对流室。主要部件有钢结构、炉管系统、火嘴、通风系统和耐火绝热系统等。

248

（1）辐射室。辐射室是热交换的主要场所，全炉热负荷的70%～80%是由辐射室担负的。辐射室中的传热方式以辐射传热为主，传热的热源是通过火焰和高温烟气的直接辐射。这部分的温度最高，必须充分考虑所用材料的强度和耐热性等。烃类蒸汽转化反应过程都在辐射室内完成。

（2）对流室。对流室中的传热方式以对流传热为主，传热的热源是靠辐射室出来的高温烟气进行对流换热。对流室一般担负全炉热负荷的20%～30%。对流室的作用是降低烟气出口温度，提高转化炉的热效率。对流室内密布多排炉管，烟气以较快速度流经对流管排，进行对流换热。对流室吸热量的比例越大，全炉的热效率越高，但究竟占多少比例合适，应根据管内流体与烟气的温度差和烟气通过对流管排的压力损失等因素，选择最经济合理的比值。对流室一般都布置在辐射室之上，与辐射室分开，单独放在地面上也可以。为了尽量提高热效率，多数炉子在对流室采用翅片管或钉头管。

（3）钢结构。钢结构由框架和墙板组成，其作用除承受炉体、管道及其附件的重力载荷外，还应承受自然载荷。炉内各种构件通过各种形式的连接，组成一体。除去必要的开孔外，要求炉壁组成一个密闭空间，以保证炉膛负压和炉子热效率。

（4）炉管系统。炉管系统包括炉管及其支承结构，是转化炉的核心部分。辐射段炉管包括上集气管、上猪尾管、炉管、下集气管、下猪尾管。

转化炉管由加热段和伸出段组成，处于炉膛内的为加热段，采用离心浇铸的合金耐热钢。

离心浇铸管的外壁不作机械加工，管段焊前、焊后均不需热处理，但在开焊缝坡口时，应切去影响焊接质量的内壁疏松层。

**☞ 5. 转化炉炉管有哪几种？各自特点是什么？**

答：（1）I.C.I 型转化炉炉管。I.C.I 转化炉又称单管型顶烧炉，该炉管见图 10-4。预热至 367℃ 的原料气，从 4 根上集气管分配到 128 根上猪尾管，进入 128 根转化管。转化反应后 780℃的气体，由转化管下端侧向接口引出，从 128 根下猪尾管汇总到 2 根下集气管，送往余热锅炉。

转化管的结构如图 10-5 所示，管子规格 $\phi124mm \times 11mm$，管心距 381mm，排间距 2134mm。管间烟气温度从 1900℃降至 920℃。管内介质进口温度 370℃，出口温度 780℃。转化管加热段长 8382mm，最高管壁温度 900℃，操作压力 2.1MPa，设计压力 2.3MPa。炉管材料采用离心浇铸的 HK-40（Cr25Ni20）。转化管上下两端伸出炉膛，在顶部和底部装有隔热盒，使上下法兰及盖板温度不高，可用碳钢制造。管内催化剂由从下端盖板伸入的伞形托架支承。

转化管在距上法兰约 740mm 处，焊有两片翅板，转化管靠它悬挂在炉顶横梁上。每根炉管相对独立，即使各管之间受热不均匀，也不会形成温差应力，且便于单独更换催化剂。一旦 1 根转化管破裂喷火时，可立即用水力钳把转化管上下猪尾管夹死，不必停炉更换转化管，其他转化管仍可继续操作。

开工后转化管伸长达 160mm 左右，上下集气管也因升温而

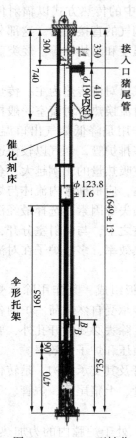

接入口猪尾管

催化剂床

伞形托架

图 10-4　I.C.I 型转化炉转化管结构

250

有所伸长，彼此相对位移很大。因而上侧用带 4 个 90°弯头，长 6.6m 左右的上猪尾管与上集气管连接，下侧也用带 4 个 90°弯头，长 5.8m 左右的下猪尾管与下集气管连接，利用猪尾管的挠性，吸收转化管与集气管之间的相对位移。上猪尾管所处的工作温度相对较低，可采用铬钼合金钢材料。下猪尾管壁温很高，达 800℃左右，且为了避免炉管及集气管热位移所产生的应力，或在用水力钳把下猪尾管夹扁时发生脆性破裂，所以下猪尾管的材料既要有足够的高温强度，又要有一定的高温塑性，故下猪尾管和下集气管采用 Incoloy-800H（Cr20Ni32Nb）管材来满足要求。

为了不使下集气管承受过大的附加载荷，防止转化管变形，下集气管的固定采用平衡重锤和弹簧吊架的结构，即下集气管由连杆机构悬吊在炉底上，用铸铁重锤来平衡管子的重量。此外为了避免下集气管因单方向膨胀而造成过大的应力，在下集气管的中部，设有滑动导轨，使下集气管能向两端膨胀，但又不妨碍下集气管的上下移动。

转化管的下端法兰和盲板伸出在炉膛之外，温度较低，称为冷底式结构，管底易积聚腐蚀性冷凝液，腐蚀转化管。

（2）Kellogg 型转化炉炉管。凯洛格转化炉在辐射段有 9 排转化管，每排有 1 根上集气管、42 根猪尾管、42 根转化管、底部有 1 根下集气管和 1 根从下集气管中点通向炉顶输气管的上升管。42 根转化管对称地分布于上升管两则，每侧 21 根，组成转化管排结构（亦称竖琴式管系），见图 10-5 所示。

上升管是热底式顶烧炉中特有的炉管，设计温度在 950℃以上，采用超耐热合金制成。炉外过渡部分由碳钢管作为承压管，内壁由绝热层和耐蚀高镍铬合金钢 Incoloy800 衬里保护，外壁设水套冷却。

原料气体经对流段原料混合器加热到 510℃，然后进入进气总管，再分配到 9 根并列的上集气管中。每根上集气管则通过 42 根挠性的入口猪尾管与 42 根转化管相通，组成原料气进气管系。

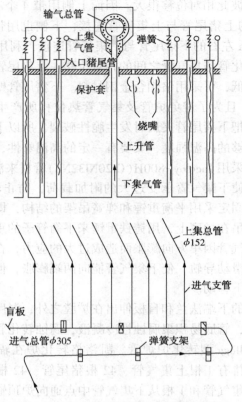

图 10-5  转化炉管管排图及进气管系统

　　进气总管构成尺寸很大的门形，以解决管系的热膨胀。因为由常温下安装到开工后加热操作，进气总管、进气支管、上集气管均有相当大的热膨胀量，这种三维空间的热膨胀势必在进气管系中引起数值很大的热应力。为了吸收这一热应力，进气总管采用 6 个弹簧支架支承。进气总管管材为含碳 0.3% 的碳钢（ASTMA106GrB）。9 根上集气管材质与进气总管相同。每根上集气管的末端都用盲板法兰封死，必要时可以拆开检查或清理内部。每根上集气管用 3 个支座支承在炉顶钢梁上。考虑到上集气管热膨胀量较大，3个支座中只有中间那个支座用螺栓固定死，其余2个都是活动支座。这样受热后上集气管可以从中间支座处向两端伸长，比只向一端热膨胀移动量小。上集气管与猪尾管间采用承插管座焊接，籍以对管子开孔进行补强。管座材料为ASTM A 105 Gr Ⅱ锻件。

（3）侧烧炉型转化炉炉管。每个辐射室内竖排若干组转化管，每个辐射室有1根上集气分配管，通过上猪尾管分别与炉管连接如图10-6。炉管下部通过下猪尾管与下集气管连接。

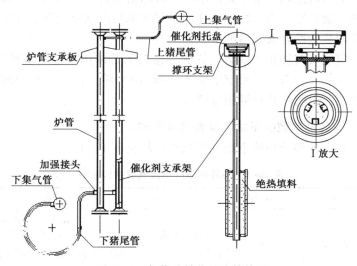

图10-6　侧烧炉转化炉炉管管系

上集气管的一端与对流段工艺气-蒸汽预热器的工艺气管道连接，另一端用封头封死。

侧烧炉型炉管的壁温从上到下比较均匀，但炉管周向温差较大，一般可达70℃。正常操作一段时间后，会发生炉管弯曲，弯曲后偏心距可达125mm左右。

炉管内的催化剂由下端催化剂支承架承托，支承架外形象箩筐，由3块同心不同直径的圆环板焊到3块台阶形筋板上，台阶

253

形筋板小端焊有 1 块圆板，转化反应后的气体通过催化剂支承架的环隙进入下猪尾管。

☞ **6. 什么是猪尾管?**

答：猪尾管的主要作用是输送气体和作为热补偿元件。它的结构形状应当满足以下几个方面：具有足够的挠性；合理的管径和长度，使气体流动阻力尽量减小；结构布置的可能性；尽量改善猪尾管本身的受力条件。因此在满足承压、耐温、阻力的条件下，应尽可能减小猪尾管的刚度。采用猪尾管等于增加了弹簧吊架的弹簧常数。为了增加挠性，猪尾管采用薄壁合金管，并尽可能弯制成挠性好又紧凑的形状。

猪尾管与转化管或集气管的焊接接头都采用承插管座焊接。并且在尾管端头一定要空出 1.5~2mm 的间隙，作为施焊中的膨胀间隙，以防止角焊缝根部微裂。

☞ **7. 各种炉型的下集气管差别有哪些?**

答：各种炉型的下集气管结构比较见表 10-1。

表 10-1　各种炉型的下集气管结构比较

| 炉型 | 结构型式 | 支承方式 | 说明 |
|---|---|---|---|
| 冷底式顶烧炉 | 炉外裸管 | 杠杆式平衡重锤悬吊结构 | 设有外保温箱，下集气管、下猪尾管同置于其中。保温箱散热面大，故热损失较大 |
| 热底式顶烧炉 | 炉内外保温管 | 下集气管直接与转化管、上升管焊接成管排，悬吊于弹簧吊架上 | 外保温将下集气管与高温烟气隔绝，避免高温侵袭；同时也减小内外壁温差，从而使周向温差应力减小 |
| 侧烧炉 | 炉外外保温管 | 利用固定支座和活动支座支承集气管 | 外保温是为了防止热量散失。分集气管是为了取消外保温箱而又便于布置下猪尾管而特设 |

☞ **8. 转化炉火嘴的作用是什么？**

**答**：火嘴是实现燃料燃烧过程的器具，是转化炉的重要部件之一。火嘴的结构型式、排列方式、燃烧性能以及操作情况，对炉子的热效率、炉管工作壁温分布和使用寿命均有密切的关系。因此，对火嘴有如下要求：

（1）适应不同炉型的需要，保证炉膛必须的热强度。

（2）要保持连续稳定的燃烧，其回火和脱火的可能性小。

（3）过剩空气系数适宜，燃料气能与空气混合均匀，燃烧完全。

（4）能满足工艺热负荷要求，操作弹性大，调节性能好，操作简单、可靠，工作时无噪音。

（5）不堵塞、不结焦。

（6）结构简单、紧凑、体积小、重量轻。

（7）操作费用小，维修、更换方便。

☞ **9. 火嘴的型式有多少种？**

**答**：（1）按功能分类：

① 辐射段火嘴：提供转化反应所需全部热量，按炉型设计安装在顶部或侧壁。

② 烟道火嘴：补充对流段部分热量。

③ 对流段辅助火嘴：补充对流段部分热量，调节烟气温度。

（2）按燃烧方式分类：

① 外混式：燃料与助燃空气在火嘴外部的炉膛内混合，火焰较长，高温区下移，造成上部炉管及催化剂的利用率降低，为老式转化炉所用，也称长焰火嘴。

② 部分预混式：利用燃料气高速流动的能量，吸入35%~65%的助燃空气（一次风），在火嘴内混合后喷出火嘴，其余空气由二次风门在火嘴外部混合燃烧，火焰较短，燃烧有力，也称短焰火嘴。图10-7为侧烧炉 WR-Ⅱ型火嘴。

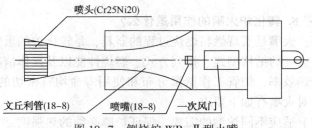

喷头(Cr25Ni20)

文丘利管(18-8)    喷嘴(18-8)    一次风门

图 10-7　侧烧炉 WR-Ⅱ型火嘴

③ 内混式：分两段吸入助燃空气，全部在火嘴内混合后再喷出火嘴，火焰更短，故又称无焰火嘴。

操作上要使炉膛受热均匀，火焰不直接舔烧炉管，并实现低氧完全燃烧。为此要合理选择火嘴的型号进行布置。

☞ **10. 转化炉火嘴如何使用？**

**答：** 制氢装置转化炉燃料多采用炼厂燃料气以及本装置的 PSA 脱附气等。在适宜的操作条件下，预混式气体火嘴的火焰非常稳定且紧密。如果燃料气的组成变化，使用高含氢燃料气时，由于燃料和空气混合物离开喷头处的流速小于火焰的传递速度，火焰会返回文丘里管，造成回火，火嘴调节严重受到限制。当燃烧的燃料比设计工况的燃料重得多时，火嘴会达不到其最大放热量。因为燃料气的低压造成空气量吸入不足，必须提供更多的二次风，以弥补此缺陷。

预混式气体火嘴的燃料与空气混合情况比外混式气体火嘴好，它可在较低的过剩空气系数下操作。单个火嘴的过剩空气系数可低至 5%～10%，见表 10-2。

表 10-2　预混式火嘴的过剩空气系数

| 项　　目 | 单个火嘴 | 多个火嘴 |
|---|---|---|
| 自然通风和强制通风 | 5%～10% | 10%～20% |

与外混式火嘴相比，预混式火嘴的火焰体积更小，更容易限

256

制。火焰形状由燃料气喷孔设计在某特定范围内，由火嘴砖的形状决定，火焰更蓝更透明。

☞ **11. 引风机的如何操作与维护？**

答：（1）启动前的准备：

① 确认进出口蝶阀、烟道挡板处于关闭状态。

② 盘车，检查风机转动部分与固定部分有无碰撞及摩擦现象。

③ 检查轴承箱的油位（1/2~2/3 处）及油质是否正常。

④ 检查冷却部分是否正常。

⑤ 检查联轴器防护罩是否固定牢固、完好。

⑥ 现场手动盘车 2~3 圈，无卡、阻、涩现象。

⑦ 通知电气值班送电。

⑧ 启动前在叶轮的径向、联轴器附近不许站人，以免发生危险。

（2）启动操作：

① 全开轴承箱冷却水进水阀、回水阀、入口烟道气压力表根部阀。

② 启动电机，观察电流、电机转向是否正确，检查运行声响是否正常。

③ 正常后缓慢打开出口挡板、蝶阀。

④ 打开入口挡板，总控缓慢打开入口蝶阀，建立炉膛负压。

（3）正常维护与检查：

① 检查冷却水压力、温度是否正常。

② 检查电机轴承及风机轴承各处有无异常振动及响声。

③ 检查炉膛负压。

④ 油箱油位、油质是否正常，必要时补充。

⑤ 及时填写操作记录。

（4）正常运转中的注意事项：

① 运转过程中，轴承温升不得高于 40℃，表温不高

于 80℃。

② 如发现流量过大，不符合使用要求，或短时间内需要较少的流量，可利用入口碟阀进行调整。

③ 油窗应定期进行检查、清洗。

④ 开车、停车或运转过程中如发现不正常现象，应立即找钳工检查。

⑤ 运转中不允许排除故障。

⑥ 每次拆修后应更换润滑油，正常情况下每 3 个月换一次润滑油。

（5）正常停机：

① 缓关入口碟阀。

② 停止电机。

③ 关烟道气压力表阀。

（6）紧急停机。出现下列情况，引风机、鼓风机必须进行紧急停车：

① 风机出现剧烈的噪音。

② 轴承温升过高。

③ 风机发生剧烈的振动和有撞击现象时。

（7）切换操作：

① 做好启动备用引风机的一切准备工作。

② 现场关闭备用引风机进出口挡板、出口蝶阀。

③ 启动备用引风机，待其运转正常后，现场缓慢打开备用引风机进出口挡板、出口蝶阀，联系生产管理部门缓慢打开入口蝶阀。

④ 总控通过引风机入口蝶阀的开度逐步调整炉膛负压(一边开备用引风机入口蝶阀，一边关小在用引风机的入口蝶阀)。

⑤ 待炉膛负压正常后，总控关闭在用引风机的入口蝶阀，现场关闭在用引风机的入口挡板、出口蝶阀。

⑥ 切断待停引风机电源，按正常停机步骤停机。

⑦ 切换引风机时，注意尽量减少因切换操作带来的炉膛负压波动。

**☞ 12. 引风机的主要故障及原因是什么?**

**答:** (1) 轴承箱剧烈振动:

① 风机轴与电机轴不同心，联轴器歪斜。

② 机壳或进风口与叶轮摩擦。

③ 基础的刚度不够或不牢固。

④ 叶轮铆钉松动或叶轮变形。

⑤ 叶轮轴盘与轴松动，联轴器螺栓活动。

⑥ 机壳与支架、轴承箱与支架、轴承箱盖与座等联接螺栓松动。

⑦ 风机进出口管路安装不良，产生振动。

⑧ 转子不平衡。

⑨ 叶片磨损。

(2) 轴承温升过高:

① 轴承箱剧烈振动。

② 润滑油质量不良、变质。

③ 润滑油油位太低，润滑不良。

④ 润滑油加入太多。

⑤ 润滑油中含有灰尘、砂粒、污垢等杂质。

⑥ 轴承箱盖、座间联接螺栓之紧力过大或过小。

⑦ 轴与滚动轴承安装歪斜，前后两轴承不同心。

⑧ 滚动轴承损坏。

(3) 电动机电流过大和温升过高:

① 启动时进气管道阀门未关闭。

② 流量超过规定值。

③ 输送介质密度过大或压力过大。

④ 电动机输入电压过低或电源单相断电。

⑤ 联轴器联接不正或间隙不匀。

⑥ 受轴承箱剧烈振动的影响。

⑦ 电机轴承缺润滑脂造成干摩擦或抱轴。

☞ **13. 炉膛负压的控制如何实现？**

**答：** 原料气预热炉、转化炉炉膛负压对燃烧有很大影响，负压太大，会增大过剩空气系数，会降低转化炉热效率。因此，对原料气预热炉、转化炉来说控制好炉膛负压尤为重要。

原料气预热炉的炉膛负压通过调节火嘴风门的开度、烟道挡板的开度来实现。

顶烧式、侧烧式转化炉一般控制炉膛负压在-100~-50Pa即可。一般情况下，影响转化炉炉膛负压的因素有看火孔、风门、点火孔、引风机、鼓风机等因素。在调节炉膛负压时，应先将风门调节到最佳状态，然后关闭看火孔、点火孔及没有点燃的火嘴风门。

检查烟道气引风机入口挡板的开度，联系控制室，控制好炉膛负压稳定，全开并固定入口挡板的开度。检查鼓风机入口挡板的开度，用同样方法进行处理和固定。

以上工作完成后，控制室可通过入口或出口调节阀对炉膛负压进行调节。

☞ **14. 转化炉空气预热器的特点是什么？**

**答：** 转化炉是制氢装置的能耗大户，对于如何提高转化炉的热效率显得非常重要。制氢装置的空气预热器让助燃空气与转化炉的高温烟气进行换热，不仅可以降低排烟温度，而且可以提高炉膛温度，节省燃料，提高转化炉的热效率，因此，空气预热器在制氢装置已被广泛采用。

空气预热器实际是将烟气与空气进行热交换的换热设备，分为管束式、回转蓄热式（板式）和热管式等型式。采用空气预热器的转化炉一般采用强制供风，因此都设有鼓风机、风道等，同时要将高温的烟气引入空气预热器进行热交换，还需要有引风机和烟道等设备。

由于烟气露点腐蚀的原因，空气预热器烟气侧的出口温度（一般为排烟温度）应控制在不低于150℃，排烟温度太高会影响整台炉的热效率，太低则容易引起设备露点腐蚀，如果燃料的含硫量很低，还可以再适当降低。合理的排烟温度一方面是通过合理的设计来保证，要求设计时选取的参数要尽可能的准，另一方面，在操作上转化炉的负荷也不宜偏离设计值太多，一般要求在设计值60%以上负荷运行。

☞ **15. 制氢装置阻火器有何特点？其作用是什么？**

**答**：不论是高压瓦斯还是低压瓦斯，在正常操作下，只要在瓦斯管道内部混入空气，而瓦斯又有一定压力喷出时，火焰是不会回到瓦斯管道内去的。但在开停工时，若瓦斯管道内存有空气，或在法兰松动及阀门失效时有空气混入管内，有可能引起火焰回到管内，并蔓延到整个管网及设备内而引起爆炸。因此，为防止火焰倒窜入瓦斯罐或其他容器、管线内产生爆炸，在炉用瓦斯线上都设有瓦斯阻火器。阻火器一般设在瓦斯入炉前的管线上。

阻火器大多数由多层金属细网组成，当火焰进入阻火器后，由于金属细网传热很快，火焰通过金属细网被分割散热而熄灭，从而达到阻火的作用。随着技术的进步，已有其他新型的高效阻火器投入使用。

☞ **16. 炉子点火操作如何进行？**

**答**：（1）点火应具备的条件：

① 用氮气置换燃料气系统至各火嘴根部阀前，由转化炉顶放空管放空。置换数分钟后，逐个开火嘴小阀，见气后即关闭，采样分析合格后（$O_2 < 0.5\%$），引燃料气至火嘴根部阀前，在炉燃料放空管处置换燃料管线，见气关闭。

② 启动转化炉烟气引风机，打开转化炉烟道挡板，抽20min

后，调整烟道挡板至合适开度，使炉膛保持合适的负压（-50～-20kPa）。

③ 强制送风的火嘴，启动鼓风机向火嘴供风。

（2）转化炉的点火操作：

① 适当的关小点火火嘴的一次、二次风门。

② 将准备好的点火用具（电子打火枪或燃油点火棒）通过点火孔伸入炉子（伸入后按下点火器的点火开关），稍开火嘴根部阀，点燃后取出点火用具。

③ 点着后应及时调整风门及燃料气阀开度。

☞ **17. 转化炉烘炉的目的是什么？**

**答**：转化炉的炉墙及余热锅炉内衬，是用耐火砖、混凝土等筑砌而成，里面含有大量的水分。新建或大修后的炉子，炉体内衬里的耐火砖、耐火混凝土等也含有大量的水分。通过烘炉可将炉墙中的吸附水和结晶水慢慢脱除，以避免在使用过程中因水分急剧蒸发而引起炉墙衬里破坏。另外通过烘炉，可以了解炉管的热膨胀情况，掌握炉子的温度调节、余热锅炉使用性能及锅炉系统的热态操作。

☞ **18. 转化炉烘炉应具备什么条件？**

**答**：（1）安全、消防设施齐全，安全、消防、环保设施投用。

（2）烘炉用仪表检查、调试完好。DCS 可投用。

（3）燃料系统置换合格，转化原料气系统 $N_2$ 置换合格。

（4）在烘炉过程中，应请化验分析人员参加，每小时对烟气取样分析水分含量，根据测得的烟气中水分的多少，适当调整升温、恒温时间，确保烘炉质量。

（5）需烘炉的设备砌筑完毕，并且已经在环境温度（15～25℃）下自然养护 72h 以上。

（6）原始开车的装置冲洗、吹扫合格，系统气密试验合格。

（7）参与烘炉的压缩机单机试运合格，负荷试车正常，处于备用状态；锅炉系统的泵，单机试运合格，负荷试车正常，处于备用状态；引风机、鼓风机单机试运合格，负荷试车正常，处于备用状态。

（8）ESD联锁自保系统投用。

（9）脱硫、转化、压缩、炉水各岗位主要仪表具备投用条件。

（10）转化炉烘炉前，余热锅炉系统建立水循环。

（11）冷 $N_2$ 循环时发现的问题均已解决，转化炉负压表已装好，炉区卫生已清理。

（12）水、电、净化风、蒸汽、氮气、燃料气等公用工程均能保证足量供应。

（13）烘炉前应将圆筒炉和转化炉的看火孔、风门、烟道挡板、防爆门打开，自然通风数日，以脱除炉墙表面水分。

（14）开通烘炉流程，切断与本流程无关的所有管线。

☞ **19. 烘炉注意事项有哪些？**

**答：**（1）严格控制升温速度，按升温曲线图进行升温。火嘴调节要勤，每次调节幅度要小，不可大起大落。恒温时，温度波动≯5℃。

（2）氮气循环量≮2000Nm³/h。

（3）运行过程中，注意系统排凝。

（4）控制炉管管壁温度≯550℃，炉出口温度≯450℃。

（5）烘炉过程中如发生熄火，要迅速关闭燃料气阀门，引风机运行10min后方可点火。

（6）烘炉结束，降温到100℃左右时熄灭火嘴，降温速度≯20℃/h，用蒸汽扫净燃料气管道，关闭所有看火门、风门和烟道挡板，进行闷炉。

（7）待炉温自然降至40℃以下，即可打开人孔对炉体进行全面检查。

（8）烘炉过程中要做好烘炉记录，每小时记录一次，并做出实际升温曲线。

（9）烘炉完成后，要仔细检查炉体砌砖和衬里有无裂缝，有无脱落，钢架吊挂有无弯曲，炉管有无变形，基础有无下沉等现象，查出的问题由专人负责解决。

☞ **20. 转化炉的正常操作要点有哪些？**

**答：**（1）进料量和进料温度应稳定。进料量和进料温度变化时，炉子的热平衡关系被打破，使炉子的操作参数随之波动。如其他条件不变，进料量增大，则会使炉膛温度和炉出口温度降低，进料的质量流速和炉管的压降增大。多路进料时，若各路流量分配不均匀，也会使炉膛温度发生波动。

其他操作条件不变，进料温度升高，则炉出口温度也随之升高；若进料温度过低，炉出口温度将达不到工艺所要求的温度。适当地降低入炉温度，可使排烟温度降低，对提高炉子的热效率有利。

（2）控制好炉膛温度并保持炉出口温度不变。生产中要求炉出口温度保持恒定。炉膛温度的变化对炉出口温度的影响最大和最直接。如炉膛温度增高，辐射室的传热能力将增大，炉出口温度就会升高；反之，则炉出口温度就会降低。

炉膛温度不可过高，否则炉管表面热强度过大，使炉管壁温度升高，易产生局部过热和结焦，影响炉管使用寿命。同时炉膛温度过高使进入对流室的烟气温度也增高，对流炉管也易被烧坏。

转化炉正常操作时，应保持炉膛内各处温度均匀，防止局部过热，炉膛温差不能大于100℃，炉膛温度控制在≤980℃。

炉膛温度主要由入炉燃料量来控制，还与燃料的性质、燃烧状况等有关。燃烧状况主要与燃料与空气的混合状况有关。入炉空气量主要通过风门和烟道挡板的开度来调节。

（3）过剩空气系数 $\alpha$ 要适宜。正常操作时，在强制通风条件

264

下，烧气时辐射室 $\alpha=1.1$，对流室出口 $\alpha=1.15$。

若 $\alpha$ 过大，入炉的过剩空气量增多，烟气量增大，烟气带走的热量就越多，则使炉子的热效率降低；$\alpha$ 过大，炉膛中过剩氧含量增大，不仅对炉管产生氧化腐蚀，降低炉管使用寿命，而且使烟气中的 $SO_2$ 转化成 $SO_3$ 的数量增多，使烟气的露点温度升高，烟气中的水蒸气更易凝结成水，与 $SO_3$ 结合生成硫酸溶液，使烟气的露点腐蚀更严重。为防止露点腐蚀，就要提高排烟温度，即使热效率降低一些也无妨。

若 $\alpha$ 过小，入炉空气量少，易造成燃料因缺氧而燃烧不完全，增大燃料的消耗量，也会使炉子热效率降低，所以操作时 $\alpha$ 要适宜，要全面堵漏，将不使用的火嘴的风门、炉子的人孔门、看火门、防爆门等都关闭严密，尽量减少漏入炉内的空气量。

操作时应严格控制好烟囱挡板的开度，使炉膛在微负压下操作。一般辐射室火嘴处的真空度约为 100Pa 左右；对流室入口处的真空度约为 20~40Pa。

（4）注意观察炉膛火焰状况。燃料燃烧形成的火焰，其形状和颜色可反映燃料与空气的混合及燃烧状况。操作中若燃料量、空气量等调节不当，都会使火焰颜色发黄或脱火。

若火嘴性能良好，操作合理，燃料与空气能充分混合和完全燃烧，则炉膛明亮，火焰强劲有力，火焰为蓝白色。

（5）控制好排烟温度。应根据进料入炉的温度来确定排烟温度。排烟温度与入炉进料温度的温差一般控制在 100℃ 以上。使用钉头管或翅片管时温差控制在 50℃ 以上，当采用余热回收系统时，可根据烟气露点温度来确定排烟温度。

露点温度与燃料的含硫量、过剩空气系数、烟气中二氧化硫生成量等因素有关，一般在 105~130℃。为防止露点腐蚀，冷油进料的入炉温度应在 100℃ 以上。

（6）注意炉管压降的变化。通过观察炉管压降的变化，可判断炉管是否结焦。若进料在炉管内的质量流速基本无变化，而炉管压降却急剧增大，则有可能是炉管结焦。结焦严重时，必须停炉清焦。

☞ **21. 炉子运行时有哪些检查工作?**

**答:** (1) 要经常检查炉衬、炉管、火嘴等设备的情况。

(2) 检查炉体壁板是否有过热现象。定期用接触式高温计检查炉壳钢板的温度，过高的壁温通常表明炉衬耐火材料有损坏。

(3) 通过观察孔检查炉衬情况，炉墙耐火砖有无脱落、裂缝和收缩变形，离火嘴较近的耐火砖有无烧损现象；炉顶耐火混凝土衬里有无较大面积脱落，或成网状裂纹且有松动、有无较大缝隙；观察炉顶陶纤工作状态及冲刷程度，为软炉墙结构改进提供依据；有无表面分层粉化剥落等现象。

(4) 通过观察孔检查炉墙垂直度情况，有无向炉内鼓胀现象。

(5) 通过观察孔检查火嘴保温有无开裂、剥落；火嘴燃烧情况是否良好，长明灯是否正常燃烧等。

(6) 观察有无炉管变形、烧穿、炉管出现异样等情况；

☞ **22. 转化炉停炉后需要做什么检查?**

**答:** 转化炉停炉检修，分为中修和大修。检修中要仔细检查以下项目:

(1) 检查炉墙耐火砖有无脱落、裂缝和收缩变形；离火嘴较近的耐火砖有无烧损现象。

(2) 检查炉墙耐火砖砌体有无松动，以及闭合松动砖缝。

(3) 检查炉墙耐火混凝土衬里有无较大面积脱落，或成网状裂纹且有松动。

(4) 检查炉墙耐火混凝土衬里有无较大缝隙，有无表面分层粉化剥落。

(5) 检查炉墙(包括砌砖、衬里)有无向炉内鼓胀现象，目测炉墙的垂直状况。

（6）检查陶纤衬里有无脱落（指旧炉改造后粘贴陶纤）；保温钉端部陶纤覆盖块有无脱落；陶瓷螺帽是否损坏（指锚固陶纤炉衬）。

（7）检查炉顶吊砖有无断落；炉顶耐火混凝土衬里有无坍落；炉顶陶纤有无较严重的冲刷损坏（尤其是转角处）。

（8）检查所有火嘴的耐火砖有无烧损和龟裂。

（9）检查炉底耐火材料有无不平、弯曲或过度的裂缝。

（10）检查穿过炉底板处的所有导向管贯穿处耐火材料。注意有无间隙不合适的地方，或碎片等掉入间隙的地方。

☞ **23. 转化炉如何进行停炉操作？**

**答**：转化炉停工有正常停工和紧急停工两种情况。

（1）正常停炉操作。正常停工时，根据装置降量降温的要求，逐渐关闭火嘴。剩下1~2个火嘴时，打开燃料油循环阀，此时火嘴前的燃料油压力不能过低。全部熄火后，通入蒸汽清扫火嘴，炉膛内也通入蒸汽，使炉膛温度尽快降低，烟囱挡板也应全开。

当装置进行循环时，过热蒸汽可排空。如使用的火嘴是油－气联合火嘴，应先停燃料气，并对燃料气管线进行蒸汽吹扫处理，然后再停燃料油。若炉管不烧焦，可将燃料油全部送入油罐，停止燃料油循环，然后对燃料油管线用蒸汽吹扫处理。

当炉膛温度降至150℃左右时，将人孔和看火门全部打开，使炉子逐渐冷却。

（2）紧急停炉的操作。转化炉在操作中出现严重故障，如进料突然中断，炉管严重结焦，炉管烧穿等，应紧急停工，此时应立即关闭火嘴，使炉子熄火，停止炉子的进料，必要时炉管内吹入大量氮气，并应及时与消防队联系，以确保安全。

☞ **24. 制氢装置 CO₂ 吸收塔是什么样的设备？**

**答**：$CO_2$ 吸收塔为填料塔，材质一般选用 16MnR；由除雾器(破沫网)、分液管、分布盘、五层鲍尔环填料、液位计、安全阀等组成。见图 10-8 所示。

☞ **25. 溶液再生塔是什么样的设备？**

**答**：溶液再生塔也是填料塔，由三层圆泡帽塔盘、除雾器(破沫网)、分液管、气液分布盘、五层鲍尔环填料、气液分布器、2 个安全阀、液位计等组成，见图 10-9 所示。

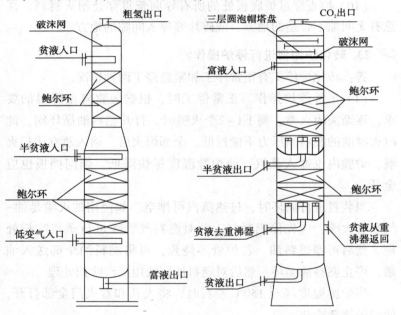

图 10-8　$CO_2$ 吸收塔内部结构　　图 10-9　溶液再生塔内部结构

☞ **26. 为什么吸收塔与再生塔维护要进行水洗与碱洗？**

**答**：吸收塔和再生塔在原始开工或经过长期停工，投用前要进行水洗和碱洗。

268

首先用冷水循环冲洗，冷水循环的作用是使两塔系统中的铁锈微粒悬浮在水中排出；接着用热水循环冲洗，热水循环的作用是使部分黏结物和油脂类物质溶化排出。

碱洗的目的是进一步洗去设备中残存的油脂。用碱液循环一定时间后，通过多次采样化验，碱液中的油脂、二价铁离子这些物质浓度不再上升时，就认为碱洗合格，碱洗合格后要进行静钒化和动钒化防腐。

☞ **27. 制氢装置的程序控制阀门有什么特点？**

**答**：程序控制阀门（程控阀）的可靠性是 PSA 装置整体可靠性的关键。其工艺特点是密封性能要求高、开关次数频繁，其中开关最频繁的程控阀，每年开关可达 $48×10^4$ 次，并且要求开启速度可调。PSA 程控碟阀为金属密封扭矩关闭型三偏心碟阀，这种系列阀门在位置双偏心结构基础上，将阀座中心线与阀体中心线斜置，形成一个偏心角 $\alpha$（通常称为三偏心），并在阀芯密封面上配合一个相应的几何形状设计，使阀芯在 90°开关转动行程中，阀芯上的密封圈子阀座之间无任何摩擦，阀门关闭后，由外加于阀门轴上的扭矩，在密封圈与阀座之间产生一个合适的密封比压，保证阀门严密关断。由液压驱动头作用于阀门轴上的扭矩，产生密封比压，实现密封。消除了因阀座弹性失效（塑性变形、冷流等）和阀座、阀芯磨损造成的密封失效，提高阀门的循环使用寿命。图 10-10 为 PSA 程控阀门的结构示意图。

程控阀门应具有如下的性能：

（1）密封性能好：利用偏心阀体、偏心蝶板和阀座，阀杆带动蝶板作旋转运动时，在共同轨迹自动定心，关闭过程中越关越紧。蝶板处于关闭位置时，密封副两密封间有少量的过盈。

（2）阀门开启时，蝶板与阀座完全脱开，防止蝶板上下点始终接触容易磨损密封面。

（3）体积小、结构紧凑、安装和维修方便。

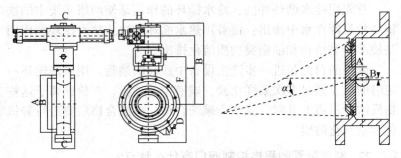

图 10-10　PSA 程控阀门的结构

（4）流量特征趋于直线，调节性能好。

（5）气动、液动和电动蝶阀可作远距离集中控制，且能满足计算机程控的要求。

（6）适用于纯净管路作启闭或调节介质流量之用。

为进一步保证程控阀门的使用寿命和运行稳定性，程控阀门的驱动装置均采用液压驱动系统和液压驱动头。另外，所有的液压驱动装置均设计了阀门关闭缓冲结构，可减小程控阀频繁关闭时的冲击载荷。

为保证吸附压力的平稳变化和吸附剂的使用寿命，PSA 工艺还要求均压和逆放等阀门应具有缓开功能。为此 PSA 装置程控阀具备有开启速度调节装置，使程控阀的开启速度在3~60s 内可调。

☞ **28. 怎样处理 PSA 系统程控阀的故障？**

**答**：程控阀门故障及处理：

（1）阀门内漏：原因是主密封圈划伤，联系钳工维护人员更换密封圈。

（2）阀门外漏：原因是轴密封松、损坏或老化，联系钳工维护人员压紧或更换密封填料。

（3）阀门开关不灵活：原因是齿轮和齿条机构磨损、轴密封损坏，联系钳工维护人员换齿轮齿条机构或者更换密封填料。

（4）开启速度太快：原因是调速装置设定不合理或者调速装置内漏，联系钳工维护人员重新调整开启速度，或者更换调速装置。

☞ **29. PSA 系统液压系统故障怎样处理？**

**答**：液压系统故障处理：

（1）液压系统出现严重噪音、油泵发热、压力表指示波动较大的不正常现象主要是由如下原因造成：

① 油泵吸空：油泵吸空主要是由于泵站滤油器堵塞、液压油温度太低（低于 $-20℃$）、油的黏度过大、泵出口胶管内有空气。解决办法是清洁或更换新的滤油器、向换热器通适量低压蒸汽、使用合理黏度的液压油清洁空滤器、松开螺丝排气。

② 调压阀故障：主要是由于调压阀卡住或磨损造成的，解决办法是清洁或更换调压阀。

③ 管路振动：紧固或加管卡，固定住管路。

④ 油生泡沫：主要是由于液压系统内部有空气排除不良、用油错误、油箱内油面过低造成。解决办法是寻找高点排气、换适宜的液压油、油箱内油面应处于正确位置。

⑤ 油泵故障：主要是由于 O 形密封圈和挡圈损坏或烧坏。解决办法是更换 O 形密封圈和挡圈。

（2）油压运动缓慢或油缸不动，泵站压力表指示压力很小或急剧从调定压力下降。

① 油泵出口压力不足或完全无压力：调压阀调定压力太低、调压阀零件黏着卡死（油不清洁造成）、调压阀磨损严重。办法是调高压力、滤油并清洗调压阀、对于调压阀磨损严重必须更换新的调压阀。

② 油缸磨损或损坏：由于油液太脏损坏密封机构，检查油缸，更换密封件。如果是正常磨损到极限，应修理或更换油缸。

③ 电磁换向阀黏着磨损或损坏：如果是由于液压油太脏卡住阀芯，必须过滤液压油、清洗电磁换向阀。如果是正常磨损到

271

极限，应更换。

④蓄能器故障：如果是由于充氮压力不够或充氮压力过高造成，重新充氮到正常压力。如果是压力油接总管阀未打开或回油针形阀未关严，要分别打开和关闭。如果是正常使用造成损坏，应修理或更换。

**☞ 30. 气动程控阀的控制系统是怎样的?**

答：程控阀开关控制过程见图10-11。

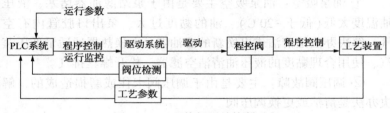

图10-11  程控阀开关控制过程

程控阀开关控制过程说明：

PLC(编程逻辑控制)系统根据工艺要求制定出程序，然后按一定的时间顺序将DC24V开关信号送至气压驱动系统的电磁阀。电磁阀将该开关电信号转换成驱动气压的高、低压信号，送至程控阀的驱动气缸，驱动程控阀门按程序开关。同时程控阀门将其开关状态通过阀门传感器反馈给PLC系统，用于状态显示和监控，并通过与输出信号的对比实现阀门故障的判断与报警。

**☞ 31. 气压驱动系统的作用是什么?**

答：气压驱动系统的作用是为程控阀门提供开关的动力和控制手段，同时其自身运行的参数(如压力等)也反馈回PLC系统，在PLC系统进行显示、监控、报警和连锁控制。

**☞ 32. 气动程控阀控制系统组成是什么?**

答：气动程控阀控制系统由作为动力源的仪表风系统、安装在控制室内的控制系统、架装仪表盘、安装在控制阀和架装仪表

272

盘上的近程开关及电磁阀等组成。

（1）仪表风系统。PSA 装置采用的仪表风源是经过过滤器的净化风，再经过减压后到达仪表风总管。仪表风总管的压力一般由 3 个压力开关来监测。3 个压力开关给微机提供 3 个不连续的输入信号，若有 2 个压力指示都低于停车压力设定值（0.38MPa）时，就将发出仪表风压低低报警和停车；如果仅有 1 个压力开关指示停车条件，那时将发生仪表风压低报警，以指出故障；如果 3 个压力开关中有 2 个压力下降到低于最低使用压力（0.42MPa）时，将发生仪表风压低报警，但并不停车。这种报警设置防止了装置在仪表风源降低的条件下，引起阀门不适当操作的可能性。

（2）架装仪表盘。在阀门滑架上的仪表盘装着工艺仪表设备，如减压阀、变送器、转换器、和压力表等。在滑架仪表盘上还有供仪表设备、电磁阀和近程开关到滑架仪表盘供电器连接用的接线箱。在架装仪表盘内部，安装了下列仪表设备：微处理机、输入和输出摸块、继电器、熔断器和接线板、主断路开关、24V 直流电源、信号隔离器。

（3）电磁阀。电磁阀是安装在每一个工艺阀门上的。他们接受来自控制盘的不连续输出信号，控制程控碟阀处于不同的开关状态。这些电磁阀是按故障自动保险编程，也就是使它们在通电时打开，在断电时关闭程控碟阀。

（4）近程开关。近程开关也是被安装在每一个工艺阀门上的，用来指示阀门的状态（开或者关）。它们的信号作为不连续的输入被传送到微处理机，并作为阀门故障检测和报警的输入信号之一。

（5）变送器。借助一个 24V 直流电源供电，把现场的压力信号、流量信号、温度信号转变成 4~20mA 的电信号传给控制盘，供微机检测和控制各工艺过程。

（6）电/气转换器。用 24V 直流电源供电，接受来自控制盘 4~20mA 的电流信号，把它变成一个 0.02~0.1MPa（表压）的控制信号，传送给带有定位器的程控阀。

（7）定位器。接受来自电器转换器的 0.02~0.1MPa 的控制信号，以控制程控阀门的开启速度及开度。

☞ **33. 气动程控阀控制系统的一般故障处理有哪些？**

**答**：程控阀门未按程序规定动作或近程开关未探测到位，各阀门均会产生报警。另外，如阀门有内漏现象也会引起系统压力波动而导致相关报警。

程控阀控制系统出现故障的几种可能因素：

（1）近程开关输入模件故障：及时联系仪表维护人员在线更换卡件。

（2）电磁阀输出模件故障：及时将其作适当的切塔处理，并联系仪表维护人员更换。

（3）电气转换器输出模件故障：及时联系仪表维护人员接临时风线，将出现故障的再加一个输出模件，或根据情况切塔并更换整个模件。

（4）阀门内漏：假如检测出某一阀门泄漏，及时联系仪表维护人员处理。检查调节其阀杆，使阀芯进一步深入阀座。如果泄漏严重无法修复，应将阀门拆除，更换新的阀门。

（5）阀门定位器故障：根据情况作切塔处理，并联系仪表维护人员检查或更换阀门定位器。

（6）电器转换器故障：及时联系仪表维护人员接临时风线，并调整好风压，以控制阀门开度大小，仪表在线更换新的电器转换器。

（7）仪表风压力低：引起仪表风压力低的主要原因，是仪表风源和过滤器故障以及压力开关故障，如果是压力开关故障应该立即更换压力开关；若仪表风压力低，可将低压氮气送入仪表风系统维持生产，注意控制压力。

☞ **34. 转化炉炉管主要的破坏因素有哪些？**

**答**：转化炉炉管主要的破坏因素是过热和热冲击。转化炉管入口是烃类和水蒸气，在转化炉管中反应生成转化气。在炉管外边是燃烧烟气，烟气中含有硫化物和氧气。因此高温腐蚀，包括硫腐蚀、氧腐蚀和渗碳等，都将对炉管造成危害。特别是硫的腐蚀，在高温下硫对镍基合金的危害更大。所以不仅要控制原料气中的硫含量，也要控制燃料气的硫含量，并且防止其他有害杂质进入炉管。对于原料气、蒸汽中断这类外部因素引起的事故，应妥善处理，否则将造成严重的后果。

转化炉管的工作条件苛刻，管壁工作温度高（850～950℃），内外壁温差大（28～101℃），承受内压引起的工作应力和自重应力，并经受开停工引起的疲劳和热冲击。由于温度及应力共同作用，常在距炉管内表面大约为壁厚的1/3处首先产生微裂纹，再向内外表面扩展，造成炉管径向开裂。迎火与背火面的温差应力常导致炉管弯曲，炉管过热常常造成炉管的过早损坏。炉管的局部过热主要是压力降增加造成的，压力降增加的原因如下：

（1）水被带入炉管内（例如锅炉水位高），使催化剂破碎。

（2）填装催化剂时，机械磨损生成的粉末在炉管内积聚。

（3）由于紧急停车，温度急剧下降炉管收缩，使催化剂受过大压力而破碎。由于压力降增加，使通过该管的原料量减少带不走热量，因而使炉管出现过热。

（4）催化剂结炭、结盐，炉管出口栅板或猪尾管堵塞。

炉管局部过热会使其寿命大为减少。例如，HK-40合金铸管在以粗汽油为转化原料时，管壁温度900℃，压力为4.0MPa，理论寿命约为10年，而在950℃时寿命少于3年。操作压力、温度对炉管使用寿命影响见图10-12所示。

炉管的过热损坏表现为渗碳、蠕变和破裂。

渗碳是指碳向金属或合金内部的扩散侵入，尤其是奥氏体不锈钢，因碳在钢中的固溶度大，很容易发生渗碳。在转化炉管，碳来源于高温含碳气体在钢表面分解，并按下式反应析出碳原子：

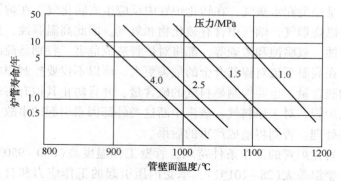

图 10-12 操作压力、温度对炉管使用寿命的影响

$$2CO \rightleftharpoons C + CO_2$$

$$CO + H_2 \rightleftharpoons C + H_2O$$

$$CH_4 \rightleftharpoons C + 2H_2$$

$$C_2H_6 \rightleftharpoons C + CH_4 + H_2$$

渗碳速度与温度有关，温度越高，速度越快，特别是当混合气中有氢存在时，能促进渗碳反应的进行。在过热环境中，容易产生 $\sigma$ 相的 $Cr_{25}Ni_2O$ 炉管容易发生渗碳作用。

炉管的破裂部位多发生在焊缝上，母材上也时有发生。破裂经常为纵向的，横向裂纹则少见。炉管因铸造缺陷（如疏松、缩孔、夹渣及偏析），使用一定时间后，也会产生贯穿壁厚的裂纹。

另外炉管中的介质腐蚀，亦可引起材料的劣化。

如：某厂制氢转化炉管采用 HK-40 材料，其中有两根炉管选用了 ERNiCR-3 和镍基焊丝（Cr21%、Ni78%、C0.09%、Si0.99%、Ti0.07%）。施焊投用 15000h 后，焊缝及热影响区表面隆起、冷后变成疏松多孔。因燃料气含有 $H_2S$（0.01%～0.1%），事故分析认为镍基焊缝在烟气中有比较高浓度的 $SO_2$、$O_2$ 介质中，受到了高温硫化腐蚀，形成 Ni 和 $Ni_3S_2$ 的共晶反应，生成 NiS，呈液相而遭烧损。

276

☞ **35. 猪尾管两端接头为何会破裂？**

**答**：这类破裂大都多发生在猪尾管与炉管或集气管轴芯呈90°角的进出口处，且多呈环向裂纹，部分出现在焊缝及热影响区。

（1）宏观分析。下猪尾管连接在炉管与下集气管之间，要补偿这两个方向由热膨胀引起的位移。生产中，装置要根据外部用氢量的变化进行升降量。由于操作上的波动，管内所产生的压力和管的热位移也不同。因此，尾管承受由内压产生的一次应力和热位移引起的二次应力，也不尽相同。尾管的最大应力一般集中在猪尾管两端，加强接头相连接的部位，如图10-13所示。由于长期高温应力的作用及自重的影响，下猪尾管出现了明显的下垂，其两端连接处已不再水平，而形成较大的倾角，进一步加大了接头上部的交变应力，这就是接头及尾管总是上部出现环向裂纹的主要原因。操作波动过大和开停工频繁，是造成下猪尾管两端连接处应力疲劳破坏的重要因素。

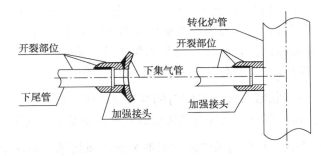

图10-13 下猪尾管两端及其接头

（2）微观分析。据有关资料介绍，对这类高铬镍奥氏体耐热钢金相分析表明，这类钢的正常组织为奥氏体。基体上分布不稳定的共晶碳化物（$Cr_7C_3$），称为一次碳化物。在高温长期使用过程中，固溶在奥氏体中的碳，将以$M_{23}C_6$的形式从基体中沉淀出来，称为二次碳化物。随温度的升高及时间的延长，一次碳化物将变粗，呈条状并向链状转化；二次碳化物则合并、长大、溶解等。影响碳化物形态及分布的主要因素是温度和时间，如图10-14所示。

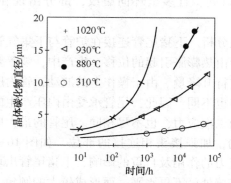

图10-14 奥氏体耐热钢的碳化物长大速度

☞ **36. 什么是烟气余热回收系统？**

**答**：烟气余热回收系统(包括省煤段、原料混合一段、二段和水保护段)是利用转化炉高温烟气的余热，预热原料和发生蒸汽。由于燃料含硫，省煤段等低温部件常出现较严重的露点腐蚀。在高温部位，如混合二段和水保护段，管内外介质温差大(300~737℃)，常使碳钢管发生高温氧化、脱碳、蠕变。

☞ **37. 中温临氢系统( >250℃)的腐蚀是怎样的？**

**答**：这些部位与氢气直接接触的碳钢，易发生脱碳和氢脆。

☞ **38. 净化系统的高温碳酸钾碱液和湿二氧化碳的腐蚀是怎样进行的？**

**答**：二氧化碳冷凝水溶液，在60℃以下对碳钢的腐蚀尚小，在60℃以上腐蚀性就加重，如再生塔的上部内构件、再生塔管线、空冷器及冷凝液流经的管线和设备等是主要的腐蚀部位。

热碳酸钾溶液易引起碳钢材料侵蚀性腐蚀。在流速高的部位会破坏金属表面的保护膜，加速金属腐蚀。如再生塔重沸器管壁

278

温度较高的部位，管表面接触的溶液容易急剧沸腾汽化，汽化后的气体体积成百倍地增大，形成气液夹带，交替冲蚀的爆沸现象，使腐蚀大大加剧。

热碳酸钾溶液腐蚀的主要部位，还有贫液泵和半贫液泵的叶轮、轴套、泵壳、阀件、吸收塔底部等。

如某制氢装置的脱碳系统，半贫液泵的碳钢叶轮、口环、轴套等运转 42h 后，就腐蚀报废。贫液泵的碳钢叶传输线、口环、轴套等运转 80h 腐蚀坏，泵壳穿孔。贫富钾液调节阀的不锈钢和碳钢管板间的胀接口穿孔泄漏。

某厂再生塔重沸器、U 形 18-8 不锈钢管，运行 28d 就有 11 根管在与管板连接处发生间隙腐蚀穿孔。某厂再生塔塔底隔板 17m 长的焊缝因腐蚀开裂而倒塌。

## ☞ 39. 如何防止转化炉炉管腐蚀？

**答**：（1）防止硫的腐蚀。充分脱除原料气和燃料中的硫，要求燃料含硫量小于 $200\mu g/g$。

（2）在运输、贮存、安装和停工期间，应避免转化炉管与硫化物、氯化物接触。不要在潮湿环境或露天存放炉管。

（3）尽量减少频繁开停工和防止局部过热。炉管的管壁平均温度超过允许温度 38℃，被称为破坏性过热，将大大缩短炉管的使用寿命。根据离心铸造合金炉管材料的不同，其工作温度可在 $800\sim950$℃。

（4）运行中防止炉管内催化剂架桥、结焦和粉碎堵塞，避免偏流而造成局部过热。

（5）转化炉管在 $750\sim800$℃温度下长期运行，金相组织中易出现 $\sigma$ 相，故推荐使用改良型 HK-40 离心铸造管。改良型 HK-40 中，Si、Cr、Mn 含量有所降低，而 C、Ni、N 含量适当提高，以抑制 $\sigma$ 相的产生。

转化炉管也可采用 HP 型合金钢（Cr25Ni35）。该合金钢具有更高强度，可耐更高温度，热膨胀系数较小，所以更能适应交变热负荷工况。它还有较好的韧性和可焊性。

（6）要保证炉管制造质量，严格执行入厂检验，化学成分和机械性能符合要求，无偏析、夹杂、裂纹、机械损伤。

（7）炉管损坏一部分是由焊缝损伤造成的，应选用配套焊条或焊丝焊接。

☞ **40. 如何避免转化炉的露点腐蚀?**

**答：**（1）控制排烟温度或加热介质的入口温度，从而确保管壁温度高于烟气露点温度。

（2）采用较低过剩空气系数。

（3）选择耐蚀合金或非金属材料，如，含铜低合金玻璃管，有机氟化物工程材料和聚苯硫醚涂料，均有一定的防护效果。

（4）改进管排结构和适当增加腐蚀裕量，可以延长省煤器使用寿命。

☞ **41. 离心式压缩机的工作原理及结构是什么?**

**答：**（1）工作原理。汽轮机（或电动机）带动压缩机主轴叶轮转动，在离心力作用下，气体被甩到工作轮后面的扩压器中去。而在工作轮中间形成稀薄地带，前面的气体从工作轮中间的进汽部分进入叶轮，由于工作轮不断旋转，气体能连续不断地被甩出去，从而保持了气压机中气体的连续流动。气体因离心力作用增加了压力，还可以很大的速度离开工作轮，气体经扩压器逐渐降低了速度，动能转变为静压能，进一步增加了压力。如果一个工作叶轮得到的压力还不够，可通过使多级叶轮串联起来工作的办法来达到对出口压力的要求；级间的串联通过弯道回流器来实现。这就是离心式压缩机的工作原理。

（2）基本结构。离心式压缩机由转子及定子两大部分组成。转子包括转轴，固定在轴上的叶轮、轴套、平衡（鼓）盘、推力盘及联轴节等零部件。壳体则有气缸，定位于缸体上的各种隔板、气封以及轴承、轴承座等零部件。在转子与定子之间需要密封气体之外，还设有密封组件。各个部件的作用介绍如下。

① 叶轮。叶轮是离心式压缩机中最重要的一个部件，驱动机的机械功即通过此高速旋转的叶轮对气体作功而使气体获得能量，它是压缩机中惟一的作功部件，亦称工作轮。叶轮一般是由轮盖、轮盘和叶片组成的闭式叶轮，也有没有轮盖的半开式叶轮。

② 主轴。主轴是起支持旋转零件及传递扭矩作用的。根据其结构形式，有阶梯轴及光轴两种，光轴有形状简单、加工方便的特点。

③ 平衡盘(鼓)。在多级离心式压缩机中，因每级叶轮两侧的气体作用力大小不等，使转子受到一个指向低压端的合力，这个合力即称为轴向力。轴向力对于压缩机的正常运行是有害的，容易引起止推轴承损坏，使转子向一端窜动，导致动件偏移，与固定元件之间失去正确的相对位置，情况严重时转子可能与固定部件碰撞造成事故。平衡盘是利用它两边气体压力差来平衡轴向力的零件，它的一侧压力是末级叶轮盘侧间隙中的压力，另一侧通向大气或进气管，通常平衡盘只平衡一部分轴向力，剩余轴向力由止推轴承承受，在平衡盘(鼓)的外缘需安装气封，用来防止气体漏出，保持两侧的差压。轴向力的平衡也可以通过叶轮的两面进气和叶轮反向安装来平衡。

④ 推力盘。由于平衡盘只平衡部分轴向力，其余轴向力通过推力盘传给止推轴承上的止推块，构成力的平衡，推力盘与推力块的接触表面，应做得很光滑。在两者的间隙内要充满合适的润滑油，在正常操作下推力块不致磨损，在离心压缩机起动时，转子会向另一端窜动，为保证转子应有的正常位置，转子需要两面止推定位，其原因是压缩机起动时，各级的气体还未建立，平衡盘(鼓)两侧的压差还不存在。只要气体流动，转子便会沿着与正常轴向力相反的方向窜动，因此要求转子双面止推，以防止造成事故。

⑤ 联轴器。由于离心压缩机具有高速回转、大功率以及运转时有一定振动的特点，所用的联轴器既要能够传递大扭矩，又要允许径向及轴向有少许位移，离心机组联轴器常用的有齿型联轴器和膜片联轴器，目前用膜片式联轴器较多，该联轴器不需要润滑剂、噪音小、补偿对中能力强。

⑥ 机壳。机壳也称气缸，对中低压、一般介质的离心式压缩机，一般用水平中分面机壳，利于装配，上下机壳由定位销定位，即用螺栓连接。对于高压或有毒、易爆介质的离心式压缩机，则采用圆筒形锻钢机壳，以承受高压、确保安全。这种结构的端盖是用螺栓和筒型机壳连接的。

⑦ 扩压器。气体从叶轮流出时，它仍具有较高的流动速度。为了充分利用这部分速度能，以提高气体的压力，在叶轮后面设置了流通面积逐渐扩大的扩压器。扩压器一般有无叶、叶片、直壁形扩压器等多种形式。

⑧ 弯道。在多级离心式压缩机中，级与级之间，气体必须拐弯，就采用弯道，弯道是由机壳和隔板构成的弯环形空间。

⑨ 回流器。在弯道后面连接的通道就是回流器，回流器的作用是使气流按所需的方向均匀地进入下一级，它由隔板和导流叶片组成。导流叶片通常是圆弧的，可以与气缸铸成一体，也可以分开制造，然后用螺栓连接在一起。

⑩ 蜗壳。蜗壳的主要目的是把扩压器后、或叶轮后流出的气体汇集起来引出机器，蜗壳的截面形状有圆形、犁形、梯形和矩形。

☞ **42. 离心式压缩机如何调节？**

**答**：离心式压缩机的工况点都表现在其特性曲线上，而且压力与流量是对应的。但究竟将稳定在哪一工况点工作，则要与压缩机的管网系统联合决定。压缩机在一定的管网状态下有一定的稳定工况点，而当管网状态改变，压缩机的工况也将随之改变。

（1）管网特性曲线。所谓管网一般是指与压缩机连接的进气管路、排气管路以及这些管路上的附件及设备的总称。但对离心式压缩机来说，管网只是指压缩机后面的管路及全部装置。因为这样规定后，在研究压缩机与其管网的关系时，就可以避开压缩机的进气条件将随工况变化的问题，使问题得到简化。

图 10-15 表示压缩机与排气系统中第一个设备相连的示意图，排气管上有调整阀门。为了把气体送入内压力为 $P_r$ 的设备去，管网始端的压力（称为压缩机出口的背压）$P_e$ 为：

$$P_e = P_r + \Delta P = P_r + AQ^2$$

式中，$\Delta P$ 包括管网中的摩擦损失和局部阻力损失，$A$ 为总阻力损失的计算系数。

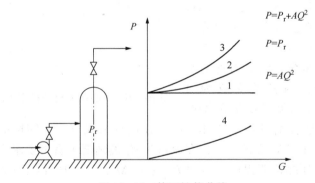

图 10-15  管网性能曲线

将式(1)表示在图 10-15 上，即为一条二次曲线，它是管网端压与进气量的关系曲线，称为管网性能曲线。管网性能曲线实际上相当于管网的阻力曲线，此曲线的形状与容器的压力及通过管路的阻力有关。当从压缩机到容器的管网很短、阀门全开，此时阻力损失很小，管网特性曲线几乎是一水平线（如线1）。当管路很长或阀门关小时，阻力损失增大，管网性能曲线的斜率增加，于是曲线变陡（如线2）。阀门开度愈小，曲线变得愈陡（如线3）。如果容器中压力下降，则管网性能曲线将向下平移；当 $P_r$ 为常压时，管网性能曲线就是线4，可见管网的性能曲线是随管网的压力和阻力的变化而变化的。

（2）离心压缩机的工作点。当离心压缩机向管网中输送气体时，如果气体流量和排出压力都相当稳定（即波动甚小），这就表明压缩机和管网的性能协调，处于稳定操作状态。这个稳定工作点具有两个条件：一是压缩机的排气量等于管网的进气量；二是压缩机提供的排压等于管网需要的端压。所以这个稳定工作点一定是压缩机性能曲线和管网性能曲线交点，因为这个交点符合上述两个相关条件。为了便于说明，把容积流量折算为质量流量 $G$。图 10–16 中线 1 为压缩机性能曲线，线 2 为管网性能曲线，两者的交点为 $A$ 点。假设压缩机不是在 $A$ 点

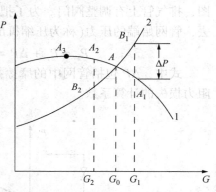

图 10–16  离心压缩机的稳定工况点

而是在某点 $A_1$ 工况下工作，由于在这种情况下，压缩机的流量 $G_1$ 大于 $A$ 点工况下的 $G_0$，在流量为 $G_1$ 的情况下管网要求端压为 $P_{B_1}$，比压缩机能提供的压力 $P_{A_1}$ 还大 $\Delta P$，这时压缩机只能自动减量（减小气体的动能，以弥补压能的不足）；随着气量的减小，其排气压力逐渐上升，直到回到 $A$ 工况点。假设不是回到工况点 $A$ 而是达到工况点 $A_2$，这时压缩机提供的排气压力大于管网需要的压力，压缩机流量将会自动增加，同时排气压力则随之降低，直到和管网压力相等才稳定，这就证明只有两曲线的交点 $A$ 才是压缩机的稳定工况点。

（1）最大流量工况。当压缩机流量达到最大时的工况为最大流量工况。造成这种工况有两种可能：一是级中流道中某喉部处气流达到临界状态，这时气体的容积流量已是最大值，任凭压缩机背压再降低，流量也不可能再增加，这种情况称为阻塞工况。

另一种情况是流道内并未达到临界状态，即尚未出现阻塞工况，但压缩机在偌大的流量下，机内流动损失很大，所能提供的排气压力已很小，几乎接近零能头，仅够用来克服排气管的流动阻力以维持这样大的流量，这也是压缩机的最大流量工况。

（2）喘振工况。离心压缩机最小流量时的工况为喘振工况。如图10-16所示，线1为带驼峰形的离心压缩机 $P-G$ 特性曲线，$A_3$ 点为峰值点，当离心式气压机的流量减少到使气压机工作于特性曲线 $A_3$ 点时（见图10-16），如果因某种原因压缩机的流量进一步下降，就会使气压机的出口压力下降，但是管路与系统的容积较大，而且气体有可压缩性，故管网中的压力不能立即下降，仍大于压缩机的排压，就会出现气体倒流入机器内。气压机由于补充了流量，又使出口压力升高，直到出口压力高于管网压力后，就又排出气体到系统中。这样气压机工作在 $A_3$ 点左侧时气体在机内反复流动振荡，造成流量和出口压力强烈波动，即所谓的喘振现象。当压缩机发生喘振时，排出压力大幅度脉动，气体忽进忽出，出现周期性的吼声以及机器的强烈振动。如不及时采取措施加以解决，压缩机的轴承及密封必将首先遭到破坏，严重时甚至发生转子与固定元件相互碰擦，造成恶性事故。$A_3$ 点所对应的工况就是压缩机的最小流量工况。

出现喘振的原因是压缩机的流量过小，小于压缩机的最小流量，同时管网的压力高于压缩机所提供的排压，造成气体倒流，产生大幅度的气流脉动。防喘振的原理就是针对引起喘振的原因，在喘振将要发生时，立即设法把压缩机的流量加大。

☞ **43. 如何对离心式压缩机喘振进行实例分析？**

**答：** 当压缩机的性能曲线与管网性能曲线两者或两者之一发生变化时，交点就要变动，也就是说压缩机的工况将有变化，从而出现变工况操作。

离心压缩机的特性曲线（$\varepsilon-Q$）与压缩机的转速、介质的性质及进气状态有关。性能曲线的变化如图10-17所示。

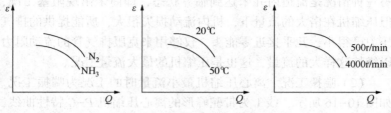

图 10-17　性能曲线的变化

　　离心压缩机的变工况有时并不是在人们有意识的直接控制下(例如调节阀门等)发生的，而是间接地接受到生产系统乃至驱动机的意外干扰而发生。化工厂离心式压缩机经常发生意料之外的喘振。如图 10-18 所示。

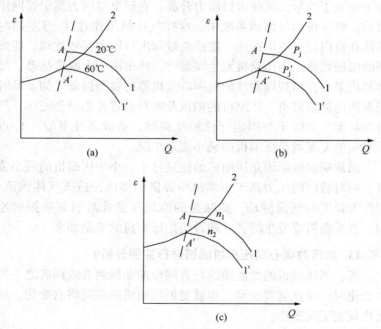

图 10-18　离心压缩机性能变化造成喘振的情况

（1）某压缩机原来进气温度为20℃，工作点在 $A$ 点［见图10－18(a)］，因生产中冷却器出了故障，使来气温度剧增到60℃，这时压缩机突然出现了喘振。究其原因，就是因为进气温度升高，使压缩机的性能曲线下移，由线1下降为1′，而管网性能曲线未变，压缩机的工作点变到 $A'$ 点，此点如果落在喘振限上，就会出现喘振。

（2）某压缩机原在图10－18(b)所示的 $A$ 点正常运行，后来由于某种原因，进气管被异物堵塞而出现了喘振。分析其原因就是因为进气管被堵，压缩机进气压力从 $P_j$ 下降为 $P'_j$ 使机器性能曲线下降到1′线，管网性能曲线无变化，于是工作点变到 $A'$，落入喘振区所致。

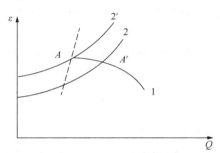

图10－19　管网性能变化造成喘振的情况

（3）某压缩机原在转速为 $n_1$ 下正常运行，工况点为 $A$ 点［见图10－18(c)］。后来因为生产中高压蒸汽供应不足，作为驱动机的蒸汽轮机的转速下降到 $n_2$，这时压缩机的工作点 $A'$ 落到喘振区，因此产生喘振。

此外，还有因为气体相对相对分子质量改变而导致喘振的事例。

以上几种情况都是因压缩机性能曲线下移而导致喘振的，管网性能并未改变。有时候则是因为管网性能曲线发生变化（例如曲线上移或变陡）而造成喘振。图10－19是管网性能变化造成喘振的情况。

某压缩机原在 $A'$ 点工作(见图 10-19),后来因为生产系统出现不稳定,管网中压力大幅度上升,管网性能曲线由 2 上移到线 2′(此时压缩机的性能曲线未变),于是压缩机出现了喘振。还有一种类似情况就是当把排气管阀门关得太小时,管网性能曲线变陡,一旦使压缩机的工作点落入喘振区,喘振就突然发生。

当某种原因是压缩机和管网的性能都发生变化时,只要最终结果是两曲线的交点落在喘振区内,就会突然出现喘振。譬如说在离心压缩机开车过程(升速和升压)和停车过程(降速和降压)中,两种性能曲线都在逐渐变化,改变转速就是改变压缩机性能曲线,使系统中升压或降压就是改变管网性能曲线。在操作中必须随时注意,使两者协调变化,才能保证压缩机总在稳定工况区内工作。

(4)离心压缩机的工况的调节。压缩机调节的实质就是改变压缩机的工况点,所用的方法从原理上讲就是设法改变压缩机的性能曲线,或者改变管网性能曲线两种。具体地说有以下几种调节方式:

① 出口节流调节。即在压缩机出口安装调节阀,通过调节调节阀的开度,来改变管路性能曲线,改变压缩机的工作点,进行流量调节。出口节流的调节方法是人为地增加出口阻力来调节流量,是不经济的方法,尤其当压缩机性能曲线较陡而且调节的流量(或者压力)又较大时,这种调节方法的缺点更为突出,目前除了风机及小型鼓风机使用外,压缩机很少采用这种调节方法。

② 进口节流调节。即在压缩机进口管上安装调节阀,通过入口调节阀来调节进气压力。

进气压力的降低直接影响到压缩机排气压力,使压缩机性能曲线下移,所以进口调节的结果实际上是改变了压缩机的性能曲线,达到调节流量的目的。与节流法相比,进口节流调节的经济

288

性较好，据有关资料介绍，对某压缩机进行测试表明：在流量变化为 60%~80% 的范围内，进口节流比出口节流节省功率约 4%~5%。所以这是一种比较简单而常用的调节方法。但也还是存在一定的节流损失，并且工况改变后对压缩机本身效率会有些影响。

③ 驱动机转速调节。即对压缩机运行转速进行调节，改变压缩机性能曲线，改变压缩机工况，这种调节方法最经济。石化装置离心机组一般驱动机都是蒸汽驱动的汽轮机，通过改变进汽量改变汽轮机转速，从而改变机组转速；如果驱动机是电机，则可通过变频改变电机转速，从而改变机组转速。用转速调节方法可以得到相当大的调节范围。变转速调节并不引起其他附加损失，只是调节后的新工况点不一定是最高效率点，导致效率有些降低而已。所以从节能角度考虑，这是一种非常经济的调节方法。改变转速调节法不需要改变压缩机本身的结构，只是要考虑到增加转速后转子的强度、临界转速以及轴承的寿命等问题。

### ☞ 44. 汽轮机本体构成有哪些？

答：汽轮机包括汽轮机本体、调节保安装置及辅助设备三大部分。

蒸汽轮机本体包括：

静体(固定部分)——汽缸、喷嘴、隔板、汽封等；

转子(转动部分)——轴、叶轮、叶片等；

轴承(支承部分)——径向和止推。

### ☞ 45. 离心式压缩机常用的原动机有几种？其优缺点是什么？

答：离心式压缩机常用的原动机有电动机、汽轮机两种，两种原动机由于动力来源、结构设计以及维护检修工作等方面的不同，所以使用起来也各有所长，用户应根据输送介质的性质，解决动力源的难易程度等情况酌情选用。现将两种原动机优缺点介绍如下：

（1）电动机。电动机是离心式压缩机常用的原动机之一，它具有结构简单、维修工作量少以及操作方便等优点，交流电动机有异步电动机和同步电动机之分，用异步电动机还有改善电网功率因数之功能。但是电动机的最高转速为 3000r/min，它不能直接满足压缩机高转速的要求；如果输送气体为易燃易爆气体，还必须增设防爆措施或选用防爆电动机。

（2）汽轮机。汽轮机的转速较高，可直接满足压缩机高转速工作的要求，而且一般炼油厂均有较稳定的供汽系统，动力源充足稳定，在输送易燃易爆气体时，本身不需要防爆设施，这是汽轮机的优点；但是汽轮机结构复杂，维修工作量和技术难度大，启动操作复杂，因此要求操作和维修人员要具备较高的技术素质。

☞ **46. 离心式压缩机组的辅助设备有哪些？**

**答：** 离心式压缩机组主机的平稳运行，是以辅助系统设备的正常运行为前提的，辅助系统设备如下：

① 润滑油系统。润滑系统包括润滑油箱、润滑油泵、润滑油过滤器、冷却器和高位油罐等设备。

② 干气密封系统。干气密封系统有密封组件、控制系统、密封气体管路系统等设备。

③ 电气仪表系统。该系统有电控柜、仪表箱、电动机等设备，还有调节控制元件。

☞ **47. 离心式压缩机为什么会得到广泛的应用？**

**答：** 离心式压缩机是一种回转式机械，介质气体在高速旋转叶轮的作用下，获得速度能和压力能，通过扩压器的作用，速度能进一步转化为压力能，以利于气体压力的增加；近代由于石油、化工、化肥以及钢铁工业的发展，离心式压缩机的应用越来越广泛，其原因有以下几点：

（1）离心式压缩机结构紧凑、重量轻，体积小，占地面积小；

（2）运行效率高，一般较往复式压缩机高 5%～10%；

（3）流量大，这一点正符合大型企业生产发展的需要；

（4）摩擦件少，因此较往复式压缩机运行平稳、噪音小、维修工作量小；

（5）气缸内无润滑，介质气体不会受到润滑油的污染；

（6）适于与汽轮机或燃气轮机直接联接，有利于能源的综合利用。

## ☞ **48. 离心式压缩机有几种类型？其结构特点是什么？**

答：离心式压缩机按结构特点可分为水平剖分式、垂直剖分式。

结构特点如下：

（1）水平剖分离心式压缩机。水平剖分离心式压缩机由定子和转子两部分组成，如图 10-20 所示，定子被通过轴心线的水

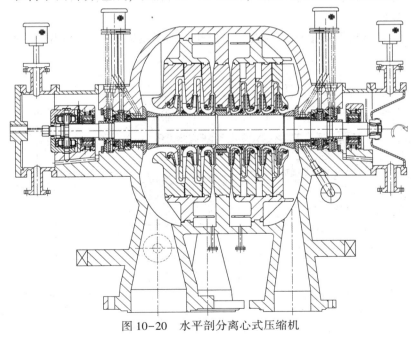

图 10-20　水平剖分离心式压缩机

平面剖分为上下两部分，通常称它为上下机壳。上下机壳用联接螺栓联成一个整体，便于拆装检修。

上下机壳均为组合件，由缸体和隔板组成，隔板组装于缸体内，并构成气体流动需要的环形空间。缸体和隔板可用铸铁、铸钢和合金钢铸成，隔板还可由锻钢制成。

转子由主轴、叶轮、轴套以及平衡元件组成，主轴和轴套等元件多用合金钢锻制而成，叶轮多为焊接结构。该类型压缩机适于低中压工艺，最高工作压力一般不大于 5MPa。

（2）垂直剖分离心式压缩机。垂直剖分离心式压缩机，其缸体为筒形，两端盖用联接螺栓与筒形缸体联成一个整体，如图10-21所示。隔板与转子组装后，用专用工具送入筒形缸体。隔板为垂直剖分，隔板与隔板由联接螺栓联成一个整体。检修时需打开端盖，将转子和隔板同时由筒形缸体拉出，以便进一步分解检修。

该机筒形缸体、端盖、隔板和主轴多用碳钢或合金钢锻制而

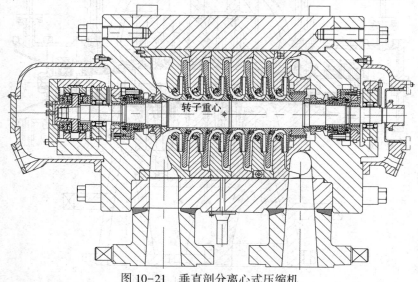

图 10-21　垂直剖分离心式压缩机

成，叶轮为碳钢或合金钢组焊件。该类压缩机最高工作压力可达 70MPa。

☞ **49. 离心式压缩机由哪些主要元件组成？**

**答：** 离心式压缩机有两种基本类型，每种类型又有繁多的品种和规格，有时因特殊需要，还需专门研制设计新的品种以满足生产发展的需求。因此，离心式压缩机的品种和规格是较多的，但是就它们的组成而言，可概括为定子和转子两大部分，而每个部分又由一些基本的元件组成。

（1）定子。定子由气缸和隔板组成，气缸通过猫爪与机座联成一体，使机组运行时稳固可靠。隔板组装固定于气缸之内，由于隔板组装后所处位置不同，则隔板有进气隔板、中间隔板，段间隔板和排气隔板之分。生产使用经验证明，由气缸和隔板组成的定子，必须满足以下要求：

① 要有足够的刚度，以免在长期使用中产生变形；

② 要有足够的强度，以承受气体介质的压力；

③ 中分面及出入口法兰结合面，要有可靠的密封性能，以免气体介质泄漏至机壳之外。

（2）转子。转子是压缩机的关键组件，它通过旋转对气体介质作功，使气体获得压力和速度能，以满足生产工艺的要求。转子由主轴、叶轮、平衡盘、推力盘以及定位套等部件组成，如图10-22 所示，转子是高速旋转组件，因此，要求装配在主轴上的

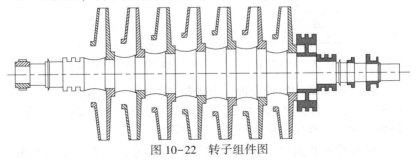

图 10-22  转子组件图

叶轮、平衡盘等元件，必须有防止松动的技术措施，以免运行中产生位移，造成摩擦、撞击等故障。转子组装后要进行严格的动平衡试验，以便消除不平衡引起的严重后果。

☞ **50. 叶轮的作用是什么？它有几种类型？**

**答：**叶轮是离心式压缩机对气体介质做功的惟一元件，气体介质在高速旋转的叶轮的推动下，随叶轮一起作旋转运动，从而获得速度能和压力能。并在离心力的作用下由叶轮出口甩出，沿扩压器、弯道、回流器进入下一级叶轮进一步压缩增压，直至由压缩机出口排出，才算完成气体介质输送和增压的任务。

叶轮按结构特点可分为开式、半开式和闭式三种形式。其结构特点如下：

开式叶轮结构最简单，如图 10-23 所示，由轮盘和叶片组成。叶片两侧面无前后盖板，气体的通道直接由机壳构成，气体流动损失较大，叶片与机壳易产生摩擦。因此，这种形式的叶轮在压缩机中应用较少。

半开式叶轮与开式相比，结构有所改进，叶轮后面由轮盘封死，前面仍处于敞开状态，如图 10-24 所示。因此，这种叶轮流动损失仍然较大，使用效率低于闭式叶轮。

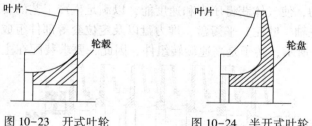

图 10-23　开式叶轮　　　　　图 10-24　半开式叶轮

闭式叶轮结构比较完善，由盖板-轮盘和叶片组成，如图 10-25 所示，气体被密闭于叶轮流道内流动，流动损失较小，效率较高，因此，在压缩机中得到广泛应用。

叶轮按叶片出口角 $\beta_{2A}$ 的不同，可分为前向叶轮、径向叶轮和后向叶轮三种形式，如图 10-26 所示，$\beta_{2A}$ 大于 90° 为前向叶轮，$\beta_{2A}$ 等于 90° 为径向叶轮，$\beta_{2A}$ 小于 90° 为后向叶轮，由于后向叶轮效率较高，因此，这种叶轮得到了广泛的应用。

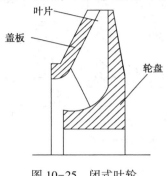

图 10-25　闭式叶轮

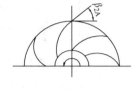

图 10-26　叶轮出口角示意图

### ☞ 51. 转子为什么会产生轴向力？

**答**：转子在高速旋转的工作过程中，叶轮两侧充满着具有一定压力的气体介质，如图 10-27 所示。从图中压力分布情况可以看出，在内径为 $D_s$ 至外径为 $D_2$ 的环形面积上，轮盖与轮盘承受着大小相等、方向相反的压力，即 $P_{盖} = P_{盘} = P_2$，就是说 $P_1 + P_2 = 0$。因此，叶轮的这一环形面积上不产生轴向力。

显然，轴向力产生于所受压力不等的 $d_i$ 到 $D_s$ 的轮盖侧和 $d_m$ 到 $D_s$ 的轮盘侧的环形面积上，轮盖侧产生的轴向力，由气体静压强和气流对叶轮的冲力两部分组成，其大小可由下列方程计算：

$$P_0 = \frac{\pi}{4}(d_s^2 - d_i^2) \times P_o + GC_o \qquad (1)$$

轮盘侧的轴向力，由 $d_m$ 至 $D_s$ 环形面积上气体压强的作用而产生，其值可用下列方程计算。

整个叶轮产生的轴向推力 $P$ 为：

$$P = P_2 - P_0 = \frac{\pi}{4}(D_s^2 - d_m^2) \times P_2 - \frac{\pi}{4}(D_s^2 - d_i^2) P_0 - GC_0 \quad (2)$$

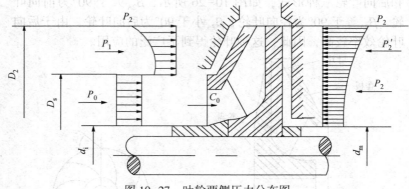

图 10-27　叶轮两侧压力分布图

取 $d_i = d_m = d$，经整理简化为下式：

$$P = \frac{\pi}{4}(D_s^2 - d^2) \times (P_2 - P_0) - GC_0 \qquad (3)$$

分析方程式（3）可以得出以下论断：

（1）叶轮出口压强 $P_2$ 与叶轮进口压强 $P_0$ 之差值越大，则叶轮产生的轴向力就越大；

（2）缩小轮盖密封直径 $D_3$，可使轴向力相应减小；

（3）当压缩机减负荷运行时，由于叶轮出口与进口压差增加，以及气流在进口的冲力减小，会导致轴向力增加。所以压缩机减负荷运行时，要考虑推力瓦的承载能力；

（4）多级叶轮产生的轴向力，为每级叶轮轴向力之和。

☞ **52. 轴向力的危害是什么？**

**答：** 高速运行的转子，始终作用着由高压端指向低压端的轴向力，转子在轴向力的作用下，将沿轴向力的方向产生轴向位移。转子的轴向位移，将使轴颈与轴瓦间产生相对滑动，因此有可能将轴瓦或轴颈拉伤。更严重的是由于转子位移，将导致转子元件与定子元件的摩擦、碰撞，乃至机器损坏。由于转子轴向力，有导致机件摩擦、磨损、碰撞乃至破坏机器的危害，因此，应采取有效的技术措施予以平衡，提高机器运行的可靠性。

☞ **53. 轴向力有哪些平衡方法？其原理是什么？**

**答**：轴向力的平衡是多级离心式压缩机设计时需要重点考虑的技术课题，目前一般多采用以下两种方法：

（1）叶轮对置排列。单级叶轮产生的轴向力，其方向指向叶轮入口，即由高压侧指向低压侧，如果多级叶轮按顺排方式排列，如图 10-28 所示。则转子总的轴向力为各级叶轮轴向力之和，显然这种排列方式转子的轴向力很大。如果多级叶轮采用对置排列，如图 10-29 所示，则入口相反的叶轮，产生一个方向相反的轴向力，可相互平衡，因此，它是多级离心式压缩机最常用的轴向力平衡方法之一。

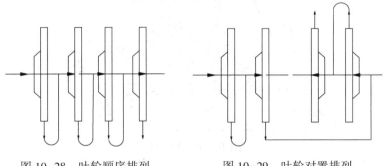

图 10-28　叶轮顺序排列　　　　图 10-29　叶轮对置排列

（2）设置平衡鼓。平衡鼓是多级离心式压缩机常用的轴向力平衡装置，如图 10-30 所示。

平衡鼓一般多装于高压侧，外缘与气缸间设有迷宫密封，从而使高压侧与压缩机入口联接的低压侧保持一定的压差，该压差产生的轴向力，其方向与叶轮产生的轴向力相反，大小可用下列方程计算：

$$P_p = \frac{\pi}{4}(D_{r2}^2 - D_{r1}^2)(P_2 - P_1)$$

式中　$P_\mathrm{p}$——平衡鼓产生的轴向力，MPa；

　　　$P_2$——平衡鼓前压强，MPa；

　　　$P_1$——平衡鼓后压强，MPa；

　$D_{\mathrm{r2}}$、$D_{\mathrm{r1}}$——平衡盘外径和轮毂直径，mm。

　　转子轴向力平衡的目的主要是减少轴向推力，减轻止推轴承负荷，一般情况下轴向力的 70% 应通过平衡措施消除，剩余的 30% 由止推轴承负担。生产实践证明，保留一定的轴向力，是提高转子平衡运行的有效措施。因此，设计平衡机构时，就应充分考虑这一问题。

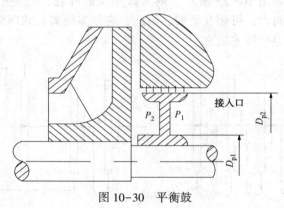

图 10-30　平衡鼓

## ☞ 54. 何为扩压器？其作用是什么？

　　答：图 10-31 所示为扩压器示意图，它由隔板截面 3—3 至截面 4—4 所构成的环形空间组成，扩压器进口为截面 3—3，出口为截面 4—4，进口宽度为 $b_3$，出口宽度为 $b_4$，一般设计中常采用 $b_4 = b_3 = b_2$（$b_2$ 为叶轮出口宽度），也有 $b_4 \neq b_3 \neq b_2$ 的情况，当 $b_4 > b_3$ 时，气体流道为扩张形。当 $b_4 < b_3$ 时，气体流道为收敛形。实验证明，收敛形扩压器，对减少流动损失、提高升压效率较为有利，因此，工程上常采用略带收敛的扩压器。扩压器的直径也是设计扩压器的主要参数，取值太大或太小都会影响气体流

动状况，降低动能向静压能转变的转化率。因此，一般情况常采用 $D_3 = (1.03 \sim 1.12)D_2$，$D_4 \leqslant (1.50 \sim 1.70)D_2$。

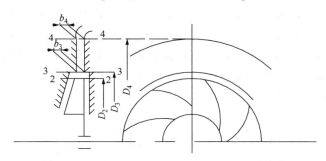

图 10-31　扩压器示意图

扩压器设在叶轮出口，其作用是将气体的速度能转化为压力能。气体介质在高速旋转的叶轮推动下，获得速度能和压力能，一般情况下叶轮出口气体流速均在 200～300m/s，高能头叶轮出口气体流速高达 500m/s。这部分速度能，约占气体介质从后向叶轮获得能量的 25%～40%。就径向叶轮而言，这部分能量更高，约占总能量的 50%。显然这部分速度能应转化为有用的压力能。扩压器就具有降速增压的功能，它可使大部分速度能转化为压力能，从而提高气体介质压力，满足生产工艺的需求。

☞ **55. 扩压器有几种形式？其结构特点是什么？**

**答**：扩压器是由叶轮出口两侧隔板按设计构思形成的环形通道，根据环形通道内结构形式的不同，则扩压器可分为无叶扩压器、叶片扩压器和直壁扩压器三种形式。其结构特点如下：

（1）无叶扩压器。无叶扩压器通常只有两个平行光滑的壁面组成。它结构简单，造价低廉，而且具有性能曲线平坦，稳定工况范围较宽的优点。但无叶扩压器直径较长，气体流动损失较大，因此，目前工程上应用较少。

（2）叶片扩压器。叶片扩压器是在无叶扩压器平行光滑的壁面内，沿圆周均布一定数量的叶片而成，如图 10-32 所示，气体介质在无叶扩压器内流动时，方向角 $a$ 基本保持不变，如图10-33中虚线所示。但在叶片扩压器内，气体必须按照叶片方向流动，所以流动状况较好，流动损失小，效率高。在设计工况运行时，较无叶扩压器效率高3%～5%，因此，叶片扩压器在工程上获得广泛应用。但是在流量减少的情况下，叶片扩压器易产生旋转脱离，引起压缩机的喘振，这是叶片扩压器的不足，也是我们使用中应注意的问题。

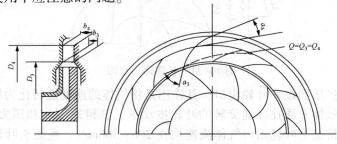

图 10-32　叶片扩压器示意图

（3）直壁扩压器。直壁扩压器也是一种叶片扩压器，如图10-33所示，只是在叶片出口有一段直壁通道，故称直壁扩压器。由于直壁扩压器的气流通道接近直线形，所以气体流动速度和压力分布比较均匀，不易产生边界分离和二次涡流。因此在设计工况下运行，效率较高。偏离设计工况运行，气体在进口将发生冲击，所以适应性较差。同时由于结构复杂、制造难度大，这是它难以广泛应用的重要原因。

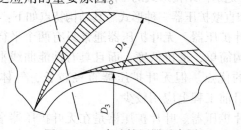

图 10-33　直壁扩压器示意图

☞ **56. 弯道及回流器的作用是什么？**

　　**答**：弯道和回流器位于扩压器之后，如图 10-34 所示。由叶轮甩出的气体介质，经扩压器减速增压后进入弯道，气流经弯道使流向反转 180°，接着流入回流器。为保证气体介质沿轴向进入下一级叶轮，则回流器内均设有一定数量的叶片，以改善气体流动状况，引导气流顺利进入下一级叶轮，显然弯道和回流器是沟通前一级叶轮与后一级叶轮的通道，是实现气体介质连续升压的条件。

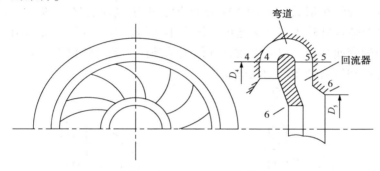

图 10-34　弯道及回流器

　　图 10-34 中截面 4—4 至截面 5—5 为弯道，截面 5—5 至 6—6 为回流器，弯道一般不设置叶片，回流器设 12~18 条叶片，弯道前后宽度一般为等值，即 $b_4 = b_5$，如图 10-35 所示。弯道和回流器有一定流动损失，一般约占每级能量的 5% 左右。

☞ **57. 进气室的作用是什么？按结构特点可分几种类型？**

　　**答**：进气室也称吸气室，其作用是将气体从进气管中引至叶轮入口。进气室是离心式压缩机工作的重要环节，因此在设计进气室时，要注意避

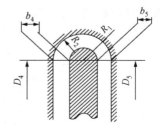

图 10-35　弯道示意图

301

免出现气流速度不均和分离现象，降低流动损失，保证气流在叶轮入口有较均匀的速度场和压力场。并要做到便于加工制造，有利于安装维修。

进气室按结构特点可分为以下几种类型：

（1）轴向进气室。如图 10-36 所示，这种进气室结构简单，便于制造和安装，并常采用收敛形结构，因此气流均匀，损失较小，流动性能较好，常用于单级悬臂式鼓风机和增压机。

（2）径向进气室。径向进气室是使气体由径向转为轴向流动的一种结构形式，如图 10-37 所示，由于气流有转向流动，有可能造成叶轮入口气流速度和压力不均匀。因此设计时要选用适当的弯曲半径，以利于改善气体流动条件，满足叶轮入口对气流速度和压力分布均匀性的要求。

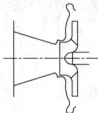

图 10-36　轴向进气室示意图　　图 10-37　弯道径向进气室示意图

（3）两端支承径向进气室。图 10-38 所示为两端支承径向进气室简图，它由进气通道、螺旋通道和环形收敛通道三部分组成，其结构简单，轴向尺寸小，常用于多级离心式压缩机。

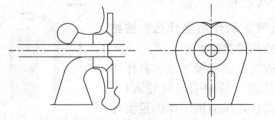

图 10-38　两端支承径向进气室示意图

（4）半蜗形进气室。半蜗形进气室也叫水平进气室，如图10-39所示，进气管与机壳上盖不连，有利于组装和检修，但因流动损失较大，所以应用较少。

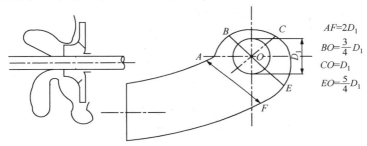

$$AF = 2D_1$$
$$BO = \frac{3}{4}D_1$$
$$CO = D_1$$
$$EO = \frac{5}{4}D_1$$

图 10-39　半蜗形进气室示意图

☞ **58. 排气室的作用是什么？按结构特点可分为几种类型？**

**答：** 排气室的外形近似蜗牛壳，所以也叫排气蜗壳。其作用是汇集由扩压器或叶轮（无扩压器时）内排出的气体，以便引至机外管网系统，同时还有降低气流速度、提高气体压强的功能。

排气蜗壳按其设计位置，有蜗壳前为扩压器、蜗壳前为叶轮和不对称内蜗壳三种类型，如图10-40所示。

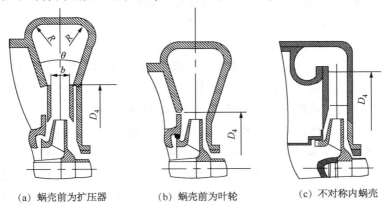

（a）蜗壳前为扩压器　　　　（b）蜗壳前为叶轮　　　　（c）不对称内蜗壳

图 10-40　蜗壳结构示意图

排气蜗壳按截面形状，可分为圆形截面、梯形截面、矩形截面和梨形截面四种形式，如图 10-41 所示。蜗壳截面形状，对气体流动状态影响不大，因此，采用哪种形式的截面，可优先考虑结构设计的合理性以及制造组装的方便条件。

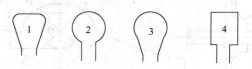

图 10-41　蜗壳截面形式图

1—梯形截面；2—圆形截面；3—梨形截面；4—矩形截面

☞ **59. 透平油的作用是什么？**

**答**：（1）润滑机组各轴瓦、联轴节（齿式联轴器）及其他传动部分，大大减少了摩擦阻力。

（2）带走因摩擦产生的热量和高温蒸汽及压缩后升温的气体通过主轴传到轴颈上的热量，保证轴瓦温度不超标。

（3）作为各液压控制阀动力及进行液压调速。

☞ **60. 离心式压缩机的工作原理是什么？**

**答**：（1）汽轮机（或电动机）带动主轴叶轮转动，在离心力作用下，气体被甩到工作轮后面的扩压器中去。

（2）在工作轮中间形成稀薄地带，前面的气体从工作轮中间的进汽部分进入叶轮。由于工作轮不断旋转，气体能连续不断地被甩出去，从而保持了循环机中气体的连续流动。

（3）气体因离心力作用增加了压力，还可以很大的速度离开工作轮，气体经扩压器逐渐降低了速度，进一步增加了压力。

（4）由于一个工作叶轮得到的压力还不够，通过使多级叶轮串联起来工作的办法来达到对出口压力的要求。级间的串联通过弯道、回流器来实现。

☞ **61. 离心式压缩机有哪些优缺点?**

答:(1)离心式压缩机比活塞式压缩机有以下一些优点:

① 离心式压缩机的气量大,结构简单紧凑,重量轻,机组尺寸小,占地面积小。

② 运转平稳,操作可靠,运转率高,摩擦件少,因而备件需用量少,维修费用及维护人员少。

③ 在化工流程中,离心式压缩机对化工介质可以做到绝对无油的压缩过程。

④ 离心式压缩机为一种回转运动的机器,它适宜于工业汽轮机或燃气轮机直接拖动。对一般类型化工厂,常用副产蒸汽驱动工业汽轮机作动力,为热能综合利用提供了可能。

(2)离心式压缩机有以下一些缺点:

① 目前还不适应于气量太小及压缩比过高的场合。

② 离心式压缩机的稳定工况区较窄,其气量调节虽较方便,但经济性较差。

③ 目前离心式压缩机效率一般比活塞式压缩机低。

☞ **62. 二次油管线上的阻尼装置有什么作用?**

答:(1)减缓二次油压的大幅度变化对调节阀执行机构的冲击而造成的波动。

(2)通过阻尼装置的节流作用,使二次油压的变化强度减弱(变化的速度减慢)从而使透平的调节平稳。

(3)在停车时,二次油压通过阻尼装置的另一油路顶开钢球而迅速卸压(这一油孔在正常状况下,是被钢球关闭的),达到快速停车的目的。

☞ **63. 重锤式危急保安器是如何工作的?**

答:(1)其动作原理是重锤的重心与轴的重心不重合,有一定的偏心度。重锤外围装有弹簧,使重锤稳定在一定位置上。

(2)正常运行时弹簧力超过偏心度造成的离心力,使重锤不能飞出。

（3）当转速升高时，离心力大于弹簧力，重锤飞出，使脱扣器动作，从而使进汽中断。

☞ **64. 轴承进油管上的节流孔起何作用？**

答：（1）轴承进油管上都装有节流孔，一般都装在下瓦上。

（2）通过节流孔来控制进油量，使油的温升维持在 12 ~ 15℃，以保证轴瓦正常工作。

☞ **65. 推力轴承的构造是怎样的？**

答：（1）压缩机与汽轮机的推力轴承都是与其中一个支撑轴承连在一起，叫综合式推力支撑轴承。

（2）在这种轴承中，安装在主轴上的推力盘两侧各有一排瓦块，也有一种是主推力瓦块和副推力瓦块，分别位于支撑轴承的两边，这时推力盘也是分在支撑轴承的两边。

（3）推力瓦块呈扇形，支承于安装圈上，瓦块与安装圈之间有一个支点，当推力盘转动时，瓦块自动摆动形成油楔，因而能保证很好的润滑条件。

☞ **66. 推力轴承起什么作用？**

答：推力轴承的作用是保证转子和定子之间轴向位置固定，以保证叶片与隔板轴封等之间的空隙，使循环机汽轮机能够安全运转。

☞ **67. 什么叫硬轴？什么叫软轴？**

答：（1）转子第一临界转速在工作转速以上称硬轴，也称刚性轴。

（2）转子的第一临界转速在工作转速以下则称软轴，也称为柔性轴。

☞ **68. 机组润滑油过滤器滤网的规格是多少？**

答：润滑油过滤网精度为 $10\mu m$

☞ **69. 润滑油稳压器的作用是什么？**

答：（1）稳压器为上部充有一定压力的氮气，下部联接油系统。

（2）在切换泵、冷油器、过滤器时，补偿稳定油压，以减少油压冲击对总管油压和调速系统的影响。

☞ **70. 阻尼器的作用是什么？**

答：阻止二次油路可能产生的振荡传到油动机的控制活塞。

☞ **71. 推力瓦的作用是什么？**

答：防止串轴，使转子相对固定。

☞ **72. 危急遮断阀的作用是什么？**

答：切断主汽门，切断蒸汽系统与汽轮机的联系，使其停机。

☞ **73. 油动机作用是什么？**

答：油动机的活塞杆与调节汽阀杠杆相连，作用是定位调节汽阀，使之转速恒定。

☞ **74. 什么轴承进油管细，出油管粗？**

答：（1）油泵出口有一定的油压，油压高，流速快，所以轴承进油管只要能保证轴承有足够的油量就够了，不一定要粗。

（2）轴承出口油压接近于大气压，油的流速很小，轴承出油靠斜度自动流回油箱，如果油管过细，轴承回油就困难，所以出油管比较粗。

☞ **75. 推力轴承的作用是什么？**

答：推力轴承的作用是保证转子和定子之间轴向位置固定，以保证叶片与隔板轴封之间的空隙，使循环机汽轮机能够安全运转。

☞ **76. 轴承温度为什么不能大于95℃？**

答：（1）这是根据润滑油的性质和金属的热膨胀系数而确定的温度，温度太高，会使油的黏度减小，流动性增大，油也就变稀，难以保证正常油膜刚度。

（2）温度高容易使轴承金属表面变软，乌金熔化，所以规定轴承温度不大于95℃。

☞ **77. 轴向位移装置的功能是什么？**

答：当轴向位移增加超过允许的限度（一般为0.7～0.8mm）。轴向位移保护装置能自动停机，防止动静部分相碰撞。

☞ **78. 支撑轴承的作用是什么？**

答：支撑汽轮机的转子并保证中心位置基本不变，润滑油膜从下半轴承将汽机转子托起。

☞ **79. 汽轮机本体结构有哪些？是怎样工作的？**

答：本体结构由下列几部分组成：

（1）转动部分：由主轴、叶轮、轴封套和安装在叶轮上的动叶片等组成。

（2）固定部分：由汽缸、隔板、喷嘴、静叶片、汽封和轴封等组成。

（3）控制部分：由调速装置、保护装置和油系统等组成。

工作大致是这样的：进入汽轮机的具有一定的压力和温度的蒸汽，流过由喷嘴、静叶片和动叶片组成的蒸汽通道时，蒸汽发生膨胀从而获得很高的速度，高速流动的蒸汽冲动汽轮机转子上的动叶片，使它带动汽轮机转子按一定的速度均匀转动。汽轮机的转子和循环机转子是用联轴节连接在一起的，汽轮机转子以一定的速度转动时，循环机的转子也以同样的速度转动。

☞ **80. 离心式压缩机有哪些主要性能参数？**

答：离心式压缩机的主要性能参数有流量、出口压力或压比、功率、效率、转速、能量头等。设备的性能参数是表示设备结构特点、工作容量、工作环境等方面的基本数据，是用户选购设备、制定规划的重要指导性资料，设计制造单位务必要如实提供。

☞ **81. 流量的含义是什么？**

答：流量是单位时间内，通过压缩机流道的气体量，通常以容积流量和质量流量表示。

（1）容积流量。容积流量是在单位时间内通过压缩机流道的气体的体积量。以符号 $Q_j$ 表示，单位为 $m^3/min$ 或 $m^3/h$。上述为吸入状态下的气体流量，有时需要标准状态下气体的流量。标准状态下气体的容积流量，可用下列关系式进行换算，即

$$Q_N = Q_j \frac{273 \times P_i}{1.033 \times T_j} \ Nm^3/min$$

式中　$Q_N$——标准状态下气体体积流量，$Nm^3/min$；

　　　$Q_j$——吸入状态下气体体积流量，$m^3/min$；

　　　$P_i$——入口绝压，$MPa$；

　　　$T_j$——入口绝对温度，$K$。

（2）质量流量

质量流量是在单位时间内通过压缩机流道的气体的质量。如果已知气体的体积流量，则质量流量可用下式计算：

$$G = Q_j \cdot \rho_j$$

式中　$G$——气体介质重量流量，$kg/s$；

　　　$\rho_j$——气体介质的密度，$kg/m^3$。

☞ **82. 压缩比的含义是什么？**

答：气体压缩时，体积缩小而压力升高，在等温压缩过程中，不论压缩状态变化如何，其状态参数始终符合下面关系，即

$$P_1 V_1 = P_2 V_2$$

将上式移项整理得：

$$P_2/P_1 = V_1/V_2$$

式中　$P_1$——压缩机吸入压力，MPa；

　　　$P_2$——压缩机排出压力，MPa；

　　　$V_1$——吸入状态体积流量，$m^3/min$；

　　　$V_2$——排出状态体积流量，$m^3/min$。

我们所说的压缩比，就是指压缩机排出压力与吸入压力之比，所以有时也称压力比或压比。压缩比越大，离心式压缩机所需级数就越多，其功耗也越大。

☞ **83. 能量头的含义是什么?**

**答**：离心式压缩机的转子在驱动机的拖动下，高速旋转。高速旋转的转子，经叶轮将机械能传给流经叶轮流道的气体，并变为气体之内能，1kg 气体从叶轮中所获得的能量，通常都用下面的方程表示：

$$h_{tot} = h_{th} + h_{df} + h_L$$

式中　$h_{tot}$——总能量头，J/kg；

　　　$h_{th}$——理论能量头，J/kg；

　　　$h_{df}$——轮阻损失能量头，J/kg；

　　　$h_L$——叶轮漏气损失能量头，J/kg。

从上式可以看出，总能量头分为三部分，即理论能量头 $h_{th}$，轮阻损失能量头 $h_{df}$ 和叶轮漏气损失能量头 $h_L$。

理论能量头 $h_{th}$ 使气体静压能提高，即可将气体压力从叶轮入口的 $P_1$，升高到叶轮出口的 $P_2$。轮阻损失和叶轮漏气损失能量头，是气体在叶轮流道中的流动损失，因此，我们所说的能量头，一般系指提高气体静压能的能量头，它与离心泵理论中提到的扬程的概念相同。

☞ **84. 效率的含义是什么?**

**答**：效率是表示离心式压缩机传给气体能量的利用程度，利用程度越高，压缩机的效率就越高。由于气体的压缩有多变压缩、绝热压缩和等温压缩三种过程，因此，压缩机的效率，也有多变效率、绝热效率和等温效率之分。

（1）多变效率。多变效率是指气体在多变压缩过程中，压力由 $P_1$ 增至 $P_2$ 所获得的有效功与实际消耗功之比，即

$$\eta_{pol} = (h_{pol})/(h_{tot}) \tag{1}$$

式中　$\eta_{pol}$——多变效率，%；

　　　$h_{pol}$——多变压缩过程有效功，J；

　　　$h_{tot}$——实际消耗功，J。

在多变压缩过程中，气体压力与体积参数之间的关系可用下列方程表示：

$$P_1 V_1^m = P_2 V_2^m \tag{2}$$

式中　$m$——多变指数。

多变指数 $m$ 和绝热指数 $k$ 之间，有如下关系：

$$\eta_{pol} = \frac{\dfrac{m}{m-1}}{\dfrac{k}{k-1}} \tag{3}$$

由公式（3）可以看出，如果多变指数 $m$ 和绝热指数 $k$ 为已知，则多变效率 $\eta_{pol}$ 即可求出；也可用多变指数 $m$ 与绝热指数 $k$ 的关系曲线查出。

（2）绝热效率。绝热效率是指气体在绝热压缩过程中，压力由 $P_1$ 增至 $P_2$ 时，气体所获得之有效功与实际消耗功之比，即

$$\eta_{ad} = \frac{h_{at}}{h_{tot}} \tag{4}$$

式中　$\eta_{ad}$——绝热效率，%；

　　　$h_{at}$——绝热压缩过程有效功，J。

在绝热压缩过程中，气体压力和体积参数有如下关系：

$$P_1 V_1^k = P_2 V_2^k \tag{5}$$

式中　$k$——绝热指数。

根据有关资料证明，多变效率与绝热效率之关系可用下式表示：

$$\eta_{ad} = \frac{\left(\dfrac{P_2}{P_1}\right)^{\frac{k-1}{k}} - 1}{\left(\dfrac{P_2}{P_1}\right)^{\frac{k-1}{k\eta_{pol}}} - 1} \qquad (6)$$

空气（$k=1.4$）在不同压力比条件下，绝热效率 $\eta_{ad}$ 与多变效率 $\eta_{pol}$ 之间的关系曲线。当压力比不大时，绝热效率 $\eta_{ad}$ 与多变效率 $\eta_{pol}$ 的值是接近的。

（3）等温效率。等温效率是指气体在等温压缩过程中，压力由 $P_1$ 增至 $P_2$ 所需要的有效功与实际消耗功之比，即

$$\eta_{is} = \frac{h_{is}}{h_{tot}} \qquad (7)$$

式中　$\eta_{is}$——等温效率；

　　　$h_{is}$——等温压缩过程有效功，J。

在等温压缩过程中，气体介质的温度始终保持不变，气体压力和体积的关系，可用下列方程表示：

$$P_1 V_1 = P_2 V_2 = 常数 \qquad (8)$$

等温压缩是一种理想的过程，是耗功最少、效率最高的压缩过程。但是实际并不存在这种过程，因此，它只是一种理论分析方法，而不能教条地用于生产实践。

☞ **85. 有效功率的含义是什么？**

**答：**叶轮对气体作功，使气体获得能量头，同时由于叶轮内漏和轮阻的存在，也产生了叶轮漏损能量头和轮阻能量头，这样叶轮在输送气体时，对每千克气体所作的功，就有有效功、内漏损失功和轮阻损失功三种功耗，三种功耗之和为总功耗，则叶轮对流过的单位质量气体所消耗的功率，称有功功率。内漏损失功率和轮阻损失功率之分，不同的功率具有不同的意义，且有自己

312

独立的计算方程，即

$$N_{th} = Gh_{th}/10^2$$
$$N_1 = Gh_1/10^2$$
$$N_{df} = Gh_{df}/10^2$$

式中　$h_{th}$、$h_1$、$h_{df}$——有效能量头、内漏损失能量头和轮阻损失能量头，Nm/kg；

　　　　$N_{th}$、$N_1$、$N_{df}$——有效功率、内漏损失功率和轮阻损失功率，kW。

叶轮总的功率消耗为 $N_{tot}$：$N_{th}+N_1+N_{df}$。

### ☞ 86. 轴功率的含义是什么？

**答**：叶轮对气体作功，为气体升压提供有效功率，在气体升压过程中，同时也产生了叶轮的内漏损失功率和轮阻损失功率。离心式压缩机的转子，在为气体升压提供以上三种功率时，其本身也产生机械损失，即轴承的摩擦损失，这部分功率消耗，一般要占总功率的2%~3%。如有齿轮传动，则传动功率消耗同样存在，且约占总功率的 2%~3%。以上五个方面的功率消耗，都是在转子转动，并在对气体作功的过程中产生的，因此，离心式压缩机的轴功率，包括有效功率、内漏损失功率、轮阻损失功率、机械损失和传动损失功率五个方面的内容。

离心式压缩机的轴功率，是选择驱动机功率容量的依据，一般情况下取原动机功率为轴功率的 1.05~1.10 倍。

### ☞ 87. 气体压缩的热力过程有几种？

**答**：气体在压缩过程中，由于热力状态的不同，可分为等温压缩、绝热压缩和多变压缩三种热力过程，其特点分别为：

（1）等温压缩过程。气体在等温压缩过程中，其温度始终保持不变，气体状态方程为：

$$P_1 V_1 = P_2 V_2 = 常数$$

等温压缩过程所消耗的理论功率为：

$$N_i = 1.634 P_1 V_1 \ln \varepsilon$$

式中　$N_i$——等温压缩理论功率，kW；

　　　$P_1$——吸入状态压力，MPa；

　　　$V_1$——吸入状态体积容量，$m^3/min$；

　　　$\varepsilon$——压力比，$\varepsilon = P_2/P_1$；

　　　$P_2$——压缩机排出压力，MPa。

（2）绝热压缩过程。气体在压缩过程中，与外界没有热交换，气体状态方程为：

$$P_1 V_1^k = P_2 V_2^k = 常数$$

绝热压缩过程所消耗的理论功率为：

$$N_T = 1.634 P_1 V_1 \frac{k}{k-1} (\varepsilon^{\frac{k-1}{k}} - 1) = P_1 V_1 \phi$$

$$\phi = 1.634 \frac{k}{k-1} (\varepsilon^{\frac{k-1}{k}} - 1)$$

（3）多变压缩过程。气体在压缩过程中，与外界有热交换，其状态方程为：

$$P_1 V_1^m = P_2 V_2^m = 常数$$

多变压缩过程消耗的理论功率为：

$$N_P = \frac{1.634 P_1 V_1 \dfrac{m}{m-1} (\varepsilon^{\frac{m-1}{m}} - 1)}{\eta_p}$$

式中　$\eta_p$——多变效率。

☞ **88. 转速对压缩机的性能有何影响？**

**答**：压缩机的转速，具有改变压缩机性能曲线的功能，如果将压缩机的转速由 $n_1$ 降至 $n_2$、$n_3$、$n_4$ 和 $n_5$，则就得到如图 10-42 所示的一组性能曲线。为了便于了解性能曲线改变后，压缩机效率的变化情况，通常还在性能曲线图上作出等效率曲线，如图 10-43 所示。通过这组性能曲线，说明压缩机转速改变，其性能曲线有相应变化，但效率是不变的，因此，它是压缩机调节

314

方法的最好形式。

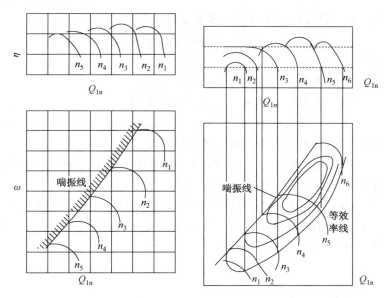

图 10-42　不同转速下压缩机　　图 10-43　等效率线性能曲线
　　　　　　的性能曲线

　　从上述情况可以看出，压缩机改变转速的同时，也改变了压缩机的性能曲线，进而改变了压缩机的工况点和工况参数。因此，它是压缩机调节方法之一。

### ☞ 89. 离心式压缩机的性能曲线包括哪些内容？

　　答：离心式压缩机的性能曲线，是全面反应压缩机性能参数之间变化关系的曲线，它包括气体流量 $Q$ 与压力比 $c$ 的关系曲线，流量 $Q$ 与效率以及流量 $Q$ 与功率 $N$ 的关系曲线。图 10-44 所示为某压缩机的一组性能曲线，从曲线特征可以看出，随着气体介质流量的增加，压比曲线由缓慢下降变为陡降，功率和效率曲线由上升、持平到缓慢下降，效率曲线的持平段为压缩机的最佳工况区，压缩机的工况点应落入该区段，这样压缩机的运行效率才能达到最佳状态。

**☞ 90. 如何从压缩机的性能曲线分析其的特性?**

答：压缩机的性能曲线能形象地表示出压缩机性能的特征。图 10-45 为某压缩机的一组性能曲线，曲线 1 为压力比 $\varepsilon$ 与流量 $Q$ 的关系曲线，从曲线的形状可以看出：

（1）压力比 $\varepsilon$ 随流量 $Q$ 的增加而降低；

（2）入口流量 $Q_j$ 小于压缩机喘振流量 $Q_{min}$ 时，压缩机发生喘振现象，因此应避免在此区间运行；

（3）入口流量 $Q_j$ 大于压缩机的滞止流量 $Q_{max}$ 时，压缩机产生滞止工况，这也是应避开的危险工况区；

（4）喘振流量 $Q_{min}$ 与滞止流量 $Q_{max}$ 之间，为压缩机稳定工况区，如果用 $Q_{max}/Q_{min}$ 作为压缩机的稳定工况系数，则该值越大，压缩机的稳定工况区就越宽。

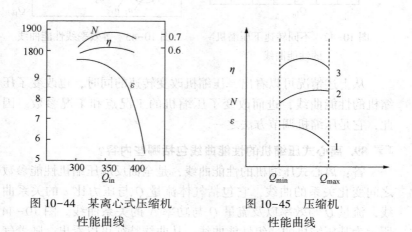

图 10-44　某离心式压缩机　　　图 10-45　压缩机
　　　　　性能曲线　　　　　　　　　　性能曲线

曲线 2 为功率 $N$ 与流量 $Q$ 的关系曲线，该曲线随流量 $Q$ 的增加呈上升趋势，即功率随流量 $Q$ 的增加而增加，但流量 $Q$ 增加到一定程度后，曲线 2 又呈下降趋势，这是因为流量 $Q$ 的增加，会导致有效能量头 $h_{th}$ 的下降，功率与 $Gh_{th}$ 成正比。因此，当流量 $Q$（即 $G$）的增加，导致有效能量头 $h_{th}$ 大幅下降时，功率又开始变小。

从上述性能曲线的分析，我们可得出以下结论：

① 压缩机的稳定运行范围在喘振流量 $Q_{min}$ 和滞止流量 $Q_{max}$ 之间；

② 压缩机的最佳工况范围在最大效率 $\eta_{max}$ 的区间；

③ 禁止压缩机在小于喘振流量 $Q_{min}$ 和大于滞止流量 $Q_{max}$ 的状态下运行。因为这是一种不稳定的运行状态，对设备的使用寿命有直接影响。

☞ **91. 什么叫做汽轮机的汽耗？**

**答**：汽轮机每小时消耗的蒸汽量叫做汽轮机的汽耗。汽耗表明汽轮机运行经济性的一个重要标志。

☞ **92. 什么是调速系统的静态特性曲线？**

**答**：（1）主要是指汽轮机在单机运行的条件下，其负荷与转速之间的关系。

（2）如果把这种关系画在以负荷为横坐标、转速为纵坐标的图纸上，就得到了调速系统的静态特性曲线。

☞ **93. 离心式压缩机启动前应做好哪些准备工作？**

**答**：离心式压缩机的启动是机组投入生产运行的首要环节，启动工作进行的好坏，直接影响机组的长周期稳定运行。因此，应做好以下几方面的准备工作。

（1）润滑系统的准备工作。

① 启动润滑油箱加热器，将润滑油温度升至 35~45℃；

② 启动润滑油主泵，使润滑系统进入循环状态，调节泵出口、轴承入口和调速系统的油压，使其达到操作指标要求；

③ 调试辅助油泵的自启动性能，使启动灵敏，控制启动参数符合给定指标；

④ 校验声光报警、停机联锁和油压过低停机联锁等保护系统的可靠性。

（2）密封系统的准备工作。

投用干气密封系统。

（3）工艺系统的准备工作。

① 调整好工艺系统流程，确认各部位阀门已处于工作状态，机壳和管线排凝；

② 主蒸汽管线排凝、引蒸汽至控制阀前。

以上四个方面的准备工作完成后，机组可按开车程序启动升速，直至转入正常运行。

☞ **94. 离心式压缩机的启动程序是什么？**

**答**：当启动的准备工作就绪后，压缩机可按下列程序进行启动：

（1）机组盘车、检查转子与定子有无摩擦和碰撞等异常现象，确认转子盘车灵活；

（2）按 WOODWARD-505 调速器上 RESET 键，复位所有报警和停机信息。

（3）关闭速关阀组件上的速关油换向阀，切断速关油路，打开启动油换向阀建立启动油。待启动油压稳定，且压力在0.85MPa 左右，打开速关油换向阀，建立速关油油压。待速关油压 0.85MPa 左右时，关闭启动油换向阀，启动油压缓慢回零，速关阀逐渐至全开。

（4）当机组转速升至暖机转速时，稳定运行约 30min，检查机组振动、轴承温升、轴向位移、润滑油和主蒸汽的温度和压力等情况。确认无异常现象时，按程序往下进行；暖机完毕后按下 F3 键，再按 YES 键，调速器按程序的速率自动提升转速（并能自动超越汽轮机、压缩机临界转速）到调速器工作下限转速。

（5）当机组运转正常后，详细检查机组运行情况，如机组各轴承温度、回油、声音、振动、密封等情况及主蒸汽的温度、压力是否正常。

☞ **95. 离心式压缩机的停车步骤是什么？**

答：离心式压缩机有正常停车和紧急停车两种情况，停车也有正常和紧急两种步骤。

（1）正常停车步骤。

① 联系生产管理部门、班长及有关操作人员，统一指挥，协调配合，注意观察各参数。

② 当高压分离器压力降至 2.8MPa 时，一级密封气切换为 3.0MPa 氮气。

③ 防喘振调节阀投手动逐渐全开反喘振阀。先用 505 将转速降至 8110r/min，按 505 面板的 STOP 键，再按 YES 键。记录惰转时间(4 分 30 秒)，如机组停车时间较正常时间短时，则检查是否有磨刮等现象存在。

④ 机组完全停机后关闭压缩机出入口阀，打开排凝阀，循环氢压缩机内卸压并用 $N_2$ 置换，视情况停用一次密封气。

⑤ 全关透平进出口蒸汽隔断阀，全开透平背压放空阀，机体彻底排凝，然后全关排凝阀。

⑥ 压缩机停止转动后 5min 内应开始手动盘车。第一小时内每 15min 盘车一次，第二小时内每 30min 盘车一次，第三小时内 1h 盘车一次，第四小时以后每 2h 盘车一次，直到透平温度降至常温，以后每天白班盘车一次。

注意：每次盘车后转子的位置应转过 180°。

⑦ 停汽封冷凝器的蒸汽喷射器的蒸汽阀。

⑧ 停汽封冷凝器的冷却水阀。

⑨ 机组停运后，润滑油泵需在透平机体温度降至 80℃ 以下时方可停运，若不检修，在确保 0.8MPa 氮气源供应正常的情况下，可不停泵。

⑩ 润滑油系统停运后，干气密封系统可停用。

（2）紧急停车步骤。

① 手拔危急保安器停机。

② 手动紧急停机手柄停机。

③ 现场操作面版手动停机按钮。

④ 操作室紧急停机。

迅速关闭出入口电动阀（必须在 30min 内），机体放空，根据现场压力表数值泄压速度控制在 8bar/min（1bar = 10⁵Pa）以下，当机体压力于 3.0MPa 时，将一级密封气源切换为 3.0MPa 氮气，防止出现机内压力大于一级密封气压力而造成气体倒灌污染干气密封的情况。

按正常停机步骤停机维护。

☞ **96. 离心式压缩机的主要操作参数有哪些？**

**答**：离心式压缩机在生产运行中，要定期检查和记录以下几方面的操作参数：

（1）汽轮机操作参数：主蒸汽压力、温度、汽轮机排汽温度，汽轮机轴承进油压力和温度，轴瓦温度以及轴瓦回油温度和回油状况，汽轮机转速；

（2）压缩机操作参数：压缩机入口出口压力，轴承进油压力和回油温度，轴瓦温度以及回油状况。轴承振动和位移情况等；

（3）润滑系统操作参数：润滑油泵出口压力，油冷却器出口油温，油过滤器压降，动力油压力，润滑油进轴承压力，油箱液位，高位油箱以及各轴承回油情况。润滑油泵运行状态等；

（4）轴封系统操作参数：封油泵出口压力，油冷却器出口油温，油过滤器压降，油箱液位，封油高位油箱液位和封油的回油情况。封油泵运行状态（改为干气密封系统）。

以上四个方面的操作参数，必须按时进行巡回检查，但不一定所有参数都作记录，可根据设备使用情况及需要摘录其中部分参数。

## ☞ 97. 离心式压缩机喘振概念的含义是什么？

答：离心式压缩机在生产运行过程中，有时会突然产生强烈振动，气体介质的流量和压力也出现大幅度脉动，并伴有周期性沉闷的"呼叫"声，以及气流波动在管网中引起的"呼哧"、"呼哧"的强噪声，这种现象通称为压缩机的喘振工况，压缩机不能在喘振工况长时间运行。一旦压缩机进入喘振工况，操作人员应立即采取调节措施，降低出口压力，或增加入口流量（适度开反飞动阀），使压缩机工况点脱离喘振区，实现压缩机的稳定运行。

## ☞ 98. 喘振现象的特征是什么？

答：离心式压缩机一旦出现喘振现象，则机组和管网的运行状态具有以下明显特征：

（1）气体介质的出口压力和入口流量大幅度变化，有时还可能产生气体倒流现象。气体介质由压缩机排出转为倒流。这是较危险的工况；

（2）管网有周期性振荡，振幅大、频率低，并伴有周期性"吼叫"声；

（3）压缩机振动强烈，机壳、轴承均有强烈振动，并发出强烈的、周期性的气流声，由于振动强烈，轴承液体润滑条件会遭到破坏，轴瓦会烧坏。转子与定子会产生摩擦、碰撞，密封元件将严重破坏。

## ☞ 99. 喘振与管网的关系是什么？

答：离心式压缩机与管网联接，构成一个密闭的气体介质输送体系，压缩机与管网同时工作于该体系，为气体介质的输送升压提供了必要的条件。如果压缩机在输送气体介质过程中，其流量不断减少，当压缩机进口流量减少到一定值时，则气体在叶轮流道内首先产生分离涡流，流量进一步减少，气体在叶轮流道内的分离涡流区进一步扩大，并形成严重的旋转脱离现象，气体流动状态严重恶化，压缩机排出压力大幅度下降，这时管网气体会倒流至压缩机，直至压缩机出口压力大于管网，压缩机又开始排出气体。气流在系统中产生的这种周期性振荡现象，通称为压缩机的"喘振"。

从上述分析可以看出，喘振不仅与叶轮流道中气体的旋转脱离有关，而且与管网特性有密切关系。管网容量越大，喘振的振幅也越大，振频越低。管网容量越小，则喘振的振幅就小、喘振频率越高。

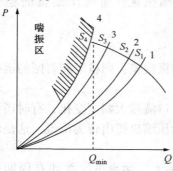

图 10-46　压缩机与管网联合
工作性能曲线图

图 10-46 为压缩机与管网联合工作性能曲线图，管网性能曲线，随着管网阻力的增加，气体流量的减少，其位置由 1 逐渐左移到 2 和 3，工况点也由 $S_1$ 移到 $S_2$ 和 $S_3$，此时压缩机不会产生喘振。当气体流量进一步减少，管网性能曲线左移至位置 4 时，其工况点 $S_4$ 已进入喘振区，压缩机开始在喘振工况下运行。

显然，压缩机流量的减少，叶轮流道内气体严重的旋转脱离，是产生喘振的内因。随着流量的减少，管网性能曲线不断左移。并与压缩机性能曲线交于喘振区，于是喘振工况发生。所以，管网性能曲线左移是产生喘振的条件。

☞ **100. 防止喘振的条件是什么？**

**答**：离心式压缩机的喘振工况，是在进口流量减少到一定程度时产生的，该流量通称压缩机的喘振流量，也是维持压缩机运行的最小流量，以 $Q_{min}$ 表示之。为确保压缩机平稳运行，则进口实际流量 $Q$ 必须大于最小流量 $Q_{min}$，即 $Q>Q_{min}$。

离心式压缩机可以在不同转速下工作，不同转速尚具有不同的性能曲线和相应的喘振流量 $Q_{\min}$，如果将不同转速下喘振流量点，即喘振点联成一线，则该线就是压缩机的喘振线。图 10-47 为一台压缩机在 $n_1$、$n_2$、$n_3$ 和 $n_4$ 转速下的一组性能曲线，每一条

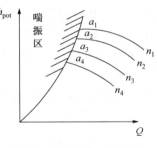

图 10-47　压缩机喘振线

性能曲线均有相应的喘振流量和对应的喘振点 $a_1$、$a_2$、$a_3$、$a_4$。将这些喘振点联成一线，该曲线就是压缩机的喘振线，它接近一条抛物线，其方程为：

$$h_{P01} = K Q_{\min}^2。$$

式中　$h_{P01}$——压缩机多变能量头，J/kg；

　　　$Q_{\min}$——压缩机开始喘振的容积流量，$m^3/h$；

　　　$K$——常数。

从上述分析可以看出：防止压缩机产生喘振的条件为：

$$Q > Q_{\min} = \sqrt{\frac{h_{pol}}{K}}$$

即压缩机运行中的流量 $Q$，要大于喘振流量 $Q_{\min}$，这是压缩机保持稳定运行的先决条件。

☞ **101. 离心式压缩机转速调节的原理是什么?**

答：转速是离心式压缩机重要性能参数之一，因此，改变压缩机转速，是改变压缩机性能的有效措施。图 10-48 为压缩机与管网系统联合工作系统图，设计工况下压缩机转速为 $n$，压力容器内压为 $P_r$，气体介质流量为 $Q_a$，压缩机工况点为图 10-49 中的 $a$ 点，其工况参数为 $P_r$ 和 $Q_a$。如果将压缩机转速由 $n$ 提升到 $1.1n$，或降低至 $0.9n$，则压缩机将产生一组与之相应的，如图 10-48 所示的性能曲线。从这组性能曲线可以看出，压缩机

转速升高，其性能曲线向右上方移；转速降低，性能曲线向左下方移。工况点也相应的由 $a$ 移到 $a'$ 和 $a''$，工况参数由 $P_r$ 和 $Q_a$，相继移到 $P_{r'}$ 和 $Q_{a'}$ 以及 $P_r$ 和 $Q_{a''}$。所以，转速调节的原理就是利用压缩机转速的改变，移动压缩机性能曲线和工况点的位置，最终实现气体介质参数的调节。

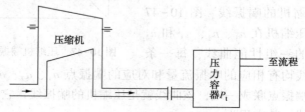

图 10-48　压缩机与管网系统图

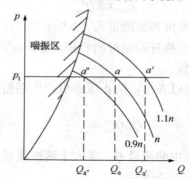

图 10-49　转速调节性能曲线图

☞ **102. 变转速调节有何特点？**

**答**：离心式压缩机变转速调节具有以下特点：

（1）当离心式压缩机的转速由 $n$ 改变为 $n'$ 时，其流量 $Q$、压比 $\varepsilon$ 和功率 $N$ 等性能参数将有相应变化，变化规律可用下列方程表示：

$$Q' = \frac{n'}{n} Q$$

324

$$\varepsilon' - 1 = \left(\frac{n'}{n}\right)(\varepsilon - 1)$$

$$N' = \left(\frac{n'}{n}\right)^3 N$$

式中　$Q$、$Q'$——转速改变前、后的流量，$m^3/min$；

$\varepsilon$、$\varepsilon'$——转速改变前、后的压比，$P_2/P_1$；

$N$、$N'$——转速改变前，后的功率，$kW$；

$n$、$n'$——改变前，后的转速，$r/min$。

从以上方程可以看出，当压缩机的转速 $n$ 由高逐渐降低时，则流量 $Q$、压比 $\varepsilon$ 和功率 $N$ 均按上述方程式成比例下降；

（2）变转速调节压缩机出入口不需要节流装置，因此，压缩机无节流损失，其运行效率较高；

（3）当离心式压缩机由汽轮机、燃气轮机拖动时，变转速调节较易实现，如果由电动机拖动，则需要配备变速机构或采用变速电机拖动；

（4）变转速调节一般多用于降速运行，如果需要压缩机升速运行，则要考虑转子轮盘强度、轴承负荷、原动机功率容量以及转子临界转速等因素。

### ☞ 103. 冷油器怎样使用？

**答**：（1）在机组启动前，因油温规定不小于 25℃。所以冷却器可暂不投用。

（2）机组启动后，冷油器出口油温达到 35℃ 以上时，启用冷却器控制油温。

### ☞ 104. 油的循环倍率为多少合适？

**答**：（1）油的循环倍率是指主油泵每小时的出油量与油箱的总量之比，一般应小于 10。

（2）如果油的循环倍率过大，将使油的使用寿命缩短。无法排除油中的水和空气，促使油质迅速恶化。

## ☞ 105. 汽轮机在启动前为什么要暖管？

**答**：在启动前由于主蒸汽管道和管道上各阀门、法兰等处于冷状态，所以要先用蒸汽进行暖管，使管路缓慢地受热，膨胀均匀，不致受到过大的热应力。

## ☞ 106. 如何引蒸汽，防止水击？

**答**：（1）首先打开蒸汽管道上的排凝阀，将贮存在管道内的存水，全部放掉。

（2）缓慢开启蒸汽隔离阀，控制 0.5mPa 左右的压力进行暖管。

（3）见排凝阀冒汽后，再引蒸汽就不会水击了。

## ☞ 107. 汽轮机启动前为什么要进行疏水？

**答**：启动前暖管暖机时，蒸汽过冷马上凝成水，凝结水如不及时排出，高速气流就会把水夹带到汽缸内把叶片打坏，所以汽轮机启动前要先进行疏水。

## ☞ 108. 油箱为什么要脱水？怎样脱？

**答**：汽轮机运转时，从轴封中会有少量蒸汽漏入轴承内，润滑油在冷却轴瓦时与漏入轴承内的蒸汽接触，并使之冷凝，冷凝水与油一起回入油箱，为了保证润滑油系统不带水，所以要对油箱进行脱水。脱水时要注意：脱水阀不能开得太大，脱水时人不能离开，防止跑油；脱完水，关闭此阀。

## ☞ 109. 调速系统与负荷变化有什么关系？

**答**：（1）调速系统的作用是使汽轮机输出功率与负荷保持平衡。

（2）当负荷增加时，调速系统要开大汽门，增加进汽量（负荷减少时相反）。

（3）当负荷变化时调速系统必须保持汽轮机的正常运转速度。

（4）当负荷突然减小时，调速系统也要防止转速急速升高。

☞ **110. 如何正确切换润滑油的过滤器？**

**答**：（1）切前先对备用过滤器进行全面检查（法兰、阀、排凝等）。

（2）关闭排凝阀，打开排气阀。

（3）缓慢打开充油阀，以小流量对备用器充油，观察排气阀视镜。

（4）当视镜内有油溢流时，稍许关排气阀（已充满油）、充油阀。

（5）缓慢地将切换杆扳至备用器上，注意油压变化及至阀到位。

（6）缓慢将停运过滤器排油，并观察油压，交付检修。

注意：① 充油、切换一定要缓慢。

② 切换时阀一定要到位，防止不到位或过量。

③ 随时观察总管油压变化。

☞ **111. 怎样控制好中低压汽轮机的热应力？**

**答**：对于中低压汽轮机，一般控制加热速度，即控制启动暖机时间，对热应力进行控制。

☞ **112. 热态机组如何盘车？**

**答**：(1)由于冷热对流原理，热态机组上汽缸温度始终要比下汽缸高，转子上下受热不匀，时间一长，热应力将会使转子造成永久性变形或弯曲。

（2）规定要求每隔 5min 盘车一次（180°），保证轴上下受热均匀，减小热应力对转子的影响。

☞ **113. 汽轮机如何防止水冲击？**

**答**：要保证蒸汽疏水良好，并控制好蒸汽温度，保证蒸汽品质良好符合规格要求，否则不允许引入汽轮机，以免造成严重设备事故。

☞ **114. 齿轮泵、螺杆泵及旋涡泵如何启动?**

答：此类泵属于容积式泵，为防止憋坏设备及憋漏管线法兰，启动前要求出入口阀全开，不允许利用泵出口节流调节流量及压力。

☞ **115. 冷却器投用要注意什么?**

答：(1)冷却器为一密闭容器，在投用前首先要充油置换设备内空气，放空见油。

(2)投用时注意各放空点是否关闭，投用正常后要保证冷却水压力低于油压。

(3)防止冷却器泄漏时润滑油带水。

☞ **116. 滤油器切换要注意什么问题?**

答：(1)为保证无扰动操作，切换时要对设备用过滤器充油，满后关充油阀及回油阀。

(2)切换时要缓慢，以免影响高压油波动，从而影响调速器误动作。

☞ **117. 停润滑油泵要注意什么?**

答：(1)停润滑油泵要特别注意留意高位油罐油倒满油箱，甚至从油箱人孔溢出。

(2)处理方法可将高位油罐充油总阀及回油放空阀关。

(3)或及时退油至中间罐及空润滑油桶。

☞ **118. 汽轮机的暖机及升速时间由哪些因素决定?**

答：汽轮机启动后，蒸汽进入汽缸内部，各部温度迅速上升，到满负荷各部温度达到最高，汽轮机的暖机及升速时间主要决定于这个温度，一般经常控制的指标：

(1)转子与汽缸的差胀不致造成动静部分发生摩擦。

(2)上下缸温度差不大于35℃。

(3)法兰内外壁温差不大于130℃。

（4）法兰螺栓温差不大于30℃。

☞ **119. 汽轮机为何要设置汽封(适合凝汽式)?**

答：（1）汽轮机高压段蒸汽主要向外泄压漏出，大部分从轴封中部通过平衡管被引入汽轮机低压端。

（2）低压段为负压室，主要是防止空气漏入复水器而影响真空度

（3）为此由一路微正压蒸汽至轴封间，大部分被抽入复水器，微量由信号管排入大气，这后一部分的漏汽阻止了空气的漏入。

☞ **120. 汽轮机暖机时转速为何不能太低?**

答：转速太低，干气密封动静环之间无法形成正常气膜，易发生干摩擦，使干气密封损坏。

☞ **121. 汽轮机汽封装置的作用是什么(适合凝汽式)?**

答：汽轮机汽缸两端轴孔处与转轴间有一定间隙，这样在工作时，汽缸内进汽端将发生高压蒸汽大量外漏，一般凝汽式汽轮机排汽端排汽压力在 $0.03kgf/cm^2$（$1kgf/cm^2 = 98.066Pa$）（A）左右，即排汽端处于高真空状态，大气中的空气将沿后轴孔大量漏入排汽管和凝汽器，就会破坏汽轮机的真空。在汽缸两端轴孔处配备汽封装置，以减少高压端的向外漏汽和排汽端向里漏空气。

☞ **122. 汽轮机惰走时间变化说明什么?**

答：（1）惰走时间长，说明了汽轮机主汽门及调速汽门有漏汽现象。

（2）如惰走时间短，则说明了汽轮机组同心度变差，机械部分有摩擦现象，润滑油油质变差。

☞ **123. 汽轮机调速系统的作用是什么?**

答：（1）使汽轮机的输出功率与负荷保持平衡。

（2）当负荷增加时，通过调速系统作用，开大汽门，增加进汽量；当负荷减少时，减少进汽量。

（3）当负荷突然迅速减少时，调速系统可防止机组转速急速升高，保护机组。

☞ **124. 润滑的作用原理是什么？**

**答**：润滑是转动设备正常运行的重要条件，转动设备的转子，在轴承的支承下高速旋转，从而造成轴颈与轴承的相对运动，两零件在相对运动过程中产生动摩擦和热量，如果相对运动的两零件间没有液体润滑（即干摩擦），则两零件的摩擦加剧、磨损加快，因摩擦产生的热量增多，零件表面温度升高。零件表面温度升高，又使摩擦磨损情况进一步恶化，这是一种恶性循环，转动设备处于这种恶性循环中是无法正常运行的。

润滑的作用就是变干摩擦为液体摩擦（即液体润滑），从而减轻摩擦、降低磨损，确保转动设备长周期安全运行。

为了充分说明和更好地利用润滑技术的这种作用，我们有必要对润滑原理作如下介绍。

图 10-50 所示为两个相对运动的金属平面，两平面间充满着流动的润滑油，由于润滑油的油性和黏性，在与金属表面接触时，很容易附着金属表面，在金属表面形成一个很薄的附着层，该附着层称边界油膜。两边界油膜间为流动油膜，两金属表面被边界油膜和流动油膜分开，形成液体润滑（即液体摩擦），这种润滑状况是较理想的，一般大型机组在生产运行中，应保持这种润滑状态。

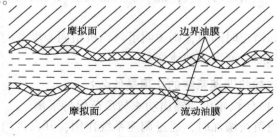

图 10-50　液体润滑状况

330

如果在两金属平面上加一外力，或润滑油供给不够充分，此时流动油膜减薄，边界油膜被破坏，两金属表面间的液体润滑过程结束，并已过渡到如图 10-51 所示的半液体润滑状态。处于半液体润滑状态的两金属表面，已有局部开始接触，出现边界润滑或干摩擦，转动设备，特别是大型机组要严禁这种半液体润滑状况的生产，否则将导致轴瓦烧坏或转子磨损等事故。

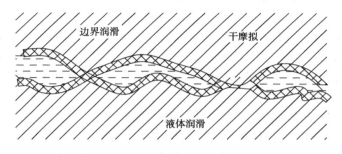

图 10-51　半液体润滑状况

压缩机的转子从盘车、启动到运行，是由边界润滑向液体动压润滑转化的过程，如图 10-52 所示，转子盘车时，在轴颈表面形成一个很薄附着油膜，转子由静止开始旋转时，附着油膜同轴颈一起旋转，并带动附近油层随轴转，从而形成了液体动压油膜，实现了轴承的液体动压润滑，为机组的长周期安全运行，提供了可靠的条件。

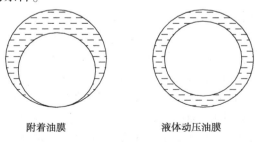

图 10-52　液体动压润滑的形成

☞ **125. 润滑系统由哪几部分组成？**

答：一般压缩机的润滑系统由润滑油箱、主油泵、辅助油泵、油冷却器、油过滤器、高位油箱、阀门以及管路等部分组成。

（1）润滑油箱。润滑油箱是润滑油供给、回收、沉降和储存设备，内部设有加热器，用以开车前润滑油加热升温，保证机组启动时润滑油温度能升至 35～45℃，以满足机组启动运行的需要；回油口与泵的吸入口设在油箱的两侧，中间设有过滤档板，使流回油箱的润滑油，有杂质沉降和气体释放的时间；从而保证润滑油的品质；油箱侧壁设有液位指示器，以监视油箱内润滑油的变化情况，以防机组运行中润滑油出现突变，影响机组的安全运行。

（2）润滑油泵。润滑油泵一般均配置两台，一台主油泵，一台辅助油泵，机组运行所需润滑油，由主油泵供给；辅助油泵系主油泵发生故障，或油系统出现故障，使系统油压降低时自动启动投入运行，为机组各润滑点提供适量的润滑油品，所配油泵流量一般为 200～350L/min，出口压力应不小于 0.5mPa，润滑油经减压，使系统油压降至 0.08～0.15mPa 进轴承。

（3）润滑油冷却器。润滑油冷却器用于返回油箱的油温有所升高的润滑油的冷却，以控制进机油温在 35～45℃，油冷却器一般均配置两台，一台使用，另一台备用。当投入使用的冷却器其冷却效果不能满足生产要求时，切换至备用冷却器维持生产运行，并将停用冷却器解体检查，清除污垢后组装备用。

（4）润滑油过滤器。润滑油过滤器装于泵之出口，用于进机润滑油的过滤，是保证润滑油质量的有效措施。为确保机组的安全运行，过滤器均配置两台，运行一台，备用一台。

（5）高位油箱。高位油箱是一种保护性设施，机组正常运行时，高位油箱的润滑油由底部进入，而由顶部排出返回油箱；当主油泵发生故障，辅助油泵又未及时启动时，则高位油箱的润滑油将沿进油管，靠重力作用流入润滑点，以维持机组惰走过程的润滑需要。高位油箱的储油量，一般应维持不小于 5min 的供油时间。

☞ **126. 对润滑系统的要求是什么？**

**答**：润滑系统是机组各轴承形成液体润滑状态的保证体系。是轴瓦减轻摩擦、降低磨损、实现长周期安全运行的主要条件，因此，对该系统在工作中的严密性、清洁度以及各机件的可靠性都有较高的要求。为了满足机组润滑对该系统的要求，我们应采取有效措施，做好如下几方面的工作：

（1）制定合理的施工程序，确保管线内表面有较好的清洁度。油路管线按施工图纸要求，分段将联接法兰焊好，清除渣、药皮及飞溅物，然后进行酸洗、中和及钝化工艺处理，钝化好的管线，两端密封保存待用。

（2）油系统所有设备、阀门按施工要求进行安装前的解体检查，清除设备阀门内的杂质和浮锈等物，使设备和阀门在安装时有较高的清洁度，从而保证设备阀门安装投用后有较好的运行效果。

（3）设备安装就位后，实施管线的组对工作，在管线组对时，要选择适合的垫片。阀门按规范要求，以横向布置与管路法兰联接，在法兰联接上紧螺栓时，一方面要使螺栓上紧，保持联接部位密封的可靠性，另一方面要避免紧力太大，以保持垫片的原始状态和密封性能。

（4）润滑系统设备、阀门和管线安装组对工作结束后，要进行油冲洗，冲洗用油与工作用油相同，在油冲洗过程中，油温要有适度变化，使附着于管内的铁锈及其他杂质，在热胀冷缩的变化中，被冲洗油带走。

油冲洗运行，不仅可以提高润滑系统的清洁度，同时对系统的严密性以及机件的可靠性都是一个考验。经 8h 油冲洗运行考验，如过滤器压差无变化，各机件无故障，各密封部位无泄漏，则认为润滑系统已符合规范要求。

☞ **127. 高位油箱的作用是什么？**

**答**：高位油箱是机组安全保护设施之一，机组正常运行时，润滑油由底部进入，而由顶部排出直接流回油箱。一旦发生停电停机故障，辅助油泵又不能及时启动供油，则高位油箱的润滑油，将沿进油管路流经各轴承后返回油管，确保机组惰走过程中对润滑油的需要。为确保高位油箱这一作用的实现，润滑系统应有以下技术措施。

（1）高位油箱要布置在距机组轴心线不小于 5m 的高度之上，其位置应在机组轴心线一端的正上方，以使管线长度最短，弯头数量最少，保证高位油箱之润滑油，流回轴承时阻力最小。

（2）高位油箱顶部要设呼吸孔。当润滑油由高位油箱流入轴承时，油箱的容积空间由呼吸孔吸入空气予以补充，以免油箱形成负压，影响滑润油靠重力流出高位油箱。

（3）在润滑油泵出口到润滑油进机前的总管线上要设置止回阀，一旦主油泵停运，辅助油泵也未及时启动供油，则止回阀立即关死，使高位油箱的润滑油，必须经轴承进入回油管线，再返回油箱，防止高位油箱的润滑油走短路，从而避免机组惰走过程烧坏轴瓦故障的产生。

（4）如果润滑系统是一密闭循环系统(如氨压缩机润滑系统)，高位油箱顶部没有呼吸孔，故障停机时，高位油箱之润滑油仍需由进油管流至轴承。在润滑油逐渐流出时，高位油箱的空间逐步增加。逐步增加的空间，由与润滑油箱联通的回油管及时补气予以充实，从而保证高位油箱保护功能的实现。

☞ **128. 轴承进油温度与压力的规范是什么？如何实现？**

**答**：轴承的进油温度一般均控制在 35~45℃；其压力通常在 0.08~0.15MPa，由于轴承结构、工作特性以及载荷大小的不同，其具体机组润滑油的操作指标，一般在安装使用说明书中均有明确规定。因此，应参考安装使用说明书，编制具体的操作规程，提出适宜的润滑油工艺指标，以利于轴承液体润滑的形成。

为了使润滑油的温度、压力和流量参数，稳定于操作规程所规定的范围之内，则润滑系统常采用以下技术措施：

（1）在系统中设置加热设施，确保机组启动时，油温可升至操作指标，加热设施有电加热器和蒸汽加热器两种，用户可根据本厂能源情况自行选择。加热器一般均安放于油箱中，以利于机组启动前润滑油的加热升温。加热器可根据工作需要随时启动和停运，操作方便灵活。

（2）要配置油冷却器，以便将润滑油由轴承带出的摩擦热量取走，使润滑油温度保持在操作指标的允许范围。油冷却器均安装于油泵之后，冷却水流量可根据油温的高低随时调节，以控制油温在操作指标规定的范围。

（3）系统中要配置回油阀、流量调节阀、压力调节阀、安全阀以及节流阀等阀组件，以保证轴承进油压力符合操作规程的要求。其流程如图 10-53 所示。

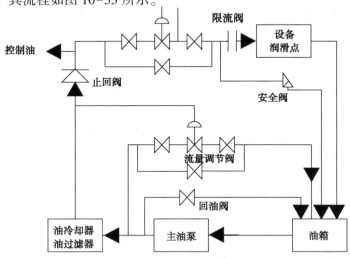

图 10-53　润滑油压力调节原理图

从设计原理讲，主油泵输出的润滑油，其流量一般均较需用量多，所以首先由回油阀放回油箱一部分，但仍需保持一定的余量，该余量由流量调节阀调节，流量调节阀之后还有压力调节阀，最后经限流阀进入轴承，这一过程设置的回流阀，流量和压力调节阀以及限流阀，都是调节和稳定轴承进油压力的技术措施。因此，轴承进油压力是能够满足操作指标要求的。

（4）由于润滑油温度和压力参数非常主要，所以润滑系统不仅设置了油温、油压的调控和监视措施，还配有油温、油压的声光报警和停机联锁系统。一旦油温、油压越限，轻者声光报警，以提醒操作人员检查处理，重者停机联锁动作，主机停止运行，从而达到保护机组免受损失的作用。

（5）各润滑点的回油管路均设有看窗，以便检查监视润滑油的流量，并通过限流阀的调节，来满足轴承润滑状态的需要。

☞ **129. 影响润滑油润滑性能的因素是什么？**

**答**：润滑油进入轴承后，由于附着力的作用，将随旋转轴作旋转运动，并形成压力油膜将作旋转运动的转子抬起，使轴瓦与轴颈实现液体润滑，从而保证机组的长周期安全运行。但是随着机组运行周期的加长，润滑油中的杂质无疑会逐渐增多，其润滑性能和效果也将严重恶化，经检验证明，影响润滑油润滑性能的因素有以下几个方面。

（1）润滑油系统的设备安装和阀门管线组对时，检查、除锈、清洗不彻底，系统中存有残留的颗粒状、雪片状杂质，使润滑油受到污染。

（2）设备在长周期运行中，由于摩擦磨损产生的磨粒进入油中。

（3）由于加油设施保管不妥，受到自然环境的污染，加油时污染物带入润滑油箱，并进入油的循环系统。

（4）机组在长期运行过程中，由于输送的气体介质中含有

H₂S 等腐蚀性气体，在工艺波动或操作失误时，气体介质均会窜入润滑系统，对润滑系统的设备、阀门和管线都将造成腐蚀，并形成腐蚀产物，污染润滑系统，影响润滑油的润滑性能和效果。

（5）机组在生产运行过程中，汽轮机密封汽凝缩液以及压缩机密封失效时，气体介质夹带的凝缩液，都会窜入润滑系统，造成润滑油的污染，降低润滑油的润滑性能和效果。

从上述情况可以看出，造成润滑油污染、影响润滑油润滑性能和效果的因素是多方面的，但从污染物的形体来讲，只有固体、液体、气体三种形态的污染物。因此，我们应采取脱气、脱液和过滤等技术措施，清除润滑油中的污染物，保持润滑油的润滑性能和效果。

☞ **130. 设备润滑的"五定"和润滑油"三级过滤"的含义是什么？**

答：中国石化总公司于 1985 年颁发了"工业企业设备管理制度"。该制度对设备润滑提出了明确的规定，即设备润滑要严格执行"五定"，润滑油要执行"三级过滤"的规定，"五定"和"三级过滤"的规定执行后，设备润滑状况得到改善，设备故障有所下降，因此，"五定"和"三级过滤"是设备润滑管理工作的重点，要委派专职技术人员搞好这项工作。

设备润滑的"五定"就是定时、定点、定质、定量和定更换期。其含义分别如下。

（1）定时。根据设备结构特点，工作环境及润滑油品的消耗情况，确定两次加油的间隔时间，并通过实践予以肯定或调整；

（2）定点。根据设备各部位运行特点，确认需要润滑的部位，作出统计，载入润滑管理手册，以利于操作人员逐点加油；

（3）定质。根据轴承类型、运行状况以及载荷特点，选用适合的润滑油品种，并由化验员进行分析，确认符合质量标准；

（4）定量。根据加油部位的容积和消耗情况，确定每次加油量，并经运行实践予以确认或调整，使每次加油量更为合理；

（5）定更换期。对大型机组和其他转动设备循环使用的润滑油品，要根据安装使用说明书的规定进行定期更换，以保持油箱清洁和润滑油的质量。如果润滑系统运行情况较好，润滑油使用虽已到期限，但经化验润滑油各项指标，均符合标准要求，则润滑油可延长使用周期。一般情况下，延长期结束后润滑油不再继续使用。

润滑油的"三级过滤"系指润滑油由领油大桶到润滑点，要经过三次过滤，以滤除油中杂质，保证油品质量，三级过滤的工艺流程如图 10-54 所示。

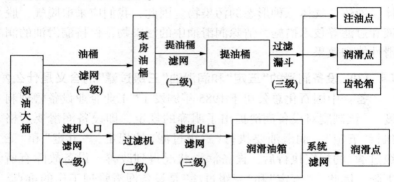

图 10-54  润滑油三级过滤流程图

从图 10-54 可以看出，对只需要间断加油的润滑点，润滑油由领油大桶→泵房油桶→提油桶→润滑点的三级过滤是断续进行的，对需要连续供油的压力循环系统，则润滑油由领油大桶→润滑油箱的三级过滤是通过过滤机连续进行的，由润滑油箱→润滑点，它还有自己的循环过滤设施，因此，润滑油质是有保障的。

☞ **131. 如何保持润滑油品的质量？**

**答**：这里所讲的保持润滑油品的质量，包括两个方面的内容：一是储存润滑油品质量的保护；二是使用润滑油品质量的保持，两者同等重要，不可顾此失彼。

（1）储存润滑油品质量保障措施：

① 润滑油品储存应设置专用库房、油罐和油桶。油罐、油桶应专油专用。同时要标注油品名称、牌号、入库时间及质量标准。

② 储存油品要定期进行分析化验，以检查油品的质量状况，对不合格油品要及时采取有效措施，进行适当处理，以免造成以次充优，错用乱用的事故。

③ 油罐、油桶要定期进行检查维修，每次检查维修后，其内部要彻底进行清理，以保持油罐、油桶内部的清洁度。

④ 库房内要保持通风、干燥、清洁。要有完善的消防设施和"严禁烟火"的标牌。

（2）使用润滑油品质量保障措施：

① 严格执行设备润滑的"五定"规则，作到保质、保量、按时、定点地将润滑油品加至润滑部位；

② 严格执行润滑油的"三级过滤"制度，确保进入润滑部位的润滑油不含杂质，或使杂质含量降至了最低：

③ 对大型机组循环使用的润滑油，要定期脱水、定期化验，发现质量问题要及时处理，以防轴承液体润滑状态的破坏；

④ 机组循环系统的过滤装置，要经常检查清洗，检查有无短路现象，清洗滤网上的杂质，使过滤装置能有效地发挥作用；

⑤ 注意调节机组密封装置的操作，提高其密封效能，防止气体介质对润滑油的污染。

☞ **132. 如何选用润滑油品？**

**答**：润滑油品品种繁多，性能各异，因此，用户应根据轴承类别、运行速度、载荷大小以及工作环境等情况适当选择，其选择原则和依据详述如下：

（1）工作载荷。工作载荷是轴承（或摩擦副）直接承受的静载和动载两个方面负荷，在选用润滑油品时应全面考虑，在液体润滑条件下，润滑油的黏度越大，其承载能力越大；处于边界润滑状况时，黏度对改善润滑作用不大，其油性和抗极压性能显得不可缺少，此时应选用抗极压性能较好的润滑油品；对于冲击载荷、往复运动或油膜形成困难的场合，应选用润滑脂或固体润滑剂为宜。

（2）相对运动速度。相对运动速度是轴承（或摩擦副）结构设计的重要参数，也是润滑油品选择的考虑因素，一般相对运动速度低的轴承适宜选用黏度较大的润滑油，以利于油膜的形成和维持；相对运动速度较高的轴承，适宜选用黏度较小的润滑油。

（3）工作温度。工作温度系指轴承工作时所处的环境温度，以及对此有影响的温度，如果所处的环境温度较低，应选用黏度小、凝点低的润滑油品；环境温度较高时，则应选用黏度大、闪点高的润滑油品，当轴承所处的工作环境温度变化较大时，还应选用黏温性能好、黏度指数高的润滑油品。总之在选用润滑油品时，要根据轴承工作环境温度的高低，使其搭配合理，工作可靠。

（4）润滑方式。间歇式加油润滑或润滑油易流失部位，应选用附着力好、黏度大的润滑油品；连续循环供油润滑，应选用抗氧化、抗泡沫以及润滑性能较好的润滑油品。

综上所述，在选用润滑油品时，一是要满足设备运行的需要，二是要尽量减少润滑油品的品种，以便于润滑油品的管理。

☞ **133. 压缩机高位油箱如何充油？**

**答**：在启动机组前，等油系统循环正常后，就应向高位油箱充油，缓慢打开润滑油去高位油箱的充油阀（不能开得太大），等溢油管线有回油后，立即关闭充油阀，防止冒油。

☞ **134. 影响润滑油油膜的因素有哪些？**

**答**：（1）润滑油的黏度。（2）轴瓦的间隙。（3）油膜单位面积上承受的压力等。

☞ **135. 机组外跑油的作用是什么？**

答：（1）冲洗润滑油管道。（2）过滤润滑油。（3）检查有无泄漏。

☞ **136. 油箱为什么要装透气管？若油箱为密闭的有什么影响？**

答：（1）油箱透气管能排出油中气体和水蒸气，使水蒸气不在油箱凝结，保持油箱中压力接近于大气压，轴承回油便能顺利流入油箱。

（2）如果油箱密闭，那么大量气体和水蒸气就会在油箱中积聚因而产生正压，使回油困难，造成油在轴承两侧大量漏出，同时也使油质劣化。

☞ **137. 润滑油箱液面下降的原因是什么？如何处理？**

答：（1）润滑油箱液面下降原因：

① 冷油器管束因应力或腐蚀开裂、穿孔，使润滑油漏于冷却水中。

② 管路和阀门法兰联接处密封不严产生泄漏。

③ 低点排空阀门未关严，润滑油由排空阀跑损。

（2）处理措施：

① 堵塞有裂缝、穿孔的冷却管，或更换管束。

② 更换泄漏处联接垫片，上紧联接螺栓，使各联接处无渗漏现象。

③ 经常注意检查，关好低点排空阀门，防止润滑油由此泄漏。

☞ **138. 润滑油压力下降的原因是什么？如何处理？**

答：（1）润滑油压力下降的原因：

① 润滑油过滤器堵塞，油压损失太大。

② 主油泵磨损严重，间隙超标，供油量不足。

③ 回油阀失效，主油泵输出之润滑油，经回油阀返回油箱。

④ 轴瓦损坏，轴瓦间隙严重超标，泄油量增加太多。

341

⑤ 油温升高，润滑油黏度下降，各部位泄漏量增加较多。

⑥ 仪表失灵，润滑油压力正常，但仪表指示有误。

（2）处理措施：

① 解体检查清洗润滑油过滤器，保持过滤器的清洁度，减少油压损失。

② 解体检查主油泵磨损情况，更换磨损零件或将油泵整体更新，确保油泵处于完好状态。

③ 解体检查修理回油阀，更换损坏零件或将回油阀整体更新，确保回油阀好用。

④ 停机检查轴瓦磨损情况，更换损坏严重、间隙超标的轴瓦，保持轴瓦间隙符合设计标准。

⑤ 打开油冷却器水阀或使其开度增加，提高冷却水流量，使油温降至正常。

⑥ 校验或维护仪表，输通压力表接管，使润滑油压力能准确无误地传至仪表。

☞ **139. 润滑油温度上升或下降的原因是什么？如何处理？**

**答**：（1）润滑油温度下降或上升的原因：

① 油冷器冷却水管阀门未开或开度不够，润滑油的热量不能及时被水带走，导致油温上升。

② 润滑油加热器启动后未停，使润滑油一直处于加热升温状态，而导致油温升高。

③ 油冷器管束结垢严重，冷却效果很差，润滑油的热量无法及时带走，而导致油温升高。

④ 气温突然升高，油温和冷却水温受气温影响而升高，冷却水量又未及时调节，导致油温升高。

⑤ 轴瓦间隙较小，摩擦严重，并产生大热量，导致油温升高。

⑥ 冬天气温突然下降，油温和冷却水温受气温影响而下降，冷却水量又未及时调小。致使油温下降。

（2）处理措施：

① 检查并打开冷却水阀或将冷却水阀开度增大，增加冷却水流量，使油中热量及时带走。

② 停止加热器工作，避免润滑油温因加热器未停而升高。

③ 解体检查油冷器，清除管束污垢层，提高油冷器换热效率，使润滑油中热量能及时带走。

④ 及时调节冷却水流量，使气温突然升高带来的影响，由冷却水流量予以平衡。

⑤ 检查并修理轴瓦，使轴瓦间隙适当扩大，减少摩擦产生的热量。

⑥ 冬天当气温突然下降时，要及时调小冷却水流量，避免润滑油热量带走太多，油温偏低。

### ☞ 140. 润滑油泵不上量是何原因是什么？如何处理？

答：（1）润滑油泵不上量的原因：

① 入口过滤器堵塞，管路阻力太大，润滑油流动受阻。

② 泵入口段有漏气现象，泵的吸入能力下降。

③ 润滑油泵磨损严重，各部位间隙严重超标，泵的吸入能力受到影响。

④ 润滑油箱呼吸孔阻塞，油箱具有一定的真空程度，影响泵的吸入性能。

⑤ 润滑油箱液面下降的太低，油泵无法吸入润滑油。

（2）处理措施：

① 解体检查并清理入口过滤器，减少管路阻力，提高润滑油泵入口的通过能力，增加润滑油的输出量。

② 检查、必要时更换泵入口段法兰联接所用垫片，上紧螺栓，提高入口段各联接部位密封的可靠性。促使润滑油泵吸入能力的形成或提高。

③ 解体检查油泵磨损情况，更换磨损零件或油泵整体更新，确保各部位间隙符合设计标准，从而保证油泵具有较好的吸入

性能。

④ 检查并清理润滑油箱呼吸孔，确保呼吸孔工作正常。

⑤ 检查润滑油箱液位下降情况，注入适量合格润滑油品，保证液位在标准规定范畴。

☞ **141. 调速机构不灵活的原因是什么？如何处理？**

答：这里讲的调速机构包括错油门、油动机和调速汽阀三部分。

（1）调速机构不灵活的原因：

① 错油门套筒与滑阀配合间隙太小；滑阀表面有毛刺、铁屑或动力油带入腐蚀性产，使错油门滑阀上下移动受阻，动力油不能及时进入油动机活塞上或下腔，油动机活塞无位移，调速汽阀开度无变化，即调速机构不灵活。

② 油动机活塞与拉杆不同心，或活塞缸套与密封腔不同心，组装后整个机构卡涩；活塞表面有毛刺、铁屑或动力油中有铁锈等杂质，使油动机活塞卡死，从而造成整个调速机构失灵。

③ 调速汽阀拉杆卡死。

（2）处理措施：

① 检查并修理错油门套筒与滑阀，使两者配合间隙符合标准要求。修理滑阀表面，将表面毛刺、铁屑清除，使表面光洁度达到图纸技术条件要求；更换润滑油或将所用油进行过滤，清除腐蚀性产物，使错油门滑阀上下移动灵活好用。

② 检查并调整油动机活塞与拉杆和活塞缸套与密封腔的同心度，使组装后的活塞无别劲或卡死现象；修理活塞表面，清除表面毛刺、铁屑等脏物；过滤油中铁锈或更换新的合格润滑油，确保润滑油的质量，从而提高油动机的灵敏度和工作的可靠性。

③ 检查并处理调速汽阀掉锤，或阀锤排列顺序和伸出长度等不符合标准要求的异常现象，修理拉杆弯曲、表面粗糙等易于卡死的缺陷，使调速汽阀动作准确、灵活。

☞ **142. 汽轮机转速上不去的原因是什么？如何处理？**

答：（1）汽轮机转速上不去的原因：

① 主蒸汽温度、压力低于操作指标，蒸汽内能低，出力不足。

② 蒸汽快开阀过滤网堵塞，进机蒸汽受阻，其流量减少，压力降增加，影响蒸汽作功。

③ 调速汽阀掉锤并堵塞了蒸汽进汽通道，蒸汽流量减少，作功下降。

④ 汽轮机叶片结垢，表面粗糙度增加，级间能耗上升，影响汽轮机出力。

⑤ 汽轮机超负荷运行，油动机活塞已到最低点，调速汽阀开度已到最大限度，调速器接受的升速信号已失去效能。

（2）处理措施：

① 调整主蒸汽操作参数，使温度、压力满足操作指标要求。

② 解体检查并清理快开阀过滤网，清除障碍物，确保进机蒸汽流量和压力符合要求。

③ 检查调速汽阀阀锤的工作情况，处理掉锤或阀位不符合标准的异常现象，确保阀锤处于标准状态。

④ 清除汽轮机叶片污垢，保持叶片光洁度，减少摩擦和汽阻。

⑤ 调节压缩机负荷，使汽轮机在额定负荷的85%左右运行，确保调速系统各机构能充分发挥其调节效能。

☞ **143. 径向轴瓦温度升高的原因是什么？如何处理？**

答：（1）径向轴瓦温度升高的原因：

① 轴瓦间隙太小，润滑油排泄量不够充分，摩擦产生的热量不能及时带走。

② 轴承进油节流孔偏小，进油量不足，摩擦产生的热量无法全部带走。

③ 进机油温偏高，提高了轴承工作的环境温度，轴瓦温度自然偏高。

④ 轴承设计结构不合理，轴瓦处于超负荷运行，轴瓦与轴颈无法形成液体摩擦。

⑤ 轴瓦浇铸质量不佳或巴氏合金牌号成分不对，无法满足生产使用要求。

⑥ 润滑油中有水或含有其他杂质，降低了润滑油的油性，影响了压力油膜的形成，造成了边界摩擦或干摩擦。

（2）处理措施：

① 检查轴瓦配合间隙、刮研轴瓦内径，使轴瓦与轴颈配合间隙符合标准要求。

② 检查轴承进油节流孔板，加大节流孔径，使润滑油流量满足使用要求。

③ 开大油冷却器水阀，增加冷却水流量，降低润滑油进机温度，改善轴承工作环境。

④ 改进轴承设计结构，改善轴瓦承载情况，降低轴瓦运行负荷，确保轴承在液体摩擦状态下工作。

⑤ 选择高速轻载巴氏合金(一般为锡基巴氏合金)，化验分析合金成分是否符合标准要求，提高浇铸质量，严格加工精度，满足生产使用要求。

⑥ 采取过滤措施，将润滑油中水分和杂质清除，或更换新的合格油品，确保润滑油的性能符合运行要求。

☞ **144. 推力瓦温度升高的原因是什么？如何处理？**

**答**：（1）推力瓦温度升高的原因：

① 结构设计不合理，推力瓦承载面积太小，单位面积承受负荷超标。

② 级间密封或中分面密封失效，使后一级叶轮出口气体泄至前一级，增加叶轮两侧压力差，形成了较大的推力。

③ 平衡管堵塞，平衡盘副压腔压力无法泄掉，平衡盘作用

不能正常发挥。

④ 平衡盘密封失效，工作腔压力不能保持正常，平衡盘平衡能力下降，并将下降部份载荷传至推力瓦，造成推力瓦超负荷运行。

⑤ 推力轴承进油节流孔径小，油流量不足，摩擦产生之热量无法全部带走。

⑥ 润滑油中带水或含有其他杂质，推力瓦不能形成完整的液体润滑。

⑦ 轴承进油温度太高，推力轴瓦工作环境被恶化。

（2）处理措施：

① 校核推力瓦压强，适当扩大推力瓦承载面积，使推力瓦单位面积承受载荷在标准范围之内。

② 解体检查级间密封和中分面密封状况，更换损坏的级间密封零件，刮研中分面，杜绝中分面密封失效现象。

③ 检查平衡管，清除堵塞物，使平衡盘副压腔的压力能及时泄掉，保证平衡盘平衡能力的发挥。

④ 更换平衡盘密封条，提高平衡盘密封件的密封性能，保持平衡盘工作腔的压力，使轴向推力得到合理的平衡。

⑤ 扩大轴承进油节流孔孔径，增加润滑油流量，使摩擦产生的热量能及时带走。

⑥ 采取过滤措施，将油中水分和杂物清除，或更换新的合格油品，保持润滑油的润滑性能。

⑦ 开大油冷却器水阀，增加冷却水流量，降低轴承进油温度，改善轴瓦工作环境。

☞ **145. 振动超标的原因是什么？如何处理？**

**答**：（1）振动超标的原因：

① 机组对中允差超标，这是引起机组振动的主要原因之一，机组对中包括原动机与压缩机的对中，其中对中允差超标都将引起同样后果。

② 转子由于结构设计不合理，制造工艺欠佳，出厂时平衡状态不良，或在安装使用过程中产生新的不平衡。

③ 机组出入口管线联接有附加力，或走向不合理，工作时引起较大热应力。

④ 转子与定子同心度允差超标，有摩擦碰撞现象。

⑤ 工艺系统波动，气体介质流量大幅度变化，引起压缩机喘振。

⑥ 轴承类型选择，结构设计不合理，或使用维修时，轴瓦间隙，润滑油温度等参数控制不当。

（2）处理措施：

① 检查转子对中情况，调整机组各轴承，使其符合机组转子对中之差标准的要求。转子对中时要考虑机组工作状态下温度的影响，并将温升较高的轴承预留一热胀值，使机组运行状态的对中达到最佳状态。

② 从设计制造入手，做到结构设计合理，制造组装工艺精良，确保出厂时转子平衡状况符合标准要求；在使用维修过程中，要做到精心维护，科学检修，防止转子平衡精度遭到破坏。

③ 松掉入口法兰联接螺栓，纠正错口偏口现象，解除附加应力；改进管路走向，降低工作状态管线对设备的作用力；使设备在运行过程中处于最佳状态。

④ 解体检查转子与定子的同心度，调整转子（或定子），使其同心度符合标准要求，避免转子与定子的摩擦碰撞现象。

⑤ 按时进行巡回检查，注意操作参数的变化，做到精心操作，及时调节，防止压缩机在喘振边界或喘振区运行。

⑥ 选择抗干扰性能较好的轴承，设计时适当减少轴瓦承载面积，以提高轴承比压；在使用维修过程中，适当减小轴瓦间隙和提高润滑油温度，使轴瓦的运行处于稳定状态。

☞ **146. 压缩机入口带液的原因是什么？如何处理？**

答：（1）压缩机入口带液的原因：

① 工艺系统输送的气体介质脱液不完全，气流中含有液体颗粒。

② 工艺系统温度较低，气体介质中密度较大的组分冷凝为液体。

③ 凝缩液罐液面太高，气体介质通过时将其液体带走。

（2）处理措施：

① 联系工艺系统，调整工艺操作，使气体介质完全脱液，并使脱液罐液面保持稳定。

② 联系工艺系统，提高系统温度，确保气体介质无凝结现象。

③ 开凝缩液泵，降低中间分液罐液面，防止气体夹带现象产生。

### ☞ 147. 机组性能下降的原因是什么？如何处理？

**答**：（1）机组性能下降的原因：

① 压缩机级间密封损坏严重，密封性能下降，气体介质内部回流损失增加。

② 叶轮冲刷磨损严重，转子功能下降，气体介质得不到足够的动能和位能。

③ 汽轮机快开阀过滤网堵塞，蒸汽流通受阻，流量小，压降大，影响汽轮机输出功率，降低了机组的性能。

④ 调速汽阀掉锤，或阀锤伸出长度超标，蒸汽进机受阻，其流量小，压降大，使汽轮机输出功率降低，机组性能下降。

⑤ 汽轮机叶片结垢，使蒸汽膨胀受阻，影响了蒸汽膨胀作功的转化率。

⑥ 蒸汽温度，压力参数低于操作指标，蒸汽内能较低，不能满足机组生产运行要求。

（2）处理措施：

① 解体检查压缩机，更换已损坏的级间密封零件，提高级间密封的密封性能，减少气体介质内部回流损失。

② 更换冲刷磨损严重的叶轮，使转子达到设计标准，从而提高转子的工作效能，以满足生产运行的需要。

③ 汽轮机快开阀解体检查，清除过滤网的堵塞物，提高过滤网通过能力，增加蒸汽流量，降低其阻力损耗，使汽轮机输出功率达到设计指标。

④ 解体检查调速汽阀，处理掉锤或阀锤伸出长度超标事宜，满足蒸汽进机需要的通道和空间。

⑤ 汽轮机进行解体检查，清除叶片上的污垢层，减小蒸汽膨胀阻力，提高蒸汽膨胀作功的转化率。

⑥ 联系送汽单位，提高蒸汽温度和压力，使蒸汽参数满足操作指标的要求。

☞ **148. 主蒸汽压力过高对透平运行有何影响？**

答：（1）主汽压力超过额定值时，承受较高压力的部件应力过大，如果到材料强度极限是危险的。

（2）如果调节汽门保持不变，则蒸汽量要增加，再加上蒸汽总焓降增大，从而使末几级叶片过负荷。

（3）使透平末几级的蒸汽湿度增大，温度损失增大，汽蚀作用加剧，降低末几级设备的寿命。

☞ **149. 如何判断主蒸汽带水有何危害？**

答：（1）主蒸汽温度急剧下降。

（2）主汽管、汽缸内有水冲击声，法兰处冒微小的白色湿蒸汽。

（3）推力瓦温度升高，钨金熔化，动静部分相碰，冒火花。

危害：能造成叶片折断。叶轮挠曲，推力轴承、轴封摩擦破坏。

☞ **150. 调速系统晃动的原因有哪些？**

答：调速系统晃动是调速系统经常发生的毛病。主要有以下几个方面的原因：

（1）调速系统的迟缓率增大。在造成迟缓率增大的原因中，以系统元件卡涩影响最大。造成卡涩的原因有油质不良，机械杂质增加。滑阀磨损间隙增大，及调速系统紧固件松动，连杆销子松动脱落，油动机涨圈损坏等。

（2）调速汽门和油动机门杆中心偏移，蒸汽中含盐太多使调速汽门卡涩，会造成调速系统晃动。

（3）油系统油压不稳定，二次油不稳使调速系统晃动。油压波动的原因除因主油泵故障外，油中存在的大量的空气或油箱液位低，也会引起油压的波动。

（4）调速系统静态特性过于平缓或在中间有凸起区，会引起调速系统工作不稳定而造成晃动。

（5）压缩机处在喘振工况或者进出口阀门摆动，系统压力波动造成的负荷较大波动，引起调速系统晃动。

## ☞ 151. 机组发生强烈振动的危害性是什么？

答：（1）使零件之间连接松弛，引起更大的振动与损坏。

（2）使轴承与密封部分（包括气封、油封）损坏，造成烧瓦与大量泄漏。

（3）造成调速系统不稳或失灵及危急保安器误动作而停机。

## ☞ 152. 压缩机飞动时，对机械有哪些危害？

答：（1）使转子串轴，损坏推力轴承。

（2）叶轮打坏，发生噪音。

（3）气体倒流磨损轴承，损坏干气密封。

## ☞ 153. 蒸汽温度的高低对汽轮机运行有什么影响？

答：（1）就会在汽轮机内高温膨胀。

（2）使汽轮机汽缸和轴之间的间隙发生变化。

（3）金属机械性能下降，缩短机械各部件寿命。

（4）温度过低，低于设计值，叶片反动度增大。

（5）轴向推力增大，汽耗增高。严重时会发生水击。

☞ **154. 主蒸汽压力过低，对汽轮机运行有何影响？**

答：（1）汽轮机的效率就会降低。

（2）在同一负荷下所需的蒸汽量增加。

（3）引起轴向推力增加。

（4）同时使后面几级叶片所承受的应力增高，使叶片变形。

（5）另外，汽压过低使汽轮机功率达不到额定数值。

☞ **155. 机组油系统缺油，断油的危害性是什么？**

答：（1）造成润滑油减少与中断。

（2）轴承油温急剧上升。

（3）轴瓦钨金全部熔化。

（4）转子下沉。

（5）使汽轮机动静部分横向相碰损坏叶轮，气封梳齿等。因此发生缺油事故时应及时查找原因，对症下药，否则应紧急停机。

☞ **156. 为什么机组系统会缺油、断油？**

答：（1）油系统因管路油箱破裂大量漏油，造成油压下降，如没有及时发现，就会造成油系统缺油甚至断油。

（2）主油泵故障而辅助油泵又不能联锁起动时。

（3）油系统漏入空气，造成油泵抽空。

（4）润滑油过滤网堵塞，造成轴承缺油、油压降低。

（5）操作错误（如在换除冷油器，过滤器时切换错误）。

☞ **157. 汽轮机发生水冲击的原因及现象是什么？危害性如何？**

答：（1）汽轮机发生水冲击，主要是因为主蒸汽系统大量带水造成水冲击汽轮机，水冲击现象是汽温急剧下降，主汽管、汽缸内有水冲击声，甚至结合面法兰冒白色湿蒸汽，推力瓦温度升高，钨金熔化冲击严重时，动静部分相碰冒火花。

（2）水冲击的危害是能造成叶片折断、叶轮挠曲、推力轴承、轴封摩擦破坏。

352

☞ **158. 油箱液面增高的原因以及处理方法？**

答：（1）原因：

① 水压高于油压，冷油器铜管破裂，使水漏到油中。

② 液面计失灵。

③ 轴封漏汽严重(针对汽轮机带动的主风机)。

（2）处理方法：

① 检查冷油器工作情况，切换冷油器。

② 将油箱内的水脱掉。

③ 联系化验，采样分析，不合格的话，更换新油。

④ 清洗液面计。

☞ **159. 转速表失灵时如何判断转速？**

答：（1）一旦转速表失灵，可以通过二次油压的变化(二次油压随转速的升高而上升)来判断转速。

（2）也可通过入口流量来判断，还可以通过实测表来测量。

☞ **160. 汽轮机通流部分结垢有何危害？**

答：由于蒸汽品质差，会使汽轮机通流部分结有盐垢，尤其是高压区结垢比较严重。汽轮机通流部分结垢的危害性有以下几点：

（1）降低汽轮机的效率，增加了汽耗。

（2）由于结垢汽流通过隔板及叶片的压降增加，工作叶片反动度也随之增加，严重时会使隔板及推力轴承过负荷。

（3）盐垢附在汽门杆上，容易发生汽门杆卡涩。

☞ **161. 机出口单向阀有撞击声是怎么回事？**

答：由于机出口流量不稳波动，而使机出口单向阀瓣摆动辐度大而撞击单向阀盖。

☞ **162. 机组为什么会超速飞车？**

答：汽轮机超负荷时，如果这时汽轮机调速系统失灵，或危急保安器卡涩，或者虽然危急保安器动作，而主蒸汽门及调速汽门由于结垢卡涩，填料过紧、门杆弯曲等原因而卡住，就会造成机组超速或飞车。

☞ **163. 压缩机发生反转的原因及危害是什么？**

**答：**（1）压缩机发生反转的根本原因是当压缩机停机后，气体由出口流入压缩机，并从入口低压端排出，在气体的带动下压缩机发生与工作转向相反的转动，凡是能使停机时造成出入口连通的原因，都会引起压缩机反转。具体有如下两个可能：

① 紧急停机时，压缩机出口阀关闭不严，且出口单向阀失灵卡死，而入口阀又在开启状态。

② 压缩机停机后，出口放火炬阀未开启，使高压裂化气由飞动倒入压缩机，而这时压缩机入口阀又在开启状态。

（2）压缩机发生倒转会使循环机轴承（包括主轴与推力轴承）润滑情况变坏，油膜难以形成或不稳定，引起烧坏轴瓦事故。另外压缩机发生倒转后，干气密封的气膜无法形成，导致动静环干摩擦，将动环上螺旋槽磨损，干气密封失效。

☞ **164. 压缩机轴承温度升高的原因及处理办法是什么？**

**答：**（1）油温过高处理：增加冷却水量，必要时检查冷油器。

（2）压缩机负荷增大、进出口压力增加时应将进口阀关小，或适开入口放火炬。

（3）油压下降：检查油系统，或入口过滤网堵，或油位低，或过滤器差压大，或压控阀失灵，或进机油孔板杂质堵，或密封点泄漏等。

（4）温度计失灵。拆下或更换温度计。

（5）轴承损伤、停机，卸下更换轴承。

（6）油质太差：按规格换油。

☞ **165. 机组发生强烈振动的原因是什么？**

**答**：机组运转中突然发生强烈振动的主要原因如下：

（1）转子的叶片折断或甩脱，破坏了动平衡。

（2）因启动过程中差胀过大，或汽缸滑销系统卡死，使转子弯曲，或者因启动与停机后没有进行盘车造成转子弯曲，从而引起轴向或辐向摩擦。

（3）循环机，汽轮机因流量大进入飞动状态。

（4）汽轮机蒸汽带水发生水冲击。

（5）由于转子、定子部件之间联接松动，或者基础螺丝松动。

（6）轴承油膜不稳或油膜破坏。

☞ **166. 什么是压缩机的生产能力(排气量)？**

**答**：单位时间内压缩机排出的气体，换算到最初吸入状态下的气体体积量，称为压缩机的生产能力，也称为压缩机的排气量。其单位为 $m^3/h$ 或 $m^3/min$。

☞ **167. 影响压缩机生产能力提高的因素主要有哪几方面？**

**答**：（1）余隙：当余隙较大时，在吸气时余隙内的高压气体产生膨胀而占去部分容积，致使吸入的气量减少，使压缩机的生产能力降低。当然余隙过小也不利，因为这样气缸中活塞容易与气缸端盖发生撞击，而损坏机器。所以压缩机的气缸余隙一定要调整适当。

（2）泄漏损失：压缩机的生产能力与活塞环、吸入气阀和排出气阀以及气缸填料的气密程度有很大关系。活塞环套在活塞上，其作用是密封活塞与气缸之间的空隙，以防止被压缩的气体窜漏到活塞的另一侧。因此，安装活塞环时，应使它能自由胀缩，即能造成良好的密封，又不使活塞与气缸的摩擦太大。如果活塞环安装得不好或与气缸摩擦造成磨损而不能完全密封时，被压缩的高压气体便有一部分不经排出气阀排出，而从活塞环不严之处漏到活塞的另一边。这样由于压出的气量减少，压缩机的生产能力也就随着降低。在实际生产中，由于活塞环磨损而漏气造成产量降低的情况经常发生。

如果排出气阀不够严密，则在吸入过程中，出口管中的部分高压气体就会从气门不严之处漏回缸内。如果吸气阀不够严密，则在压缩期间也会有部分压缩气体自缸中漏回进口管。这两种情况都会使压缩机的生产能力降低。

在实际操作中，由于气阀的阀片经常受到气体的冲蚀或因质量不好而损坏，因此漏气造成减产的现象也会时常发生。

在压缩机运转的过程中，出于气缸填料经常与活塞杆摩擦而发生磨损，或因安装质量不好，都会产生漏气现象。因此，气缸填料的漏气在实际生产中也会经常遇到。

（3）吸入气阀的阻力：压缩机的吸入气阀应在一定程度上具有抵抗气体压力的能力，并且只有在缸内的压力稍低于进口管中的气体压力时才开启。如果吸入气阀的阻力大于平常的阻力，开启速度就会迟缓，进入气缸的气量也会减少，压缩机的生产能力也由此降低。

（4）吸入气体温度：压缩机气缸的容积虽恒定不变，但如果吸入气体的温度高，则吸入缸内的气体密度就会减小，单位时间吸入气体的质量的减少，导致压缩机的生产能力降低。压缩机在夏天的生产能力总是比冬天低，就是这个原因。

另外，在进口管中的气体温度虽然不高，但如果气缸冷却不好，使进入气阀室的气体温度过高，也会使气体的体积膨胀，密度减小，压缩机的生产能力也会因此降低。

☞ **168. 为什么压缩机气缸必须留有余隙?**

**答：**（1）压缩气体时，气体中可能有部分水蒸气凝结下来。我们知道水是不可压缩的，如果气缸中不留余隙，则压缩机不可避免地会遭到损坏。因此，在压缩机气缸中必须留有余隙。

（2）余隙存在以及残留在余隙容积内的气体可以起到气垫作用，也不会使活塞与气缸盖发生撞击而损坏。同时为了装配和调节的需要，在气缸盖与处于死点位置的活塞之间也必须留有一定的余隙。

（3）压缩机上装有气阀，在气阀与气缸之间以及阀座本身的气道上都会有活塞赶不尽的余气，这些余气可以减缓气体对进出口气阀的冲击作用，同时也减缓了阀片对阀座及升程限制器（阀盖）的冲击作用。

（4）由于金属的热膨胀，活塞杆、连杆在工作中，随着温度升高会发生膨胀而伸长。气缸中留有余隙就能给压缩机的装配、操作和安全使用带来很多好处，但余隙留得过大，不仅没有好处，反而对压缩机的工作带来不好的影响。所以在一般情况下，所留压缩机气缸的余隙容积约为气缸工作部分体积的 3%～8%，而对压力较高、直径较小的压缩机气缸，所留的余隙容积通常为 5%～12%。

### ☞ 169. 为什么压缩机各级之间要有中间冷却器？

**答**：各级压缩后，由于温度升高，气缸的润滑油会降低黏度，同时会分解出焦质的物质，在阀片等重要部位积聚，妨碍阀片正常运转。若气温高于润滑油的闪点，则具有引起爆炸的潜在危险。有时压缩的气体为碳氢化合物气体（如石油气等），在高温下气体物理性质会发生变化，如产生聚合作用等。一般压缩机排气温度应低于润滑油闪点 30～50℃。压缩空气时，排气温度应限制在 160～180℃以下，石油气、乙烯、乙炔气等应限制在 100℃以下，所以必须有中间冷却器。

在多级压缩机中，每级的压力比较低，而且有级间冷却器，每级排出气体冷却到接近第一级吸入前的温度（单靠在气缸套中的冷却是达不到的），因此每一级气缸压缩终了时，气体的温度不会太高。

**☞ 170. 气阀是由哪些零件组成的？各个零件有何作用？阀片升程大小对压缩机有何影响？如何调节？气阀的弹簧强力不一致有什么影响？**

答：（1）气阀是由阀座、升高限制器、阀片和弹簧组成，用螺栓把他们紧固在一起。

（2）阀座是气阀的基础，是主体。升高限制器用来控制阀片升程的大小，而升高限制器上几个同心凸台是起导向作用的。阀片是气阀的关键零件，它是关闭进出口阀，保证压缩机吸入气量和排出气量按设计要求工作，它的好坏关系到压缩机的性能。弹簧起着辅助阀片迅速弹回，以及保持密封的作用。

（3）阀片升程的大小对压缩机有直接影响。升程大，阀片易冲击，影响阀的寿命；升程小，气体通道截面积小，通过的气体阻力大，排气量小，生产效率低。在调节阀片升程大小时，对于没有调节装置的气阀，可以车削加工阀片升高限制器，对于有调节装置的气阀，可调节气阀内间距垫圈的厚度。

（4）弹簧的弹力不一致时，会使阀片歪斜、卡死。

**☞ 171. 吸气阀和排气阀有何区别？安装气阀时应注意什么？吸排气阀装反会出现什么问题？**

答：（1）吸气阀的阀座在气缸外侧，而排气阀的阀座在气缸内侧，其他零件按照阀座位置装配，在判断时可用螺丝刀检查。

（2）对于吸气阀（图 10-55），螺丝刀可从阀的外侧顶开阀片，对于排气阀（图 10-56），螺丝刀可从阀的内侧顶开阀片。

（3）在安装气阀时，首先要确定排气阀的位置和吸气阀的位置，如果把吸气阀和排气阀装反，则无法吸入气体。

358

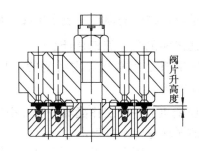

图 10-55　吸气阀阀片升高度

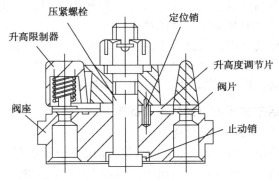

图 10-56　排气阀的装配图

☞ **172. 活塞的结构有哪几种形式？卧式压缩机在活塞下部为什么镶有巴氏合金？**

**答**：(1)活塞的结构形式：

① 筒形活塞(长度比直径大)：用在没有十字头的压缩机中。

② 盘状活塞(长度比直径小)：用在有十字头的压缩机中。

③ 级差式活塞：用于串联两个气缸以上的级差式气缸中。

④ 隔距环的组合式活塞：用于活塞环厚度较大，径较小的气缸中。

⑤ 柱塞式活塞：用于高压压缩机中。

(2)卧式压缩机在活塞下部镶有巴氏合金，其主要作用是减少气缸与活塞的摩擦，减轻磨损，保证活塞和气缸的寿命及使用周期。另外为了承重，减轻磨损，一般多用在大型压缩机上。

**☞ 173. 活塞式压缩机的工作原理是什么？**

答：活塞式压缩机是依靠气缸内活塞的往复运动来压缩气体，属于容积式压缩机。

**☞ 174. 活塞式压缩机的一个工作循环分哪几个过程？**

答：实际压缩循环分四个过程：

（1）吸气过程：气体压力低于入口压力，吸气阀开启。

（2）压缩过程：气缸压力高于入口压力，但低于出口压力，吸气阀、排气阀都关闭，气体被压缩。

（3）排气过程：气缸压力高于出口压力，排气阀开启。

（4）排气膨胀过程：气缸压力高于入口压力，低于出口压力，吸气阀、排气阀都关闭，缸内气体膨胀。

**☞ 175. 活塞式压缩机的优点有哪些？**

答：活塞式压缩机的优点：

（1）适用压力范围广。活塞式压缩机可设计成低压、中压、高压和超高压。而且在等转速下，当排气压力波动时，活塞式压缩机的排气量基本保持不变。

（2）压缩效率较高。活塞式压缩机压缩气体的过程属封闭系统，其压缩效率较高。

（3）适应性强。活塞式压缩机排气量范围较广，而且气体密度对压缩机性能的影响不如速度式压缩机那样显著。同一规格的活塞式压缩机往往只要稍加改造就可以适用于压缩其他的气体介质。

**☞ 176. 活塞式压缩机的缺点有哪些？**

答：活塞式压缩机的缺点：

（1）气体带油污。尤其对于有油润滑更为显著。

（2）转速不能过高。因为受往复运动惯性力的限制。

（3）排气不连续。气体压力有波动，有可能造成气流脉动共振。

（4）易损件较多。维修量较大。

## ☞ **177. 对称平衡型活塞式压缩机的优点有哪些？**

答：对称平衡型活塞式压缩机的优点：

（1）惯性力可以完全平衡，惯性力矩也很小，甚至为零，转速可以提高，可达 250~1000r/min。

（2）相对两列的活塞力方向相反，能互相抵消，因此改善了主轴颈受力情况，减少磨损。

（3）可以采用较多的列数，装拆方便。

## ☞ **178. 气体在压缩中的过程指数 _m_ 有几种分布状况？**

答：过程指数分布有以下几种：

（1）等温过程 $m=1$，此时压缩循环功耗最省。

（2）绝热过程 $m=K$（$K$ 指空气的绝热指数，可以从相关图表查得），此时压缩循环功耗最大。

（3）多变过程 $1<m<K$，此时压缩循环功耗居中。

## ☞ **179. 为什么压力较高时采用多级压缩？**

答：（1）节省功率消耗。

（2）降低排气温度。

（3）降低作用在活塞上的气体力。

（4）提高容积系数。

## ☞ **180. 活塞与活塞杆的连接方式有哪几种？**

答：（1）圆柱凸肩连接。

（2）锥面连接。

## ☞ **181. 导向环起何作用？**

答：导向环又称支承环，在无油润滑压缩机的活塞上，一般均需设置，其作用是承受活塞部件重量以及因其他原因所引起的侧向力，保证活塞运动的直线性，改善密封效果，同时还可避免活塞与缸体直接接触，防止缸壁拉毛。

☞ **182. 平衡铁作用是什么？**

答：平衡铁的作用是平衡曲轴的旋转惯性力，因为曲轴是偏心的，在旋转过程中，会产生旋转惯性力，从而造成机器振动，转速难以提高，加平衡铁是在原曲轴的旋转惯性力反方向加一平衡重量，使其在旋转中产生的惯性力和曲轴的旋转中产生的惯性力大小相等，方向相反。

☞ **183. 连杆的作用是什么？**

答：连杆作用：将曲轴和十字头（活塞）相连，将曲轴的旋转运动转换成活塞的往复运动，并将外界输入的功率传给活塞组件。

☞ **184. 十字头的作用是什么？**

答：十字头是连接活塞杆和连杆的部件，它在中体导轨里作往复运动，并将连杆的动力传给活塞部件。

☞ **185. 活塞式压缩机的气阀主要有哪些形式？**

答：活塞式压缩机的气阀形式主要有：环状阀、网状阀、碟形阀、条状阀、组合阀、多层环状阀等。

☞ **186. 环状阀的特点有哪些？适用在什么场合？**

答：环状阀：阀片呈环状。

优点：形状简单，应力集中部位少，抗疲劳好，加工简单，经济性好。

缺点：各环动作不易一致，阻力大，无缓冲片，寿命短，导向部份易磨损。

适用场合：大、中、小气量，高、低压压缩机，不宜用于有油润滑。

☞ **187. 网状阀的特点有哪些？适用在什么场合？**

答：网状阀：阀片呈网状。

优点：阀片动作一致，阻力小，有缓冲片，无导向部分磨损，弹簧力适应阀片起闭的需要。

缺点：形状复杂，易引起应力集中，加工困难，经济性差。

适用场合：用于大、中、小气量，高、低压压缩机。适用于有油润滑。

☞ **188. 活塞式压缩机的主要部件有哪些？**

**答**：活塞式压缩机的主要工作部件：气缸、气阀、活塞与填料密封，以及传递动力的曲轴、连杆、十字头等。

（1）气缸。是构成压缩机容积实现气体压缩的主要部件。

气缸镜面——活塞在气缸内作往复运行时，由于活塞环内侧气体压力的作用，使活塞环紧贴在气缸镜面上。同时单作用无十字头压缩机中的侧向力以及卧式压缩机活塞本身的重力也使得活塞一侧压在气缸镜面上。这都导致气缸镜面的磨损。为了保证气缸镜面耐磨，并使活塞与气缸镜面间密封可靠，气缸镜面应精加工。其硬度、加工精度与表面光洁度均有一定的要求。气缸镜面一般应满足这样的要求：即活塞在内、外止点时，相应的最外一道活塞环必须超出气缸镜面 1~2mm，否则会形成凸台，造成活塞冲击、积垢、甚至在拆修时活塞无法从气缸中取出。为了便于加工镜面和安装活塞，应使镜面之外的圆柱面直径大于镜面直径，而且与镜面成锥面过渡。锥面的锥角一般取 15°。

（2）活塞组件与填料函。活塞组件包括活塞、活塞杆及活塞环等。它们在气缸中作往复运动，起着压缩气体的作用。

填料函主要是阻止气缸内气体经活塞杆与气缸间的间隙向外泄漏的组件，其基本要求是具有良好的密封性与耐磨性。

① 活塞：活塞的结构形状很多，常用的有筒形活塞、盘形活塞和级差式活塞等。

a. 筒形活塞：筒形活塞主要用于无十字头单作用低压压缩机。其特点是通过活塞销直接与连杆相连，其下方有一段称之为裙部，（整个活塞分为环部和裙部）它与气缸壁紧贴，起导向作用，同时承受侧向力。

b. 盘形活塞：盘形活塞适用于有十字头的双作用气缸。

c. 级差式活塞。

② 活塞杆：活塞杆是传递活塞力的重要零件。它一端连接活塞，另一端固定在十字头上。

③ 活塞环：活塞环是密封气缸镜面和活塞之间缝隙的零件，另外还起布油和导热作用。

密封原理：活塞环上有一开口，在自由状态时，其外径大于气缸直径。装入气缸后，由于环本身的弹性，产生一个对缸壁的预紧力 $P_k$，使环紧贴在气缸壁上。压缩机工作时，活塞环在高压 $P_1$ 与低压 $P_2$ 压力差作用下，被推向 $P_2$ 的一侧即密封了气体沿环槽面的径向泄漏。而气体在通过气缸镜面与活塞环外表面间的缝隙时，受到节流和阻塞作用，压力自高压 $P_1$ 降至低压 $P_2$。而在活塞环内表面与环槽之间的间隙处，有一个近似等于 $P_1$ 的气体压力作用着。这样活塞环外表面的气体压力是变化的，从 $P_1$ 变至 $P_2$，其平均值近似等于 $(P_1+P_2)/2$。所以在半径方向产生了一个压力差 $\Delta P \approx P_1-(P_1+P_2)/2=(P_1-P_2)/2$，这个压力差使活塞环紧紧贴在缸壁上达到密封作用。因为这密封压力是由于气体压力本身产生的，气缸内压力越大，密封压紧力也越大，这就表明活塞环具有自紧密封的特点。

④ 填料函：国内常用的平面填料函是三瓣、六瓣的平面填料。它们的密封原理与活塞环相似，都是靠气体压力保证密封，属自紧式。在填料函的密封盒内装有两种密封环：三瓣密封环、六瓣密封环，后者由三段圆弧及三块扇形组成。它们外面都用弹簧扎紧在活塞杆上。安装时三瓣环紧靠气缸侧，六瓣环的切口必须与三瓣环切口互相错开。

气缸内的高压气体沿三瓣环与活塞杆的径向缝隙，从三瓣环的径向切口处漏入小室内，由于六瓣环的径向切口在外面被扇形块盖住，在轴向被三瓣环挡住，所以小室内的压力气体不会从六瓣环处再向外泄漏，相反却可将六瓣环紧压抱在活塞杆上而达到密封作用。气缸内压力越高，六瓣环在活塞杆上抱得越紧，所以有自密封作用。

（3）气阀：气阀是压缩机中的重要部件，其作用是控制气体及时地吸入与排出气缸。常用的有环状阀、网状阀。网状阀主要由阀座、阀盖、阀片、缓冲片、弹簧等零件组成。

（吸气阀）工作原理：在吸气过程中，当气缸内的压力低于吸入管道中的压力，且两者压力差所产生的推力足以克服弹簧压紧力及阀片、弹簧的惯性力时，阀片被顶开，气体开始进入气缸。当活塞达到另一止点附近时，活塞速度急剧下降，气体的速度也随之降低，于是气体对阀片的推力减小。当弹簧力大于气体推力及阀片、弹簧的惯性力时，弹簧随即把阀片弹回，阀片又落在阀座上，吸气阀关闭，完成吸气过程。排气阀的工作情况也与上述类似。

☞ **189. 一级吸气压力异常上升的原因是什么？**

**答**：（1）由于一级吸排气阀不良，吸气不足而造成。应进行修复或更换部件。

（2）高压气体窜入吸气管线，吸气管线异常。应彻底关闭好旁通阀，按检查程序排除原因，注意防止过载。

☞ **190. 中间级吸气压力异常上升的原因是什么？**

**答**：（1）因中间级吸排气阀不良，吸气不足而造成。应进行修复或更换部件。

（2）一级吸气压力上升，活塞环泄漏气体过多，使排气量不足。应更换活塞或修整气缸镜面。

（3）前冷却器效果不好，应确保冷却水量，清洗冷却器里的污垢。

☞ **191. 一级排气压力异常上升的原因是什么？**

**答**：（1）二级吸排气阀不良，吸气不足，一二级间管线阻力大。应拆除增加管线阻力的部件，对气阀进行修复或更换部件。

（2）进气温度异常低，进气压力高，一级冷却器效率低。应按检查程序排除原因，确保冷却水量，并清洗冷却器。

**☞ 192. 中间级排气压力异常上升的原因是什么？**

答：该级冷却器效率低，下一级吸排气阀不良，吸气不足及管线阻力大。应注意防止过载。拆除阻力部件，对气阀进行修复或更换部件，检查清洗管线。

**☞ 193. 一级吸气压力异常低的原因是什么？**

答：（1）因吸气管线阻力大而引起，应进行检查与清洗管线。因吸气阀片升程高度不够而引起，应调整阀片升程高度。

（2）空气过滤器不清洁，或有杂物堵塞。应清洗空气过滤器。

**☞ 194. 中间级吸气压力异常低的原因是什么？**

答：由于前一级排出的气体从放泄阀、旁通阀向机外漏气，并且前一级管线阻力大。应找出泄漏部位，制止泄漏。把放泄阀、旁通阀完全关严，检查并且清洗管线。

**☞ 195. 一级排气压力异常低的原因是什么？**

答：（1）进气管线阻力大，一级吸排气阀不良，造成排气不足。应修复或更换部件，检查和清洗管线，开启吸气阀。

（2）一级活塞环泄漏气体过多。应修整气缸镜面。

（3）放泄阀、旁通阀漏气。应把放泄阀、旁通阀全部关严。

**☞ 196. 中间级排气压力异常低的原因是什么？**

答：在下一级吸气前气体向机外泄漏。应找出泄漏部位，防止继续泄漏。

**☞ 197. 排气压力异常高的原因是什么？**

答：排气阀、逆止阀阻力太大，应检查排气阀和逆止阀，并全开排气阀，进行过程检查。在多级压缩中，如果是前一级的吸排气阀不良而引起的，应检查处理前一级吸排气阀。

☞ **198. 一级吸气温度异常升高的原因是什么？**

答：（1）一级吸气阀关闭不严产生逆流，使一级吸气管线受热。应修复或更换部件，移开接近吸气管线的高温机器（如果有的话）。

（2）吸气温度超过规定值，应检查工艺程序。

（3）气缸或冷却器效果不良，应增加冷却器的水量，使冷却水畅通无阻。

☞ **199. 中间级吸气温度异常升高的原因是什么？**

答：（1）该级吸气阀关闭不严产生逆流，应修复或更换部件。

（2）前一级冷却器冷却效果不好，应确保冷却水量的供应并清洗冷却器。

☞ **200. 一级排气温度异常低的原因是什么？**

答：（1）因一级吸气阀不良，产生逆流。应修复或更换部件。

（2）因二级吸气阀不良产生升压。应修复或更换部件。

（3）一二级连接管线阻力大。应检查清洗管线。

☞ **201. 中间级排气温度异常低的原因是什么？**

答：下一级吸气前由于气体向机外泄漏，排气压力下降。应检查泄漏部位，制止泄漏。

☞ **202. 中间级排气温度异常高的原因是什么？**

答：（1）前冷却器效率低，应确保冷却水量，清洗冷却器。

（2）该级冷却器效率低，压力上升。应确保冷却水量，清洗冷却器。

（3）因排气阀不良，产生逆流。应修复或更换部件。

（4）因下一级吸气阀不良，排气压力上升。应修复或更换部件。

（5）连接下一级气缸的管线阻力大。应进行检查与清洗管线。

☞ **203. 中间级吸气温度异常低的原因是什么？**

**答**：放泄阀、旁通阀关闭不严。要彻底关闭放泄阀和旁通阀。

☞ **204. 吸、排气阀不良的原因是什么？**

**答**：（1）阀片破损。要更换阀片。

（2）阀片变形。要进行修复或更换阀片。

（3）阀座面不好。应进行机械加工或重新研磨处理。

（4）夹杂物附在阀上。应进行清洗，排除夹杂物的来源。

（5）阀片在升程限制器导向机构中运动受阻。要排除阻碍阀片正常运动的因素。

（6）阀簧磨损。应重新更换阀簧。

（7）阀安装不良。要彻底紧固。

（8）阀安装面密封不良。要重新研配，更换垫片。

（9）阀贴合不严。要彻底贴合。

☞ **205. 气量显著降低的原因是什么？**

**答**：（1）因吸气阀的弹簧折断，造成阀片失去密封作用而严重漏气。

（2）阀片磨损或断裂，应进行修复或换上新阀片。

（3）在安装时，吸气阀和排气阀装反，应重新正确装配。

（4）在阀片与阀座之间进入的碎物把阀片垫住，应注意空气的清洁，并清除在研磨阀片时所残留的碎屑。

（5）活塞环在活塞槽内被咬住，应进行清洗或换上新活塞环。

（6）活塞与气缸壁的间隙过大，应更换活塞环并加以调整。

☞ **206. 为什么压缩机气缸出口温度不准超过规定范围？**

**答**：气体通过压缩必然会升高温度，但是气体温度升得过

368

高，会使润滑油失去原有的物理化学特性(如黏度降低和烧结成炭渣)，以致润滑发生困难。一般润滑油的闪点是 200～240℃，虽然气缸出口温度没有达到 200℃ 以上的范围，但润滑油已失去它原有的物理化学特性。由于压缩机没有良好的润滑，它的部件就会遭到损坏，严重时也会引起爆炸等主要事故。因此，气缸的出口温度绝对不准许超过所规定的温度范围。

☞ **207. 为什么压缩机各级排出系统必须设置安全阀？**

答：在压缩机的各级排出系统上必须设置安全阀，以防止由于内部压力过分升高而造成事故。在压缩中不管哪一级气阀有问题，都会造成下一级的压力超高。由于每级的气缸或其他容器管线所承受的压力是通过计算设计而成的，每级的压力超过设计规定范围就会把气缸容器等部件损坏，严重时可造成爆炸等重大事故。

为了使安全阀在设备运行中起到应有的作用，必须注意以下几点：

(1)压缩机在每次大修中，不管安全阀的工作好坏，泄漏与否，必须进行检查清洗，重新定压，予以铅封。

(2)安全阀定压前必须按 1.5 倍的公称压力进行水压试验，并用公称压力进行密封性试验，以及在工作压力范围内进行灵敏度的试验(灵敏度试验在有条件的情况下必须在所使用的同类机器上进行)。

(3)对安全阀的灵敏度，要求上限值为主，下限值为次。如果不能同时予以保证，就必须确保上限值不得超过规定范围。

☞ **208. 为什么工质为易燃易爆的压缩机在检修前和检修后(开工或停机时间过久)要用氮气置换？**

答：工质为易燃易爆的压缩机，在检修前要在气缸和出入口处使用氮气置换，以彻底驱走残留在气缸与管线中易燃易爆的气体，防止在拆装时易燃易爆气体由于压缩机零部件碰出火花而发生着火和爆炸。表 10-3 列出几种可燃性气体在常温下的爆炸极限：

表 10-3　几种可燃性气体在常温下的爆炸极限

| 项　　目 | 数据/% | 项　　目 | 数据/% |
|---|---|---|---|
| 氢 | 4.0~74.2 | 乙烷 | 3.6~12.5 |
| 一氧化碳 | 12.5~74.2 | 乙烯 | 2.75~28.6 |
| 氨 | 15.5~27.0 | 丙烷 | 2.1~9.5 |
| 硫化氢 | 4.3~45.5 | 丙烯 | 2.0~11.1 |
| 甲烷 | 5~15 | | |

检修后压缩机气缸内和管线中充满了空气，可燃性气体与空气混合后在试压或开车时，由于压力升高到一定程度会引起自燃爆炸，所以压缩机开车前一定要用氮气置换。

例如，某化肥厂在停工大检修中，氢气压缩机由于开车前没有用氮气置换，引起爆炸，将一级气缸体、一级出口油水分离器及冷却器等全部炸坏，影响生产，险些造成人身事故。

**☞ 209. 轴瓦(承)过热是什么原因?**

答：(1)轴瓦与轴颈贴合不均匀、卡帮或间隙过小。要用涂色法刮研或检查调整轴瓦间隙。

(2)轴承偏斜或轴弯曲。要适当调整配合间隙或矫正轴。

(3)润滑油供给不足。应补充新油。

(4)油质太脏或变质，或有其他杂质进入轴承。应更换新油并且进行过滤。

**☞ 210. 活塞杆过热是什么原因?**

答：(1)活塞杆与填料盒有偏斜，造成相互有局部摩擦，进行调整。

(2)填料环抱紧弹簧过紧，摩擦力大。应适当调整。

(3)填料环轴向间隙过小。应按规定要求调整轴向间隙。

370

（4）给油量不足。应适当增大油量。

（5）活塞杆与填料环磨合不良。应在配研同时加压磨合。

（6）气和油中混入夹杂物。应进行清洗并保持干净。

（7）活塞杆表面粗糙。应重新磨杆，超精加工。

### ☞ 211. 气缸过热的原因是什么？

**答**：（1）冷却水供应不足。要适当加大冷却水的供应量。

（2）气缸润滑油不足或润滑油中断。应适当调节油量。

（3）气缸与十字头滑道不同心，造成活塞与缸壁摩擦。调好同心度后方可使用。

（4）出口气阀漏气返回气缸，如阀片卡住、断裂等。应进行处理或更换部件。

（5）活塞环窜气，如活塞环与气缸接触不好或活塞环过度磨损或断裂等。应进行镗缸或更换新的活塞环。

（6）由于脏物带进缸内使气缸光滑面拉毛。应进行镗缸或更换。

### ☞ 212. 传动机构撞击的原因是什么？

**答**：（1）连杆大头瓦松动。要进行检查，采取措施，加以紧固。

（2）十字头与活塞杆松动。检查紧固活塞杆及背帽。

（3）活塞与活塞杆紧固螺母松动。应检查紧固。

（4）十字头瓦（衬套）间隙过小。应进行调整或更换。

### ☞ 213. 气缸发出撞击声音的原因是什么？

**答**：（1）活塞或活塞环磨损。应处理或更换。

（2）活塞与气缸间隙过大。应更换缸套。

（3）曲轴连杆机构与气缸的中心不一致。应按要求规定找好同心度。

（4）气缸余隙容积过小。应适当调整余隙容积。

（5）活塞杆弯曲或连接螺母松动。应进行修复或更换活塞杆，并拧紧连接螺母。

（6）润滑油过多或污垢，会使活塞与气缸的磨损加大。要适当调整供油量或更换润滑油。

（7）吸排气阀断裂或阀盖顶丝松动。应进行修复或更换。

☞ **214. 气缸内发出突然冲击声是什么原因？**

答：（1）气缸中掉入金属碎块或其他坚硬的物体。要及时停车检查，把碎块、硬物取出来。如果气缸、气缸端盖及活塞受到损伤，应立即修复。

（2）气缸中积水。要检查积水的原因，并进行修复，重新打压，以水压 1.5 倍在 5min 内不渗漏为准。

☞ **215. 吸排气阀发出敲击声的原因是什么？**

答：（1）阀片折断。应更换新的阀片。

（2）弹簧松软或折断。应更换适当强度的弹簧。

（3）阀座深入气缸与活塞相碰。应加垫片使阀座升高。

（4）气阀在装配时顶丝松动。

（5）气阀的紧固螺栓松动。

（6）阀片的起落高度太大。

☞ **216. 曲轴箱发出严重敲击声的原因是什么？**

答：曲轴箱发出严重的敲击声，会出现机件损坏的原因如下：

（1）断油或油量过小，使滑块发热、拉毛，最终烧坏。

（2）十字头销轴与衬套磨损，使之间隙过大，产生敲击声，并有规律地每转敲击两次。或由于销轴松脱，装得过紧或断油，使连结处发热，最终烧坏。

（3）曲轴瓦断油或过紧引起发热，以致烧坏。

（4）主轴瓦间隙太大或太小，发生拉毛以致烧坏。

（5）曲轴箱内主轴瓦螺栓、连杆、大头瓦螺帽、十字头螺丝等松动或折断，开口销脱落等，也能引起曲轴箱发出强烈的敲击声。

（6）十字头滑板与滑道之间的间隙过大，以及导板本身松动也会发出响声。此时应立即紧急停车，仔细检查。当检查出某一个部件损坏时，一定要彻底修理或换上新件，重新装配。

## ☞ 217. 飞轮发出敲击声的原因是什么？

答：（1）配合不好，斜度不对或没有紧固。应进行修复刮研。

（2）连接键松动。要注意使键的两侧紧紧地贴合在键槽上。

## ☞ 218. 连杆螺钉拉断的原因是什么？

答：（1）装配时螺钉拧得太紧，连杆螺钉因承受过大的预紧力而被拉断。所以紧力应适当，以能用手搬动板手为宜，但必须两侧螺钉同时进行把紧，必要时可用微分卡尺或固定卡规检查螺钉的伸长度。

（2）紧固时产生偏斜，使连杆螺钉因承受不均匀的载荷而被拉断，应使连杆螺帽的端面与连杆体上的接触面紧密配合，必要时可用涂色法进行检查。

（3）连杆螺帽松动或轴瓦在轴承座上晃动，连杆螺钉因受过大的冲击而被拉断。当连杆螺钉装配好后，必须穿上开口销以防止松动（退扣）。如果螺帽孔与螺钉孔对不正时，决不能用力紧固螺帽或松退螺帽。

（4）连杆轴承过热、活塞环卡住或超负荷运转时，连杆螺钉因承受过大的应力而被拉断。在检查轴承过热、活塞、活塞环或超负荷运转的同时，应检查连杆螺钉有无损伤。

（5）轴承的间隙过大，经过长时间冲击振动，因承受长期疲劳载荷而断裂，应更换连杆螺钉。

## ☞ 219. 活塞卡住或咬住的原因是什么？

答：（1）润滑油质量低劣或供应中断，使活塞在气缸中的摩擦加大而卡住。应选择适当的润滑油，并注意润滑油的供应情况。

（2）冷却水供应不充分或在气缸过热之后进行强烈地冷却，引起气缸急剧收缩，因而使活塞咬住。应适当供应冷却水，并禁止对过热的气缸进行强烈地冷却。

（3）曲轴连杆机构偏斜，使个别活塞摩擦不正常，引起过分发热而咬住，应调整曲轴连杆机构的同心度。

（4）气缸与活塞的间隙过小或气缸内掉入金属碎块及其他坚硬物体，应调整装配间隙或从气缸内取出金属碎块及其他坚硬物体。

☞ **220. 轴头漏油的原因是什么？**

**答**：（1）轴与轴封由于磨损使间隙过大，应重新更换油封。

（2）油封槽的回油孔过小或堵塞，要将回油孔扩大并进行清洗。

（3）曲轴箱（油箱）润滑油过多，应按油液面高度的规定调整油量。

☞ **221. 气缸上产生敲击声的原因是什么？**

**答**：（1）活塞顶部碰到排气阀，要增大活塞与气阀的间隙。

（2）气阀弹簧弹力不够，应适当增大弹簧弹力。

（3）气阀螺丝松动，要紧固气阀螺丝。

（4）阀片碎裂。

（5）活塞销与轴承的间隙过大，要拆卸后取出检查，调整或修理。

（6）液体随气体进入气缸，产生液击声。

☞ **222. 气缸内发生敲击声的原因是什么？**

**答**：气缸是压缩机的主要部件，气缸发出敲击声说明气缸内有重大故障。其产生原因如下：

（1）断油过久，气缸因缺油而发生拉毛造成敲击声。

（2）液体随气体进入气缸，造成液击，发生沉闷的"勃勃"

声，并使机身及管线剧烈振动和摇摆，电流表指针波动极大。

（3）活塞撞缸时出现的响声，与缸内有金属块一样，敲击声较大，若气缸余隙太小，也会发出敲击声。

（4）活塞螺帽松动，会出现轻微的敲击声，敲击声的次数是每转二次。

（5）气缸内有损坏的螺丝、弹簧、气阀片等金属碎片。

（6）活塞环断裂等。

处理方法：敲击声严重时应立即进行紧急停车，并检查气缸、气阀等是否损坏，如气缸内有金属碎片或存有液体应予清除。敲击声不太严重，则应：

① 检查注油器，重新调节注油量。

② 调整适当余隙。

③ 紧固活塞，固定螺帽。

## ☞ 223. 机身内发出严重的敲击声的原因是什么？

答：（1）断油或油量过小：使滑块发热、拉毛而烧坏。

（2）十字头横销磨损产生敲击声，每转敲 2 次，若因松脱、装得过紧或断油，则会造成发热以致烧坏。

（3）曲轴瓦断油或过紧而发热，以致烧瓦。

（4）主轴瓦太松或太紧发生拉毛，以致烧瓦。

（5）曲轴箱内主轴瓦螺栓、螺丝，曲柄轴螺栓、螺丝，十字头螺栓、螺丝等松动或折断，开口销脱落，也能引起曲轴箱中产生强烈敲击声。

（6）导板与滑板间间隙过大和导板本身松动，也会出现较脆的"勃勃"声。

处理方法：应立即紧急停车，并仔细检查循环油油管是否有漏油或堵塞现象。当检出某一个部件损坏时，一定要彻底修理或调换新件重新装配。

☞ **224. 曲轴箱内有敲击声的原因是什么?**

答:(1)连杆大头轴瓦与曲柄径向间隙过大,要检查调整轴瓦间隙或更换新瓦。

(2)曲轴与轴承间隙过大,应停车适当调整轴瓦间隙。

(3)飞轮与轴或键配合松动,应按技术要求重新修理。

(4)连杆螺栓松动或开口销折断,应紧固连杆螺帽,重换开口销。

☞ **225. 开车后油压正常一段时间又下降的原因是什么?**

答:(1)油泵吸入带泡沫的油或将油搅起泡沫,应更换润滑油。

(2)吸油过滤器网被堵,要进行停车拆卸清洗。

(3)曲轴箱内油量减少,要增加润滑油。

☞ **226. 压缩机油箱的润滑油显著下降的原因是什么?**

答:(1)气缸磨损及椭圆度太大。

(2)刮油环磨损太大或折断。

(3)活塞环磨损太大或折断。

(4)刮油环和活塞环与气缸接触不良。

☞ **227. 注油器打滑或供油不正常的原因是什么?**

答:注油器不断向气缸供给润滑油,使压缩机正常运转,如果注油器打滑,则供给气缸的油量不足,影响润滑效果,使活塞和气缸受到磨损或出现拉毛现象。原因是由于注油器长期使用,滚珠磨损或油管堵塞,致使阻力增加,小油泵失灵,或吸入莲蓬头(过滤网)被油污堵塞。

处理方法:停机更换滚珠和清洗各部零件。

☞ **228. 轴封漏油的原因是什么?**

答:(1)轴封接触面破坏,应进行修理。

(2)装配在曲轴上的耐油橡胶圈损坏,应更换新橡胶圈。

（3）油箱液面过高或接触曲轴后产生甩油，应按规定的油液面进行加油。

☞ **229. 轴封漏气的原因是什么？**

答：（1）轴封箱内缺少润滑油，要适当地增加油量。

（2）进油管路堵塞或轴封的密封面损坏，应找出原因进行处理或更换。

☞ **230. 怎样判别各级气阀是否损坏？气阀损坏的原因有哪些？**

答：如果一级入口气阀损坏时，一级排气压力降低，其他各级也受到降低影响。判别哪一个气阀损坏，可从气阀盖上的温度来识别。因为气阀损坏时，温度升高。此外，还可以用金属棒（听音棒）来识别。二三级吸气阀损坏时，还可以从下一级压力升高来判别。

气阀损坏的原因：

（1）气阀片和气阀座由于使用时间较长，经常碰撞摩擦而损坏。

（2）气阀材质不好，阀片升程过高或热处理不当。

（3）气阀螺帽松脱或螺帽开口销脱落。

当气阀损坏时，轻则使压缩机吸气量减少，重则使气阀碎片进入气缸，损坏气缸，造成重大事故。因此，发现气阀损坏时，应停车处理。

☞ **231. 压缩机气量不足的原因是什么？**

答：（1）气体冷却效果不好，使进入压缩机的气体温度升高，相应地降低了气量。

（2）吸、排气气阀被油污等杂物卡住，未及时清理。

（3）操作时调节气缸吸、排气阀不当，使得气缸余隙过大，在活塞行程排气时，余隙中高压气体膨胀，占去了较多的气缸容积，从而减少了气缸吸气量。

（4）气阀不良造成返气。

（5）活塞环磨损或折断造成气缸内漏。

（6）皮带装得过松，使转数降低。

处理方法：调节各级冷却水的流量，清除冷却器表面污物，提高冷却效率，降低各级气体的入口温度，及时调节泄漏的排油阀和损坏的气阀等，并联系维修人员检查处理。

☞ **232. 曲轴箱内润滑油起泡沫的原因是什么？**

答：（1）润滑油中含有大量气体，当曲轴箱内压力下降时，气体在油中分解产生气泡（抽空时产生的泡沫为正常现象），应检查油温，注意油压，防止液氨从油中气化，油温低于15℃时，应立即停车。

（2）曲轴箱内压力下降，氨气化，油面会立即降低。

（3）曲轴箱内润滑油过多，运动时曲轴搅动产生泡沫，要适当调整油量。

☞ **233. 润滑油压过高的原因是什么？**

答：曲轴箱内润滑油温度下降，润滑油变浓。

☞ **234. 润滑油压过低的原因是什么？**

答：（1）润滑油起泡严重，应查出原因并且消除。

（2）润滑油凝固吸油困难，应加热。

☞ **235. 为延长压缩机气阀的使用寿命，在选择气阀设计参数时应考虑哪些因素？**

答：（1）减轻阀片重量，有利于阀的启闭和减少撞击力，如采用环状阀，选轻金属、四氟、尼龙作阀片。

（2）要控制阀隙的气流速度，以减少阀片对升程限制器的撞击。

（3）选择合理的升程，升程大，撞击力也大；升程大，阻力大，一般可采用多环窄道较适宜。

（4）采用合理的弹簧和弹簧力，最好采用变刚性弹簧，选用弹力合适的大刚性小圆柱弹簧。

**☞ 236. 阀片升程为什么不能过大与过小?**

答：阀片升程主要与阀隙通道面积有关，升程小，有利于提高阀片寿命，但流道面积减少使阀隙速度过大，能量损失增大；反之，如升程较大，则虽能使阻力损失下降，但阀片冲击大，还会造成阀片开启不完全和阀片滞后关闭，这样不仅不能有效地降低能量损失，反而会导致阀片过早损坏，综上所述，阀片的升程即不能过小，又不能过大。

**☞ 237. 气阀组件中，最易损坏的零件是什么?**

答：最易损坏件是阀片与弹簧。

**☞ 238. 曲轴在运转中会出现哪些缺陷? 最常见的缺陷是什么?**

答：(1)常见的缺陷：

① 曲轴磨损超标。

② 曲轴有裂纹。

③ 曲轴产生弯曲或扭转变形。

④ 曲轴出现擦伤或刮痕。

⑤ 曲轴键槽磨损。

(2)最常见的缺陷是曲轴颈与曲拐轴颈不规则磨损后形成的椭圆形和圆锥形。

**☞ 239. 压缩机排气量达不到设计要求的处理方法是什么?**

答：(1)检查低压级气阀，并采取相应措施。

(2)检查填料的密封情况，并采取相应措施。

(3)调整气缸余隙。

(4)若设计错误，应修改设计或采用措施调整余隙。

**☞ 240. 压缩机级间压力超过正常压力的原因是什么?**

答：(1)后一级的吸排气阀不好。

(2)第一级的吸入压力过高。

(3)前一级冷却器冷却能力不足。

（4）活塞环泄漏引起排出量不足。

（5）到后一级间的管路阻抗增大。

（6）本级吸排气阀不好或装反。

☞ **241. 压缩机级间压力超过正常压力的处理方法是什么？**

**答**：（1）检查气阀，更换损坏件。

（2）检查并消除之。

（3）检查冷却器。

（4）更换活塞环。

（5）检查管路使之畅通。

（6）检查气阀。

☞ **242. 压缩机级间压力低于正常压力的原因是什么？**

**答**：（1）第一级吸排气阀不良，引起排气压力不足及第一级活塞环泄漏过大。

（2）前一级排出后或后一级吸入前的机外泄漏。

（3）吸入管道阻抗太大。

☞ **243. 压缩机级间压力低于正常压力的处理方法是什么？**

**答**：（1）检查气阀，更换损坏件，检查活塞环。

（2）检查泄漏处，并消除之。

（3）检查管道，使之畅通。

☞ **244. 压缩机排气温度超过正常温度的原因是什么？**

**答**：（1）排气阀泄漏。

（2）吸气温度超过规定值。

（3）气缸或冷却器冷却效果不良。

☞ **245. 压缩机排气温度超过正常温度的处理方法是什么？**

**答**：（1）检查排气阀，并消除之。

（2）检查工艺流程，移开吸入口附近的高温机器。

（3）增加冷却器水量，使冷却器畅通。

☞ **246. 压缩机运动部件发生异常声音的原因是什么?**

答：（1）连杆螺栓，轴承盖螺栓，十字头螺母松动或断裂等。

（2）主轴承，连杆大小头瓦，十字头滑道等间隙过大。

（3）各轴承与轴承座接触不良，有间隙。

（4）曲轴与联轴器配合松动。

☞ **247. 压缩机运动部件发生异常声音的处理方法是什么?**

答：（1）紧固或更换损坏件。

（2）检查并调整间隙。

（3）刮研轴瓦瓦背。

（4）检查并采取相应措施。

☞ **248. 吸排气阀有异常响声的可能原因是什么?**

答：（1）吸排气阀折断。

（2）阀弹簧松软或损坏。

（3）阀座深入气缸与活塞相碰。

（4）阀座装入阀室时没有放正，或阀室上的压盖螺栓没有拧紧。

（5）负荷调节器调得不当，产生半负荷状态，使阀片与压开进气调节装置中的减荷叉顶撞。

☞ **249. 吸排气阀有异常响声的消除方法是什么?**

答：（1）检查气缸上的气阀，对磨损严重或折断的更换新的。

（2）更换符合要求的阀弹簧。

（3）用加垫的方法使阀升高。

（4）检查阀是否装的正确，阀室上的压盖螺栓要拧紧。

（5）重新检查调整负荷调节器，使其动作灵敏准确。

☞ **250. 压缩机气缸内发生异常声音的原因是什么？**

答：(1)气阀有故障。

(2)气缸余隙容积太小。

(3)润滑油太多或气体中含水多，产生水击现象。

(4)异物掉入气缸内。

(5)气缸套松动或裂断。

(6)活塞杆螺母或活塞螺母松动。

☞ **251. 压缩机气缸内发生异常声音的处理方法是什么？**

答：(1)检查气阀并消除故障。

(2)适当加大余隙容积。

(3)适当减少润滑油量，提高油水分离器效果，或在气缸下部加排泄阀。

(4)更换填料。

☞ **252. 压缩机气缸发热的原因是什么？**

答：(1)冷却水太少或中断。

(2)气缸润滑油少或中断。

(3)气缸镜面拉毛。

☞ **253. 压缩机气缸发热的排除方法是什么？**

答：(1)检查冷却水供应情况。

(2)检查气缸润滑情况并处理之。

(3)检查气缸并采取相应措施。

☞ **254. 压缩机气缸部分发生不正常振动的原因是什么？**

答：(1)支撑不对。

(2)填料和活塞环磨损。

(3)配管振动引起的。

(4)垫片松。

(5)气管内有异物掉入。

382

☞ **255. 压缩机气缸部分发生不正常振动的排除方法是什么?**

答:(1)调整支撑间隙。

(2)调整填料和活塞环。

(3)消除配管的振动。

(4)调整垫片。

(5)消除异物。

☞ **256. 压缩机轴承或十字头滑履发热的原因是什么?**

答:(1)配合间隙过小。

(2)轴和轴承接触不均匀。

(3)润滑油压力低或中断。

(4)润滑油太脏。

☞ **257. 压缩机轴承或十字头滑履发热的处理方法是什么?**

答:(1)调整间隙。

(2)重新刮研轴瓦。

(3)检查油泵、油路情况。

(4)更换润滑油。

☞ **258. 填料漏气的原因是什么?**

答:(1)油气太脏或由于油中断,把活塞杆拉毛。

(2)回气管不通。

(3)填料装配不良。

☞ **259. 填料漏气的排除方法是什么?**

答:(1)更换润滑油,消除脏物,修复活塞杆或更换之。

(2)疏通回气管。

(3)重新装配填料。

☞ **260. 压缩机机体部分发生不正常振动的原因是什么?**

答:(1)各轴承及十字头滑道间隙过大。

(2)气缸振动引起。

（3）各部件接合不好。

☞ **261. 压缩机机体部分发生不正常振动的处理方法是什么?**

答：（1）调整各部间隙。

（2）消除气缸振动。

（3）检查并调整之。

☞ **262. 压缩机管道发生不正常振动的原因是什么?**

答：（1）管卡太松或断裂。

（2）支撑刚性不够。

（3）气流脉动引起共振。

（4）配管架子振动大。

☞ **263. 压缩机管道发生不正常振动的排除方法是什么?**

答：（1）紧固之或更换新的，同时应考虑管子热膨胀。

（2）加固支撑。

（3）消除气流引起共振。

（4）加固配管架子。

☞ **264. 往复式压缩机电机电流升高的原因是什么?**

答：（1）负荷增加。

（2）电压降低。

（3）气体带液。

（4）撞缸或拉缸。

（5）电机故障。

☞ **265. 往复式压缩机吸气阀出现敲击声的原因是什么?**

答：（1）气阀损坏。

（2）气阀顶丝松动。

☞ **266. 活塞式压缩机的排气量调节方法有哪些?**

答：（1）顶阀器调节。

（2）余隙容积调节。

（3）吸排气管道旁路阀调节。

☞ **267. 活塞式压缩机排量不足的原因有哪些？**

答：（1）余隙腔太大。

（2）顶阀器作用。

（3）活塞环密封不严。

（4）填料函泄漏。

（5）吸排气阀关闭不严。

（6）吸排气阀阀片开启、关闭阻力大不及时。

（7）旁路阀关闭不严。

（8）吸气压力低。

（9）吸气温度高。

（10）吸入气体组分变轻，流量表指示也会下降。

☞ **268. 影响活塞式压缩机出口温度的因素有哪些？**

答：（1）入口温度。入口温度高，出口温度升高。

（2）压缩比。压缩比大，出口温度升高。

（3）气体绝热指数。绝热指数大，出口温度高。

（4）气缸润滑情况。润滑不良，出口温度高。

（5）冷却效果。水温高或水流不畅，则出口温度高。

☞ **269. 活塞式压缩机振动大的原因有哪些？**

答：（1）基础原因。如设计、施工质量问题。

（2）机械原因。如制造、检修、精度问题。

（3）配管原因。如管道有装配应力，引成气柱共振，支承支架松动等。

（4）操作原因。如气体带液，压缩比太大，气体变重，工况波动等。

☞ **270. 填料漏气过多的原因是什么？**

答：（1）油流不充分。应适当增加给油量。

（2）填料盒组装顺序不合理。应按程序组装。

（3）填料研合不良。应重新研合。

（4）活塞杆表面有划伤(沟痕)。要进行修复(精磨)或更换。

（5）填料盒相互研合不良(接触不好)。应重新进行磨合。

（6）填料盒紧固不彻底。应将填料压盖充分紧固。

（7）活塞杆运动轨迹与中心线不平行。应调整中心。

（8）弹簧未抱紧。应适当调整。

（9）填料轴向间隙过大。应按标准轴向间隙规定进行调整。

## ☞ **271. 刮油环带油的原因是什么?**

**答**：(1)刮油环内径与活塞杆接触不良。

（2）刮油环与填料盒的端部间隙过大。

（3）刮油环的抱紧弹簧过松。

（4）活塞杆磨损(椭圆、出沟等现象)。

## ☞ **272. 从法兰盘根处泄漏油的原因是什么?**

**答**：(1)紧固不彻底。应彻底紧固。

（2）紧固不均。应重新紧固。

（3）填料不良。应更换填料。

（4）接合面划伤。应重新研合。

（5）由于螺栓过热伸长。应更换新螺栓。

## ☞ **273. 压缩机在开车之前为什么要盘车?**

**答**：(1)检查一下轴瓦、连杆、十字头滑道等传统系统是否灵活好用。

（2）检查气缸里是否进入与压缩机不相干的物件，防止异物进入气缸内将气缸盖顶坏。

（3）检查气缸内是否进入冷却水，因为液体不可压缩，会把缸体和缸盖撞坏。

（4）为了避免上述三个方面的情况，压缩机在开车之前，必须要盘车2~3转。

☞ **274. 压缩机的运动部件有异音的原因是什么?**

答：（1）连杆螺栓、轴承盖螺栓及十字头螺母松动或断裂。要进行紧固或更换部件。

（2）主轴承连杆大小头瓦、十字头滑道等间隙过大。应进行检查调整间隙。

（3）各轴瓦与轴承座接触不良有间隙。应进行检查刮研轴瓦瓦背的接触，消除间隙并保持一定紧力。

（4）曲轴与联轴器配合松动。应检查处理。

☞ **275. 气缸部分异常振动的原因是什么?**

答：（1）支承不良，应支承良好。

（2）填料和活塞环异常磨损，应更换部件。

（3）管线强裂振动，应加强管线支承。

（4）衬里松动，要制止衬里松动。

（5）气缸内侵入夹杂物，排除夹杂物。

（6）气缸与十字头滑道的同心度不正，应重找同心度。

☞ **276. 机身异常振动的原因是什么?**

答：（1）轴瓦十字头滑板间隙过大。应调整轴瓦十字头滑板间隙或更换部件。

（2）气缸部分异常振动。

（3）各部机械结合不良，应彻底紧固地脚螺栓。

☞ **277. 机体部分发生不正常的振动的原因是什么?**

答：（1）各轴承、十字头销及滑道间隙过大，应调整各部间隙。

（2）由气缸振动引起，应检查活塞与气缸的余隙或活塞杆背帽是否松动，缸内是否进水或其他异物等，并要及时消除。

（3）各部件接合不好，应进行检查调整。

（4）气缸与十字头滑道不同心，活塞在行程中造成磨缸和机身振动，应进行检查，调整气缸与滑道的同心度。

（5）连接气缸的吸排气管线"别劲（管线冲突）"，应重新装配处理。

☞ **278. 管线异常振动的原因是什么？**

答：（1）固定松动，应拧紧螺栓，制止松动或更换紧固方法。

（2）支承件不足，应补充支架。

（3）因压力脉动引起共振，可插入喷嘴来减轻共振力。

（4）管线固定因膨胀被破坏，应考虑管线热膨胀方向，重新调整固定件位置。

（5）管架振动大，应加固管架。

☞ **279. 新安装的压缩机为什么基座振动？**

答：（1）垫铁与基础、机座不平、不实。因此垫铁与基础、机座在安装中必须要做到三平、三实（三平是垫铁与基础平、垫铁与垫铁平、垫铁与机座平。三实是垫铁与基础实、垫铁与垫铁实，垫铁与机座实），主机水平找好后，要当即用电焊将垫铁焊死，连成整体。

（2）垫铁垫得过高、过多。一般垫铁不超过 3 块，如果垫铁过多、过高，就会产生振动（摆动）。

（3）基础与机座的二次灌浆不实。为了使基础与机座的二次灌浆质量可靠，最好采用一种无垫铁的安装方法，用顶丝找平，然后用膨胀水泥进行二次灌浆和抹面。

☞ **280. 压缩机的基础在工作时的振幅值规定不允许超过多少？**

答：转数低于 200r/min，应小于 0.20mm，转数在 200~400r/min，应小于 0.15mm；转数高于 400r/min，应小于 0.10mm。

☞ **281. 活塞环起什么作用？**

答：活塞环是用来密封气缸镜面和活塞之间缝隙的零件，同时还起到布油和导热的作用。

388

☞ **282. 活塞损坏常见有哪几种情况？**

答：（1）活塞裂纹。

（2）活塞沿圆柱形表面磨损。

（3）活塞磨伤或结瘤。

（4）活塞环槽磨损。

（5）筒状活塞销孔磨损。

（6）活塞支撑面上的巴氏合金层脱落。

☞ **283. 十字头与活塞杆的连接方式有哪几种？**

答：（1）十字头与活塞杆用螺纹连接。

（2）十字头与活塞杆用联轴器连接。

（3）十字头与活塞杆用法兰连接。

（4）十字头与活塞杆用楔连接。

（5）液压联结。

☞ **284. 填料函的作用是什么？常用的填料函有哪几种？**

答：填料函的作用是用来密封活塞杆与气缸间的泄漏，防止气缸内气体漏出及阻止空气进入缸内。

常用填料函以下两种形式：平面填料函与锥面填料函。

☞ **285. 气阀的作用是什么？何谓自动阀？**

答：气阀的作用是控制气体及时吸入与排出气缸。

所谓自动阀即气阀的起闭不需采用强制机构而是靠气阀两边的压力差来实现。

☞ **286. 活塞式压缩机的润滑油系统分哪两类？油路走向如何？**

答：通常分有油润滑油系统和气缸填料函润滑油系统两类。

传动机构润滑油系统油路走向：油箱→油泵→油过滤器→油冷却器→十字头滑道→连杆小头→连杆大头→曲轴轴承→回入油箱→主轴承。

气缸填料函润滑油系统油路走向：油箱→注油器→单向阀→

气缸各点/填料函各点。

**287. 循环油压不高或突然降至到零的原因是什么？**

答：（1）循环油油位低，油温高，黏度小。

（2）油过滤器堵塞。

（3）油管漏油严重。

（4）油泵齿轮磨损，间隙过大，工作效率差。

（5）油调节阀开得过大。

（6）齿轮油泵入口管被污油堵塞。

处理方法：增加循环油量，开大冷却水以降低油温，停用油过滤器，清洗油过滤网(循环油暂走近路阀，关死过滤器进出口阀)停机修理油泵，调整间隙，必要时可更换齿轮。当循环油压突然降至零时，应立即停车。

**288. 润滑油因温度低而黏度大怎么办？**

答：机油在温度很低的情况下黏度稠厚，不易流动。在此情况下虽然开动油泵，但供油非常缓慢，而且油量很小，必须采取下列措施以保证正常供油：

（1）压缩机所在厂房，包括润滑机组所在的基础下层，都应该保持在 5℃ 以上。

（2）在低温时，虽然不向油冷却器内供水，但应向油槽内的加热蛇形管内通入蒸汽以加热机油，将油加热到 30~35℃ 后开始供油，严禁使用明火烘烤油槽及油泵。

**289. 油压降低的原因是什么？**

答：（1）油管破裂。应更换或焊补油管。

（2）油安全阀有毛病。要修理或更换新的安全阀。

（3）油管有毛病。要检查齿轮与壳体的间隙是否磨损必要时可更换新齿轮。

（4）油箱的油量不足。应适当增加润滑油。

（5）轴瓦过度磨损。应修理或更换新轴承。

（6）油过滤器堵塞。应清洗油过滤器或油箱过滤网。

（7）油冷却器堵塞。要清洗油冷却器。

（8）润滑油黏度下降。要更换新的润滑油。

（9）管路系统连接处漏油。应加以紧固，防止泄漏。

## ☞ 290. 刮油环漏油的原因是什么?

答：（1）刮油环的内径与活塞杆的外径之间接触不好，使润滑油从刮油环和活塞杆之间的空隙中流出来。因此，刮油环的内径与活塞杆的外径必须进行着色研磨，直到接触面达80%以上为宜。

（2）刮油环端面间隙过大，要适当调整间隙。间隙一般在0.06~0.10mm为宜。

（3）刮油环的抱紧弹簧过松。因刮油环安装在活塞杆上要有一定紧力，使活塞杆在往复行程中与刮油环互相贴在一起，绝不允许有空隙，防止润滑油漏出。

（4）活塞杆磨损或呈椭圆及有深沟，应进行修复或更换新轴。

## ☞ 291. 注油器的柱塞常出现哪些问题?

答：注油器的柱塞如果发生故障，就会使供油中断。这时可以从注油器柱塞玻璃视孔观察滴油指示器是否滴油，如果没有滴油就证实其注塞系统有问题，应检查下列部位：

（1）吸油柱塞是否严重磨损。

（2）吸油口是否被污染堵塞。

（3）油箱液面是否有足够的油。

针对所发现的问题应采取措施进行排除。

## ☞ 292. 注油点(与缸壁油孔联接处)发热并漏气的原因是什么?

答：当发现紧固在气缸上的注油接头发热并漏气时，表明上紧在气缸壁通孔上的接头丝扣不严密或密封垫圈没压住(损坏)，为此应将密封圈(一般为紫铜垫圈)重新退火软化或更换新件，然后重新拧紧。

☞ **293. 注油器供油不正常或不供油对压缩机有什么影响？**

**答**：要想使一台压缩机正常运行，就必须有足够数量的气缸润滑油。当润滑油不足时，会引起摩擦表面的迅速磨损，或个别零件的卡涩；润滑油过多时，则会促使积炭形成，破坏气压活塞的密封性，使零件迅速磨损，并导致积炭在气缸内部灼烧。因供油量不足时，会使润滑点干磨擦发热，可用测量温度的方法检测出来；供油量过多时，也可从活塞环上和气阀上积炭过多的现象判断出来。

**注**：对新安装的或经大修后的压缩机，在试运转阶段中，可将润滑油的供油量增加 50%~75%，直至压缩机的摩擦件正常工作，磨合良好为止。

☞ **294. 注油器的逆止阀返气的原因是什么？**

**答**：当注油器逆止阀失效时，有压力的气体顺着油管反压至注油器内，在滴油时观察玻璃处，将会发现有气泡冒出。同时由于气体被压缩后发热，注油管线也将出现发热现象。在这种情况下，如果持续下去，将会使气缸或填料函因缺油而发生一系列的损坏事故。其注油逆止阀失败的原因是含有污垢，尤其是粒状杂质的润滑油进入止回阀内，将阀芯垫起使其失去返回的作用，或阀内的弹簧折损以及阀芯损坏。

为了预防这些故障的出现，应采取如下措施：

（1）使用经过三次过滤的清洁油质。

（2）检修或更换不良气阀。

（3）最好使用装有双重阀芯的止回阀。

☞ **295. 怎样正确调节注油器的供油量？**

**答**：注油器调节不当，将造成供油量不正常。为了保证正常的供油量，必须对注油器进行正确调节，其调节方法如下：

（1）整个注油器供油量的调节：将传动注油器的连杆偏心距

加以改变，或将传动摇杆增加或减少。

（2）单个注油柱塞的调节（即每个供油点供油量的调节）：旋动每个吸油柱上的调节螺钉，即可改变其供油量。

### ☞ 296. 油料积炭的原因是什么？

答：由于润滑气缸所用的油经常与气体接触，在压缩过程中温度急剧升高，因此，将产生油的分解变质现象。油中的轻组分汽化并与气体混合在一起离开压缩机，而剩下的组分则与气体中的氧接触，氧化形成积炭。积炭将破坏正常的润滑，导致运动机件加速磨损，甚至有可能使活塞环或活塞卡住，造成重大事故。积炭还会引起活塞环灼烧，破坏气腔和排气阀的密封性，其结果将使压缩机的出口气体温度异常增高。

为了防止积炭的形成，应做到：

（1）使气缸的冷却工作正常进行，保持各级出口气温不超过 $140 \sim 160℃$。

（2）选用合适的气缸润滑油，其闪点应比气缸的气温高出 $20 \sim 50℃$，应具有良好的抗氧化能力，在气缸工作压力和温度下应具有足够的黏度。

### ☞ 297. 润滑油的主要质量指标有哪些？

答：润滑油的主要质量指标有：黏度、凝点、闪点、机械杂质、酸值、灰分等。

### ☞ 298. 排出管线温度增高的原因是什么？

答：（1）冷却管中间冷却器不清洁，应拆洗冷却水套、中间冷却器、除掉污垢。

（2）冷却水量不足，应适当调整冷却水的流量。

### ☞ 299. 冷却水中带有气泡的原因是什么？

答：（1）冷却器内严重腐蚀，管线破裂。

（2）铸造气缸时，内壁有小的裂缝，安装时或修理时没有及时发现。开车生产后，气体泄漏到水套内。

（3）气缸进油管垫片漏气或丝扣漏气。

处理方法：冷却水中有气泡，由于气压大于水压，会影响冷却水进入气缸水套处冷却。因此，冷却水中有气泡，气缸壳体温度会增高，如果气缸内壁裂缝增大，那就越漏越严重，必须马上处理。

☞ **300. 怎样防止冷却水管系统的泄漏？**

**答：**（1）冷却系统的管子在安装前或大修后，必须经过水压试验，要达到合格。

（2）水管系统上的阀门、管件等均需进行严密度试验和强度试验。

（3）整个冷却水管系统必须进行全系统的通水试验，并对所发现的渗漏缺陷(在焊缝、垫圈、衬垫、阀门等处)进行修理。

☞ **301. 怎样防止冷却水管件及冷却水管的冻裂？**

**答：**（1）压缩机室内温度应保持在+5℃以上，零度以下的低温会造成水管件冻裂损坏。这在新建厂房或没有采暖设施的压缩机室内是很容易发生的故障。因此，温度在0℃以下时，需将不开车的压缩机冷却水全部放掉，以防止结冰，造成冻裂事故。

（2）对不能放水的管道要加上保温层，或埋入足够深的地下，或让水不停顿地循环流通，这些方法都可以防止冻裂。

☞ **302. 压缩机出口气温过高的原因是什么？**

**答：**通常压缩机的出口气温不得高于140~160℃，否则表明冷却水系统的工作不正常(出口气阀和活塞环漏气除外)。这一点可以从各级气缸的出口测温计上检查出来。当气温过高时，气缸壁和气缸盖的温度也随之增高，并将破坏活塞组件的正常润滑，还容易在气阀上形成积炭和使活塞环在活塞槽内烧损或卡塞，从而造成一系列事故。因此，当发现压缩机出口气温高时，要及时查明原因加以排除。其主要原因是：

（1）供水不足：冷却水供应不足将造成冷却效果不良。一般回水温度高于 35~40℃时，就表明冷却水的供应不足。

各级气缸冷却水的温升一般不超过 10~15℃。

中间冷却器的耗水量约为供给气缸冷却水量的 110%~120%。

如果查明压缩机气温过高是供水不足引起的，则用增加冷却水量的方法就可以降低出口气温和相应气缸腔体的温度。

当所供的冷却水温较高时，用增加冷却水量的方法效果不好。这时最好采取降低水温的措施（包括供给新鲜冷水），将加热的回水排走，或经过降温后（冷却水池、淋水塔等）再循环使用。

（2）水垢影响：在压缩机的运转过程中，气缸冷却表面上逐渐聚积着从冷却水中沉淀下来的沉淀物，这就是通常所称的水垢。水垢妨碍传热，降低冷却效率，并使被压缩气体的温度和其单位电能消耗量急剧增高，在严重时还有可能引起压缩机的过热爆裂事故，水垢增多的速度取决于冷却水的质量和温度。因为水垢的形成是由于水中含有可溶解的盐类和悬浮的机械杂质。当水被加热时，即以沉淀物的形式聚积贴附在冷却水套腔壁上，随着时间的增加而逐渐形成水垢层。因此，必须定期地检查水垢的厚度，其厚度一般不应超过 2mm。

当发现冷却效率降低时，应打开气缸上的检查孔检查水垢的形成情况。清除水垢的方法：用化学清洗法除去水垢。将水从压缩机的气缸水套中放出，然后灌入含 25%盐酸的水溶液（即 1g 盐酸加入 4g 水）或者苛性钠溶液（100g 苏打加入 1m³ 水），按照水垢的厚度和硬度不同，保持 12~24h 之久。在此期间应注意敞开一个孔口，以便放出盐酸和金属相互作用产生的氢气，并要禁止明火接近此口，以防爆炸。

如能使用酸（碱）液泵送上述液体进行循环清洗，则效果更好。如果清洗后，压缩机要长期停止运转，则应以苏打溶液清洗冷却水套（0.5kg 苏打加入 12m³ 水），以中和残余的盐酸。

如果因机件较大，除垢确实有困难时，也可用机械的方法。

例如，用刷子、刮刀等工具进行清理。

总之，最根本的办法还是使用具有较好水质的冷却水，以避免产生过多的水垢。合适的冷却水技术指标见表 10-4 和表 10-5。

表 10-4　合适的冷却水技术指标

| 指标说明 | 有机质 | 悬浮机械杂质 | 硬度 | 含油量 | 性反应 |
|---|---|---|---|---|---|
| 不超过量 | 25mg/L | 25mg/L | 10° | 5mg/L | 中性 |
| 改善方法 | 沉淀和过滤净化或化学软化 | | | 回收脱油 | 中和 |

表 10-5　用磷酸钠来软化水质硬度的合理用量

| 水的硬度 | 1m³ 水中加磷酸钠克数 | 水的硬度 | 1m³ 水中加磷酸钠克数 |
|---|---|---|---|
| 8°以下 | 0.5 | 16°以下 | 1.5~2.0 |
| 9°~16° | 1.0 | | |

注：水硬度 1°相当于 1L 水中含有 10mg 的石灰量。

### ☞ 303. 气缸冷却水套的作用是什么?

答：主要是供给冷却水带走压缩过程中产生的热量，改善气缸壁面的润滑条件和气阀的工作条件，并使气缸壁温度均匀，减少气缸变形。

### ☞ 304. 为什么往复机的气缸冷却水的进口温度必须高于工艺气的入口温度?

答：这是为了防止工艺气中的某些组分因受到冷却水的冷却而冷凝，以致影响压缩机的正常运行。

### ☞ 305. 在往复式压缩机的开车、停车之初为何要适当减少气缸的冷却水量?

答：在开车、停车之初适当减少气缸的冷却水量，可以避免气缸缸套在骤冷骤热下产生过大的温度应力而损坏。

### ☞ 306. 压缩机在运转中必须注意哪些事项?

答：为了使机器在完好状态下连续运转，必须检查机器各部件有无异常现象，经常注意各部位情况。

（1）各级吸排气压力是否异常。如果各级压力正常，则压缩机的运转正常；如果压缩机系统异常，压力发生变化时，温度也产生变化。所以应该认真考虑它们的相互联系来判断异常部位。

（2）各级吸排气温度是否异常。如上所述，必须与压力同样注意。此外这也将影响冷却器冷却情况的变化及气体温度，因此需要从多方面预以注意。

（3）油泵系统是否异常。主要指油压、油的流动是否畅通，油泵运转情况及漏泄等。

（4）轴承温度是否异常。

（5）往复运动部件是否有敲击声。因为压缩机是往复运动的，所以轻微敲击声是不可避免的，但声音过大时，则可认为是异常现象。要判断往复运动部件的异常声音是比较困难的，必须依次检查，尽力发现问题，

（6）填料是否有泄漏情况。

（7）各级吸排气阀工作是否正常。

（8）气缸注油器工作是否可靠。

（9）是否有从法兰盘连接处漏气、漏水、漏油情况。

（10）冷却水流量和温度是否异常，是否混有气泡。

（11）放泄阀工作是否可靠。

（12）冷凝水排出量及颜色是否异常。活塞环异常磨损会促使冷凝水变黑。

（13）安全阀、旁通阀是否泄漏。

（14）是否有振动较大的地方，如果发现振动大的地方，应查明原因，进行处理。振动增加可导致机器的破损，必须注意。

（15）冷却器是否异常振动及有无异常声音。

（16）电动机的电压、电流、功率、温度等是否异常。

☞ **307. 压缩机停车时应注意事项有哪些？**

**答**：运行中的压缩机要停车时，应该考虑机器不受损失，并

在下一次运行以前使机器保持良好的状态。

（1）依次打开旁通阀降低压力。因为停车时需要降低压力使之处于无负荷状态，从低压级开始，边检查压力平衡情况，边依次打开旁通阀。

（2）打开放泄阀。如果剩有冷凝水容易生锈，最好在尚有一点压力时使放泄阀全开。

（3）电动机停止转动，排气管上阀门全闭。最后一级压力管路没有逆止阀或逆止阀发生异常现象时，必须注意开闭最后一级旁通阀及排气阀门，避免产生过压缩现象。

（4）排气阀门全闭。在压力降到接近大气压后，全闭吸气阀门。

（5）润滑油泵停开。

（6）主送水阀门全闭，必要时将机器内部冷凝水排出。短时间停车时不需要特殊处理，可以暂时搁置不动。即使是停开时，如果能很好地留意异常音响及压力、温度、振动等变化，也有助于保养工作。

压缩机长期停车不使用时，应注意防锈，以空负荷运转方法全部排出各种冷凝液，充入干燥氮气以防止吸排气管路锈蚀。每隔 10 天做一次 10~30min 的盘车运转，对轴承等滑动部分防锈是一种好的方法，当然也必须排出气缸冷却器中的冷却水。

☞ **308. 怎样做好压缩机的日常维护？**

**答**：在正常情况下，除了看仪表和留意一些外表情况外，我们还可用听和摸的方法进行检查。但这种判断方法必须靠实践经验，所以需要不断摸索和实践才能判断准确。用看的方法，可以从仪表和外表现象的变化中直接看出来，比较容易。一般可从压力计、温度计、冷却水、注油量等看出问题。听、摸是检查内部毛病的有效方法。例如，运转中的敲击、轴瓦松动、十字头销子的松动、气阀片的运动等，均可用听的方法来判断。手摸可以觉察设备的温度变化和振动变化。

要正确地判断压缩机运转情况，一般应将看、听、摸三者结合起来。例如，一般进口阀漏气，我们可以看到压力下降，听到气阀运动中出现异声，同时也可以摸到气阀盖的温度升高。

其次，经常保持压缩机的清洁也是维护中非常重要的环节。因为灰尘和杂物不但污染润滑油，而且还会增加机件的磨损和腐蚀，因此要经常做好设备的清洁卫生工作。

日常操作的注意事项如下：

（1）各级的温度和压力。

① 在正常运转中各级压力突然升高时，必须立即用旁路阀调节，如无法调节时需停车处理。

② 在正常运转中进口温度升高时，必须立即调节冷却水水量，防止进口温度过高影响气量。

（2）压缩机各部件、零件。

① 正常运转中如突然出现撞击声时，应迅速切断压缩机电源进行紧急停车，否则影响就会扩大，严重时可能造成整台机器损坏。

② 严格防止液体带入气缸，造成气缸内液击而损坏机器。

③ 压缩机在断水之后，不能立即通入冷水，避免因冷热不均出现气缸裂纹。

④ 压缩机在冬季停车后，应放掉气缸夹套中的存水，避免气缸冻裂。

⑤ 随时仔细检查设备及管线的法兰接合处，不准有泄漏、振动及互相摩擦等情况。

⑥ 经常注意机座螺丝是否松动，以防损坏基础。

⑦ 开关阀门要缓慢，不要用力过猛使阀门损坏。并且不要开得太足，关得太死。记好各阀门开关的圈数。

⑧ 各种零星配件，如气门、各种铝垫、止逆阀、注油器及专用工具等，必须有专人负责保管。

（3）润滑情况。

① 在正常运转中注意注油器的滴油情况，如发现注油器冒油必须及时修理。对止逆阀的漏气检查，可用手摸止逆阀后面的紫铜管温度，因为气缸内气体温度较高，如果漏气，紫铜管温度就会升高。

② 润滑油的压力过低时，也会影响机件的润滑，这时应停车清洗润滑油系统和过滤器。

③ 对新修好的压缩机特别要注意循环油的温度，温度升高时不要轻易开大冷却水量，先要找原因。当部件太紧而发热时（特别是个别轴瓦发热），如果加大冷却水量，情况就不易被发现，从而引起轴瓦损坏。

④ 必须保持润滑油的清洁，防止机件损坏，否则影响生产造成损失。

⑤ 油分离器排油时，要注意集油器的压力，切勿粗心大意，否则会造成集油器爆炸。

（4）安全。

① 压缩机需要动火时，应严格执行动火制度，并进行空气置换和安全分析。

② 电动机皮带传动部分，一定要装上牢固的防护罩，并且接上地线。

③ 修理压缩机时所用的照明灯，一定要用低压安全照明灯。

④ 不准在压缩机及设备周围堆放易燃品。

☞ **309. 压缩机的验收标准有哪些？**

**答**：（1）运转正常，性能良好。

① 压缩机出力达到铭牌出力或能量。

② 压力润滑和注油系统完整，油路畅通。油质、油位、油压、油温、油品、注油量和换油时间，均能符合操作法规定。

③ 主轴承、曲轴箱、十字头、滑道、气缸等部位，运转中无异常响声。机体振幅规定数值不超过表 10-6 规定，辅机和管

道无明显振动现象。

④ 压缩机指控指标(温度、压力等)均符合规定要求，其超标率小于 2‰。

⑤ 填料轴封无严重泄漏。

表 10-6  机体振幅规定数值

| 转数/(r/min) | 最大振幅值/mm | 转数/(r/min) | 最大振幅值/mm |
| --- | --- | --- | --- |
| <200 | <0.20 | >400 | <0.10 |
| 200~400 | <0.15 | | |

（2）内部机体无损、无内漏、质量符合要求。

① 各部零件无严重缺陷，材质选用正确。

② 气缸轴瓦、气阀等安装配合磨损极限及严密性均符合检修质量标准。

（3）主辅机整洁、零件齐全好用。

① 安全阀、压力表、温度计、联锁等信号齐全、灵敏准确。

② 主辅机零件完整好用，各部螺丝应满扣、齐全、紧固。

③ 润滑、冷却、气体系统的设备、管线、阀门等静密封点的泄漏率小于 2‰。

④ 机体整洁，油漆完整，基础、地面无损及无油浸现象。

（4）设备档案齐全准确。

☞ **310. 压缩机的完好标准都包括哪些内容？**

答：（1）运转正常、效果良好。

① 设备出力能满足正常生产需要，或达到铭牌能力的 90% 以上。

② 压力润滑和注油系统完整好用，注油部位(轴承、十字头、气缸等处)油路畅通。油压、油位、润滑油选用均符合规定。

③ 运转平稳无杂音，机体振动符合颁布的 SY—21009—73 规程规定。

④ 运转参数(温度、压力)符合规定。各部轴承、十字头等温度正常。

⑤ 轴封无严重泄漏。如系有害气体，应立即采取措施排除泄漏。

（2）内部机件无损、质量符合要求。各零部件的材质选用、磨损极限以及严密性，均符合颁布的 SY-21009—73 规程规定。

（3）主体整洁、零附件齐全好用。

① 安全阀、压力表、温度计、自动调压系统应定期校验，灵敏准确。安全护罩、对轮螺钉、锁片等齐全好用。

② 主体完整、安全销等齐全牢固。

③ 基础、机座坚固完整，地脚螺栓和各部螺丝应满扣、齐整、紧固。

④ 进出口阀门及润滑、冷却管线安装合理，横平竖直，不堵不漏。

⑤ 机体整洁，油漆完整，符合颁布的 SY-21009—73 规程规定。

（4）技术资料齐全准确、应具有：

① 设备履历卡片。

② 检修及验收记录。

③ 运行及缺陷记录。

④ 易损件图纸。

☞ **311. 电动机有异音的原因是什么？**

答：（1）超负荷运行。要找电气维修人员检查排除。

（2）旋转部分接触。要找电气维修人员检修接触部位。

☞ **312. 压缩机与电动机对轮同心度不允许超过多少？**

答：轴心差不大于 0.04mm。径向差不大于 0.06mm。

# 第十一章　仪表自动控制及安全联锁部分

☞　**1. 制氢装置仪表控制回路比较特殊的有哪几种?**

　　**答:** 制氢装置控制回路较多,比较特殊的重要控制回路有:转化炉出口温度调节、汽包三冲量调节。

☞　**2. PSA 提纯法的制氢转化炉温度控制回路的构成是什么?**

　　**答:** PSA 法的转化炉有两种燃料,分别是 PSA 的脱附气(主燃料)和系统燃料气(副燃料)。

　　转化炉温度根据转化炉膛温度的变化情况进行调节。但一般转化炉同时设有转化气出口温度调节回路(见图 11-1 中 TC 转化气),但用它调节转化炉温度时,后滞较严重,一般较少使用。炉膛温度信号通过切换开关,同时进入 TC****A 及 TC****B(图 11-1 中方框表示位号,下同)。使燃料系统在不同的情况下,可采用不同的控制回路。

　　① 开停工期间,以炼厂燃料气作燃料。装置开停工时,转化炉使用燃料气(副燃料)作燃料。此时燃料气流控 FC****1 (或压控)与转化炉对流段入口温控 TC****A 组成的串级控制回路控制转化炉炉温。

　　② 正常生产期间以 PSA 脱附气作主燃料,以燃料气作副燃料。PSA 运行以后,转化炉燃料投用脱附气作主燃料,脱附气流量可通过流控 FC****3 投自动进行控制,其燃料热值不足部分,可通过燃料气流控 FC****2(或压控)补充燃料气来提供。采用燃料气流控 FC****2(或压控)与转化炉膛温度 TC****B 串级控制。如图 11-1 所示。

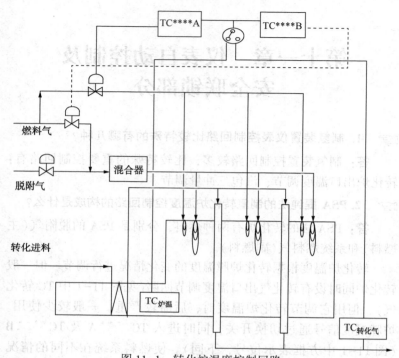

图 11-1　转化炉温度控制回路

注：图的大小火嘴分开画，但实际是小火嘴置于大火嘴中间

☞　**3. 苯菲尔法净化的转化炉温度控制方式是什么？**

　　**答：** 一般为上述第①种情况，只有一种炼厂燃料气。

☞　**4. 汽包给水三冲量控制回路的构成是什么？**

　　**答：** 汽包水位调节系统的主要任务是使给水量与锅炉蒸发量保持平衡，并保持汽包水位在规定的范围内，汽包操作中液位是最主要的控制指标。卧式汽包的横截面积变化很大，液位下降非常快，特别是在低液位时，一般调节系统往往跟踪不上。另外，当蒸汽输出量增大时，汽包内压力将会短时间下降，在汽水交界处产生汽液混合层，会使液面虚假上升。如果只根据液位调节给水量，将会造成给水量根据虚假液位错误地减少，使液位下降更快。要保持液位稳定，必须使给水量与汽包发汽量相一致。因此，由于锅炉的受控变量为汽包水位，操纵变量是给水流量，需采用一套三冲量调节系统，来维持汽包液位的稳定。该控制回路的三冲量分别为：汽包液位、给水流量、蒸汽流量。在DCS系统中，当汽包液位投自动控制时，三冲量调节回路先对汽包液位的变化进行PID调节运算，将信号送入加法器，然后再加上给水流量的变化，最后再减去蒸汽流量经过温压补偿后的变化，把加法器最后的计算结果，送给最终的液位控制阀输出，来调节进水控制阀的阀位，从而达到控稳汽包液位的目的；给水流量和蒸汽流量则采用单独的PID调节，以保持给水流量和蒸汽流量的稳定。三冲量控制实际上是前馈蒸汽流量和串级控制组成的复合控制系统，其系统如图11-2所示。

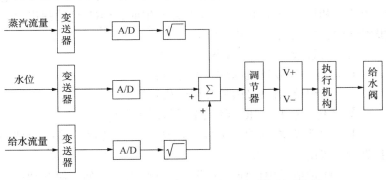

图11-2　DCS系统中汽包液位三冲量控制系统图

**☞　5. 安全联锁设置的重要性和原则是什么?**

**答**：生产过程中，有时由于一些偶然因素的影响，导致工艺参数超出允许的变化范围而出现不正常情况时，就有可能引起事故。为此，常对某些关键性参数设有自动信号联锁保护装置。当工艺参数超过了允许范围，在事故即将发生以前，信号系统就自动地发出声光信号警报，告诫操作人员注意并及时采取措施。如工况已到达危险状态，联锁系统立即自动采取紧急措施，打开安全阀或切断某些通路，必要时紧急停车，以防止事故的发生和扩大。它是生产过程中的一种安全装置。例如某反应器的反应温度超过了允许极限值，自动信号系统就会发出声光信号，报警给工艺操作人员及时采取措施，防止发生事故。由于生产过程的强化，往往单靠操作人员处理事故已成为不可能。因为在一个强化的生产过程中，事故常常会在几秒钟内发生，由操作人员直接处理根本来不及，而自动联锁保护系统可以圆满地解决这类问题。如当反应器的温度或压力进入危险限时，联锁系统可立即采取应急措施，加大冷却剂量或关闭进料阀门，减缓或停止反应，从而避免引起爆炸等生产事故。

☞ **6. ESD 系统动作的条件、结果及处理的方法是什么？**

**答**：某制氢装置的自保系统(ESD)总共分成五个子系统，它们的功能和作用叙述如下(当有报警发生时，CRT 自动弹出显示报警画面，并发出声光报警)。

（1）装置级自保联锁系统。

① 运行中的鼓风机因故发生停机；

② 运行中的引风机因故发生停机；

③ 转化炉燃料气压力降低至低低限报警值；

④ 由于装置内其他部分发生问题，需要转化炉停炉处理而手动按下转化炉停炉按钮。

以上四种情况中任何一种发生，都将引起下列自保阀动作：

a. 停原料预热炉。

（a）原料预热炉原料气切断阀关；

（b）原料预热炉燃料气切断阀关。

b. 停转化炉。

（a）进转化炉主燃料气切断阀关；

（b）进转化炉副燃料气切断阀关；

（c）进转化炉蒸气切断阀延时若干分钟关闭；

（d）进转化炉原料气切断阀关。

c. 原料油泵停泵。

d. 干气压缩机停机。

如果以上引起装置自保联锁系统启动的信号恢复正常，经人工判断需重新进料恢复生产，则分别按下引发自保的信号复位按钮，各自保阀将自动复位，然后再按正常开工步骤恢复生产。

如果以上所述引起装置自保联锁系统启动从而造成紧急停工的信号，只是由于仪表的故障而使个别信号未恢复正常，经人工判断可以维持正常生产，或者是在装置正常运行中，为避免由于仪表维修或假信号而引起不必要的停工，经公司或厂主管领导同意后，办理有关联锁摘除或取消手续，也可以使用自保旁路按钮切除所有可引起自保联锁启动的信号来源，避免自保阀误动作。

**警告：无论是何种情况造成装置级自保启动，操作人员都必须立即关闭预热炉和转化炉燃料气手阀。**

（2）PSA 联锁自保系统。

① PSA 外部自保联锁系统如果有以下情况发生：

a. 运行中的 PSA 因故发生停车；

b. 第五分水罐液位升高至高高限报警值；

c. 第五分水罐出口低变气温度升高至高高限报警值；

d. PSA 内部联锁系统中进料低变气温度升高至高高限报警值。

以上所述四种情况中任何一种情况发生，都将引起下列自保阀动作：

（a）低变气出装置切断阀关；

（b）低变气放空切断阀开。

如果以上所述引起自保联锁系统启动造成中断供氢的信号，只是由于仪表的故障而使信号未恢复正常，经人工判断可以维持正常生产，或者是在装置正常运行中，为避免由于仪表维修或假信号而引起不必要的停工，经公司或厂主管领导同意后，办理有关联锁摘除或取消手续，可以使用自保旁路按钮，切除引起自保联锁启动的所有信号来源，避免自保阀误动作。

（3）干气压缩机自保联锁系统。

① 如果润滑油油压降低并低于给定报警值，则润滑油辅助油泵便会立即自启动（油泵现场开关必须处于自动位置），并且 ESD 操作面板上与之相应的运行状态指示灯发亮；

② 如果润滑油油压升高并高于给定报警值，则 ESD 操作面板上与之相应的运行状态指示灯发亮报警；当润滑油压力恢复正常或高限报警，则手动按下停泵按钮（油泵现场开关必须处于自动位置），润滑油辅助油泵停止运转，并且 ESD 操作面板上与之相应的运行状态指示灯熄灭；

③ 如果油池油温升高并高于给定报警值，则油箱电加热器停止加热；

④ 如果油池油温降低并低于给定报警值，则油箱电加热器启动加热；

⑤ 如果润滑油温升高并高于给定报警值，则油箱电加热器停止加热；

⑥ 如果注油器油温降低并低于给定报警值，则油箱电加热器启动加热；

⑦ 如果注油泵电机启动，则 ESD 操作面板上与之相应的运行状态指示灯发亮，否则熄灭。

启动干气压缩机，必须满足下列条件：

① 润滑油压力正常；

② 注油器温度正常；

③ 控制管路内仪表风压力正常；

④ 干气压缩机盘车机构脱开。

**警告：以上开车条件必须全部满足后，再手动按下"允许开车确认按钮"才可以按照开车步骤启动干气压缩机。**

干气压缩机正处于运行状态，如果发生下列情况：

① 装置级联锁启动。

② 润滑油总管油压降低并低于给定低低报警值，即"三支"测压计中的"两支"小于或等于低低报警值。

③ 由于压缩机机体出现问题等特殊情况，需要紧急处理而手动将"至电气主电机"三位开关打至"切断"，将干气压缩机联锁停车。

**警告：以上几种情况中，无论何种情况发生，都将导致正在运行的干气压缩机主电机停运。**

如果以上所述引起停主电机联锁系统启动的信号恢复正常后，经人工判断需重新启动恢复生产，则按下信号复位按钮，同时自保解除，然后按正常开车步骤恢复生产。在装置正常运行中，为避免由于仪表维修或假信号而引起不必要的停机联锁，可在公司或厂主管领导同意后，办理有关联锁摘除或取消手续，按下"旁路按钮"以切除所有会引起联锁停机的信号。

（4）超压放空系统。

① 当系统压力高于设定值时，超压联锁阀自动打开；当系统压力低于设定值时，超压联锁阀自动关闭。

② 当系统压力超高而尚未达到设定值时或工艺需要打开联锁阀时，可手动打开按钮，等压力泄尽后手动关闭。

☞ **7. 废热锅炉蒸汽发生器中心控制阀的操作过程是什么？**

**答：**（1）气路流程如图 11-3 所示。

（2）仪表工作原理。DCS 中阀门的输出信号（4~20mA）进入电气转换器，被转换为风压信号（0.02~0.1MPa）后，进入定位器。定位器根据该信号值与现场阀位开度作比较，然后输出一个偏差值 $e$，作为指挥阀的输入信号。指挥阀根据给定信号，调整气缸两侧的进气量，从而起到控制阀门的作用。

（3）控制阀的控制原理。蒸汽发生器管程是由一条中心管和许多小管组成的，中变入口温控阀属于中心控制阀，其作用方式为风开式。它通过调整中心管的开度，即调整工艺流体与锅炉水的换热面积来调节中变入口温度。在投自动控制的情况下，当中变入口温度升高时，控制回路自动关小中心管的开度，减少中心管工艺流体的流通量，以降低温度；当中变入口温度降低时，控制回路自动开大中心管的开度，加大中心管工艺流体的流通量，以提高温度。

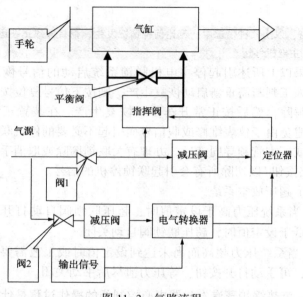

图 11-3　气路流程

（4）控制阀的操作。正常情况下控制回路在 DCS 上投自动操作；在系统压力波动、转化炉温波动时，为控稳中变入口温度，应将控制回路在 DCS 上投手动操作。当控制回路出现故障，内操无法控制时，应在现场将控制阀投手动控制，其操作方法如下：

① 将现场控制阀切换手柄打至"手动"，然后打开平衡阀，让两侧气缸压力平衡，通过操作手轮调整中变入口温度。

② 联系仪表工处理控制回路。

③ 当故障处理好后，内操给出阀位信号，通过现场的风压

值判断控制阀是否动作正常。

确认控制回路好用后，重新投用控制阀时，应按以下操作方法：

① 内操手动给出控制阀的正常操作下的阀位值，同时在现场调节手轮，使阀门开度基本与内操一致。

② 在现场将切换手柄打回"自动"，同时关闭平衡阀。

③ 内操手动控稳温度后，将控制回路投自动。

# 第十二章 事故处理部分

☞ **1. 处理紧急事故的原则是什么?**

**答:** 装置在任何时侯都可能发生事故。很明显要提出一种适用于所有事故的详细方法是不可能的。对装置的熟悉以及对流程的充分理解,是操作者安全有效地处理任何事故的最好保证。但在任何事故面前,其处理方法必须遵循下列原则。

(1) 坚持"安全第一,预防为主"的原则,尽可能把事故消灭在萌芽状态。

(2) 事故发生后要立即查明原因,果断地采取有效措施处理,避免拖延时间导致事故的扩大。

(3) 处理事故时所采取的措施不应对人身或装置带来危害。

(4) 所采取的措施能维持生产的则应维持,不能维持生产的,应尽可能使事故后的恢复更加方便和快捷,避免措施过当,造成不必要的损失和耽误。

(5) 所采取的措施应使设备和催化剂处于安全状态。

☞ **2. 什么是装置的紧急停工?**

**答:** 紧急停工(也称紧急停车)是指装置的安全运行受到了威胁,必须在最短的时间内停下,避免衍生或扩大事故的停工方法。

装置出现下列严重失常,必须紧急停工。

(1) 工艺参数异常引起装置联锁停车,且在短时间内无法恢复时;

(2) 装置发生泄漏着火、爆炸等危及装置安全运行的险情时;

412

（3）装置发生停电、停燃料、停净化风、停除盐水等事故，无法维持装置安全生产；

（4）发生突如其来的自然灾害（如地震、飓风等），装置继续运行存在较大风险时。

☞ **3. 紧急停工处理步骤是什么？**

**答**：紧急停工时首先要保证人员及设备的安全，原则性处理步骤如下：

（1）需要紧急停工时，必须立即报告车间及厂生产管理部门。

（2）立即通知相关的上下游装置。

（3）班长协调指挥相关岗位，将装置安全停下。

（4）停工时必须遵循先重点、后次要的原则。先将事故点或重要的控制点处理好，再处理其他系统。

（5）转化系统尽可能维持气体流动以保护催化剂，便于事故后恢复生产。

（6）采取必要的措施，以保护停工过程中人员、环境、设备和催化剂的安全。

☞ **4. 联锁停车的原因有哪些？**

**答**：联锁停车即自动紧急停车。由于各制氢装置的工艺流程不同，各装置的联锁停车的内容也不尽相同，一般来说引起装置联锁停车的原因有以下几种：

（1）转化炉鼓风机停运鼓风机停后，无空气补入转化炉燃烧，炉膛短时内便会积聚大量的燃料气，当燃料气流动到空气充足的地方又会继续燃烧，严重时会发生爆炸事故，可造成设备或人员的极大损害，必须联锁停车。

（2）转化炉烟道风机停运。烟道风机停后，转化炉通风不畅，炉膛内高温烟气及燃料气积聚而出现正压，燃料窜出炉子燃烧或爆燃，对设备或人员造成极大损害，必须联锁停车。

（3）燃料中断。燃料中断，加热炉及转化炉温度低，原料气在脱硫系统达不到相应的净化要求，超标原料进入转化炉，会造成转化、低变、甲烷化等催化剂中毒或损坏，转化炉温度低也会使烃类穿透，造成炉管下部催化剂结炭，必须联锁停车。

（4）余热锅炉系统汽包干锅。汽包如果干锅，此时向汽包进水，水被高温的锅炉系统瞬间蒸发，体积便会增大，导致汽包系统压力猛升，致使设备不堪重负而发生爆炸或变形损坏，同时进水的水温与汽包系统的温差过大也会造成设备的应力损坏，必须联锁停车。

（5）手动停炉按钮。装置发生其他紧急情况需要停车时，按动手动停车按钮，将装置停下。

制氢装置使用 PSA 工艺净化产品时，PSA 系统自带有联锁停车设施，一般是独立的。PSA 系统联锁停车，不会造成造气系统联锁停车。

☞ **5. 加氢脱硫系统紧急停车如何处理?**

**答:** 加氢脱硫系统承担着原料净化的任务，为了保护设备及后续工序的催化剂，该系统紧急停工后，原料切断阀及燃料切断阀关闭，原料气压缩机及石脑油泵停运，为了确保系统安全平稳停运，需作如下操作:

（1）关闭本系统与转化系统的连通阀，防止不合格原料进入转化系统，损坏后续工序的催化剂。

（2）关闭加热炉进料的调节阀及上下游阀，防止事故阀关不严、内漏。

（3）关闭加热炉燃料管路调节阀及上下游阀，防止燃料内漏，造成炉子干烧，视情况可保持少量长明灯。

（4）关闭原料压缩机的出口阀，防止系统倒窜。

（5）关闭石脑油泵的出口阀，防止系统倒窜。

（6）改好脱硫系统开工流程，投用开工冷却器，将脱硫气往火炬系统泄压，控制泄压速度不大于 0.3MPa/min，防止泄压过快会造成设备及催化剂的损坏。

（7）系统压力泄至微正压时，在加热炉入口充入氮气，置换反应器床层及管路的油气。充压时注意控制脱硫系统压力要低于转化系统压力，防止脱硫气串入转化系统损坏转化催化剂。

（8）脱硫系统置换合格后，充氮至0.5MPa保压，情况允许时建立氮气循环。

☞ **6. 转化中低变系统紧急停车如何处理？**

**答**：转化中低变系统紧急停工后，其原料切断阀、燃料切断阀（用PSA工艺的，分主、副燃料）关闭，入炉蒸汽切断阀延时10~20min关闭（各装置设定不同）。为了保证装置安全停下，防止衍生其他事故，主要操作步骤如下：

（1）关闭转化炉进料调节阀及上下游阀，防止事故阀内漏。因烃类在条件未具备的情况下进入转化炉，会损坏转化催化剂。

（2）关闭主、副燃料的调节阀及上下游阀，防止燃料入炉干烧，损坏炉管及催化剂。

（3）关闭低变气至PSA系统的阀门，防止不合格的原料气进入PSA系统（大量不合格原料气进入PSA系统，会损坏PSA的阀门及吸附剂）。将PSA停车，然后关闭PSA系统的产品及废气隔离阀，打开安全阀副线放空泄压，卸至微正压时充氮置换，置换合格后充氮至0.5MPa保压。

（4）打开转化中低变系统的压控阀旁通，将系统内的油气泄往火炬系统。控制泄压速度不大于0.3MPa/min，防止泄压过快损坏催化剂及设备。泄压的同时在转化炉入口充入大量的高压氮气，吹扫、置换转化中低变床层油气，防止油气残留，导致转化催化剂结炭。

（5）控稳系统内汽包液位，防止出现满水或干锅事故；控稳汽包压力，防止压力过高或过低，导致设备损坏或转化配汽中断。

（6）控制入炉配汽量在正常值的30%~50%，多余的蒸汽并网或放空，当转化炉入口温度降至催化剂水解温度之前，如果蒸汽事故阀未关闭，则关闭配汽阀管路的截止阀，切断入炉蒸汽，防止低温蒸汽进入转化炉，造成转化催化剂水解。自产蒸汽达标时全部改并网，不达标时全部改放空。

（7）低变反应器入口温度低于露点温度之前，切出低变反应器，防止蒸汽在催化剂表面冷凝，造成催化剂粉化或生成碱式碳酸铜，损坏催化剂。低变反应器切除后，及时放空泄压，卸至微正压时充氮置换 3 次，然后充氮至比转化系统压力高 0.1～0.2MPa，保压。

（8）停工过程中，如果转化炉的鼓风机及烟道风机尚能运转，要加大通风量，保证炉子的降温速度，当炉膛热点温度低于环境温度加 40℃时，可以停下鼓风机和通风机。若风机不能运转，要全开所有风门及看火窗，加快空气对流，让炉子自然降温。

（9）控制好分水罐及其他设备的液位在正常指标范围。

☞ **7. 事故状态下的紧急停车是如何进行的?**

**答**：本题所述的事故状态，主要指装置发生泄漏、着火、爆炸等事故，不包括"四停"事故和操作参数异常而引发的联锁停车事故。若装置发生泄漏、着火、爆炸等事故时，针对不同的情况，处理的方法也不相同。

（1）事故发生在脱硫系统，且不可控制，但不会危及转化系统的安全运行时，应尽可能维持转化系统的运转，因为转化系统停车后再开起来所需的时间较长，费用也较大，为了便于事故后的恢复，应按如下步骤处理：

① 迅速查明事故的原因，立即向车间及厂生产管理部门汇报，通知消防队及其他相关单位。

② 通知上下游装置及相关岗位，停止供氢，做好事故处理的准备。

③ 脱硫系统加热炉熄火，停止脱硫系统的所有进料，改好

416

脱硫系统开工流程，关闭脱硫系统至转化系统的联通阀，脱硫气经开工冷却器冷却后排往火炬系统。这种泄压方法较在脱硫系统反应器安全阀副线泄压更易操作和控制，同时也更能保证操作人员和火炬系统的安全。

④ 改好转化系统循环流程，建立转化系统氢气循环（在开压缩机循环前，机系统及相关的管线要置换干净，防止未经净化的气体进入转化炉而损坏催化剂。设备及管线置换的氢源可用自产氢或干净的系统氢）。转化炉配汽量保持在正常值的 30% 左右，维持水氢比在 3~7，在低变反应器入口温度低于露点温度之前将低变切出，以免低变催化剂遇水损坏，低变切出后单独置换保压。

⑤ 一旦出现高温、高压氢气的泄漏着火的火情，应采取以下措施：

a. 立即降低系统压力，以减少氢气的泄漏量。

b. 消防车在现场就位，准备好消防蒸汽、干粉灭火机和灭火器。一旦氢气泄漏量减少，火势减小，即可对火源处实施掩护。泄漏量较大或漏点压力较高时，不允许灭火，以防发生气体空间爆炸。对泄漏着火的部位用蒸汽掩护，不要轻易扑灭泄漏点的火源，让泄漏出来的气体燃烧更有利于安全。不能使用二氧化碳和高压水等具有冷却作用的灭火剂来扑救高温、高压临氢设备和管道泄漏引起的火灾。因为高温部位的一些密封面可能会因不同的材质在急剧降温时收缩程度不同而引发泄漏，使火情加重，甚至酿成灾难性后果。高压水在救火过程中仅限于用来保护其他冷态的设备，以减少火源产生的热辐射对它们的影响。

c. 确认火被扑灭后，根据损坏程度进行堵漏和修复工作。临氢系统按升压试漏要求确认合格后，方可恢复生产。

⑥ 脱硫系统压力下降后，迅速从加热炉入口补入大量高压氮，稀释漏点的可燃气体，驱赶系统内的油气至火炬系统，将系统的可燃气体排放干净，尽快消灭事故。

⑦ 火焰熄灭后，将脱硫系统置换合格，加盲板隔绝，为检修和开工做好准备。

如果设备损坏严重，检修所需时间较长，将转化系统按正常停工步骤停车。

（2）泄漏着火点发生在转化入口至低变反应器出口阀前、且不可控制时，按如下步骤处理：

① 迅速查明事故原因，立即向车间及厂生产管理部门汇报，通知消防及相关的单位。

② 通知上下游装置及相关岗位，停止供氢，做好事故处理的准备。

③ 按下手动停炉按钮，将装置紧急停车，处理过程中与联锁停车的区别有两点：

a. 在设备及催化剂允许的前提下，尽量加快系统的泄压速度。

b. 增大转化炉入口配汽量，以稀释泄漏点的可燃气体。

④ 用蒸汽稀释泄漏的可燃气体，用水保护附近的设备及管线，不要扑灭泄漏点火源，防止泄漏出来的可燃气体未能燃烧而积聚成爆炸混合物，引至更大的危险。专业消防人员赶到后，及时向其介绍相关的情况，协助消防人员处理事故。

⑤ 火焰熄灭后，及时将转化系统置换合格，加盲板隔绝，为检修做好准备。

（3）泄漏、着火点发生在低变出口阀后至PSA，或净化系统入口阀前、且不可控制时的处理：

处理过程与上一条基本相同，但有以下区别：

① 转化中低变系统分为低变出口阀前和低变出口阀后两部分放空。这样处理可以使转化及中低变反应器内的大量物料不经过泄漏着火点，使漏点的可燃物料能更快地泄放干净，降低事故的危险程度。

a. 关闭低变反应器出口阀，改通低变开工线出口至火炬流

418

程，将物料经低变开工线放空。放空时要防止放空系统超压。

b. 低变反应器出口阀后的物料通过造气系统压控阀放空。

② 低变反应器出口阀后的压力低于氮气压力时，打开低变反应器阀后的充氮点向系统充入大量氮气，稀释泄漏点的可燃气体，驱赶系统内的油气。

③ 将转化炉入口的配汽量降至正常值的20%~30%，减轻低变开工线的负荷。

④ 尽量加快转化炉的降温速度，转化入口温度降至 MgO 水解温度，或低变入口温度降至露点温度之前，切除蒸汽，以更有效保护转化催化剂和低变催化剂。

（4）发生严重自然灾害时，应结合当时的设备管线损坏的情况来处理，其处理步骤应结合联锁停车和事故状态的停车来进行。

（5）若某一段管线发生泄漏或着火，不危及装置的安全运行时，则切断该管线的物料来源，在后部泄压，尽量缩小处理范围，使着火点与系统隔开，然后针对具体情况处理，不应贸然停工，造成不必要的损失。

### ☞ 8. 加氢反应器出口硫化氢超高如何处理？

**答：**加氢反应器出口硫化氢超高，是因为装置所用的原料含硫高所致，原料中的硫化氢可以用快速检测管现场检测，而有机硫则要检测人员通过专用仪器测定。如果是进料组分的变化而导致有机硫超标时，操作人员无法通过检测进料中的硫化氢含量来发现。但有机硫在反应器内受热分解为烯烃和硫化氢，烯烃加氢饱和时放出大量的热。有机硫超标时操作人员可以通过反应器床层温升、反应器出口硫化氢含量检测来判断。制氢原料中焦化干气和催化干气的有机硫含量最高，最不稳定，是硫超标的主因；从加氢装置来的干气一般不含有机硫，只含有极少量的无机硫，只有在生产不正常时才会导致无机硫超标；原料油的含硫是最稳定的，所用的油品在使用前已经分析合格，不会导致反应器出口含硫突然超标，当其他参数正常而反应器床层温度异常升高时，主要应查清干气组成，及时处理。

（1）加氢反应器出口硫化氢超高的现象：

① 气体进料波动大。

② 反应器床层温度异常升高。

（2）事故的原因：

① 原料中有机硫含量高。

② 原料中硫化氢含量高。

（3）加氢反应器出口硫化氢超高的处理步骤：

① 发现有反应器床层温度异常升高或反应器出口硫化氢检测超高时，马上对气体原料及反应器出口气体采样分析，判断何种原料硫化氢超标。

② 切除超标原料。

③ 在反应器床层温度不超标的前提下适当提高其入口温度，以提高原料中有机硫的转化深度及脱硫剂的吸硫速度和硫容。

④ 适当提高进料的氢油比，以利于氢解反应的进行。

⑤ 提高干净原料用量，维持稳定的产氢量。

⑥ 如果转化催化剂已经硫中毒，则要降低生产负荷，改用干净原料，加大水碳比进行烧炭脱毒，如无效则要停止进料进行处理

☞ **9. 加氢反应器床层温度超高如何处理？**

**答：** 加氢反应器的操作温度不应大于 420℃，温度过高，会烧坏反应器和催化剂，或会使原料在催化剂表面结焦，降低催化剂的活性。日常生产中，由于原料中烯烃含量超标所造成的温升非常大，进料中含 1%的烯烃就可以造成加氢反应器床层 23℃ 的绝热温升；此外进料中如果含有 $CO+CO_2$ 或 $O_2$，也是产生床层温升的原因，由于 $CO+CO_2$ 在加氢反应器床层会发生甲烷化反应，进料中含 1%的 $CO+CO_2$ 就可造成反应器床层 60～70℃ 的绝

热温升。因为 $O_2$ 与 $H_2$ 在催化剂床层会发生化学反应而放出大量的热，使床层温度迅速升高。制氢原料中焦化干气和催化裂化干气的有机硫及烯烃含量最高，最不稳定，催化裂化干气还含有一定的氧气，使用这两种原料时要特别注意。当其他参数正常而反应器床层温度异常升高时，主要应查清干气组成，及时处理。

（1）事故中可能出现的现象：

① 加氢反应器出、入口温度高。

② 加氢反应器床层温度高。

③ 气体进料波动大。

（2）事故的可能原因：

① 原料中有机硫含量超标，有机硫在反应器内受热分解为烯烃和硫化氢，烯烃加氢饱和时放出大量的热，使反应器床层温度超高。

② 原料中烯烃含量超标。

③ 气体进料中一氧化碳、二氧化碳或氧气含量超标。

④ 进料突然减少使进料温度超标，导致床层温度超高。

⑤ 调节阀故障或热电偶失灵。调节阀故障导致进料温度超标，热电偶失灵使检测失真。

（3）事故处理的步骤：

① 迅速查明事故的原因，根据不同原因采取不同的方法处理。

② 手动降低加氢反应器入口温度至正常值。

③ 如果超温是由于原料杂质超标所致，立即将超标原料予以切除，视情况提高干净原料用量，尽量维持装置产氢量稳定。

④ 如果超温是由于调节阀故障或热电偶失灵所致，联系仪表维修人员处理。

⑤ 采取上述措施后，如果床层温度仍超高、有烧坏设备及催化剂的危险时，则关闭温控阀、切除进料，并在反应器入口充入高压氮置换，直至反应器高点温度降至指标范围内才可恢复生产。

☞ **10. 脱硫气质量不合格如何处理？**

**答**：脱硫气质量不合格，主要指脱硫气中硫含量超标。原料中的硫元素对转化及低变催化剂有极大的危害，脱硫气中含硫超过 $0.2\mu L/L$，将会使转化催化剂中毒，低变进料中含硫超过 $0.2\mu L/L$，对低变催化剂的活性有较大影响。在日常生产中，脱硫气质量不合格一般是指含硫超过 $0.2\mu L/L$。

（1）脱硫气质量不合格时可能出现的现象：

① 脱硫反应器床层出现热点。

② 加氢反应器床层温度高。

③ 脱硫反应器出口气体含硫高。

（2）脱硫气质量不合格的可能原因：

① 原料中有机硫含量或组成超标，超过加氢转化能力和脱硫剂吸收能力。使用焦化干气或催化裂化干气等含有机硫较高的原料时易发生此类事故。

② 原料中硫化氢含量超标，超过脱硫剂吸收能力。供干气装置的脱硫系统不正常时易发生此类事故。

③ 脱硫剂已到使用后期，达到了穿透硫容。

④ 脱硫反应器操作温度低，未能达到最佳的工作温度。脱硫剂的活性温度范围较宽，正常操作时不会发生低温的情况，发生此类事故一般在装置操作不稳时。

⑤ 进料量太大，超过催化剂使用空速。

⑥ 脱硫系统配氢量小，硫转化不完全。

⑦ 分析误差。

（3）脱硫气质量不合格的处理步骤：

① 迅速查明脱硫气超标原因。

② 如果脱硫气不合格是由于原料超标所致，立即将超标原料予以切除。

③ 适当提高脱硫反应器入口温度，以提高脱硫剂的吸硫速度与精度。

④ 控制进料量或配氢量在指标范围，保证硫的转化和吸收。

⑤ 如果操作一切正常，则要校验分析结果。

⑥ 排除上述原因后，脱硫气仍不合格，如果是单反应器使用，就立即停工更换催化剂；如果是双反应器串联使用，当第一反应器硫穿透时，可将第二反应器改为把关使用，将第一反应器的脱硫剂使用到出口总硫接近进口才予以切换；当第一反应器切换下来后，用第二反应器单独操作，直至出现硫穿透时，才将第一反应器新更换的脱硫剂作为"把关"使用，第二反应器继续使用至饱和硫容后再更换脱硫剂。

⑦ 如果脱硫气超标已造成转化催化剂性能下降，要全面分析转化催化剂可能受到的损害。如果转化催化剂只是轻微中毒，则有可能在降低生产负荷并提大水碳比操作的条件下，使催化剂性能得到恢复。若转化催化剂中毒严重，则要根据实际情况，停止装置生产，进行转化催化剂的再生，以恢复催化剂的活性。若催化剂活性无法恢复，则要停止进料或停工处理。

☞ **11. 原料配氢中断如何处理？**

**答**：装置使用石脑油或含氢量低于 20%（体积分数）的气体原料时，需要向原料中配入一定的氢气；操作实践证明，维持进料中 20%（体积分数）的氢浓度，可使加氢催化剂及转化催化剂处于较佳的工作状态。加氢催化剂在无氢气的环境中运行超过 5min，就会结炭，操作中要避免配氢中断的事故发生。

（1）原料配氢中断时可能出现的现象：

① 配氢流量指示为零。

② 压缩机入口压力下降，出口流量减少或为零。

③ 加氢反应器入口温度和转化炉温度升高。

④ 转化炉入口流量下降。

（2）事故的可能原因：

① 外系统事故造成配氢中断。使用加氢装置新氢机出口的返回氢作为配氢时，易发生此类事故。

② 压缩机故障，使本装置返回氢或其他低压氢源无法配入。

③ 自产氢配氢阀或系统氢配氢阀故障全关。

（3）原料配氢中断的处理步骤：

① 联系供氢单位，及时恢复系统氢配氢。

② 如系统氢配氢不能马上恢复，应尽快启动压缩机，恢复配氢，保证配氢量大于20%（体积分数）。启动压缩机时要注意压缩机出口流量及压力的平稳，防止配氢量突然大增，造成转化炉脉冲进料。

③ 如属仪表故障则改副线操作，切出调节阀交仪表维修人员处理。

④ 如果压缩机不能启动，系统氢配氢也不能恢复，加氢催化剂在无氢气的条件下操作很快就会结焦（只限几秒），装置只能作紧急停工处理。

⑤ 在处理配氢中断的事故期间，适当降低进油量，防止加氢催化剂结炭。

☞ **12. 原料油短时中断如何处理？**

**答**：现在的制氢装置一般都有石脑油和干气两种原料，出现石脑油中断对生产影响不大，提大干气用量或降低生产负荷即可，对于只用原料油的装置影响较大，甚至会造成装置停工。

（1）原料油短时中断可能出现的现象：

① 石脑油泵出口流量下降回零。

② 加热炉出口温度、转化炉出入口温度上升。

③ 转化炉进料流量、工业氢流量及系统压力下降。

（2）事故的可能原因：

① 石脑油泵故障停运或原料油高温汽化使泵抽空。

② 石脑油泵出口调节阀因故全关，进料调节阀一般为风开阀，掉电或风源压力低时阀会全关，导致进油中断。

③ 外来石脑油进料中断，造成石脑油罐液位低无法维持。

（3）事故处理步骤：

① 若是石脑油泵故障或抽空，则启动备用泵，恢复进料，恢复进料过程中要防止脉冲进料，若是备用泵无法启动，则加大气体原料或配氢，若气体进料无法加大，只能维持低负荷生产，等待原料油恢复。

② 若是石脑油调节阀故障，则改副线操作，切出调节阀交仪表人员维修。

③ 石脑油中断期间，要控稳加热炉、转化炉的温度，防止超温。

④ 石脑油中断期间，适当降低入炉蒸汽量，防止水碳比超高而造成转化催化剂氧化及变换系统蒸汽冷凝。

⑤ 对于只使用石脑油作原料的装置，在石脑油中断期间，要加大配氢量，同时将加氢反应器入口温度降到250℃左右，防止加氢催化剂被还原。

☞ **13. 原料完全中断如何处理?**

**答**：现在的制氢装置一般都有石脑油和干气两种原料，出现原料完全中断一般都是由全厂性的系统事故引起。原料完全中断时，装置只能建立配氢配汽循环，如果原料中断的时间过长，没有氢源补压，装置只能建立氮气循环或停工。

（1）事故中可能出现的现象：

① 压缩机出口流量指示为零，压缩机出入口压力下降，石脑油泵出口流量下降回零。

② 转化炉进料流量、工业氢流量及系统压力下降。

③ 加热炉出口温度、转化炉出入口温度上升。

④ 机泵停运报警响。

（2）事故的可能原因：

① 压缩机及石脑油泵因故停运，一般由停电或装置联锁停车引起。

② 干气供给装置及石脑油供给装置同时发生故障。

③ 脱硫系统入口联锁阀故障关闭，该阀为风开阀，出现掉

电或风压低的情况会关闭。

④ 系统管线破裂。

⑤ 发生停动力电、仪表电、净化风等全厂性系统事故。

（3）事故处理步骤：

立即查明事故原因，针对各种不同的原因分别处理。

若只是原料中断（即石脑油、干气中断），其他系统正常，运转设备干气压缩机、鼓风机、引风机及锅炉给水泵等无故障，则按以下方案处理：

① 注意控制好转化炉温度防止超温，加氢反应器入口温度降至250℃。

② 引入自产氢或系统氢气补充压缩机入口压力，建立除净化系统外的装置大循环，控稳压缩机出口流量及压力，避免开机过程中脉冲进料，大量脱硫气进入转化炉造成催化剂结炭。

③ 待脱硫转化系统各工艺参数调整正常后，视情况加大循环量，控制水氢比在3~7，尽可能保持转化催化剂处于还原状态。

若短时间内原料无法恢复，视情况维持脱硫转化系统大循环或按正常停工处理。

若是脱硫系统入口联锁阀故障关闭，则按以下方案处理：

① 停下压缩机及石脑油泵，装置停止进料，防止管线憋压。

② 停下净化系统，控制好转化炉温度和转化入炉配汽量，关闭脱硫系统温控阀，防止超温。

③ 引氮气或氢气置换压缩机管线，置换干净后启动压缩机，建立转化中低变系统循环，并引用自产氢或系统氢配入压缩机，转化恢复配氢配汽。

④ 在低变入口温度低于露点温度之前切出低变，置换保压。

⑤ 尽快处理联锁阀的故障，恢复装置的正常生产。

若是管线破裂造成原料中断，则按设备管线可燃气体泄漏着火的方案处理。

若是因运转设备压缩机、石脑油泵故障，或"四停"等原因造成原料中断，则装置按紧急停工处理，并及时通知相关装置切断进料，防止衍生其他事故。

### ☞ 14. 转化炉熄火如何处理？

**答**：转化炉炉膛温度高达 900℃ 以上，燃料入炉即燃，生产中因炉子供风不足、负压调节不当、燃料组成变化等原因引起的熄火事故极少发生，一般情况下只有发生燃料切断阀关闭或装置联锁等事故，才会造成转化炉熄火。

（1）转化炉熄火时可能出现的现象：

① 炉膛温度快速下降，转化炉出入口温度下降。

② 转化炉燃烧噪音消失，炉膛负压增大，炉膛变暗，看不见火焰。

③ 装置联锁停车报警响。

④ 入炉燃料下降为零。

（2）事故的可能原因：

① 燃料切断阀故障关闭，燃料切断阀一般为风开阀，出现掉电或风源压力低的情况阀全关，导致无燃料入炉。

② 装置联锁停车，燃料切断阀关闭。

③ 系统停净化风、仪表电等导致燃料调节阀关闭。

④ 燃料中断，用 PSA 工艺净化的装置有废气作燃料，用溶液吸收工艺净化的装置只能烧系统燃料。

⑤ 阻火器严重堵塞，燃料无法通过。

⑥ 燃料组成变化使炉膛负压猛然增大，导致炉火瞬间熄灭。

（3）事故处理步骤：

① 如果是外来燃料中断导致炉子熄火，短时间内无法恢复，原料预处理工段也无法维持，装置按紧急停工处理。

② 如果是燃料调节阀造成的事故可立即到现场将调节阀改副线操作，在炉膛温度还大于 600℃，直接引燃料即可点燃；如果炉膛温度已低于 600℃，应按正常点火步骤点火，火嘴点着后

尽快恢复炉温；如果炉入口温度已低于转化催化剂水解温度，装置按紧急停工处理。

③ 如果是阻火器堵塞引起的炉子熄火，快速切换阻火器即可。

④ 如果是装置联锁、燃料切断阀故障关闭等原因引起的炉子熄火，按紧急停工处理。若能尽快修复切断阀，可避免紧急停工。

☞ **15. 转化炉烃类进料中断如何处理？**

**答**：转化炉烃类进料中断而脱硫系统的进料正常，通常是因为转化进料流控阀或转化进料联锁阀因故关闭引起的，这两个阀门都是风开阀，在失去风源或掉电的情况下会自动关闭，使转化炉烃类进料中断。

（1）转化炉烃类进料中断时出现的现象：

① 转化炉入口流量下降为零。

② 转化炉出入口温度上升。

③ 工业氢流量及转化系统压力下降。

④ 配汽量突然增大。

（2）转化炉烃类进料中断的可能原因：

① 转化炉入口调节阀故障或误操作关闭，这是转化炉烃类进料中断的最可能原因。

② 转化炉入口原料切断阀故障关闭。

③ 脱硫系统来的原料气因故切断。

④ 装置发生联锁停车、管线破裂等事故。

（3）转化炉烃类进料中断的处理步骤：

① 如果是调节阀故障所致，立即到现场改副线操作，恢复转化进料。

② 如果是压缩机、油泵等故障引起，开起备用机泵，恢复进料。

③ 如果是原料切断阀因故关闭、在确定进料短时间无法恢

复（约 3min 内），为了防止转化催化剂氧化，应及时建立转化系统氢循环，使催化剂处于还原气氛中，同时及时调整火嘴，防止超温；如果没有还原气体切入，按紧急停工处理。

④ 如果是管线破裂等原因导致进料中断，装置按紧急停车处理。

⑤ 处理转化进料中断期间，注意控稳脱硫系统温度及机泵出口压力，防止超温、超压，控制转化炉出入口温度及水氢比在指标范围内。

☞ **16. 转化炉配汽中断如何处理？**

**答**：转化炉配汽中断，催化剂在没有蒸汽存在的条件下与大量的烃类接触会导致结炭，严重时催化剂因无法再生而报废；同时在炉管内没有发生强吸热的转化反应，管壁吸收的热量无法移走，容易烧坏炉管。处理的过程中要尽快恢复转化炉配汽，尽快降低转化炉温度，保护好设备和催化剂。

（1）转化炉配汽中断时出现的现象：

① 转化炉入炉蒸汽流量下降，并出现低报警。

② 汽包系统的压力、液位、给水和产汽量大幅波动。

③ 转化炉入口和系统压力下降。

④ 转化炉出入口温度上升，转化炉炉膛、炉管温度上升，转化炉出口甲烷含量上升。

⑤ 变换气量及工业氢流量下降。

（2）转化炉配汽中断的原因：

① 余热锅炉系统故障使配汽中断，转化炉的配汽一般来自本装置的余热锅炉系统，该系统因安全阀起跳、过热蒸汽温控阀故障等原因均可能导致蒸汽中断，生产中发生的配汽中断事故大多由此引起。

② 误操作使配汽阀关闭，该阀为风关阀，并且有机械限位，只要在开车前调试好就可保证一定的开度，配汽中断事故较少由它引起。

③ 自产蒸汽系统管线破裂，大量蒸汽泄漏。

④ 外系统蒸汽中断，对于使用外系统蒸汽作转化炉配汽的装置才有这种可能。

（3）转化炉配汽中断的处理步骤：

① 如果是过热蒸汽温度控制阀出现故障关闭，造成转化炉入炉蒸汽完全中断，立即到现场打开过热蒸汽温度控制阀的副线，恢复转化炉配汽，并切断烃类进料进行转化催化剂消炭操作，消炭结束后进行配氢配汽还原催化剂，再转入正常开工操作。

② 如果是锅炉系统安全阀起跳造成配汽瞬时中断，转化催化剂性能未受太大影响，只需降低生产负荷，维持高水碳比运行，恢复催化剂的活性，切出安全阀重新定压。

③ 如果因自产蒸汽系统管线破裂，蒸汽大量泄漏，且系统气体发生倒窜伴随蒸汽大量外漏，按紧急停工处理，并迅速关闭与脱硫及净化系统连通阀，以减少系统气体外泄，同时将转化系统泄压。

④ 如果因转化炉蒸汽切断阀故障关闭导致配汽中断，应按以下方法处理：

a. 控稳汽包的液位和压力，切断转化炉进料，降低转化炉温度。

b. 停止装置进料，停止向外供氢。

c. 立即到现场启动备用风源或手动打开联锁阀，恢复转化炉入炉配汽量。

d. 控制好转化炉温度，用高压氮气置换转化中低变催化剂床层油气，建立转化中变系统循环，转化催化剂消炭。

e. 切出脱硫及低变系统，按规定置换、保压。

f. 消炭结束后转化炉停蒸汽，保持转化系统氮气循环，处理转化炉蒸汽切断阀。

g. 转化炉蒸汽切断阀处理好后，调整转化炉的操作参数，

430

恢复转化配氢配汽，进行转化催化剂还原，催化剂还原合格后按正常开工处理。

⑤ 使用外系统蒸汽作为转化配汽的装置，余热锅炉系统与配汽管线有连通阀的，马上打开连通阀，恢复转化配汽，其处理步骤与第④点基本相同。

☞ **17. 炉管出现热斑、热带、热管如何处理?**

**答**：转化炉管出现热斑、热带、热管是炉子运转中的常见问题，在生产过程中，进料中的烃类及蒸汽总不能平均地分配到每根炉管中，炉膛内同一水平面的温度也不能调节得很均匀，催化剂的热负荷便出现偏差，热负荷大的炉管其结炭速度大于消炭速度而积炭，随着炭的积累，即使没有发生硫中毒或水碳比失调等事故，炉管也会出现热斑、热带、热管的现象。

（1）现象：

① 炉管出现红斑。

② 炉管整根发红。

③ 转化炉出口甲烷含量高。

④ 热点的温度比其他同一位置炉管的高。

（2）炉管出现热斑、热带、热管的原因：

① 催化剂装填质量不好，有沟漏、搭桥的现象，各炉管的物料分配不均匀，进料量大的炉管，重质烃在催化剂活性高的炉管上部未及反应，穿透到催化剂活性低的炉管下部会引起结炭；进料量小的炉管，不能有效吸收和移走管壁所吸收的热量，造成管内温度高，烃类快速热裂解而积炭。

② 催化剂在运行过程中粉碎或装填时高空跌落粉碎，催化剂粉碎导致炉管堵塞，使炉管处于干烧状态，导致炉管发红。

③ 催化剂在长期运行过程中积炭或在事故中积炭、水解。

④ 催化剂还原不充分导致烃类在其表面较多地发生热裂解，而消炭反应却较少发生，使催化剂结炭而导致炉管产生"热斑、热管"的现象。

⑤ 转化炉火嘴调节不当，有偏烧、扑炉管的现象，导致炉管局部过热。

⑥ 部分催化剂性能下降，已到使用末期。

（3）炉管出现热斑、热带、热管的处理：

① 关小热管附近火嘴开度，调整炉膛同一水平面温度均匀，避免局部高温的产生。

② 适当提高水碳比，高水碳比运行一段时间，轻微的热斑、热带、热管现象可以消灭。

③ 若出现严重的热带和热管，为了避免烧坏炉管，要进行停工消炭的操作，经消炭处理热管现象仍不消失或减轻，则要考虑停工更换催化剂。

☞ **18. 转化催化剂硫中毒如何处理?**

**答:**（1）转化催化剂硫中毒的现象：

转化催化剂硫中毒后，其活性下降，上部催化剂由于没有发生吸热反应而使炉管温度异常升高，转化出口甲烷也快速升高；中毒严重时会发生芳烃穿透，上部首先出现红管现象而逐渐向下部延伸，炉进出口压差增大，在日常操作中排除发生积炭的可能性后，如有上述现象发生，基本上可以判断催化剂发生硫中毒。

（2）转化催化剂硫中毒的原因：

① 脱硫气含硫超标。转化进料对含硫的要求很严格，上游工段操作不稳定，很容易把硫带到转化工段，造成催化剂硫中毒，生产中发生的硫中毒事故，大多由此引起。

② 催化剂长期运行中硫积累。长期高负荷生产的转化炉，虽然上游工段来的原料合格，但其中也含有微量的硫，长期的硫积累也会造成转化催化剂硫中毒。

（3）事故处理步骤：

① 发生转化催化剂轻微硫中毒，可以通过降低生产负荷、改换干净原料在高水碳比的条件下运行一段时间，如果炉管上部温度下降，红管消失，转化出口甲烷也逐渐降低，说明放硫措施

432

有效；如效果不好，即切除进料，催化剂在还原气氛中运行一段时间，以达到脱毒再生的目的。由于低变催化剂容易发生硫中毒，在进行放硫操作时应切出低变。

② 转化催化剂严重硫中毒应采用氧化-还原的方法处理：

a. 切出低变，切除进料，建立转化中变系统氮气循环，转化系统压力降至 0.5~1.0MPa，配汽量维持在正常操作时的 20%~30%，控制床层温度稍低于正常操作值，运转 8h。

b. 在压缩机入口配入干净氢气，将水氢比逐步提到 3 左右，维持此条件运转 4h，配入的氢气此时与催化剂上的硫起反应生成硫化氢放出，循环气中的硫化氢含量高时应配入氢气置换，降低循环气中的硫化氢含量。

c. 当转化出口的硫化氢含量小于 0.2μL/L 时，停止配氢，再配入氮气将氢气置换干净，在氧化气氛中将催化剂微孔内的积炭烧干净。

d. 分析转化出入口的二氧化碳含量相等时，在压缩机入口配入氢气，将水氢比逐步提到 3 左右进行再次放硫，及时分析转化气中的硫含量，含硫高时用氢气置换，当转化出口的硫化氢含量小于 0.1μL/L 时，在此条件下再运行 4h，放硫结束。

e. 按正常开工步骤，进行催化剂的还原操作，还原结束后方可重新进料。

如果催化剂中毒严重，导致炉管堵塞，使放硫操作无法进行，只能停工更换催化剂。

**☞ 19. 转化催化剂结炭如何处理？**

**答**：转化催化剂结炭是轻油转化过程中最常见和危害最大的事故之一。当发生水碳比波动和"四停"事故时，容易衍生催化剂结炭事故。结炭事故发生后，催化剂的活性表面被掩盖，炉管被堵塞，导致生产无法维持。

（1）转化催化剂结炭的现象：

① 炉管出现花斑和红管。

② 转化炉出入口压差持续升高。

③ 转化炉出口甲烷含量升高。

（2）转化催化剂结炭的可能原因：

① 催化剂装填质量不好导致气体偏流或催化剂还原不充分等，上述原因可引起各炉管负荷不均匀或活性不够导致催化剂结炭，在装置运转初期如果没有发生其他事故，转化炉管即出现热带或热管现象，可判断为催化剂装填质量差或催化剂还原不充分所致。

② 催化剂水解，造成催化剂粉碎，堵塞炉管导致红管，并加重其他炉管的负荷而导致结炭，在装置开停工或事故处理时，转化炉入口温度低于催化剂水解温度而未切除入炉蒸汽，即会导致此类事故发生。

③ 转化炉进料中硫含量超标，催化剂发生硫中毒失活，导致结炭，此为生产中最可能的原因。

④ 转化炉火嘴调节不当，有偏烧、扑炉管的现象，对使用PSA 尾气为主要原料的顶烧炉而言，由于单个火嘴负荷大、火焰难观察，最易发生火焰偏烧而导致红管、结炭的事故。

⑤ 转化炉配汽中断、水碳比过小或脉冲进料等，生产中出现上述情况而转化出口的甲烷随即升高、炉管压差也随即升高时，即可判断为催化剂结炭。

⑥ 转化催化剂性能下降，已到使用末期。

⑦ 转化炉进料中重质烃组分含量高。

（3）事故处理步骤：

① 转化催化剂结炭不严重时，可以通过降低负荷、切换较轻原料在高水碳比的条件下运行一段时间，如果炉管上部温度下降，红管消失，转化出口甲烷也逐渐降低，说明消炭措施有效；如效果不好，即切除进料，建立转化中变氢气循环，催化剂在还原气氛中运行一段时间，以达到消炭再生的目的。

② 转化催化剂严重结炭时，应采用氧化-还原的方法处理：

434

a. 切出低变，切除进料，建立转化中变系统氮气循环，转化中变系统压力降至 1~1.8MPa，配汽量维持在正常操作时的 30%~50%，控制床层温度稍低于正常操作值，运转 12h，当转化出口的二氧化碳含量高时，在转化入口配入氮气置换。

b. 当转化出口的二氧化碳含量不再升高，出入口的二氧化碳含量相等时，在压缩机入口配入氢气，将水氢比逐步提到 3~7 左右进行催化剂还原，控制转化炉出入口温度及床层温度稍高于正常操作值。

c. 分析转化出入口的氢气含量相等、催化剂不再耗氢时，在此条件下再运行 8~12h，还原结束。

d. 如果催化剂积炭严重，导致炉管堵塞，使消炭操作无法进行，只能停工更换催化剂。

☞ **20. 当汽包出现汽水共腾后如何处理？**

**答**：（1）汽水共腾现象：

汽包发生汽水共腾时，汽水混合在一起，液位计内水位剧烈波动，甚至看不清水位，汽包液位会发生高限或低限报警，严重时蒸汽管内会发生水击，蒸汽温度和转化炉入口温度下降。

（2）汽水共腾的原因：

① 炉水温度差超过规定范围，进水温度低而汽包温度高，水一进入汽包即被大量蒸发，导致水位剧烈波动，这种情况一般发生在转化炉出入口温度波动较大时。

② 水质不合格，如炉水碱度超高、给水含油等，可导致汽包内发生汽水共腾。

③ 水位过高，炉水在较高液位时负荷骤增，导致水汽分离效果差。

④ 生产负荷过大，超过了汽包的生产能力。

⑤ 长期不排污。

（3）处理步骤：

① 发生蒸汽带水现象时适当提高转化炉入口温度，防止催

化剂水解。

② 加强汽包系统表面和底部排污，进行锅炉换水。

③ 降低生产负荷，加强蒸汽管道的疏水。

④ 加强水质分析，寻找原因，加强水质监督。

⑤ 汽水共腾现象消失、炉水合格后，将排污量调整至正常。

☞ **21. 出现蒸汽带水如何处理？**

**答**：蒸汽带水会在管道内发生水击，严重时对设备管道构成威胁，蒸汽带水对转化催化的危害也比较大，低温的蒸汽使催化剂有水解的危险，炉水中携带的杂质会使催化剂结盐、堵塞。

（1）事故中可能出现的现象：

① 过热蒸汽温度下降，严重时蒸汽管道发生水击，法兰漏汽。

② 转化炉入口温度下降。

③ 汽包液位会发生高限报警。

（2）事故的可能原因：

① 汽包给水阀故障导致汽包液位高或满水，该阀为风关阀，在掉电或风源压力低时阀会全开，导致给水量大增；另外，该阀的参数调节不当也会使给水量变化过大而导致蒸汽带水，日常生产中的蒸汽带水事故大多因该阀故障而引起。

② 汽包发生汽水共腾现象，蒸汽中携带大量饱和水离开工包而导致蒸汽带水事故的发生。

③ 汽包内旋风分离器损坏，使饱和水不能有效分离而带出汽包。

（3）事故处理步骤：

① 适当提高转化炉入口温度，防止催化剂水解。

② 控稳汽包给水量，如果是调节阀故障则改副线操作，切出调节交仪表维修人员处理。

③ 适当降低汽包液位，防止水位过高使蒸汽带水。

④ 加强蒸汽管道的疏水。

⑤ 加强排污，改善水质，防止发生汽水共腾事故。

⑥ 采取上述措施仍无法消除蒸汽带水的事故时，则可能是汽包内旋风分离器损坏，只有停工修复损坏的旋风分离器。

☞ **22. 中变反应器出现超温如何处理？**

**答**：中变反应器超温如果是其入口温控阀全开造成，未经换热的转化气进入中变反应器内，其温度高达 750～860℃，会烧坏反应器和催化剂。

（1）中变反应器超温的现象：

① 中变反应器入口温度高限报警。

② 中变反应器床层及出口温度高限报警。

③ 汽包蒸发量减少。

（2）事故的可能原因：

① 反应器入口温控阀故障，该阀通过调节转化气的换热面积，达到降低转化气到中变反应器入口温度。如果该阀开度过大，转化气经中心管的量大，经换热毛细管的量小，降不到所需的入口温度，从而导致中变反应器超温事故的发生。中变反应器超温事故绝大部分由此引起。

② 转化出口 CO 含量过高，导致中变反应器内反应过于剧烈而超温。

（3）中变反应器超温的处理：

① 发现中变反应器超温，立即降低反应器入口温度，如中变反应器入口温控阀失灵则改现场手动操作，通过调整阀芯开度的大小来调节中变入口温度，联系仪表人员对调节阀进行维修。

② 如果反应器的温度无法降低，应当立即降低生产负荷，然后在中变入口充高压氮吹扫降温，待温度下降到指标范围后再恢复正常生产。

③ 如果反应器的温度已大幅升高，危害到设备及催化剂的安全，装置作紧急停工处理。

④ 如果是中变入口调节阀阀芯损坏导致温度无法降低，因

其无副线可改，只能停工修复。

⑤ 如果是转化出口 CO 含量过高或生产负荷过大所致，只有降低转化炉出口温度或生产负荷。

☞ **23. 变换气 CO 不合格如何处理？**

**答**：（1）变换气 CO 不合格现象：

变换气 CO 不合格表现为反应器出口 CO 含量超标，或反应器内无明显的反应温升梯度。

（2）变换气 CO 不合格原因：

影响变换气中 CO 含量的主要因素：反应温度、空速、反应物（CO 和蒸汽）的浓度及催化剂的活性等。压力对反应平衡无影响，对反应速度有影响，但压力是在装置设计时就已决定的，操作上没有调节余地。日常操作中以调节反应温度为主。

（3）处理步骤：

① 提高反应器入口温度。提温虽然降低了生成物的平衡常数，但大大加快了反应速度，缩短了反应物达到平衡的时间，在催化剂使用后期，其活性下降后，提温操作效果尤为显著。

② 加大转化配汽量。加大转化配汽量可提高反应物蒸汽的浓度，加快 CO 变换的反应速率。

③ 降低生产负荷或降低转化出口温度，从而降低进入反应器的 CO 含量和空速。

④ 如上述措施无效，说明变换催化剂的活性已不能满足生产要求，只有停工更换。

☞ **24. 低变催化剂还原超温如何处理？**

**答**：低变催化剂配氢还原时，其主要反应是催化剂中的氧化铜与氢气反应生成铜和水，还原时热效应大，温升显著；以氮气为载体进行配氢还原时，1%的氢气浓度可造成 28℃的温升。

（1）低变催化剂还原超温的现象：

① 反应器床层温度异常升高。

438

② 反应器出口温度高。

（2）低变催化剂还原超温的原因：

① 反应器入口温度高，温度过高，反应剧烈导致超温。

② 循环气中氢气含量高，由于低变还原时所需的氢含量较低，还原刚开始时配入的氢未完全消耗掉，逐渐积累下来，使氢浓度越来越高，在提温操作后所积累的氢猛然加快反应速度，使催化剂床层温度快速升高，导致超温事故的发生。

③ 循环气中氧气含量高，氧气与氢气在催化剂床层发生氧化反应导致超温。

（3）事故处理步骤：

① 关闭配氢阀，停止向反应器配氢。

② 降低反应器入口温度。

③ 在反应器入口配入大量高压氮气，置换循环气中的氢气及可能存在的氧气，带走反应热。

④ 当反应器床层各点温度开始回落热点温度低于180℃后，重新按还原条件进行还原。

⑤ 及时分析还原气的组成，防止氢浓度超标或含有氧气等杂质。

⑥ 还原过程中，坚持提温不提氢、提氢不提温的原则，在还原诱导期和加速期控制循环气中的氢含量不大于1%，反应器升温到180℃时循环气中的氧含量不大于0.5%。

### ☞ 25. 低变催化剂钝化超温如何处理？

**答**：低变催化剂钝化是以蒸汽或氮气为载体、空气为钝化剂进行的。卸低变催化剂时，如果低变反应器是热壁式的及不用考虑催化剂回收处理的方便，直接用除盐水浸泡最方便。低变催化剂钝化操作中以氮气为载体的成本高，且温度难控制，所以低变催化剂的钝化一般以蒸汽为载体。钝化过程中超温主要是加入的空气量太大，反应剧烈，放出大量的热，或者是配入的蒸汽量过少，不能抑制反应和及时带走反应热所造成的。出现超温时按如下的方法处理：

（1）关闭配空气阀，切断氧气来源。

（2）开大配蒸汽阀，及时将反应器床层的空气和反应热带出。

（3）超温较严重时向反应器内灌入除盐水降温。

（4）床层温度回落至正常钝化温度（200℃）后，重新配入空气钝化。

☞ **26. 有苯菲尔脱碳部分的装置出现产品氢纯度低如何判断和处理？**

**答：**（1）产品氢纯度低的原因：

在判断产品质量事故时，一定要首先了解清楚是哪些杂质超标所致。如与某部分工序相关，还要根据反应器的温度变化情况来判断原因。

对于苯菲尔溶液脱碳来说，其作用只能是降低产品氢中的二氧化碳量，正常情况下溶液吸收可以使原料气中二氧化碳降低到 $1000\mu L/L$ 以下，再经过甲烷化反应能进一步使二氧化碳降低到 $50\mu L/L$。在实际生产中，致使产品氢二氧化碳超标的原因，如果是溶液再生效果差、溶液循环量过小、溶液浓度过低、溶液吸收温度不合适、原料气流量过大、吸收塔副线阀内漏引起，都会使甲烷化反应器床层温度升高。另外，甲烷化反应器副线阀发生窜漏、产品氢与粗氢的换热器窜漏、甲烷化催化剂活性不好，这些原因造成产品不合格的共同点就是甲烷化反应温度发生异常变化。

（2）产品氢纯度低的现象：

① 产品氢在线自动分析纯度显示值低；

② 产品氢采样化验纯度低；

③ 转化工艺异常；

④ 变换工艺异常；

⑤ 脱碳工艺异常；

440

⑥ 甲烷化反应工艺异常;

⑦ 装置超负荷生产。

（3）产品氢纯度低的处理:

① 调整转化工艺参数;

② 调整变换工艺参数和检查副线阀门;

③ 调整脱碳工艺参数和检查副线阀门;

④ 调整甲烷化工艺参数和检查副线阀门;

⑤ 适当降低装置的生产负荷量。

☞ **27. 苯菲尔脱碳部分溶液吸收效果差如何判断和处理?**

**答:**（1）溶液吸收效果差的原因:

在排除吸收塔副线阀窜漏的原因后，粗氢中二氧化碳量超标，一般可认为是溶液吸收效果差。原料气脱碳净化效果变差，应当从生产状况变化因素方面寻找原因，因为这些变化可能就是诱发的原因。

吸收塔在低负荷时，某些条件不足也不一定会对脱碳效果造成影响，但当脱碳负荷量较高时，影响的原因就较多。因为提高了原料气处理量，可能溶液循环量不足;因为溶液再生效果差，使溶液的吸收能力下降;因为两塔系统的液位过高，溶液循环量过大，进行提高五价钒离子的循环氧化，这些原因使溶液浓度变稀;因为吸收塔上下部温度偏离要求过大，影响溶液吸收速度或二氧化碳在溶液中的溶解度;当吸收塔的吸收能力处在极限的时候，原料气波动、溶液循环量波动、两塔液位波动、两塔温度波动，都会使脱碳效果不能稳定;当然溶液变质，活化剂量不足，发生冲塔事故，这些特殊现象也是降低吸收效果的重要因素。

（2）溶液吸收效果差的现象:

① 粗氢在线自动分析二氧化碳量异常升高;

② 粗氢采样化验二氧化碳量异常升高;

③ 甲烷化反应器温度上升;

④ 产品氢气载线自动分析纯度下降;

⑤ 产品氢气采样化验纯度下降；

⑥ 溶液循环量正常，但粗氢气二氧化碳量超标；

⑦ 溶液循环量异常达不到正常要求。

（3）溶液吸收效果差的处理：

① 提高溶液的再生度；

② 补充溶液中偏低成分；

③ 调整溶液循环量

④ 调整贫液与半贫液量的比例符合要求；

⑤ 调整吸收塔的上、下段温度符合要求；

⑥ 适当降低吸收塔脱碳负荷量。

☞ **28. 苯菲尔脱碳部分溶液再生效果差，如何进行判断和处理？**

**答：**（1）溶液再生效果差的原因：

再生塔由上往下温度逐渐升高，上升的水蒸气与二氧化碳的混合气体在填料层进行传质传热，水分被冷凝，原有的和新分解出来二氧化碳继续上升，再生塔顶与塔底的温差和压差越大，再生的动力也越大。

溶液吸收二氧化碳是一个化学变化过程，同样溶液解吸二氧化碳也是一个化学变化过程。要使溶液中的二氧化碳比较彻底分解出来，必须使溶液有一定的温度，液面上压力低到一定的程度，还要有一定的解吸时间。当溶液再生达不到要求时，要对再生塔的所有控制参数进行分析判断，才能得出结论。检查是不是再生塔底温度过低，致使再生能量不足；是不是再生塔顶压力过高，致使溶液分解二氧化碳困难；是不是溶液循环量过大，溶液解吸时间不足。另外，通过化验分析塔顶二氧化碳是否含有氢气，判断再生塔底溶液重沸器是否窜漏，如果窜漏量达到一定程度，会使吸收塔内分离空间的二氧化碳分压增加，对溶液再生产生不利的影响。

（2）溶液吸收效果差的现象：

① 采样化验贫液和半贫液再生度达不到要求；

② 采样化验再生塔的二氧化碳中含有氢气；

③ 溶液循环量过大；

④ 粗氢纯度达不到要求；

⑤ 甲烷化反应发生温升。

（3）溶液吸收效果差的处理：

① 降低再生塔二氧化碳压力；

② 提高再生塔溶液温度达到要求；

③ 增加再生重沸器换热量，满足再生能量要求；

④ 降低溶液循环量满足再生负荷要求；

⑤ 如果是再生重沸器窜漏，要进行停工处理。

☞ **29. 苯菲尔脱碳部分，吸收塔、再生塔中液位真假的判断和处理如何进行？**

答：（1）假液位的原因：

吸收塔和再生塔的液槽液位，是通过液位计或液位变送器显示的。正常情况下，液位计所显示的液位，直接是与塔内连通，液位高低变化可以认为与塔内完全一致。但当液位计的气相管路或液相管路堵塞时，就不是这样的情况了。要想利用液位计判断出液位真假，必须首先懂得冲洗液位计的方法和意义。在确认液位计的气相管路、液相管路都畅通，排液管路能关闭严密的情况下，再重新投用液位计，这时反映的液位界面情况才是液槽的真实情况。严格地说，由于液位计内的溶液比塔内溶液温度低，因此存在密度差，塔内的真实液位要比液位计显示的液位稍高一点。液位计的液柱越高，差值就会有所增大，但在实际使用中，这些误差可以忽略不计。有时液位计的液相阀在完全堵塞的情况下，由于液位计内的溶液不会随塔内液面高低变化流动，塔内的真实液面低于液位计液相管口时，液位计所显示的液面高度仍然不发生变化，或当塔内液位高于液位计气相管口时，可以使液位计全部充满溶液，当塔内液位再下降时，液位计内的溶液由于无法流出仍然是满液位。另一种情况，当液位计的气相管路完全堵塞时，即使塔内的液位上升超过液位计气相管口，由于液位计空间内有不凝性气体，在操作压力的条件下，只能将当中的气体压缩到一定的程度，液位计不能全部充满溶液。还有一种情况就是液位计的排液阀发生内漏，当泄漏量不大时，所显示的液位会偏低，当泄漏量很大时，塔内的溶液从液位计排液阀流走，不会形成液位。

由于存在以上原因，单凭观察液位计所显示液位的高低，就确定塔内液位的高低是不可靠的，只有确认液位计畅通或与液位变送器对比相符后才能确认。为了防止液位变送器的显示值发生过大偏差，要经常将液位变送值与液位计的现场液位进行对比，一般以液位计的真实液位为标准，出现偏差要及时联系仪表维护人员进行校正。

（2）塔存在假液位时的现象：

① 液位计显示液面高度不随塔内液面变化而变化；

② 液位测量高度变送值不随塔内液面变化而变化。

（3）对塔假液位的处理：

① 联系仪表维护人员，校验液位变送器；

② 冲洗液位计使之畅通；

③ 维修液位计使之畅通；

④ 如果是现场液位计失灵，处理时要依靠液位变送值进行监控；

⑤ 如果是液位变送器失灵，处理时要依靠现场液位计进行监控。

**☞ 30. 苯菲尔脱碳溶液泵启动抽空如何进行判断和处理？**

**答**：（1）溶液泵投用时抽空的原因：

贫液泵或半贫液泵投用，有时会发生抽空现象，相对而言，半贫液泵入口液槽距泵的位高差有 20 多米，管路直接与泵入口连通，开泵前排气比较容易，入口压头可以达到 0.5MPa 左右。如果排除泵内构件安装和电机接线错误，启动时一般不易抽空。

而贫液泵液槽距泵入口只有 5m 高，中间还要经过冷却器的管束，没有半贫液泵的吸入条件好，多因如下原因导致投用时发生抽空。

① 泵入口管堵塞。这是因为溶液温度过低、溶液浓度过高使溶液发生结晶，容易发生在溶液冷却器这些小管径部位。在管线冲洗期间，如果溶液泵入口安装有临时过滤网，因为有杂质积累，这些原因都会因为入口流量不足使泵发生抽空。

② 泵入口管气体排除不彻底。从贫液泵入口液槽至泵入口的管路，由于弯曲多，容易产生气节，如果排气方法不当，只在泵体内排气是很难将入口管路中的气体彻底排完的。在开泵前排彻底的是泵内的气体，当启动泵后，管路中的气节被推入到泵体内时，泵马上就会抽空。

（2）溶液泵投用时发生抽空的现象：

① 泵轴旋转方向不正确；

② 泵启动后，无法使泵体介质压力上升；

③ 泵启动后，打开泵的出口阀无流量。

（3）溶液泵投用时发生抽空的处理：

① 如果泵轴发生反转，要即时切换使用备用泵，并联系电工检查电机接线；

② 泵启动抽空后，是泵内或入口管路存在气体的，要将气体彻底排完后再开泵；

③ 泵启动抽空后，是泵内或入口管路存在结晶体的，要在管路中通入蒸汽加热将结晶体溶解后再开泵。

☞ **31. 苯菲尔再生塔、吸收塔段阻力过大如何判断和处理？**

**答：**（1）塔段阻力过大的原因：

① 吸收塔。吸收塔有半贫液吸收段和贫液吸收段，原料气由下而上在填料层与溶液逆向接触，经过下部半贫液吸收段时会产生一定的阻力，当溶液循环量过大、填料层沉积有其他固体杂质后，对塔内流通气体的阻力就会随之增大，特别是溶液发泡严

重，形成托液事故，产生的阻力将更大。有些装置使用塑料填料环，如果因塔不慎发生超温，会使填料环变形，严重影响流通空间，也会使流通阻力增加。

② 再生塔。再生塔有半贫液再生段和贫液再生段，由于分解出来的二氧化碳和下部发生的水蒸气上行动力较小，与吸收塔的原因一样，但影响的程度更加明显。

（2）塔段阻力过大的现象：

① 塔段压差指示值增大；

② 再生塔再生效果差；

③ 吸收塔吸收效果差；

④ 如果是塔中产生液泛，塔的出口气体带液量增加。

（3）塔段阻力过大的处理：

① 降低溶液循环量，使塔的溶液量不超过最大允许量；

② 加强溶液过滤，减少溶液杂质量；

③ 试验溶液泡高情况，需要时加入消泡剂；

④ 如果是塔填料熔结，需要停工检修。

☞ **32. 甲烷化反应器超温如何判断和处理？**

答：（1）甲烷化反应器超温的原因：

① 因吸收塔溶液流量不足、溶液再生度差、溶液浓度低、吸收反应速度慢、吸收反应时间短等原因，致使粗氢含二氧化碳量大幅超标；

② 吸收塔副线阀未关严变换气窜漏入粗气中；

③ 贫液流量中断处理不及时；

④ 半贫液流量中断处理不及时；

⑤ 变换反应器副线阀内漏，大量一氧化碳存在粗氢中；

⑥ 粗气换热器内漏量大，大量二氧化碳和一氧化碳窜入粗氢中。

（2）甲烷化反应器超温的现象：

① 甲烷化反应器床层由上至下温度突然大幅上升；

446

② 粗氢在线自动分析显示二氧化碳大幅超标。

（3）甲烷化反应超温的处理：

① 提高溶液的再生度；

② 提高或恢复溶液的循环量；

③ 降低甲烷化反应器入口温度；

④ 降低进入吸收塔的工艺气流量；

⑤ 提高工艺气一氧化碳的变换率；

⑥ 检查工艺流程，排除窜漏因素；

⑦ 当甲烷化反应温度达到450℃仍未受到有效控制时，将产品氢改放空后，切出甲烷化反应器，进行放空和置换处理。

☞ **33. 吸收塔气体带液量大如何判断和处理？**

**答：**（1）吸收塔气体带液的原因：

正常生产中，吸收塔顶部温度是70℃左右，塔内溶液温度还没有达到沸点，吸收塔的蒸发量是极少的，因此，吸收塔出口分液罐，要间隔一定时间才有积液。对溶液发泡量进行控制和在吸收塔顶安装气液分离器有很大关系。

在吸收塔出口分液罐，正常冷凝的液体是一种色泽很淡的稀溶液，是由水蒸气和溶液的液雾混合而成。分离液含溶质成分的多少，与粗氢气所夹带溶液量多少有关。溶液中消泡剂量过少，使溶液积泡超过规定高度；吸收塔顶除沫器损坏，无法阻止大量液滴带出塔；吸收塔后部降压过快，工艺气通过空速过大，这些现象是生产中溶液随气体出塔的主要原因。

装置开工投用或停工切出吸收塔时，如果操作不当，也会引起气体大量带液事故。这是因为在切塔操作时，未注意吸收塔液位的高低，当吸收下部液位高于工艺气进塔管口，开通吸收塔入口和副线阀后，溶液就会倒流，经吸收塔副线阀窜出分液罐。

（2）吸收塔气体带液的现象：

① 吸收塔出口分液罐分液量异常增加；

② 再生塔补水量异常增加；

③ 吸收塔工艺状况发生异常;

④ 切入吸收塔时,吸收塔底液位高于工艺气进入管口;

⑤ 切出吸收塔时,吸收塔底液位高于工艺气进入管口。

(3) 吸收塔气体带液的处理:

① 加强溶液过滤,控制溶液泡高符合指标要求;

② 加入消泡剂,控制溶液泡高符合指标要求;

③ 降低吸收塔气体负荷量,减小上升气体的流速;

④ 降低吸收塔底液位,杜绝溶液从吸收塔入口管窜出;

⑤ 将吸收塔出口分液罐的溶液排往回收低位槽。

☞ **34. 再生塔气体带液量大如何判断和处理?**

**答:**(1) 再生塔气体带液量大的原因:

溶液进入再生塔后,由于发生了闪蒸和进行加热,正常情况下水分蒸发量是比较大的,从再生塔的补水量和工艺气带入吸收塔的水量可以证实这一点。所带出液体量的多少,不但与吸收塔顶温度有关,还与所控制的压力有关。因为温度高,压力低,都有利蒸发。如果只是受这两个因素影响,再生塔顶出来混合气体的冷凝液,由于塔顶有水洗层,一般含溶液的溶质成分极少,但当溶液消泡时间和积泡高度控制不好,再生塔发生了泛液事故时,由于气液分离困难,从塔顶带出的溶液量就会随之增大。

(2) 再生塔气体带液量大的现象:

① 再生塔出口二氧化碳分水量异常增加;

② 空冷后的二氧化碳温度有所升高;

③ 再生塔补水量异常增加;

④ 采样化验再生塔溶液泡高超标;

⑤ 溶液再生不彻底;

⑥ 带出液含溶质成分异常增加。

(2) 再生塔气体带液量大的处理:

① 适当提高再生塔压力;

② 如果是溶液发泡严重,加入消泡剂保证溶液泡高达到

要求；

③ 加强再生塔补水，保证两塔液位正常；

④ 适当减少溶液重沸器的热量，以降低再生塔上升气流速度。

☞ **35. 贫液泵故障如何判断和处理?**

**答：**（1）贫液泵故障的原因：

① 密封损坏或泵体泄漏；

② 轴承或电机超温；

③ 发生抽空；

④ 电网停电；

⑤ 超载，自动停泵；

⑥ 电机接线错误。

（2）贫液泵故障的现象：

① 密封泄漏；

② 轴承杂音大且超温；

③ 抽空，突然没有流量；

④ 自动停泵；

⑤ 启动时发生反转。

（3）贫液泵故障的处理：

贫液泵是溶液脱碳最重要动力设备，因为贫液泵一旦不能使用，再生塔底的溶液无法送出，溶液就会越积越多，脱碳系统就无法维持溶液循环，最终使其他液槽的液位不能维持，导致脱碳系统要进行紧急停工。

① 贫液泵如果只是发生机械故障，要果断切换备用泵，避免事故扩大。目的是为了减轻机械损坏程度，使贫液泵尽快修复备用，为溶液循环争取多一分保障。但贫液泵在使用中更多发生的是其他一些故障，如轴密封泄漏、自动停泵、抽空等突发性事故。处理这些问题时，怎样才能做好就需要提高应变能力了。贫液泵轴密封装置发生泄漏，正确的处理方法是及时切换备用泵。

切换备用泵的常规方法是先启动备用泵，运转正常后才可停止原用泵。这在泄漏量不很大，不影响切换泵操作时，无疑是最好的方法，但泄漏量已经很大，甚至使人无法接近操作，影响切换速度的情况下，可以先停泵，再快速投用备用泵。但应注意，由于先停泵，如果泵出口单向阀失灵，贫液会倒窜，短时间内投用不了贫液泵。吸收塔的气体窜入到贫液泵入口管后，贫液泵就很难投用了，所以，选择这种方法处理时，要内操控制人员配合，停泵后立即关闭贫液调节阀，等备用泵投用后，再打开贫液调节阀控制流量。

②贫液泵因供电或电机故障造成突然停泵时，要尽快关闭贫液调节阀和泵出口阀，防止贫液管窜气，并立即开通备用泵的冷却水和进行泵内排气、盘车等开泵准备工作。这时要有两种心理准备：第一，恢复供电后马上开泵恢复正常生产；第二，若甲烷化反应器发生温升，进行装置停工处理。

③还有一种情况，就是贫液泵发生抽空的处理。在正常生产中，如果不注意检查和对照液位，使再生塔下部液位指示失灵，液槽吸空后，可能会造成贫液泵抽空，在这种情况下，要使贫液泵恢复流量，首先就要赶快关严泵出口阀停泵，打开泵入口管上所有排气管排气，争取在溶液脱碳未受到太大影响时能够使贫液泵运行正常。必要时可以先改产品氢气放空，切出甲烷化反应器，将原料气切出吸收塔，停止半贫液循环。待贫液泵抽空故障解决后，将原料气切入吸收塔，投用甲烷化反应器，恢复正常生产。

☞ **36. 吸收塔液位控制失灵如何判断和处理？**

**答：**（1）吸收塔液位控制失灵的原因：

① 停净化风；

② 停仪表电；

③ 调节阀故障；

④ 吸收塔后部压力过低。

（2）吸收塔液位控制失灵的现象：

① 停净化风，吸收塔液位控制阀自动关闭；

② 停仪表电，吸收塔液位控制阀自动关闭；

③ 吸收塔液位控制副线阀开度过大时，关小富液调节阀，吸收塔液位仍会继续下降；

④ 吸收塔后部压力过低时，开大富液调节阀，吸收塔液位仍会继续上升；

⑤ 控制器开、关输出信号，都不能使调节阀动作。

（3）吸收塔液位控制失灵的处理：

① 吸收塔需要源源不断地将富液输送到再生塔进行再生，富液是利用吸收塔与再生塔的压差为动力输送的。再生塔是常压塔，操作上要严格防止吸收塔的工艺气窜入再生塔，所以吸收塔下部必须保持一定的液封。出于安全自保考虑，吸收塔的液位控制，选用气开式调节阀，当调节阀停风或停电的时候，调节阀能够利用自身弹簧力的作用，使调节阀自动关闭，从而防止窜塔事故发生。

② 在实际生产中，吸收塔液位控制失灵，不只是调节阀停风或停电引起。调节阀杆卡紧不能活动、调节阀芯或阀板松动脱落，这些现象都是导致调节阀控制失灵的原因。因停风和停电使控制失灵时，会使吸收塔液位升高，在处理上要及时到调节阀现场开通副线阀，控制吸收塔液位，关闭调节阀截止阀。等待恢复使用条件后，再投用调节阀控制。如果拖延时间，处理不及时，由于没有富液回流，会使贫液泵和半贫液泵抽空。在吸收塔，液位上升很快，如果超过工艺气入塔管口，溶液会从入口管倒流出塔。事故发生后，这些问题要充分意识到。因为是调节阀杆或阀芯的问题使调节失灵时，吸收塔液位升高或下降都有可能，这时操作人员就要立即到调节阀现场，根据实际情况处理。如果吸收塔液位下降，先使用调节阀的上游阀降低流量，再切换到副线阀控制，将切出的调节阀排空后，联系仪表维护人员处理。如果吸

收塔液位上升，到现场后立即切换调节阀的副线阀控制，再将切出的调节阀排空后，联系仪表维护人员处理。

☞ **37. 再生塔液位控制失灵后如何判断和处理？**

答：（1）再生塔液位控制失灵的原因：

① 富液流量中断；

② 贫液流量中断；

③ 半贫液流量中断。

（2）再生塔液位控制失灵的现象：

① 再生塔下部液位不断上升或不断下降；

② 吸收塔液位在再生塔液位下降的同时上升。

（3）再生塔液位控制失灵的处理：

① 再生塔液位有上部和下部液位之分，上部液槽设置有流向下部的溢流管，当再生塔上部液位上升到一定高度后，溶液就会从溢流管流下到塔的下部，控制上部液位不能继续上升。上部液槽的底部还有一条小管，停工时能够使液槽的积液全部流至塔底。再生塔上部液位不需要专门进行控制，这是因为两塔溶液循环量平衡时，富液量一定大于半贫液量。但再生塔上部液位也要监控，因为当该液面下降时，说明富液量等于或小于半贫液量，两塔溶液循环发生了不平衡迹象，或者需要降低半贫液量，或者需要提高富液量，使两塔循环量迅速恢复平衡。

② 当再生塔上部液位下降时，开大富液调节阀或关小半贫液调节阀都不能使液位止跌回升的，就认为是该液位控制失灵。究其原因，可能是液位变送器失灵，也可能是调节阀失灵。要正确处理好这个问题，首先要根据所采取措施的回应情况进行判断。正常情况下，开大富液调节阀，吸收塔液位肯定会下降，关小了半贫液调节阀，半贫液量也会随之减小。如果这些措施都不起作用，就需要外操人员到相应的现场开副线阀配合处理。如果所采取的措施都起作用，说明是液槽发生了泄漏或是液位变送器失灵所致，处理上应当一方面维持吸收塔富液和半贫液流量正

常，另一方面需要立即通知外操人员到现场检查确认。

③ 能够使再生塔下部液位发生变化的原因是贫液量变化，再生塔上部液槽流向下部液槽的流量变化，整个溶液脱碳系统的补水量发生变化，液位变送器失灵等因素。再生塔下部液位控制失灵的处理方法，基本上与上部的处理方法相同，只是检查和处理的对象不同。

☞ **38. 再生塔超压的如何判断和处理?**

答：（1）再生塔超压的原因：

① 吸收塔液位压空，发生窜塔事故；

② 再生塔压力控制阀失灵，不能开大，发生憋压。

（2）再生塔超压的现象：

① 再生塔压力控制发出声光报警；

② 再生塔顶安全阀开启动作；

③ 粗氢在线自动分析，显示二氧化碳迅速增加；

④ 现场有安全阀放空的声音。

（3）再生塔超压的处理：

① 再生塔超压不但会严重影响溶液的再生效果，如果超过塔的承受能力，还可能发生设备事故。一般情况下，再生塔超压会有两种情况发生，第一种是因为再生塔压力控制失灵引起；第二种是因为再生塔下部液槽跑空发生了窜塔事故，大量工艺气从吸收塔窜入到再生塔。

② 因再生塔出口二氧化碳控制阀失灵使再生塔压力升高的，不会对再生塔造成破坏，只会对溶液再生效果造成不良影响。当打开控制再生塔解吸气体的副线阀加大放空后，再生塔的压力很快就会恢复正常。但在放空时要注意不能使塔的压力下降得太快，以免引起解吸气大量带液，当再生塔压力趋于正常后要逐渐关小放空量，不能把压力降得过低。还要联系仪表维护人员检查和处理压力控制问题，排除压力控制阀故障后及时恢复自动控制。

③ 比较严重的是由吸收塔窜入的工艺气使再生塔超压，在安全阀启跳前会使塔的压力快速上升。如果安全阀能起作用，按照设计能力，再生塔能及时进行超压放空。虽然如此，已使溶液脱碳系统处在混乱之中，这时如何抓住主要方向迅速处理是关键。发生事故时富液管是气液混流状态，只要关小能使富液流量减小的阀门，使流出吸收塔的溶液量小于进入的溶液量，溶液就会在吸收塔积累形成液位，吸收塔一旦形成液封，窜气就会立即停止，同时溶液的再生效果也会迅速恢复。

④ 应当注意到，发生窜塔事故，如果不是因为操作失误突然发生的，而是因为吸收塔液位变送指示失灵，指示值不跟踪液位变化或偏差很大，再生塔无液封时，变送值仍然还有一定高度的液位指示。这种情况使再生塔发生窜压，会使两塔系统的溶液浓缩，也就是溶液量不足，在处理时不能因为要提高吸收塔的液位，过快地把富液流量过度减少，避免造成再生塔液位大幅下降。合理的处理过程应该是在再生塔窜压停止后，通过加大进入再生塔的补水量，溶液浓度低时也可以补充溶液，使两塔的三个液槽液位恢复正常。另外，当吸收塔现场液位计的液位指示正常后，要通知仪表维护人员校正液位变送值或排除变送器故障。

**39. 苯菲尔脱碳部分粗氢气不合格的如何判断和处理？**

答：（1）粗氢气不合格的原因：
① 溶液循环量不足；
② 溶液某些成分浓度过低；
③ 溶液再生度差；
④ 吸收塔负荷量过大；
⑤ 吸收塔副线阀内漏量大；
⑥ 变换气一氧化碳量超标。
（2）粗氢气不合格的现象：
① 粗氢在线自动分析显示值超标；
② 粗氢采样化验不合格；

③ 甲烷化反应器发生异常温升。

（3）粗氢气不合格的处理：

① 为了避免甲烷化反应超温，对粗氢气要进行质量控制，限量杂质主要是一氧化碳和二氧化碳，因为它们与氢气合成甲烷时要放出很多热量。一氧化碳含量高低与转化炉的转化率、变换反应的变换率都有关系；二氧化碳含量高低只与溶液的吸收效果有关。

② 转化反应在水碳比过低，同时反应温度过高的条件下，其出口气体的一氧化碳量会因此而增加，当超过变换反应承受能力时，会发生穿透而存在粗氢气中。另外，即使转化气中的一氧化碳量符合指标要求，但当变换反应条件不足时，粗氢气中仍然会有过量的一氧化碳存在。在处理粗氢气中一氧化碳超标时，就要提高转化炉的转化率和变换反应的变换率。提高转化炉的转化率有多种手段，比较合理的是提高水碳比，这样对减少转化炉出口气体中的一氧化碳量更加有利。

③ 提高变换反应的变换率，会涉及反应物浓度、反应速度、反应温度对生成物浓度高低影响等因素，因此，在保证有足够的水蒸气与一氧化碳的比例前提下，使变换反应在适当的温度下进行，才能使粗氢气中的一氧化碳量降得更低些。这是因为变换反应是放热反应，反应温度过高，不利于反应的彻底进行，但是，反应必须具备一定的温度，分子才能够活化，而且在一定的温区范围内，温度越高，活化分子数量就越多，显然，反应速度与活化分子数目成正比关系。变换反应的空间是一定的，必须使反应具有一定的速度，才能达到反应彻底的程度。

④ 要降低粗氢气中的二氧化碳量，也是涉及很多方面因素的，如溶液的循环量、溶液的再生程度、原料气的流量、吸收塔下部温度、吸收塔上部温度、溶液中碳酸钾含量、溶液中二乙醇胺含量、吸收塔是否操作正常，以上的原因都对粗氢气的脱碳程度产生较大的影响。当粗氢气中二氧化碳量异常升高时，要根据

有关因素进行分析，才能得出正确结论，所采取的处理方法才能起到作用。

⑤ 为了使粗氢气质量快速恢复正常，在采取其他方法处理的同时，也可以适当降低装置的生产负荷，这样对防止甲烷化反应大幅超温更加可靠。无论是何种原因致使粗氢气的碳氧化合物超标并引起甲烷化反应超温时，当所采取的措施不能有效阻止温度继续上升，就应及时将产品氢气放空，切出甲烷化反应器进行置换降温，使甲烷化反应器温度和粗氢气质量正常后，才能将粗氢气切入甲烷化反应器，恢复外供产品氢。

☞ **40. 苯菲尔溶液循环管道泄漏如何判断和处理？**

**答**：（1）溶液循环管道泄漏的原因：

① 焊接质量差；

② 发生化学腐蚀；

③ 发生冲刷腐蚀；

④ 使用超时限；

⑤ 材质不符合标准要求。

（2）溶液循环管道泄漏的短时现象：

① 现场发现泄漏；

② 再生塔补水量异常增加；

③ 如果漏势很大，补水无法补充损耗时，塔的液位会下降。

（3）溶液循环管道泄漏的处理：

① 溶液循环管道是吸收塔与再生塔之间流通溶液的管道，正常生产中，无论是贫液管道、半贫液管道、还是富液管道，都是不能停止溶液流动的。管路上只有溶液泵、过滤器、流量和液位调节阀，如果发生泄漏除可以切出进行处理外，其余部位的处理都有困难，对生产有重大影响。

② 脱碳溶液是贵重的生产材料，在生产管理上是属于严格控制的消耗品。溶液流失之后，由于溶液储备有限，如果不能满足补充需要，会使系统中的溶液浓度不断下降。当溶液浓度不能

456

满足工艺要求时，会降低粗氢气的净化度，对甲烷化反应的安全造成严重威胁。如果漏点漏势较大，又不能改动流程跨越的情况下，必须首先将产品氢气放空，再将甲烷化反应器切除，才能将溶液脱碳系统切除。

③ 溶液脱碳系统切除后，为了减少溶液的流失，要根据具体部位进行具体处理。如果考虑到漏口需要进行焊补，最好将两塔的溶液退出储备罐存放。

☞ **41. 锅炉给水泵停运后如何处理?**

**答:** 锅炉给水泵停运，汽包失去水源供应，在很短的时间内（≯10min）就会严重缺水，装置只能停工，所以处理这类事故必须抓紧时间，及时恢复锅炉给水，避免衍生其他事故。

（1）锅炉给水泵停运有如下现象:

① 给水量发出低限报警，流量回零。

② 汽包液位迅速下降，液位下降到低限时，会发出报警。

③ 设有机泵停运报警装置的，会发出报警。

④ 与除氧水换热的工艺介质温度升高。

（2）给水泵停运的可能原因:

① 供电系统停电或晃电，导致给水泵停运。雷雨季节或阴霾的天气发生此类事故的几率较高。

② 给水泵故障、损坏或抽空。日常生产中给水泵停运的事故大多由此而起。

③ 电机故障停运。

④ 误操作造成给水泵停运，表现为大幅度提降给水量，使电机负荷骤升骤降而跳停。

（3）锅炉给水泵停运的处理步骤:

① 立即赶赴现场关小泵出口阀，启动原用泵，恢复给水。

② 如果原用泵已损坏，或启动不起来，立即启动备用泵，恢复锅炉给水。

③ 如果现用泵和备用泵都无法启动(应该是发生停电事故)，

马上向供电单位了解恢复供电的时间，根据具体情况作如下处理：

a. 如果供电可以在短时间内恢复（≯10min），则马上将生产负荷降至最低，降低炉温，以减少产汽量，关闭所有排污，尽可能维持汽包不干锅，待恢复供电后，开泵向汽包进水。

b. 如果供电短时间无法恢复，装置只能作紧急停工处理，并要注意在停工期间，关闭所有的排污，尽可能降低炉温，减少汽包的蒸发量。

c. 如果汽包已经干锅，即使已恢复供电，在锅炉系统温度降至100℃之前，也不能向锅炉进水，防止锅炉应力损坏。

☞ **42. 转化炉引风机停运如何处理？**

**答**：转化炉引风机停运后，炉内高温烟气无法带出，炉子出现正压回火，逸出的火焰会烧断瓦斯软管及其他设备，极易衍生其他事故，所以工艺上设置了引风机停运时装置联锁停车，以保证人员及设备的安全。

（1）引风机停运有如下现象：

① 转化炉炉膛压力急剧上升至正压，对流段入口及引风机入口压力也急剧上升至正压。

② 转化炉炉膛温度及对流段入口温度急剧上升。

③ 装置联锁停车引发 ESD 发出声光报警。

④ 装有机泵停运报警的装置，会发出机泵停运报警。

（2）造成引风机停运的可能原因：

① 供电系统停动力电。雷雨季节或阴霾的天气发生此类事故的几率较高。

② 电机故障停运或风机故障停运。日常生产中引风机停运的事故大多由此而起。

③ 误操作造成风机停运，表现为大幅度开大风机入口风门，使电机负荷骤升而跳停。

（3）引风机停运的处理步骤：

① 立即赶赴现场，如果原用机未损坏，即启动原用机，如原用机启动不了，立即启动备用机。消除触发装置联锁停车的条件，然后按晃电造成联锁停车的步骤处理。

a. 启动引风机，将炉膛调至正常负压。

b. 关闭加热炉及转化炉燃料阀，关小转化炉进料调节阀，控稳配汽量，将装置联锁复位，尽快调整加热炉及转化炉炉温正常。

c. 调整转化炉配汽量正常，转化炉温恢复后，将原料气压缩机启动，恢复装置的气体进料。无气体原料的装置应加大配氢量，防止转化催化剂长时间单独接触蒸汽而氧化，有条件的可以选择在压缩机入口配入纯氢或氢气纯度较高的干气，否则就必须进行催化剂还原操作。

d. 观察转化催化剂无结炭现象后，启动石脑油泵，逐渐加大进料量，调整各系统操作至正常。如果转化催化剂已出现结炭或失活的情况，装置只能进行循环烧炭的处理，待催化剂活性恢复后，再投入生产。

② 如果在用机和备用机都无法启动(应该是发生停电事故)，装置只能按紧急停工处理。处理时要注意以下两点：

a. 停下鼓风机，防止炉子处于正压状态，造成操作人员和设备的危险。

b. 打开鼓风机、引风机的所有风门，打开转化炉所有看火窗，让炉子自然通风降温。

③ 恢复供电或处理好风机故障后，启动风机，建立炉膛负压，按正常开工步骤进行开车操作。

☞ **43. 锅炉循环泵停运如何处理？**

**答**：锅炉循环泵是保障锅炉系统水循环的设备，利用循环的水汽吸收转化炉对流段内高温烟气的余热，达到多产蒸汽，节能降耗的目的。循环泵停运后，水保段及蒸发段内没有水汽循环，导致汽包的产汽量降低，可能满足不了转化配汽量的要求。同时水保段及蒸发段受热面吸收的热量不能带走，有烧坏设备的危险。

（1）锅炉循环泵停运的现象：

① 水保段及蒸发段热流出口温度高，排烟温度也升高。

② 汽包液位升高，产汽量下降。

③ 设有机泵停运报警的装置发出报警。

（2）事故的原因：

① 电器故障，引起跳闸。

② 机械故障或泵抽空，日常生产中锅炉循环泵停运的事故大多由此而起。

③ 停动力电，雷雨季节或阴霾的天气发生此类事故的几率较高。

（3）事故的处理：

① 开备用泵，调节循环量正常。

② 若备用泵开不起来，在给水管线与水保段之间若设计有跨线，可以降低生产负荷，降低转化炉对流段入口温度，打开跨线阀，利用给水泵的水维持生产，抢修循环泵。

③ 如果没有跨线阀或发生停动力电事故，装置按紧急停工处理。

**☞ 44. 炉管破裂的应急处理原则是什么?**

**答**：炉管破裂分为加热炉炉管破裂和转化炉炉管破裂。由于两个系统的开工时间及难易程度不同，所以处理时的措施也不同。加热炉炉管破裂，只须把脱硫系统停工，更换或修复损坏炉管，转化系统可以维持循环，这样在恢复生产时可节约时间及物料；若转化炉管破裂，再维持脱硫系统的循环，起不到应有的节约作用，而全装置停运，更有利于节约成本和处理事故。

**☞ 45. 加热炉炉管破裂后如何应急处理?**

**答**：（1）加热炉炉管破裂的现象：

① 加热炉炉膛温度、排烟温度、出口温度均升高。

② 炉膛负压减小，甚至出现正压。

③ 烟气含氧量下降。

④ 加热炉出入口压力下降。

（2）加热炉炉管破的可能原因：

① 材质原有的缺陷，在长期生产中因高温蠕变，局部应力过大，导致破裂。炉管制造时总是存在着一定的缺陷，这些缺陷在使用时是允许的，当这些缺陷在长期的使用过程中越过标准成为超标缺陷时，会变成不安全因素。所以在生产过程中要定期对炉管进行监测，避免炉管破裂事故的发生。

② 火嘴调节不当，炉管被火焰直接喷射，温度超过允许值；开停工或事故处理过程中操作不当，使炉管处于干烧状态，导致炉管高温破裂。

③ 炉管有偏流现象，导致热负荷不均而破裂。

（3）加热炉炉管破裂的处理步骤：

① 马上关闭加热炉的火嘴，保留两个长明灯，以保证漏出的油气能燃烧，立即停止脱硫系统的一切进料，关闭脱硫系统至转化系统的阀门，投用脱硫开工线，脱硫气经开工冷却器冷却后放空，尽快将脱硫系统泄压。

② 建立转化系统氢循环流程，使转化催化剂保持在还原气氛中，等待恢复生产或在还原气氛中停车。

③ 脱硫系统压力降到微正压后，马上在加热炉入口充入大量的高压氮，置换炉管内和反应器中的油气。

④ 炉管漏点的火熄灭后，继续向炉管内充氮，直至采样分析合格（可燃气体<0.5%），然后关闭加热炉出入口阀门，并加盲板隔绝。

⑤ 处理炉管破裂的过程中，应适当关小炉子风门，全开烟道挡板，控制炉内可燃气体能点燃，火焰又不过于猛烈，以防烧坏其他炉管和炉墙。将炉膛内的高温烟气和部分未及燃烧的可燃

物通过烟囱抽出。如果炉内火焰猛烈，炉温过高，可适当打开炉膛灭火蒸汽，稀释可燃物的浓度，以降低燃烧程度及温度，但不能将火焰熄灭，以免造成爆炸事故。

⑥ 炉管漏点火焰熄灭后，关闭长明灯，全开所有风门和烟道挡板，加快炉子降温，同时开大炉膛灭火蒸汽，以吹扫干净炉膛内的油气，为检修做准备。

☞ **46. 如果发生转化炉炉管破裂，如何应急处理？**

**答：**（1）转化炉炉管破裂时可能出现的现象：

① 转化炉炉膛局部温度异常升高。

② 对流段入口温度突然上升。

③ 炉膛负压减小，甚至造成正压。

④ 烟气含氧量下降。

⑤ 转化炉进料量和配气量增大，入口压力和系统压力下降。

⑥ 受炉温的波及，中压汽包的压力、液位和流量增大。

⑦ 破裂点有火焰喷出，周围炉管温度较高。

（2）转化炉炉管破裂的原因：

① 转化炉管长期在高温高压的环境中使用，对材质等级、制造质量及操作使用的要求较高。但在生产过程中，操作使用不可能做到十分平稳，特别是在开停工或事故处理时的变化较大，这种变化使设备材质发生高温蠕变，热膨胀不均，局部应力过大，使材质原有的微小缺陷发展为超标缺陷，导致炉管破裂事故的发生。

② 火嘴偏烧，火焰扑炉管，造成炉管局部高温。转化炉使用的原料中氢含量较高，其火焰前锋温度高达3000℃以上，火焰直接与炉管接触会导致超温损坏。

③ 转化催化剂因粉碎、结炭使炉管堵塞，造成炉管干烧。

④ 炉管局部催化剂失活，受热面的热量不能及时转移。

（3）炉管破裂漏点较小时的处理步骤：

① 马上停下原料气压缩机及石脑油泵，关闭脱硫系统至转

化系统的阀门，加热炉熄火，脱硫气改放空。

② 手动停下 PSA，切断脱附气入炉，系统改在压控阀放空，按正常停工的泄压速度控制放空量。

③ 手动控制瓦斯入炉量，保证火嘴燃烧正常，使转化炉能按正常停工的速度降温。关闭漏点附近的火嘴，防止漏点附近的炉管超温损坏。

④ 控制转化炉入炉蒸汽量在正常操作值的30%～50%，并在转化炉入口充入大量高压氮置换床层油气，在炉入口温度低于水解温度之前切除入炉蒸汽，蒸汽改并网或放空。

⑤ 开大鼓风机、引风机风门，加大炉子的通风量，控制炉膛负压稍高于正常水平。

⑥ 低变入口温度低于露点温度之前，切出低变，置换合格后充氮保压。

⑦ 当转化、中低变床层油气置换干净，炉管漏点可燃气浓度很低，不再着火时，转化炉可逐步熄火，按正常停工步骤处理。

⑧ 处理过程中，若泄漏量增大，不可控制时，按紧急停工处理。

（4）炉管破裂漏点较大，火势不可控制的处理步骤：

① 联系专业消防队到现场戒备，但要注意不能轻易往转化炉高温部位喷水，这样很容易造成下尾管等设备脆化断裂，酿成更大的事故。

② 按下紧急停炉按钮，将装置紧急停工。关闭脱硫系统至转化系统的阀门，脱硫气改在开工线放空。

③ 停运 PSA，切断脱附气入炉，系统改在压控阀放空，在设备及催化剂允许的范围内加快放空速度。

④ 加大入炉蒸汽量，保证炉管内有较大的蒸汽流量，防止漏点附近的炉管被高温烧断，同时可以稀释漏点可燃气体浓度，降低燃烧强度。在炉入口温度低于水解温度之前，切除入炉蒸

汽，蒸汽改放空。

⑤ 在转化炉入口充入大量的高压氮，置换系统内油气，稀释漏点可燃气浓度。

⑥ 在低变入口温度低于露点温度之前，切除低变，置换合格后充氮保压。

⑦ 尽量开大鼓风机、引风机的风门开度，将炉膛的高温烟气及时带出，保持炉子在负压的状态，避免火焰窜出炉外燃烧。

⑧ 如果对流段入口温度过高，有烧坏设备的危险，即打开炉膛灭火蒸汽或烟道风门，降低对流段入口温度。

⑨ 处理过程中应保持漏点气体能够燃烧，防止熄火使可燃气体积聚，造成爆燃危险。

⑩ 漏点可燃气体浓度很低，火焰熄灭后，装置再按正常的停工步骤处理。

**☞ 47. 如果出现锅炉满水，如何处理?**

**答:** 锅炉满水时，炉水进入蒸汽管线，降低蒸汽温度，从而降低转化炉入口温度，使催化剂有低温水解的危险。同时炉水上部蒸发面中，杂质浓度较高，这些杂质进入催化剂会堵塞活性表面，降低催化剂的活性，杂质量大时将会造成转化催化剂结盐堵塞，使装置无法运行。操作中必须注意防止发生满水事故。

（1）锅炉满水的现象:

① 高水位报警。

② 过热蒸汽管内有水击声。

③ 蒸汽温度下降，转化炉入口温度下降。

④ 玻璃液位计看不到水位。水、汽两路均能排出大量的水汽。

（2）锅炉满水的原因:

① 给水量大于蒸发量，主要由给水调节阀故障引起。该阀为风关阀，在掉电或风源压力低时阀会全开，导致给水量大增；另外，该阀的参数调节不当也会使给水量大，导致锅炉满水。日

常生产中锅炉满水事故大多因该阀故障引起。

② 负荷骤变，转化炉降温过快，导致蒸发量突然大减，这种情况主要发生在事故处理的时候。

③ 误操作，不适当地加大给水量。

（3）锅炉满水的处理：

① 适当降低给水压力，将给水调节阀改手动操作，减少进水量。若调节阀失灵，则改副线操作。

② 提高转化炉入口温度，防止转化催化剂低温水解。

③ 加大排污量，快速降低汽包液位，情况严重时可以开汽包底部紧急放空阀，排掉部分炉水，排污过程中要注意液位的变化，防止汽包出现缺水事故。

④ 如果满水事故已经造成催化剂出现水解，炉管压差明显增大且超过规定值，视情况停工更换催化剂。

☞ **48. 如果锅炉出现缺水现象，如何处理？**

**答：** 锅炉缺水分为轻微缺水和严重缺水。轻微缺水是指汽包内液位低，虽然看不到液位，经"叫水法"（关闭汽路，打开排水阀，单独冲洗水路，确保水路畅通，然后关闭排水阀，如果液面在水路引线之上，水会被汽包内的压力压上来，此谓之"叫水法"）在液位计仍能排出水的属于轻微缺水。严重缺水是指汽包内完全没有液位，经"叫水法"在液位计内仍不能排出水的属于严重缺水。严重缺水属于锅炉运行中严重事故，处理不当会造成锅炉应力损坏或蒸汽爆炸损坏。目前实际操作时往往不采用"叫水法"，而直接按"严重缺水"处理。

（1）锅炉缺水的现象：

① 汽包低液位报警。

② 蒸发量大于给水量。

③ 在汽包液位下降的过程中蒸发量大增。

④ 汽包内压力短时上升。

⑤ 采用强制循环的循环泵出现抽空现象。

（2）锅炉缺水的原因：

① 给水泵因故停运或抽空，在日常生产中因电机故障、泵体故障或供电系统故障使泵停运，都是导致锅炉缺水的主要原因。

② 给水阀故障关闭使给水中断，泵出口压控阀故障全开，给水压力下降，导致给水减少。

③ 锅炉底排或紧急放空阀未关。主要发生在排污操作之后。

④ 汽包系统的给水管线或产汽段等设备泄漏。

⑤ 炉温上升过快，锅炉系统的蒸发量大增。

（3）锅炉缺水的处理：

① 发现缺水，马上对给水量、产汽量作对比分析，现场用"叫水法"判断，如果只是轻微缺水，马上加大汽包的给水量，关闭所有排污，调整汽包液位正常。

② 汽包叫不上水，也分两种情况，如果给水一直维持，系统管道内尚有汽水循环，产汽量大于蒸发量的时间也不长，此时即便叫不上水，也可向汽包加大给水量，调整汽包液位正常。

③ 汽包叫不上水，给水也中断大于10min，管道无汽水循环迹象，转化气出口换热器的换热效果变差，说明锅炉系统已处于干锅状况，此时严禁向汽包给水，装置按锅炉给水泵长期停运的紧急停工方案处理。

④ 如果是由于管线和设备泄漏，导致锅炉轻微缺水，能够在线处理的，马上关闭排污，加大给水量，降低生产负荷，待处理好漏点后再恢复正常生产。不能在线处理的，装置按正常停工步骤停工，处理好设备问题后再恢复生产。

⑤ 如果是由于管线和设备泄漏，导致汽包液位不能维持，装置按紧急停工步骤处理。

☞ **49. 如果余热锅炉省煤段发生管线漏水，如何处理？**

**答**：省煤段漏水会造成汽包液位下降甚至干锅，同时漏水也会导致排烟温度低于硫酸露点腐蚀温度，造成对流段后部管道的腐蚀。

466

（1）省煤段管线漏水可能出现的现象：

① 汽包给水量增大，但汽包的液位下降。

② 排烟温度降低。

③ 对流段有水漏出。

④ 烟囱冒白烟。

（2）省煤段管线漏水的原因：

① 燃料气含硫高或排烟温度低，造成省煤段硫腐蚀。生产中省煤段管线漏水的事故大多由此引起。所以在操作中要保证一定的排烟温度，防止产生硫酸露点腐蚀。

② 锅炉间断进水，致使省煤段产生额外应力损坏。

③ 使用时间长，材质蠕变或设备制造缺陷。

（3）省煤段管线漏水的处理：

① 设计有省煤段跨线的装置，应将省煤段暂时切出，走跨线，装置维持生产。

② 如果无法切出省煤段，汽包液位能维持则装置按正常停工步骤停工，汽包液位不能维持则装置按紧急停工步骤停工。

☞ **50. 余热锅炉水保段漏水如何处理?**

**答:** 水保段漏水会造成汽包液位下降，甚至干锅，同时漏水会导致烟气中的水气量大，排烟温度低，增大设备腐蚀的风险。

（1）水保段漏水的现象：

① 汽包给水量增大，但汽包的液位下降。

② 排烟温度降低。

③ 对流段有水漏出，烟囱冒白烟。

④ 漏水量大时循环泵会抽空。

（2）水保段漏水的原因：

① 烟气温度高，烧坏管子，一般发生在事故处理的过程中。事故处理时要防止转化炉对流段入口温度过高，加强对设备的保护。

② 锅炉循环泵停或抽空，造成水保段干烧损坏。

③ 使用时间长，材质蠕变或设备制造缺陷。

（3）水保段漏水的处理：

① 漏水量小时，尽量加大给水量，维持汽包液位并提高对流段温度。

② 漏水量较大但汽包液位在低负荷仍能维持时，作正常停工处理。

③ 漏水量较大但汽包液位在低负荷不能维持时，作紧急停工处理。

☞ **51. 除氧器出水不合格的原因及处理方法是什么？**

答：（1）除氧器出水不合格的原因：

① 除氧器进水温度太低。

② 除氧加热蒸汽量小。

③ 进水量过大，超过除氧器的设计值，使除氧器内水温达不到沸点。

④ 排汽阀门开度太小。

⑤ 采样方法不对。

（2）除氧器出水不合格的处理：

① 加大除盐水的换热量。

② 加大除氧蒸汽量。

③ 若除氧槽负荷过大，在有备用除氧槽的情况下，可投用备用除氧槽，保证除氧水的质量。

④ 开大除氧槽的排汽阀门，加大排汽量。

⑤ 将锅炉给水采样线置换干净，重新采样分析。

☞ **52. 液位计玻璃破裂处理步骤是什么？**

答：（1）液位计玻璃破裂的现象：

汽包液位计大量外冒蒸汽，并有响声。

（2）液位计玻璃破裂的处理：

在确保安全的前提下，迅速关闭液位计的引线阀，更换玻璃液位计，换好后先稍开工阀预热玻璃，然后缓慢开水阀，再开大汽阀，液面计投入运行。

如果是中压蒸汽汽包液位计玻璃破裂，有可能无法按上述步骤实施，则要考虑停锅炉。

☞ **53. 制氢装置出现停低压电现象如何处理？**

**答**：低压电停，所有使用低压电的机泵都将停运，生产不能维持正常。有联锁系统的装置将会联锁停车，没有联锁系统的装置也要手动将装置停下，防止衍生其他事故，造成更大损失。

（1）事故中可能出现的现象：

① ESD 屏幕上低压机泵状态显示灯灭。

② DCS 操作面板上机泵颜色改变。

③ 机泵出口流量回零。

④ 空冷出口温度升高。

⑤ 装置级联锁启动，蜂鸣器发出报警。

⑥ 转化炉炉膛温度及出入口温度、加氢反应器入口温度及床层温度、脱硫反应器床层温度上升。

（2）可能引发此类事故的原因：

① 变电所线路故障。

② 外系统电网故障。

③ 雷电影响。雷雨季节或阴霾的天气中发生此类事故的几率较高。

（3）事故处理步骤：

① 如果只是瞬间晃电，造成部分机泵停运，而未引起装置联锁停车，应立即将停运机泵开起来，调整操作至正常状态。

② 如果已造成装置联锁停车，则按如下方案处理：

a. 立即启动鼓风机，消除引致装置联锁停车的条件，调节转化炉负压至正常。

b. 关小燃料气调节阀，并将装置级联锁复位，尽快恢复加热炉和转化炉的正常炉温。

c. 调整转化炉配汽量，待转化炉温度正常，将原料气压缩机联锁复位并启动，控制压缩机出口流量平稳。有条件的情况下，尽可能引纯氢或氢纯度高的干气，这对保护转化催化剂有利。

d. 投用 PSA，恢复转化炉的正常燃烧工况。

e. 系统物料流程贯通，且脱硫转化工艺参数调节正常后，可逐渐加大干气量，并视情况启动轻石脑油泵，增大生产负荷。

f. 如果转化催化剂已有被氧化的迹象，禁止装置进料，应进行转化催化剂还原操作，待催化剂性能恢复后再重新进料。

③装置停低压电时间较长，未能很快恢复，按紧急停工处理。由于低压机泵已停运，处理时要密切注意系统各部分的温度、压力、液位等情况，防止超温、串压等事故的发生。

☞ **54. 制氢装置出现停高压电现象如何处理？**

**答**：高压电停，所有使用高压电的机泵都将停运，生产不能维持正常。有联锁系统的装置将会联锁停车，没有联锁系统的装置也要手动将装置停下，以防止衍生其他事故，造成更大损失。

（1）事故中可能出现的现象：

① ESD 屏幕上高压机泵状态显示灯灭，DCS 操作面板上高压机泵颜色改变。

② 原运转的高压机泵出口流量回零。

③ 装置级联锁启动，蜂鸣器发出报警。

④ 转化炉炉膛温度及出入口温度、加氢反应器入口温度及床层温度、脱硫反应器床层温度上升。

（2）事故原因与停低压电原因相同。

（3）事故处理步骤：

因低压电由高压电变送而来，停高压电后除按低压电的处理预案进行处理外，还应重点做好两个方面的工作：

① 避免因引风机停运造成的转化炉回火事故，应立即切断转化炉的燃料供应，再视恢复情况调整转化炉温。

② 为避免汽包干锅，造成锅炉系统设备损坏，转化炉应立即停炉降温，关闭排污。在给水泵恢复正常供水后，方可启动压缩机或石脑油泵，恢复转化炉的正常操作。

☞ **55. 出现停仪表电现象后如何处理？**

**答**：仪表电分为外线路常规供电和 UPS 自备电源两种。外线路供电中断是由外系统故障造成的，UPS 自备电源按要求应随时处于备用状态。当 UPS 自备电源正处于制度化的充放电过程中，此时发生外线路供电中断事故，这种状况非常危险。当两种供电完全中断后，用电传送的仪表显示失灵，DCS 操作站黑屏，调节阀处于始态，在 DCS 操作站无法监控和操作，装置的安全受到严重威胁，应马上紧急停工。

仪表常规供电停电后，DCS 发出掉电报警，UPS 自备电源如处于正常备用状态可维持 30min 左右。操作员应立即联系仪表维修人员处理，确定恢复供电时间。在仪表维修人员处理过程中，操作人员随时监视工艺参数变化情况，适当降低生产负荷，随时做好紧急停工准备。如果确定仪表电长时间（超过 30min）恢复不了，应及早按紧急停工处理。

在处理停仪表电的事故中，操作人员应根据平常操作时的参数，参照现场的测量表来进行操作。此外应注意如下方面：

（1）切断各个系统，消压，防止设备超压。

（2）引高压氮，置换各系统床层的油气。

（3）保证脱硫系统的压力必须低于转化系统压力。

（4）防止汽包干锅或满水。

☞ **56. 制氢装置停循环水现象、原因及处理步骤是什么？**

**答**：（1）现象：

① 循环水流量迅速下降回零，压力发出低限报警。

② 用循环水冷却的机泵及换热器温度上升。

（2）原因：

停循环水事故由系统因素引起，即循环水供应设备（循环水泵等）或管线出现问题。

（3）处理：

① 如果装置内的新鲜水与循环水有联通阀，此时应关闭循环水入装置总阀，打开与新鲜水联通阀，暂时引新鲜水代替循环水使用。如果新鲜水量不够，应尽量控制并调整好冷换设备的用水量，联系供水单位做好恢复循环水的准备。

② 如果没有其他冷却水代替循环水，危及冷换设备及动设备的安全运行时，装置按紧急停工处理。

③ 有些装置的部分动设备所需的冷却水量不大，故受停循环水的影响程度不一样，此时有可能维持转化系统的运转。但这种维持的前提是不能危及设备安全，否则将为装置恢复带来更大的困难，此时要按停工处理。

☞ **57. 制氢装置停除盐水的现象、原因、处理步骤是什么？**

答：（1）现象：

① 除盐水流量迅速下降回零。

② 与除盐水换热的介质温度升高。

（2）原因：

停除盐水事故由系统引起，即除盐水供应设备或管线出现问题。

（3）处理：

① 如果装置设有备用水罐，紧急启用除盐水泵将除盐水送入除氧槽，维持汽包液位正常。

② 如果装置没有备用水罐，但除盐水管道设计串有软化水或新鲜水，此时应串用软化水或新鲜水。新鲜水含有较多的结垢物质，因此要加强汽包的加药和排污，防止汽包结垢。

③ 降低装置生产负荷，减少转化炉入炉蒸汽量。

④ 若除盐水长时间无法恢复，备用水罐的水接近用完（改用新鲜水或软化水的，要考虑到汽包结垢的情况），装置应按停工处理。

☞ **58. 制氢装置停新鲜水的现象、原因、处理步骤是什么？**

答：（1）现象：

① 新鲜水流量低限报警，并下降回零。

② 用新鲜水冷却的机泵及设备温度上升。

（2）原因：

停新鲜水事故由系统引起，即新鲜水供应设备或管线出现问题。

（3）处理：

① 如果装置内的新鲜水与循环水有联通阀，此时应关闭新鲜水入装置总阀，打开与循环水联通阀，引循环水代替新鲜水使用。或串入其他水源，例如除盐水、软化水等。

② 做好恢复新鲜水的准备，待新鲜水恢复后重新投用。

③ 如果没有手段解决机泵及其他设备的冷却问题，危及设备安全时，装置按停工处理。

☞ **59. 制氢装置停风的现象、原因、处理步骤是什么？**

答：制氢装置的风源有净化风和非净化风，非净化风只用作催化剂钝化和供服务站使用，对正常生产没有影响。净化风为装置净化风源，净化风停，装置现场的调节阀将处于初始状态（风开阀全关，风关阀全开），调节阀无法动作，生产无法维持。

（1）现象：

① 净化风压力下降，并出现低报警。净化风流量显示回零。

② 现场所有风开阀全关、风关阀全开、联锁阀关闭。

③ 系统压力、流量、液位波动。

④ PSA 系统运行紊乱。

（2）原因：

停净化风的事故由系统因素引起，即净化风供应设备或管线出现问题。

（3）处理：

① 当净化风压力低时，立即通知生产管理部门，查明原因并及时恢复。

② 若净化风无法及时恢复，将能代替净化风的介质(如氮气)引入净化风系统，保持装置内净化风压力正常，维持生产。尽量避免因净化风压力低导致装置联锁启动。

③ 当装置的净化风压力实在不能保持时，调节阀将处于初始化(有联锁系统的装置其部分联锁阀启动，若要维持生产，此时首先应将此部分事故阀手动摇开)，装置将进入自保状态，要将全部调节阀改为手阀控制，企图维持生产是非常困难的。如PSA系统无手阀可改，只能停止供氢。将转化系统风开阀改为副线操作，风关阀改为用上游阀控制。严格控制好汽包的液位及装置的进料量，维持转化系统低负荷运转，为装置重新恢复打好基础。

④ 当维持转化系统的运转也做不到时，装置应按紧急停工处理。保护好催化剂及设备，各调节阀开关也应处于安全状态，当净化风恢复时不致于串压或超压。

☞ **60. 当制氢装置出现停蒸汽有何现象？原因及处理步骤是什么？**

**答**：制氢装置所用的蒸汽有自产蒸汽和系统蒸汽两种。自产蒸汽用于转化炉配汽，多余的并入管网，系统蒸汽主要用于管线伴热及消防等。自产蒸汽由本装置生产，只要装置还在正常生产就有蒸汽产生。如因为锅炉系统故障导致自产蒸汽中断，装置只有紧急停工，具体的处理步骤参看"转化炉配汽中断"的处理预案。系统蒸汽中断是因为供蒸汽的装置或管线发生事故所致，对本装置的运行影响不大，系统蒸汽中断时的现象及处理步骤如下。

(1) 现象：

① 系统蒸汽的压力、流量及温度等发出低限报警。

② 用系统蒸汽除氧时，除氧槽压力发出低限报警。

③ 伴热管线温度低，疏水器无水排出。

（2）处理：

① 使用系统蒸汽配汽的装置，改通自产蒸汽入系统蒸汽的阀门，维持配汽正常。

② 除氧槽改用自产蒸汽除氧。

③ 及时监控伴热管线的蒸汽量，防止伴热不足或过热。

☞ **61. 紧急停车时如何保护转化催化剂？**

**答**：制氢装置紧急停车时保护转化催化剂的方法：

（1）立即关死脱硫油气进转化的阀门，完全停止油气进转化；

（2）转化炉熄火，打开事故烟囱；

（3）当使用 Z403H 型转化催化剂时，停止进油后 5min 内停止水蒸气进转化炉，当用 Z402（Z409）/Z405 型转化催化剂时，由于这类催化剂可在转化炉内重新还原，可在停油后保持蒸汽继续通过转化催化剂进行吹扫，但蒸汽流量应降到正常值的一半左右，直到转化入口降到 300℃ 左右停止蒸汽系统用氮气吹扫。

在停转化炉时，只要有电应开着引风机和给火嘴供风的鼓风机来降温。

☞ **62. 紧急停工时怎样处理脱碳系统？**

**答**：如系因全面停电造成紧急停工，应立即关死半贫液泵和贫液泵的出口阀，防止泵出口止逆阀不严引起高压串低压。脱硫岗位本身最严重的事故就是吸收塔的气体串入再生塔。

如非停电造成的全装置紧急停工时，应保持半贫液泵和贫液泵正常运转，尽量维持两塔的各液面正常。

一般情况下的紧急停工不采取放空吸收塔的措施。吸收塔应尽量保持压力缓慢下降，必须降压时从进甲烷化前有控制地卸压，适可而止。

# 第十三章 制氢装置工艺计算

☞ **1. 如何进行露点的计算?**

**答**:计算水蒸气露点时,先求得水蒸气分压,再按分压数值查蒸汽性质表,即可得到相应的露点。

**例**:某烃类水蒸气转化制氢装置,低变反应器入口气体总流量为 45158Nm³/h,其中干气流量为 26000Nm³/h,入口气体压力为 1.65MPa(绝),要使低变反应器入口气体不到达露点,计算低变反应器入口气体温度应大于多少摄氏度(已知水蒸气在 0.6MPa、0.7MPa、0.8MPa、0.9MPa、1.0MPa 的绝对压力下,水蒸气的饱和温度分别是 158.1℃、164.2℃、169.9℃、174.5℃、179℃)?

**解**:(1) 低变反应器入口气体中水蒸气的分压为:

$$水蒸气的分压 = 1.65 \times \frac{45158 - 26000}{45158} = 0.7(MPa)$$

(2) 已知水蒸气在 0.7MPa 时的饱和温度为 164.2℃,因此,要使低变反应器入口气体不产生露点,则反应器入口气体温度应大于 164.2℃。

**答**:要使低变反应器入口气体不到达露点,反应器入口气体温度应大于 164.2℃。

☞ **2. 脱硫剂使用寿命如何计算?**

**答**:脱硫剂使用寿命的计算首先要计算出脱硫剂的硫容,再根据原料的含硫量和原料的流量来计算脱硫剂的使用寿命。

**例**:某厂原料天然气用量为 28050Nm³/h,硫浓度为 28μL/L(以 $H_2S$ 体积计),氧化锌脱硫剂填装量为 30m³,(堆密度

$1150kg/m^3$）硫容 25%（质量），试预测脱硫剂的使用寿命。

**解：** 氧化锌脱硫剂被饱和时的总吸硫量为：

$1150×30×0.25 = 8625（kg）$

每小时吸硫量：$28050×28×10^{-6}÷22.4×32 = 1.12（kg）$

使用时间为：

$8625÷1.12 = 7700（h）$

☞ **3. 原料的平均总碳和平均总氢如何计算？**

**答：** 原料的平均总碳计算如下：先分析原料组成，再用各个组分的碳数乘以其含量（体积分数），即得到平均总碳量。平均总氢的计算方式平均总碳的计算方式相同。

**例：** 某气体组成（体积%）分析结果如下：甲烷 11.33，乙烷 1.67，丙烷 5.43，异丁烷 5.57，正丁烷 1.87，异戊烷 0.04，正戊烷 0.12，$H_2$ 73.97。求该气体的平均总 C 和平均总 H 是多少？

**解：** （甲、乙、丙、丁、戊）烷的 C 原子数分别为：1、2、3、4、5

（甲、乙、丙、丁、戊）烷的 H 原子数分别为：4、6、8、10、12

所以各种组分所含 C 和 H 分别为：

$C = 11.33×1 + 1.67×2 + 5.43×3 + 5.57×4 + 1.87×4 + 0.04×5 + 0.12×5 = 61.52$

$H = 11.33×4 + 1.67×6 + 5.43×8 + 5.57×10 + 1.87×10 + 0.04×12 + 0.12×12 + 73.97×2 = 323.04$

这是 100 个原料平均分子所含的 C 和 H，所以 1 个平均分子原料所含总碳是 0.6152，1 个平均分子原料所含总氢是 3.2304。

☞ **4. 转化炉水碳比和配汽量如何计算？**

**答：** 碳原（总碳）的定义是指 $100Nm^3$ 原料气中所含的烃类中的碳都折算成气态 C 时所占有的体积（$Nm^3$）数，写作 $\sum C$，也叫做总碳。但这种碳原的定义对以轻油为原料的制氢装置来说不可直接套用。

绝对碳原的定义是指 1t 油中所含的碳元素在标准状况下汽化成单原子(C)气体时所占有的体积，叫做绝对碳原，亦可写做 $\sum C_a$，单位为 $Nm^3/t$ 油。

计算水碳比时，首先要求得水蒸气的体积流量，其次再求碳的体积流量，即可计算水碳比。转化炉水碳比最简计算式为：

$$H_2O/C = \frac{水蒸气流量(Nm^3/h)}{碳流量(Nm^3/h)} = \frac{Q_{H_2O}}{Q_c}$$

水蒸气的流量如以 kg/h 表示时，则乘以 22.4/18 变成 $Nm^3/h$，再代入上式。

**例 1**：已知某轻油水蒸气制氢装置每小时进油 5t，料油中 C/H(质量)为 5.33，水蒸气流量为 32000kg/h，工业氢中 $CH_4$ 为 3.0%，转化催化剂装填量为 $12m^3$，求：

(1) 油中碳含量 C/油。

(2) 绝对碳原 $\sum C_a$。

(3) 碳流量 $Q_C$。

(4) 碳空速 $V_C$。

(5) 水碳比 $H_2O/C$。

**解**：(1) C/油 = 5.33/(5.33+1) = 0.842 = 84.2%(质量)

(2) $\sum C_a$ = 油中碳含量 ÷ 12.01 × 22.4 × 1000 = 0.842 × 1865 = 1570.33($Nm^3/t$ 油)

(3) $Q_C$ = 1570.33 × 5 = 7851.65($Nm^3/h$)

(4) $V_C$ = 7851.65/12 = 654.3($h^{-1}$)

(5) $H_2O/C = \dfrac{32000 \times 22.4}{18 \times 7856.1} = 5.07$

**例 2**：某制氢装置用油和炼厂干气作原料，进油量为 2.5t/h，进干气量为 6000$Nm^3/h$，转化炉配水蒸气量为 36t/h，油的平均相对分子质量是 86，油平均分子式的碳原子个数是 6，干气平均分子式的碳原子个数是0.9，求水碳比是多少？

**解：**（1）水蒸气体积流量 $= \dfrac{\text{水蒸气质量}}{\text{水的相对分子质量}} \times 22.4 = \dfrac{36000}{18}$

$\times 22.4 = 44800\,(\text{Nm}^3/\text{h})$

（2）原料油的碳流量 $= \dfrac{\text{进油量}}{\text{油的平均相对分子质量}} \times 6 \times 22.4 =$

$\dfrac{2500}{86} \times 6 \times 22.4 \approx 3907\,(\text{Nm}^3/\text{h})$

干气的碳流量 $=$ 干气量 $\times 0.9 = 6000 \times 0.9 = 5400\,(\text{Nm}^3/\text{h})$

（3）水碳比 $= \dfrac{\text{水蒸气体积流量}}{\text{原料油的碳流量} + \text{干气的碳流量}} = \dfrac{44800}{3907 + 5400}$

$\approx 4.81$

**答：** 水碳比为4.81。

**例3：** 某制氢装置进油量为 3t/h，转化炉配汽量为 18t/h，石脑油平均相对分子质量是 92，总碳是 6.8，求水碳比是多少？

**解：**

$$\text{水碳比} = \dfrac{\dfrac{\text{蒸汽量}}{\text{水相对分子质量}}}{\dfrac{\text{进油量}}{\text{油平均相对分子质量}} \times \text{总碳}}$$

$$= \dfrac{\text{蒸汽量} \times \text{油平均相对分子质量}}{18 \times \text{进油量} \times \text{总碳}} = \dfrac{18 \times 92}{18 \times 3 \times 6.8} = 4.51$$

**例4：** 某制氢装置用油和炼厂干气作原料，进油量为 2.5t/h，进干气量为 6000Nm³/h，油的平均相对分子质量是 86，油分子式的平均碳原子个数是 6，干气分子式的平均碳原子个数是 0.9，水碳比是 4.81，求转化炉配水蒸气量是多少 t/h？

**解：**

（1）原料油的碳流量 $= \dfrac{\text{进油量}}{\text{油的平均相对分子质量}} \times 6 \times 22.4 =$

$$\frac{2500}{86}\times6\times22.4\approx3907(\text{Nm}^3/\text{h})$$

干气的碳流量 = 干气量×0.9 = 6000×0.9 = 5400(Nm$^3$/h)

原料的碳流量 = 3907+5400 = 9307(Nm$^3$/h)

（2）水碳比 = $\dfrac{\text{水蒸气体积流量}}{\text{原料的碳流量}}$ = $\dfrac{\text{水蒸气体积流量}}{9307}$ = 4.81

水蒸气体积流量 = 9307×4.81 ≈ 44766.7(Nm$^3$/h)

水蒸气质量流量 = $\dfrac{44766.7\times18}{22.4}\times0.001\approx36$(t/h)

**答：** 转化炉配蒸汽量约 36t/h。

☞ **5. 碳空速如何计算？**

**答：** 碳空速是用来描述制氢转化炉生产强度的一个专用术语，即流过单位催化剂体积的碳流量。碳空速简写为 $V_c$。由于轻油和炼厂气的绝对碳原不同，计算碳空速时主要是计算准碳流量。这就需要对轻油和炼厂气分别计算，再根据分析结果，分别计算轻油碳流量和炼厂气碳流量，然后相加得出总的碳流量（Nm$^3$/h）。已知催化剂装量（m$^3$）计算碳空速公式如下：

$$\text{碳空速（h}^{-1}\text{）}=\frac{\text{轻油碳流量（Nm}^3/\text{h）}+\text{炼厂气碳流量（Nm}^3/\text{h）}}{\text{催化剂体积（m}^3\text{）}}$$

**例 1：** 转化过程的体积空速为 335Nm$^3$/（m$^3$·h），求相应的总碳空速？已知原料气的成分如下：

| CO$_2$ | N$_2$ | CH$_4$ | C$_2$H$_6$ | C$_3$H$_8$ | C$_4$H$_{10}$ | 总计 |
|--------|-------|--------|------------|------------|---------------|------|
| 0.51 | 1.59 | 85.12 | 5.35 | 5.56 | 1.87 | 100 |

**解：** $\sum C$ = 1×0.8512+2×0.0535+3×0.0556+4×0.0187

$\qquad\qquad$ = 0.8512+0.107.0.1668+0.0740

$\qquad\qquad$ = 1.1998

$\qquad$ 总碳空速 = 体积空速×$\sum C$

$\qquad\qquad\qquad$ = 335×1.1998

$$= 402 (h^{-1})$$

**例2**：某装置进油量为 1.5t/h，进干气量为 4000Nm³/h，原料油的碳含量为 84%（质量），干气的组成（体积）如下：$H_2$ 为 20%，$CH_4$ 为 57%，$C_2H_6$ 为 12%，$C_3H_8$ 为 6%，$C_4H_{10}$ 为 3%，$N_2$ 为 2%，转化催化剂装填量为 12.5m³，计算转化过程的碳空速是多少？

**解**：（1）干气分子式的平均碳原子个数为：

$$\sum C = 1 \times 0.57 + 2 \times 0.12 + 3 \times 0.06 + 4 \times 0.03 = 1.11$$

（2）干气的碳流量为：$V_1 =$ 干气量 $\times \sum C = 4000 \times 1.11 = 4440$（Nm³/h）

油的碳流量为：$V_2 = \dfrac{\text{进油量} \times \text{油的碳含量}}{12} \times 22.4 = \dfrac{1500 \times 0.84}{12} \times 22.4 = 2352$（Nm³/h）

进转化炉的碳流量为：$V = V_1 + V_2 = 4440 + 2352 = 6792$（Nm³/h）

（3）碳空速 $= \dfrac{\text{碳流量}}{\text{催化剂的体积}} = \dfrac{6792}{12.5} = 543.36$（h⁻¹）

**答**：转化过程的碳空速为 543.36h⁻¹。

☞ **6. 转化炉管床层平均压力降如何计算？**

**答**：要求转化炉管床层平均压力降，首先要求所有炉管的压降的总和，再除以总炉管数，即得到平均压降。

**例**：转化催化剂装填后，逐管测量催化剂床层压差，得如下数据：压差为 0.063MPa 的炉管共有 25 根，压差为 0.065MPa 的炉管共有 50 根，压差为 0.067MPa 的炉管共有 24 根，压差为 0.069MPa 的炉管有 1 根（编号为第 10 号炉管）；按转化催化剂装填的要求，单管压差与全炉平均压差的偏差的绝对值不大于 5% 为合格，计算第 10 号炉管的催化剂装填是否合格？

**解**：

（1）全部炉管的平均压差为：

$$\frac{0.063\times25+0.065\times50+0.067\times24+0.069\times1}{25+50+24+1}=0.065(\text{MPa})$$

（2）第 10 号炉管的压差与全部炉管平均压差的偏差为：

$$\frac{\text{单管压差}-\text{平均压差}}{\text{平均压差}}\times100\%=\frac{0.069-0.065}{0.065}\times100\%=6.2\%>5\%$$

（3）根据转化催化剂装填的要求，可知第 10 号炉管的催化剂装填不合格。

**答**：第 10 号炉管的催化剂装填不合格。

☞ **7. 转化炉甲烷转化率如何计算？**

**答**：计算甲烷转化率时，根据的是转化反应式中反应前后，碳的总量是不变的，用转化生成的 CO 和 $CO_2$ 的量，除以碳的总量，即得到甲烷转化率。

$$\text{甲烷转化率 } X=\frac{CO+CO_2}{CO+CO_2+CH_4}\times100$$

式中　　$X$——甲烷转化率，%；

　　CO——炉出口转化气中 CO 体积分数，%；

　　$CO_2$——炉出口转化气中 $CO_2$ 体积分数，%；

　　$CH_4$——炉出口转化气中 $CH_4$ 体积分数，%。

**例**：已知某烃类蒸汽转化炉出口转化气组成如下：

$H_2$：　76.72%、　$CH_4$：　3.205%、　CO：　9.411%、　$CO_2$：10.67%，求转化炉的甲烷转化率？

**解**：

$$\text{甲烷转化率 } X=\frac{CO+CO_2}{CO+CO_2+CH_4}\times100\%=\frac{9.411+10.67}{9.411+10.67+3.205}\times100\%=86\%$$

☞ **8. 转化催化剂装填量和堆积密度如何计算？**

**答**：堆积密度的计算方法按其定义计算，用装填物料的质量除以装填体积即可。

**例 1**：某转化炉有 120 根炉管，炉管规格为 $\phi130mm\times10mm$，炉管长度为 12700mm，炉管下部催化剂支托长度为 1100mm，炉管装填催化剂后的平均空高为 800mm，炉管上层和下层分别装填催化剂 A 和催化剂 B，其装填体积比为 1∶1，催化剂 A 和催化剂 B 的堆积密度分别为 1020kg/m³ 和 1060kg/m³，求催化剂 A 和催化剂 B 的装填量分别是多少 kg?

**解**：

（1）炉管的内径为：$D=0.13-0.01\times2=0.11(m)$。

（2）120 根炉管内装剂的总容积为：

$$V=120SH=120\times\frac{1}{4}\pi D^2H=120\times\frac{1}{4}$$

$$\times3.14\times0.11^2\times(12.7-1.1-0.8)=12.31(m^3)$$

（3）催化剂 A 的装填量 $=\frac{1}{2}\rho_A V=\frac{1}{2}\times1020\times12.31=6278.1(kg)$

催化剂 B 的装填量 $=\frac{1}{2}\rho_B V=\frac{1}{2}\times1060\times12.31=6524.3(kg)$

**答**：催化剂 A 和催化剂 B 的装填量分别是 6278.1kg 和 6524.3kg。

**例 2**：某转化炉有 120 根炉管，炉管规格为 $\phi130mm\times10mm$，炉管的总长度为 12700mm，炉管下部催化剂支托长度为 1100mm，炉管装填催化剂后的平均空高为 800mm，转化催化剂的装填量为 12679kg，求转化催化剂装填时的堆积密度是多少 kg/m³?

解：

（1）炉管的内径为：$D=0.13-0.01\times2=0.11(m)$。

（2）120 根炉管内装剂的容积为：

$$V=120SH=120\times\frac{1}{4}\pi D^2H=120\times\frac{1}{4}\times3.14$$

$$\times0.11^2\times(12.7-1.1-0.8)=12.31(m^3)$$

（3）催化剂的堆积密度 $= m/V = 12679/12.31 = 1030(kg/m^3)$

**答**：转化催化剂装填时的堆积密度是 $1030kg/m^3$。

**例 3**：某装置进油量为 5t/h，原料油的碳含量为 84%（质量），转化催化剂要求碳空速不大于 $700h^{-1}$，催化剂的装填堆积密度为 $1050kg/m^3$，计算转化催化剂装填量至少为多少 t?

**解**：

（1）碳流量 $= \dfrac{\text{进油量} \times \text{油的碳含量}}{12} \times 22.4 = \dfrac{5000 \times 0.84}{12} \times 22.4 = 7840(Nm^3/h)$

（2）碳空速 $= \dfrac{\text{碳流量}}{\text{催化剂的体积}} = \dfrac{7840}{\dfrac{\text{催化剂重量}}{1.05}} = 700(h^{-1})$

解得：催化剂质量 $= 11.76(t)$

**答**：转化催化剂装填量至少为 11.76t。

☞ **9. 变换反应变换率如何计算?**

**例**：某厂轻油水蒸气转化制氢装置转化气中 CO 含量为 5%，经过中温变换反应器后 CO 含量降为 2.5%，经过低温变换反应器后 CO 含量降为 0.2%，计算中温变换率和总变换率各是多少?

**解**：

$$变换率\ X = \dfrac{CO_入 - CO_出}{CO_入\left(1 + \dfrac{CO_出}{100}\right)} \times 100\%$$

式中　$CO_入$——变换器入口气体 CO 浓度，%；

　　　$CO_出$——变换器出口气体 CO 浓度，%。

$$中温变换率\ X_中 = \dfrac{9-2.5}{9 \times \left(1 + \dfrac{2.5}{100}\right)} \times 100\% = 70.5\%$$

$$总变换率\ X_总 = \dfrac{9-0.2}{9 \times \left(1 + \dfrac{0.2}{100}\right)} \times 100\% = 97.6\%$$

☞ **10. 收率如何计算？**

**例1**：某装置原料油流量为 2t/h，原料气流量为 4480Nm³/h，原料气的平均相对分子质量为 16，工业氢产量为 22500Nm³/h，工业氢的密度为 0.114kg/Nm³，计算氢气收率是多少？

**解**：（1）每小时原料气的质量为：$\dfrac{4480}{22.4}\times16\times10^{-3}=3.2（t）$

每小时原料的总质量为：原料油质量+原料气质量 = 2+3.2 = 5.2（t）

（2）每小时工业氢的质量为：$22500\times0.114\times10^{-3}=2.565（t）$

（3）氢气收率 $=\dfrac{\text{工业氢的质量}}{\text{原料的总质量}}\times100\%=\dfrac{2.565}{5.2}\times100\%\approx49.33\%$

**答**：氢气收率为 49.33%。

**例2**：已知某装置某月的氢气收率是 49.2%，用外来氢气配氢，配氢量为 40t，工业氢流量表累计值为 1820t，计算该月原料油的用量为多少 t？

**解**：氢气收率 $=\dfrac{\text{工业氢的质量}}{\text{原料油的质量}}\times100\%=\dfrac{1820-40}{\text{原料油的质量}}\times100\%=49.2\%$

得：原料油的质量 $=（1820-40）/0.492\approx3618（t）$

**答**：该月原料油的用量为 3618t。

**例3**：已知某装置某月的氢气收率是 49.2%，原料油的用量为 5400m³，原料油的相对密度为 0.67，计算该月产氢量为多少 t？

**解**：氢气收率 $=\dfrac{\text{工业氢的质量}}{\text{原料油的质量}}\times100\%=\dfrac{\text{工业氢的质量}}{5400\times0.67}\times100\%=49.2\%$

得：工业氢的质量 $=5400\times0.67\times0.492\approx1780（t）$

**答**：该月产氢量为 1780t。

☞ **11. 苯菲尔溶液转化率如何计算？**

**例：** 已知半贫液中 $KHCO_3$ 为 16.82%，$K_2CO_3$ 为 15.39%，求总碱度和半贫液转化度是多少？

**解：** 总碱度 = $0.69KHCO_3 + K_2CO_3$ = $0.69 \times 16.82\% + 15.39\%$ = 27%

半贫液转化度：

$$F_c = \frac{0.69KHCO_3}{0.69KHCO_3 + K_2CO_3} = \frac{0.69 \times 16.82}{0.69 \times 16.82 + 15.39} = 0.43$$

☞ **12. 苯菲尔溶液吸收能力如何计算？**

**例1：** 已知贫液量和半贫液量的比例为1∶3，溶液吸收二氧化碳的平均能力是 19.65$Nm^3CO_2/m^3$溶液。进吸收塔工艺气体的流量为 26200$Nm^3/h$，工艺气中 $CO_2$ 的浓度为 21%(体积)，计算贫液和半贫液的流量分别是多少 $m^3/h$？

**解：** (1) 设贫液的流量为 $X$，则：

$$溶液的平均吸收能力 = \frac{CO_2\ 的流量}{溶液的流量} = \frac{26200 \times 0.21}{X + 3X}$$
$$= 19.65(Nm^3CO_2/m^3\ 溶液)$$

得：$X = \dfrac{26200 \times 0.21}{4 \times 19.65} = 70(m^3/h)$

(2) 半贫液量 = $70 \times 3 = 210(m^3/h)$

**答：** 贫液和半贫液的流量分别是 70$m^3/h$ 和 210$m^3/h$。

**例2：** 某制氢装置净化吸收塔进塔低变气量为 14600$Nm^3/h$，进塔溶液循环量为 74$m^3/h$，已知低变气和净化气组成如下：低变气中 $CO_2$19.4%，净化气中 $CO_2$0.4%。求：$CO_2$吸收负荷和净负荷？

**解：** $CO_2$吸收负荷 $= \dfrac{V_{低} \cdot CO_{2低}}{V_{液}} = \dfrac{14600 \times 0.194}{74}$
$$= 38(Nm^3CO_2/m^3\ 溶液)$$

$CO_2$吸收净负荷：

$$A = \frac{低变气中\ CO_2\ 量-净化气中\ CO_2\ 量}{V_液}$$

$$= \frac{V_低 \times CO_{2低} - V_低(1-CO_{2低})\dfrac{CO_{2净}}{1-CO_{2净}}}{V_液}$$

$$= \frac{14600 \times 0.194 - 14600(1-0.194) \times \dfrac{0.004}{1-0.004}}{74}$$

$$= 37.4(Nm^3\ CO_2/m^3\ 溶液)$$

**☞ 13. 溶液净化制氢装置吨油产氢量如何计算？**

**例 1**：某溶液净化制氢装置，进油量为 5t/h，原料油中含碳量为 83.5%（质量），工业氢中甲烷含量为 3.5%（体积），若氢气泄漏、溶解等损失忽略不计，计算该装置每小时生产工业氢为多少 $Nm^3$？

**解**：根据产氢计算公式，可计算 5t 原料油能产的工业氢量（体积）：

简化假定：原料烃经转化和变换反应，全部变成 $H_2$ 和 $CO_2$，甲烷化时粗氢中全部 $CO_2$ 转化为 $CH_4$。每产生 $1mol\ CH_4$ 消耗 $4mol\ H_2$。反应式为：$CO_2 + 4H_2 \longrightarrow CH_4 + 2H_2O$。

工业氢量＝理论产氢量－甲烷化消耗氢量＋甲烷量

甲烷化消耗氢量＝4×甲烷量

甲烷量＝工业氢量×甲烷含量/100

因此，工业氢量＝理论产氢量－3×工业氢量×甲烷含量/100

整理后，工业氢量＝理论产氢量/（1+3×甲烷含量/100）

$$理论产氢量 = \left( \frac{原料油量 \times 油的碳含量}{12} \times 2 \right.$$

$$\left. + \frac{原料油量 \times 油的氢含量}{2} \right) \times 22.4$$

导出产氢计算公式并算出结果如下：

$$工业氢量=\left(\frac{原料油量×油的碳含量}{12}×2\right.$$

$$\left.+\frac{原料油量×油的氢含量}{2}\right)×22.4×\frac{1}{1+3×甲烷含量/100}$$

$$=\left[\frac{5000×0.835}{12}×2+\frac{5000×(1-0.835)}{2}\right]×22.4×\frac{1}{1+3×3.5/100}$$

$$=22467(Nm^3)$$

**答**：该装置每小时生产工业氢约 22467Nm³。

**例 2**：某烃类水蒸气转化制氢装置，转化炉入口原料气量为 4500Nm³/h，原料气平均分子式的碳原子个数 $\sum C$ 为 1.4，转化炉出口气体（干气）分析为：CO 10%，$CO_2$ 14.2%，$CH_4$ 2.8%，计算转化炉出口干气量为多少 Nm³/h？

**解**：由转化反应方程式可知，1 分子的 $CH_4$ 经转化反应后可得到 1 分子的 CO 或 $CO_2$，设转化炉出口干气量为 $V$，则：

$$\left(\frac{10+14.2+2.8}{100}\right)×V=原料气量×\sum C=4500×1.4$$

解得：$V≈23333(Nm^3/h)$

**答**：转化炉出口干气量约为 23333Nm³/h。

**例 3**：某烃类水蒸气转化制氢装置，转化炉入口进油量为 4.7t/h，油的平均相对分子质量是 86，油平均分子式的碳原子个数 $\sum C$ 为 6，转化炉出口气体（干气）分析如下：CO 10%，$CO_2$ 14.2%，$CH_4$ 2.8%，计算转化炉出口干气量为多少 Nm³/h？

**解**：由转化反应方程式可知，1mol$CH_4$ 经转化反应后可得到 1molCO 或 $CO_2$，设转化炉出口干气量为 $V$，则：

$$\left(\frac{10+14.2+2.8}{100}\right)×V=\frac{原料油质量}{平均相对分子质量}×\sum C×22.4=\frac{4700}{86}×6×22.4$$

解得：$V≈27204(Nm^3/h)$

**答**：转化炉出口干气量为 27204Nm³/h。

**例4**：某烃类水蒸气转化制氢装置，转化炉入口原料气量为 6000Nm³/h，原料气平均分子式的碳原子个数 $\sum C$ 为 1.0，中变反应器入口气体（干气）分析如下：CO 10%，$CO_2$ 14.2%，$CH_4$ 2.8%，中变反应器出口气体（干气）分析如下：CO 2%，$CO_2$ 20.4%，$CH_4$ 2.6%，计算中变反应器出口干气与进口干气量之差为多少 Nm³/h？

**解**：（1）由转化和中变反应方程式可知，$1molCH_4$ 经转化反应后得到 1molCO 或 $CO_2$，1molCO 经变换反应后得到 $1molCO_2$，设中变反应器入口干气量为 $V_1$，出口干气量为 $V_2$，则：

$$\left(\frac{10+14.2+2.8}{100}\right) \times V_1 = 原料气量 \times \sum C = 6000 \times 1$$

$$\left(\frac{2+20.4+2.6}{100}\right) \times V_2 = 原料气量 \times \sum C = 6000 \times 1$$

解得：$V_1 \approx 22222（Nm^3/h）$，$V_2 = 24000（Nm^3/h）$

（2）$V_2 - V_1 = 24000 - 22222 = 1778（Nm^3/h）$

**答**：中变反应器出口与进口干气量之差为 1778Nm³/h。

**例5**：某溶液净化制氢装置用炼厂干气作原料，干气量为 6100Nm³/h，干气平均分子式的碳原子个数 $\sum C$ 为 1.0，工业氢产量为 21000Nm³/h，工业氢中 $CH_4$ 体积含量为 4%，若二氧化碳溶解、泄漏等损失忽略不计，计算该装置可以生产二氧化碳为多少 Nm³/h？

**解**：生产过程中碳原子个数守恒，设可以生产 $CO_2$ 为 $V$，则：

$$V = 干气量 \times \sum C - 工业氢产量 \times 甲烷含量$$
$$= 6100 \times 1.0 - 21000 \times 0.04 = 5260（Nm^3/h）$$

**答**：该装置可生产二氧化碳 5260Nm³/h。

**例6**：某溶液净化制氢装置，进油量为 5t/h，油的碳重为 83.7%，工业氢产量为 21000Nm³/h，工业氢中 $CH_4$ 体积含量为 4%，若二氧化碳溶解、泄漏等损失忽略不计，计算该装置可以生产二氧化碳为多少 Nm³/h?

**解**: 生产过程中碳原子个数守恒, 设可以生产 $CO_2$ 为 $V$, 则:

$$V = \frac{油的重量 \times 碳含量}{12} \times 22.4 - 工业氢产量 \times 甲烷含量$$

$$= \frac{5000 \times 0.837}{12} \times 22.4 - 21000 \times 0.04 = 6972(Nm^3/h)$$

**答**: 该装置可以生产二氧化碳为 6972Nm³/h。

**例7**: 某溶液净化制氢装置, 进油量为 5t/h, 油的平均相对分子质量是 86, 油平均分子式的碳原子个数 $\sum C$ 为 6, 工业氢产量为 21000Nm³/h, 工业氢中 $CH_4$ 体积含量为 4%, 若二氧化碳溶解、泄漏等损失忽略不计, 计算该装置可以生产二氧化碳为多少 Nm³/h?

**解**: 生产过程中碳原子个数守恒, 设可以生产 $CO_2$ 为 $V$, 则:

$$V = \frac{进油质量 \times \sum C}{平均相对分子质量} \times 22.4 - 工业氢产量 \times 甲烷含量$$

$$= \frac{5000 \times 6}{86} \times 22.4 - 21000 \times 0.04 \approx 6974(Nm^3/h)$$

**答**: 该装置可以生产二氧化碳为 6974Nm³/h。

**例8**: 某溶液净化制氢装置, 进油量为 5t/h, 油中碳重为 83.7%, 工业氢产量为 21000Nm³/h, 工业氢中 $CH_4$ 体积含量为 4%, 要用压缩机增压回收二氧化碳, 每台压缩机的流量为 3770Nm³/h, 求要全部回收二氧化碳, 需要使用二氧化碳压缩机多少台(二氧化碳溶解、泄漏等损失忽略不计)?

**解**: (1)生产过程中碳原子个数守恒, 设可以生产 $CO_2$ 为 $V$, 则:

$$V = \frac{进油量 \times 碳含量}{12} \times 22.4 - 工业氢产量 \times 甲烷含量$$

$$=\frac{5000\times0.837}{12}\times22.4-21000\times0.04=6972(\mathrm{Nm}^3/\mathrm{h})$$

（2）$CO_2$总流量/每台压缩机的流量$=6972/3770=1.85\approx2$

**答**：要全部回收二氧化碳，需要使用 2 台二氧化碳压缩机。

**例 9**：某常规轻油制氢装置，原料油中含碳量为 0.833，工业氢中甲烷含量为 0.03，请计算 1t 油能产纯氢多少 $\mathrm{Nm}^3$（不计其他损失）？

**解**：设甲烷含量为 $X$，则氢纯度为 $1-X$，根据纯氢计算公式：

$$纯氢=\left[\frac{1000\times碳含量}{12.01}\times2+\frac{1000(1-碳含量)}{2.016}\right]\times22.4\times\frac{1-X}{1+3X}$$

$$=\left[\frac{1000\times0.833}{12.01}\times2+\frac{1000(1-0.833)}{2.016}\right]\times22.4\times\frac{1-0.03}{1+3\times0.03}$$

$$=4416.5(\mathrm{Nm}^3)$$

☞ **14. 工艺冷凝水如何计算？**

**例**：某制氢装置的进出物料如下：原料油 2t/h，原料气 2.5t/h，除盐水 32t/h，工业氢产量 2.3t/h，二氧化碳产量 11.2t/h，锅炉系统外送蒸汽 6.5t/h，试用物料平衡法计算装置外排工艺冷凝水是多少 t/h？

**解**：题中提到的是制氢系统全部有关物料。

（1）入方＝原料油＋原料气＋除盐水＝2+2.5+32=36.5（t/h）

（2）出方＝工业氢＋二氧化碳＋外送蒸汽＋工艺冷凝水＝（2.3+11.2+6.5+工艺冷凝水）（t/h）

（3）根据：出方＝入方

得：工艺冷凝水＝入方－20＝36.5－20=16.5（t/h）

**答**：装置外排工艺冷凝水是 16.5t/h。

# 第十四章　装置运行与节能

☞　**1. 如何做好工艺管理？**

**答**：（1）做好制氢原料的预处理。工艺管理要抓好制氢原料的预处理，保证转化、变换催化剂的正常使用。烃类原料当中存在的毒物主要包括硫、氯、砷、铅等。这些毒物会使转化催化剂和后序低变、中变、甲烷化催化剂失活，因此必须经过脱毒净化后才能作蒸汽转化的原料。烯烃在转化过程中容易造成转化催化剂积炭，一般转化催化剂对原料中的烯烃含量都要求小于 1%。如果原料中烯烃含量较高，必须进行加氢饱和。通常烯烃含量较低，例如，低于 5% 则可以在脱毒净化过程中的加氢催化剂上饱和，加氢饱和引起较大温升，一般 1% 烯烃饱和，温升为 25℃。如果烯烃含量较高，则必须考虑独立的烯烃饱和过程。制氢原料采用炼厂气为原料的越来越多，炼厂气中烯烃含量大多数在 5% ~20%。而且采用焦化富气作制氢的原料时，涉及焦化气携带焦粉问题，所以严格控制其焦粉含量，可保证制氢装置长周期稳定运行。

（2）避免转化催化剂中毒、积炭。制氢装置的转化工段是整个装置的核心，制氢过程使用的催化剂中，烃类蒸汽转化催化剂是最为关键的催化剂。所以在日常操作过程中要防止催化剂中毒、积炭等，避免由于转化催化剂严重中毒、积炭而造成装置非计划停工，从而影响装置的长周期运行。

☞　**2. 如何做好设备管理？**

**答**：设备管理要抓好设备的现场管理、设备的技术改造、建立健全设备管理制度等措施，实现装置两年一修。提高装置运行

492

水平，可降低设备检修成本、降低材料费用，提高企业效益。

（1）严格执行设备考核制度。为了实现设备的安全使用、精心维护，要制定设备管理考核细则，实现考核评定制度化。设备管理考核细则要详细规定工艺设备、机动设备以及现场管理三个方面的各项标准和考核办法，岗位操作人员必须严格执行。

（2）对装置的设备要正确使用、精心维护。对装置的设备要正确使用、精心维护是设备管理工作的重要环节和前提。设备要保持完好，着重在于日常维护，操作人员要严格执行巡检程序，实行包机，责任落实到人。设备要勤检查，有问题要勤联系，不放过一个点，要把隐患消灭在萌芽状态。

（3）长周期运行必须有先进的状态检测手段。随着科学技术的不断进步，许多先进的设备故障诊断仪器和技术在生产中得到成功应用，可有效预防事故的发生，并为检修立项提供依据。状态检测要定点、定位、定时，检测结果要详细记录并入档。状态检测设备包括超声波测厚仪、振动测量仪、电脑轴承故障分析仪、红外线测温仪等。通过状态检测手段我们可以在日常工作中解决许多生产中的具体问题，很多设备隐患在状态检测中可被及时发现，预防避免一些事故的发生，延长装置开工周期，提高装置运行平稳率。

（4）全面、细致地做好检修工作。生产装置能否做到长周期安全运行，除正常平稳操作外，搞好装置大检修至关重要。检修工作要以长周期运行为目标来具体制定检修计划，进行项目编制。检修计划、项目的编制要建立在详细、科学的基础上。检修项目必须是装置运行时暴露出的缺陷，或是一些生产瓶颈问题。

检修过程中，岗位操作人员一定要严把检修质量，严格执行检修规程。岗位操作人员对自己所负责的检修项目要随时抽查，发现不合格的马上返工。对于自检项目，车间统一管理，把自检项目分配给班组，班长分配给班员。自检项目的检修，执行检修签字和责任追究制，以保证自检项目的质量。

☞ **3. 如何做好装置的节水工作？**

**答**：轻烃蒸汽转化制氢装置中水的概念包括很广泛，包含了各种形态和各种水质的水。例如，蒸汽、除盐水、新鲜水、循环水、冷凝水、除氧水、酸性水等。他们参与了氢烃蒸汽转化制氢装置的各个生产环节。采取的节水策略就是要使每个用水设备的出口排放水都是一个潜在的水源，每个用水设备的入口都是需水的用户，依各用户要求决定水源能否再用，尽最大努力利用废水处理后的达标排放水。具体包括三个方面：①水源直接回收利用；②通过设备改造后减少用水或不用水；③达标排放废水经过处理后回收利用。通过采取节水措施，可发掘很多经济效益。如装置内酸性冷凝水和蒸汽冷凝水回收后，经过处理返回装置，可大大降低生产每吨氢的除盐水用量，经济效益相当可观。但必须稳定回用水品质，不影响生产装置的正常运行，才能真正达到节水减排、挖潜增效的目的。

制氢装置的节水减排关键是工程设计要合理。主要包括以下两个方面：①主工艺流程和操作条件优化设计。②关键设备设计合理。如压缩机、转化炉、转化气蒸汽发生器、换热器等设计合理，可降低装置用水的总量。

采用预转化工艺，可以降低一段转化炉的主要操作参数水碳比，从而节省工艺用蒸汽量，降低加工能耗，起到节水的作用。转化炉操作上采用高转化温度，低水碳比，从而减少转化所需蒸汽用量。一般 PSA 工艺流程水碳比采用 3.0~3.5，常规工艺流程水碳比采用 4.0~5.0，尽量避免 PSA 工艺流程与常规工艺流程并联使用。粗氢精制采用 PSA 净化工艺，可以大大降低转化炉水碳比。

如果原来采用新鲜水作机泵机座和轴套冷却水的，应考虑改造，改用循环水作冷却水。

回收工艺管线和仪表伴热用的低低压蒸汽及加热用低低压蒸汽的冷凝水，以这部分优质水作锅炉补水用。

加强设备管理，应对地下水管网泄露情况进行定期检测，杜绝由于地下管线腐蚀造成水源损失。

回收排放的和高质低用的酸性冷凝水，处理后可用作锅炉补水。制氢装置中，只有35%的水蒸气参与转化和变换反应，在中变器中另外65%的水蒸气，在冷凝过程中大部分变成酸性冷凝水。一套40000Nm³/h制氢装置中，产生的冷凝水量约30t/h，水中含二氧化碳约0.3%（质量分数）及甲醇等微量有机物，直接排放不仅造成了很大的损失，对环境也产生污染。因此将冷凝水经过汽提和其他方式处理后回收利用，可以使整个装置的锅炉给水用量减少35%，而且可避免排放酸性水对环境造成的污染。

锅炉连排、定排的污水要回收利用。

循环水应采用表面蒸发湿空冷器冷却，尽量减少配合使用水冷器作循环水冷却器。要对装置内循环水冷却器的循环水上下水温度做定期监测，通过调整空冷和水冷器，使循环水上下水出口温差不小于7℃，从而减少循环水的用量。

优化除盐水换热系统，使装置内锅炉用水实现自行除氧，尽可能利用低温位热源，减少蒸汽除氧，进而实现不用蒸汽除氧。

☞ **4. 如何做好制氢装置的节能降耗？**

**答**：提高PSA法提纯制氢装置的氢气收率，降低装置能耗。

（1）优化PSA操作，在保证PSA产品氢气质量的前提下，降低废气的氢气度。PSA装置可以使用氢气收率智能控制系统，不仅能提高氢气收率和产品质量的稳定性，而且提高装置的自动化程度。PSA采用抽真空工艺，与传统的顺放冲洗工艺相比，可大大提高氢气回收率，使氢气收率比传统的顺放冲洗工艺提高5%~6%。

（2）采用新型、高效的下段转化催化剂进行烃类原料蒸汽转化制氢，可明显地降低转化炉出口甲烷含量，提高烃类平衡转化率，从而提高氢气收率。

（3）加强设备管理，减少装置的泄漏率，生产周期内避免由于换热器内漏造成氢气跑损。

（4）制氢装置可用 PSA 废气作转化炉燃料，但该废气中含有 50%~60% 的二氧化碳。PSA 废气含有大量的氢气、甲烷和一氧化碳，其中二氧化碳可以采用化学法脱除。脱除二氧化碳后的废气不含芳烃和烯烃，其中的一氧化碳和甲烷是理想的制氢原料，而氢气可以作为返氢使用，所以可以把净化后的 PSA 废气引入脱硫。这样就把精制后的 PSA 废气用作制氢原料，从理论上增加了氢气收率。

☞ **5. 什么是制氢装置的经济核算？**

**答**：经济核算的目的是提高全员的参与意识、成本意识和效益意识。需要根据装置实际情况，制定合理可行的班组核算办法，才能真正达到目的。装置的经济核算是掌握生产能耗大小的主要手段。通过经济核算分析装置运行过程中存在的问题，有利于掌握生产的盈亏状况。装置的经济核算一般每班作统计核算，实现装置经济核算的动态管理。同时装置技术管理人员也要根据每个核算去分析装置运行异常情况，采取适当的调整措施，从而实现提高班组优化操作、降本增效、节能降耗的目的。

☞ **6. 如何做经济核算？**

**答**：（1）原料投入与产出：

① 投入方：

a. 原料量：交班原料累积表数−接班原料累积表数＝本班加工量。

b. 返氢量：交班返氢累积表数−接班返氢累积表数＝本班返氢量。

② 产出方：

a. 产品氢气产出量：交班产品氢气累积表数−接班产品氢气累积表数＝本班产品氢气产量

b. 酸性冷凝水：交班酸性冷凝水累积表数−接班酸性冷凝水累积表数＝本班酸性冷凝水量

c. 外送 $CO_2$：交班外送 $CO_2$ 累积表数－接班外送 $CO_2$ 累积表数＝本班外送 $CO_2$ 量。

（2）动力消耗：

① 消耗燃料气(油)量：交班燃料气累积表数－接班燃料气累积表数＝本班燃料气消耗量。

② 转化炉用外来中压蒸汽用量：交班中压蒸汽累积表数－接班中压蒸汽累积表数＝本班中压蒸汽消耗量。

③ 外送低压蒸汽量：交班低压蒸汽累积表数－接班低压蒸汽累积表数＝本班低压蒸汽外送量。

④ 循环水量：交班循环水累积表数－接班循环水累积表数＝本班循环水消耗量。

⑤ 新鲜水量：交班新鲜水累积表数－接班新鲜水累积表数＝本班新鲜水消耗量。

⑥ 除盐水用量：交班除盐水用量累积表数－接班除盐水用量累积表数＝本班除盐水用量。

⑦ 氮气：交班氮气累积表数－接班氮气累积表数＝本班氮气消耗量。

⑧ 风：交班风累积表数－接班风累积表数＝本班风消耗量。

⑨ 电：交班电表累积数－接班电表累积数＝本班电消耗量。

（3）吨氢能耗：

吨氢能耗为：｛[新鲜水×能耗系数＋除盐水×能耗系数＋循环水×能耗系数＋外来中压蒸汽×能耗系数－外送低压蒸汽×能耗系数＋燃料气(油)×能耗系数＋电×能耗系数]＋风×能耗系数＋氮气×能耗系数｝/产氢量

（4）总成本：

① 燃料气(油)成本：

燃料气(油)成本＝燃料气(油)量×燃料气(油)单价

② 动力成本：

中压(低压)蒸汽成本＝中压(低压)蒸汽量×中压(低压)蒸汽单价

除盐水成本＝除盐水量×除盐水单价

新鲜水成本＝新鲜水量×新鲜水单价

电成本＝电量×电单价

氮气成本＝氮气量×氮气单价

风成本＝风量×风单价

动力成本＝中压(低压)蒸汽成本+除盐水成本+循环水成本+新鲜水成本+电成本+氮气成本+风成本

③ 原料成本＝原料量×原料单价+返氢气量×氢气单价

④ 总成本＝燃料成本+动力成本+原料成本+人工成本+设备折旧

⑤ 吨氢气成本＝总成本/产氢量

⑥ 产氢率＝产品氢气量/原料总量

☞ **7. 什么是装置标定？具体如何进行？**

**答**：装置标定可以使我们全面、准确地掌握各种催化剂的使用性能，可以准确地计算出氢气收率高低和装置能耗的大小，可以详细了解转化炉等单元的运行情况，以及动设备的运行和使用状况等。装置标定是获得装置各项经济技术指标最直接、最有效的途径。通过装置标定，可以直接掌握使用的水、电、汽平衡情况，通过化验分析数据可了解和掌握产品质量情况。班长及岗位操作人员要协助车间做好标定。以下是班长及岗位操作人员在标定中所承担的任务。

（1）参与标定方案的编制。标定方案主要根据本次标定的目的制定。标定方案内容包括本次标定目的、装置标定范围、标定时间、数据的采集、标定的各项分析与总结等内容。

标定的目的有新建和改造后的装置整体标定、最大产氢负荷标定、转化炉及转化催化剂使用情况标定、单台设备(机泵、换热器)标定等。根据标定的目的决定装置标定的范围。

装置标定可以得到装置的物料平衡和能量平衡。包括计算最大产氢负荷、氢气收率、吨氢能耗、转化炉热效率、单台机泵效率、换热器换热情况等。

（2）做好标定数据的采集工作，保证采集数据准确。标定一般采用24h或48h或者更长，取决于标定的目的要求。标定数据应真实可靠，才能反应装置的运行状况。以下是岗位操作人员在标定中的数据采集工作：

① 采集的数据既包括操作室内DCS画面上读数，也包括现场仪表读数。

② 及时联系、协助仪表维护人员进行仪表校验，从而保证仪表计量准确。

③ 做好现场设备运行情况的记录，要求电气维护人员协助测量有关电流、电压。

④ 联系相关部门做好原料计量、以及用氢单位的用氢量。

⑤ 化验分析数据要保证及时准确，化验数据要全面，包括物料性质等化验分析数据。

（3）班组核算员做好装置的核算。标定核算首先保证采集的数据准确无误。根据采集的现场数据和DCS数据进行核对，剔除明显错误和偏差的数据，并记录这些剔除的数据，采取相应的纠正措施。装置核算要根据获得的多组数据进行比较，进行物料平衡计算。在物料平衡的基础上，进行装置能耗核算、单体设备效率计算等。

（4）标定报告的撰写。标定报告要包括标定目的、标定过程、标定的核算等内容，并根据核算结果进行技术分析，提出对装置节能降耗和提高装置负荷率、产氢率等的措施，提出提高单台设备运行水平的建议，找出装置瓶颈。装置标定后要对标定反映出的问题进行分析，然后制定出近、中、远期技术改造措施。

# 附录：国外部分制氢技术简介

☞ **1. HYCOR 对流转化（Convective Reforming）技术**

　　该技术的特点是采用列管式换热器型对流转化器（Convective reformer），利用转化气的高温余热将一部分进料转化，即以对流转化器代替常规工艺中的转化气废热锅炉，转化反应的传热过程部分地从辐射传热改为对流传热，从而提高传热效率并减少产汽量（常规工艺中，转化气废热锅炉的产汽量占转化系统总产汽量的 60% 以上）。其代表性工艺为德国武德（UHDE）公司的 HYCOR 技术，其流程见图 1，对流转化器的结构见图 2。

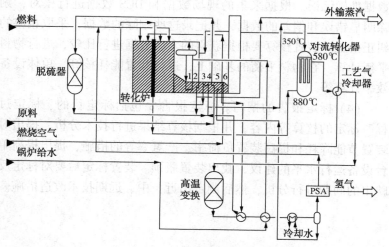

图 1　HYCOR 制氢工艺流程

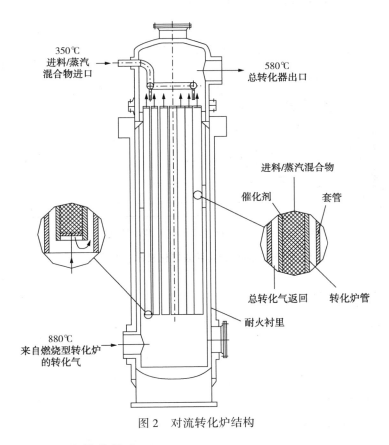

图2 对流转化炉结构

☞ **2. 两段转化技术**

两段转化技术属丹麦 Topsøe 公司的专利，工艺流程见图3，主要操作条件见表1。其特点是以氧气作为主风与一段炉来的已部分转化的原料一起燃烧，使原料中的烃类转化并为其转化反应提供热量。在该工艺中，一段炉的苛刻度可降低(只承担约35%的转化负荷)，其余在二段炉中进行，不过可互相调节。采用这种技术最主要的是要有较廉价的高纯氧气。

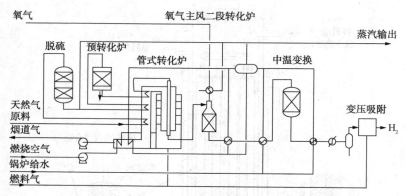

图 3    以天然气为原料生产氢气的两段转化工艺流程

表 1    丹麦 Topsøe 公司两段转化技术主要操作条件

| 项　　目 | 常规工艺 | 两段转化 |
|---|---|---|
| 有否预转化 | 有 | 有 |
| 水碳比 | 2.5 | 2.5 |
| 转化压力/MPa(表压) | 2.25 | 2.25 |
| 一段炉出口温度/℃ | 929 | 710 |
| 燃烧空气预热温度/℃ | 415.6 | 196 |
| 一段炉相对热负荷 | 100 | 35 |
| 转化出口相对流量 | 100 | 115 |
| 残余 $CH_4$/%(体积分数，干基) | 2.7 | 0.7 |
| 变换出口 CO/%(体积分数，干基) | 3.3 | 2.3 |

☞  **3. 自热转化 ATR( Autothermal Reforming) 技术**

ATR 也是 Topsøe 公司的专利技术，其工艺流程见图4，与其相似的是 UHDE 公司的"CAR"组合自热转化（Combined Autothermal Reforming）。它的特点：将水蒸气转化和部分氧化反应在一个反应器内完成，由部分氧化反应所产生的高温反应气用作水蒸气转化所需的热。反应过程不需要外来燃料。其流程为原料/水蒸气混合物由上而下进入反应器的管内进行转化反应。反应产物在管底部流出至器下部，在此部分反应气与氧气发生部分氧化反应。氧化反应的生成气由下而上进入转化反应管的外套管间隙以提供内管转化反应所需之热，转化气随后从上部流出反应器（见图 5）。

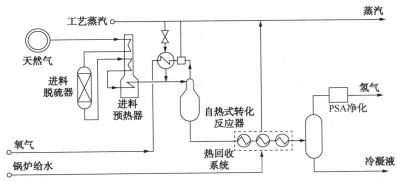

图 4 ATR 工艺流程

Topsøe 公司的 ATR 于 1958 年实现工业化。1982～1983 年德国 UHDE 公司开发了 CAR 工艺 L20J，于 1989 年在斯洛伐克一套现有部分氧化法制氢装置上，建立了一套共有 19 根转化管的示范装置，反应器结构及尺寸见图。这套装置的建成使氧耗量降低 35%，天然气原料耗量降低 15%，装置的操作弹性可达 30%～100%。

☞ **4. Topsøe 对流转化工艺 HTCR（HT Convective Reforming）**

HTCR 工艺是 Topsøe 公司于 1986 年首先开发的换热式转化制氢工艺，后来该公司与空气液体公司进行技术联合，推出了用于中等规模(最大产氢能力 23300m³/h)的撬装式制氢装置。该工艺的主要特点:以对流传热式转化炉代替一般的辐射式转化炉,从而使装置十分紧凑(一套 10000m³/h 的制氢装置对流转化炉的直径约为 2m,高为 18m)。由于转化反应的一部分热能通过原料气和转化气换热后提供,而不是像常规转化装置那样,转化气全部用于生产蒸汽,因此所耗燃料较少(一般 PSA 所产尾气可满足需要,基本不需外供)。转化所需工艺用蒸汽也可自给自足,不再有过剩蒸汽外输。图 6 为 Topsøe 公司对流转化炉的结构图。在带有耐火衬里的转化炉中安装很多插入式转化炉管,原料气通过炉顶集合管进入装填有转化催化剂套管的环形空间,转化气经中心内管离开转化炉汇集在出口集合管中。在转化炉的下方有一燃烧室,装有燃料烧嘴,烧嘴和炉管之间设有分布板,以避免烧嘴直接向炉管辐射加热。转化反应所需热主要由转化炉管外部上行的烟气提供,同时中心管上行的转化气也提供部分热量(出口转化气的温度约为 600℃)。

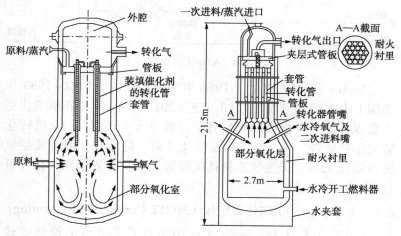

图 5　CAR 反应器结构

504

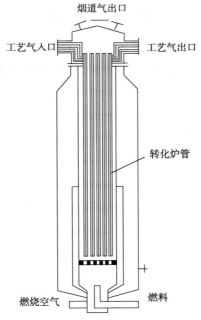

烟道气出口

工艺气入口          工艺气出口

转化炉管

燃烧空气          燃料

图 6  Topsøe 公司对流转化炉

# 参 考 文 献

［1］周原等．制氢装置操作工．北京：中国石化出版社，2007．

［2］郝树仁等．烃类转化制氢工艺技术．北京：石油工业出版社，2009．